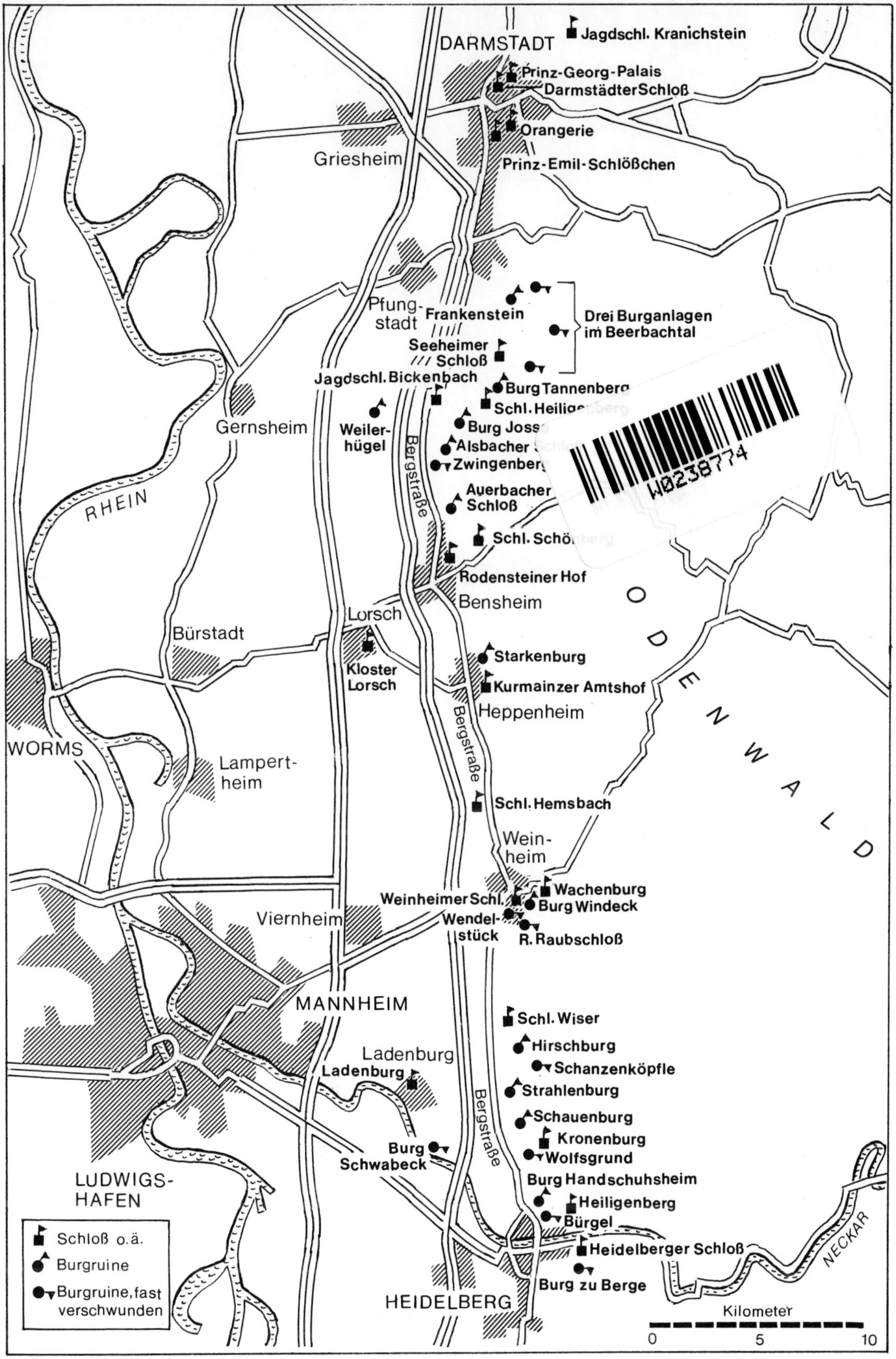
DARMSTADT
Jagdschl. Kranichstein
Prinz-Georg-Palais
Darmstädter Schloß
Orangerie
Prinz-Emil-Schlößchen
Griesheim
Pfung-
stadt
Frankenstein
Drei Burganlagen
im Beerbachtal
Seeheimer
Schloß
Jagdschl. Bickenbach
Burg Tannenberg
Schl. Heili
Weiler-
hügel
Burg Joss
Alsbacher
Zwingenberg
Gernsheim
Bergstraße
Auerbacher
Schloß
RHEIN
Schl. Schön
Rodensteiner Hof
Bensheim
Lorsch
Bürstadt
Starkenburg
Kloster
Lorsch
Kurmainzer Amtshof
Heppenheim
WORMS
Lampert-
heim
ODENWALD
Schl. Hemsbach
Wein-
heim
Wachenburg
Weinheimer Schl.
Burg Windeck
Wendel-
stück
R. Raubschloß
Viernheim
MANNHEIM
Schl. Wiser
Hirschburg
Schanzenköpfle
Ladenburg
Strahlenburg
Schauenburg
Kronenburg
Wolfsgrund
Burg
Schwabeck
Burg Handschuhsheim
Heiligenberg
Bürgel
LUDWIGS-
HAFEN
NECKAR
Heidelberger Schloß
Burg zu Berge
HEIDELBERG
Schloß o.ä.
Burgruine
Burgruine, fast
verschwunden
Kilometer
0
5
10

Buchmann,
Burgen und Schlösser an der Bergstraße

KTV

Hans Buchmann

Burgen und Schlösser an der Bergstraße

mit Fotos von
Peter Fuchs

Konrad Theiss Verlag

Gedruckt mit Unterstützung des Arbeitskreises
der Verkehrsvereine Hessische Bergstraße

Bildnachweis

Tafelbilder (die Ziffern beziehen sich auf die Tafelnummern):
A. Brugger-Luftbild, Stuttgart: 1 (freigegeb. Reg.-Präs. Stgt. 2/54616).
H. Buchmann, Seeheim-Jugenheim: 13, 25.
P. Fuchs, Weinheim: 3–10, 14, 16–23, 26–35, 37.
Landesamt für Denkmalpflege Hessen (Ch. Krienke): 2.
Foto-Oeser, Heppenheim: 24.

Die Zeichnungen im Text und auf dem Vorsatzblatt fertigte, soweit nicht anders vermerkt, Eckart Munz, Stuttgart.

CIP-Titelaufnahme der Deutschen Bibliothek

Buchmann, Hans:
Burgen und Schlösser an der Bergstraße / Hans
Buchmann. Mit Fotos von Peter Fuchs. – 2. Aufl. –
Stuttgart : Theiss, 1989
ISBN 3-8062-0592-2

2. Auflage 1989

ISBN 3-8062-0592-2
Gesamtherstellung: Grafische Betriebe
Süddeutscher Zeitungsdienst, Aalen
Printed in Germany

Inhalt

Eine Landschaft der Burgen und Schlösser

Liebeserklärung an die Bergstraße

Deine Berge. Hügel gleichen
einem Melodienreigen,
der in Moll entlang sich schwingend,
andantino con amore,
ohne Presto und Furore;
nicht fürs Ohr, fürs Aug erklingend,
kann er sich nur ihm erschließen,
läßt den Blick – den Klang genießen
wie ein Volkslied ohne Töne,
nur in seinen sanften Linien
und vereint so alles Schöne,
das die Heimat uns hier schenkt.

Wandernd hatten wir's erfahren,
wenn zur Bergstraß' wir gelenkt
einst den Schritt in Jugendjahren –
andantino con amore,
dies dann aber oft mit Presto
und nicht ohne viel Furore. (Adalbert Scheuermann)

Die Bergstraße, eine Landschaft voller Anmut und Schönheit, liegt eingebettet zwischen dem westlichen Odenwaldrand und der breiten Rheinebene, dem »Ried«. Ihre sanft gewellte Silhouette erscheint bewegt, dennoch nicht unruhig. Den zuweilen steilen Hängen fehlt jede Schroffheit. Von den Höhen schweift der Blick weit nach Osten über die Berge und Täler des Odenwaldes; nach Westen über die Rheinebene, über grüne Wiesen, dunkle Kiefernwälder und fruchtbares Ackerland, hinweg über das silberne Band des Stromes, bis hin zu den Hügeln und Bergen des rheinhessischen und pfälzischen Landes.

Auf etwas erhöhter Terrasse zwischen Bergen und Ried zieht sich die Bergstraße zwischen Ortschaften und Städten hin, die sich aneinanderreihen, aufgefädelt scheinen wie Perlen an einer Schnur. Perlen sind sie alle, jene großen und kleinen Orte, voller malerischer Winkel, verschwiegener Ecken, kleiner, heimeliger Weinwirtschaften. Aus der Betriebsamkeit, die oft nahebei hastet, flieht der Kundige leicht und schnell in Ruhe und Beschaulichkeit. Ein Kranz alter Burgen krönt die Berge, und in verschwiegenen Tälern, auch inmitten der Städte und Orte, liegen malerische Schlösser.

Die Bergstraße gehört zu den klimatisch mildesten Gebieten Deutschlands. Berühmt wurde sie durch die frühe Baumblüte, die schon aufkeimt, wenn andernorts noch Schnee und Eis den Boden bedecken. Nicht weniger anziehend wirken ihre herrlich bunt gefärbten Laubwälder und Weinberge im Herbst. Der fruchtbare warme Boden und das fast südländisch anmutende Klima lassen edle Obstsorten und einen guten Wein reifen, der nicht nur bei Kennern beliebt und begehrt ist.

Dichter und Schriftsteller haben diese lächelnde Landschaft der Schönheit und der Fülle besungen, Maler und Grafiker ihre mit den Jahreszeiten wechselnden Gesichter festgehalten. Die Bergstraße ist nicht nur der schmale Streifen beiderseits eines Verkehrsweges, sondern eine Landschaft von besonderem Reiz.

Noch vor 10 000 Jahren wand sich nahe der Bergstraße der Neckar in engen Schlingen entlang, während der Rhein auf der Westseite fließt. Kiefernbestandene Sanddünen ziehen sich in fast gleichem Abstand zu den Bergen durch die fruchtbare Ebene.

Die Bergstraße ist von alters her ein Durchgangsland, eine uralte Völker- und Handelsstraße. Als die Römer über den Rhein drangen und das Land bis weit in den Odenwald hinein in Besitz nahmen, trat sie ins Licht der Geschichte. Die 180 Jahre römischer Herrschaft waren eine goldene Zeit. Landhäuser und Landgüter entstanden, und der Anbau von Wein, Edelobst und Feingemüse, die ausgeklügelte Bodenbearbeitung und -verbesserung machten aus dem Land ein kleines Paradies, dessen Spuren trotz jahrhundertelanger Stürme, die darüber hinwegfegten, noch heute zu sehen sind.

Der Alamanneneinfall unterbrach diese Blütezeit jäh. Unruhige Jahrhunderte folgten; nur wenig ist über diese Zeit bekannt. Mit der fränkischen Landnahme nach 500 n. Chr. kehrte Ruhe ein. Eine planmäßige Besiedelung ließ die meisten jener Orte entstehen, die später in Markbeschreibungen und Schenkungen genannt werden und aus denen sich die meisten heute bekannten Dörfer und Städte entwickelten. Das fränkische Reich war in Gaue gegliedert; die Bergstraße nördlich der Weschnitz gehörte zum Oberrheingau, die südlich davon zum Lobdengau. Als die Bevölkerung wuchs, teilte man diese Gaue in Zenten ein, die jeweils 100 Familien (centum = hundert) und mehrere Dörfer umfaßten und unter einem verantwortlichen Zentgrafen eine gewisse Selbstverwaltung in Fragen der Justiz, Verwaltung und Territorialverteidigung ausübten. Feudalstrukturen bildeten sich allmählich stärker heraus, es entstand eine Adelshierarchie. Das mittelalterliche Prinzip der Über- und Unterordnung war unabdingbar mit gegenseitiger Verpflichtung verbunden. Dienste und Verdienste wurden mangels einer reibungslos funktionierenden Geldwirtschaft durch Lehen abgegolten. So entstand eine weit verästelte Lehenspyramide. Auf ihrer untersten Stufe standen die Ministerialen. Die breite Basis blieb im dunkeln, die Reisigen, Burgknechte und die Hörigen, die »armen Leute«. Sie, zum größten Teil des Lesens und Schreibens unkundig, konnten sich nicht artikulieren, doch wird ihr Schicksal hier und da deutlich.

1. Darmstadt, Schloß. Wie eine Schale liegen die Barockbauten de la Fosses um das ältere Renaissanceschloß. (S. 19–39)

2. Lorsch, Königshalle. Dieses Juwel karolingischer Baukunst wurde um 800 n. Chr. erbaut und entging wie durch ein Wunder allen Zerstörungen. (S. 136–151)

3. Ladenburg, Bischofshof. Manieristische Stilelemente kennzeichnen diese ehemalige Außenresidenz der Wormser Bischöfe. (S. 197–204)

4. Heidelberg, Alte Brücke und Schloßruine. (S. 227–263)

Die deutsche Geschichte des Mittelalters vollzog sich in engen Räumen, diese Ereignisse wirkten sich jedoch auf große Gebiete, meist auf das ganze Reich aus. Vieles von dem, was an der Bergstraße geschah, bildet so ein Spiegelbild deutscher Geschichte.

Das Rittertum spielte im Mittelalter eine besondere Rolle. Wie sooft in der deutschen Sprache, ist auch »Ritter« mehrdeutig und bezeichnet sowohl einen Berufsstand als auch einen Adelstitel. Im Althochdeutschen bedeutete »ritan« Reiter, Kämpfer zu Pferd. Alle Freien waren damals zur Heeresfolge verpflichtet und hatten sich nach ihrem Vermögen auszurüsten. Als Ritter bezeichnete man bis ins 11. Jahrhundert hinein den berittenen und vollgerüsteten Adligen, später auch den Ministerialen, der Kriegsdienst leistete. In staufischer Zeit begann das Rittertum, einen Stand für sich zu bilden. Zum Ritter wurde man nicht nur geboren, sondern auch streng erzogen. Das besorgte schon in Kinderjahren ein Zuchtmeister, der in der Regel seinem Namen alle Ehre machte. Später wurde der Knabe Edelknecht, Knappe oder Junker, durfte einen Schild, eine Lanze, ein Kurzschwert oder einen Dolch tragen und fieberte dem Tag entgegen, an dem er in den Ritterstand aufgenommen wurde. Einst geschah dies durch die Schwertleite, eine altgermanische Tradition, wobei dem Junker feierlich Gürtel und Schwert verliehen wurden. Um 1280 verschwand dieser Brauch, die Kirche übernahm diese Zeremonie mehr und mehr, und nach 1350 wurde der Ritterschlag allgemein üblich. Das sollte der letzte Schlag sein, den der Junker ungesühnt empfangen durfte, und gleichzeitig die Leiden Christi symbolisieren, aus denen sich für ihn hohe sittliche Pflichten ergaben. »Ritter« wurde nun zu einem Begriff für den Kriegeradel schlechthin, ohne Rücksicht auf die jeweilige Rangstufe innerhalb der Hierarchie. Minnesänger verherrlichten und verbreiteten das Idealbild eines Ritters, der das Gelübde abgelegt hatte, Kaiser und Kirche treu zu dienen, Frauen, Witwen und Bedrängte zu schützen und sich im Kampf an bestimmte ritterliche Regeln zu halten. Stolz trug ein solcher Ritter seine vergoldeten Sporen, stolz war er auf das Recht, an den Ritterspielen bis hin zum Turnier teilnehmen zu dürfen. Ideale und Lebensweise des Rittertums waren über ganz Europa verbreitet; bedeutende Impulse kamen aus England und Frankreich. Turniere und die Minne, der platonische Liebesdienst für eine auserwählte und unerreichbare Dame, bestimmten das Leben.

Je mehr sich die Kriegstechnik weiterentwickelte, desto stärker, fester und schwerer wurde die Rüstung als Schutz gegen Hieb, Stich und Geschoß. Bald war die Grenze des Möglichen erreicht. Die Rüstung des Spätmittelalters wog etwa 50 Kilogramm. Sie bot zwar bestmöglichen Schutz, machte ihren Träger aber schwerfällig und forderte ihm dabei ein gut Teil seiner Körperkräfte ab. Flinke, entschlossene Fußkämpfer waren ihnen überlegen, vor allem die Schweizer waren bei den Ritterheeren gefürchtet. Neue Waffen und zuletzt das Kriegerhandwerk, Landsknechte und Söldner, drängten das alte Rittertum vollends beiseite. »Ritter« war bald nur noch der niedrigste Adelsstand. Das staufische Ideal eines Reichsrittertums verblaßte um so mehr, je stärker die kaiserliche Zentralgewalt durch die Fürsten zurückgedrängt wurde. Mit dem Mittelalter war auch die Ritterzeit zu Ende. Streitigkeiten trug man in Form einer Fehde aus. Das war durchaus kein Faustrecht, sondern gewissen Regeln unterworfen, vielleicht spielte auch der Glaube an das Gottesgericht eine Rolle, nach dem das »bessere Recht« obsiegen müsse. Ziel war nicht die Vernichtung des Gegners, er sollte aber geschädigt und so zum Aufgeben gezwungen werden. Oft war der Grund geringfügig; Vieh, das auf einer fremden Weide graste, ein kleiner Streifen Land, ein nicht belegbares, dafür aber um so stärker behauptetes Recht. »Umb der êre willen« sagte man sich die Fehde an, achtete peinlich genau auf die förmliche Zustellung der Absagebriefe, nahm dann Vieh weg, brannte ein Dorf nieder, verwüstete Felder und Weinberge. Fehden gab es auch unter Fürsten, doch arteten diese oft in regelrechte Kriege aus. Die kleinen Adligen an der Bergstraße gerieten sich selten in die Haare; im Verlauf einer Auseinandersetzung zwischen ihren Lehensherren oder aber mit der Stadt Frankfurt kam es eher zum Streit. Mit der Freien Reichsstadt legten sich die kleinen Herren und diejenigen ihrer Söhne, die kein rechtes Unterkommen fanden, gar zu gern an, und oft genug artete das in Raubritterei aus. Kaiser und Könige verkündeten mehr oder weniger erfolgreich Landfrieden, um dem Fehdeunwesen entgegenzutreten. Erst im 16. Jahrhundert verlor die Fehde ihre Bedeutung. Mit »Ritter« ist der Begriff »Burg« eng verbunden. Er leitet sich von einem uralten Wortstamm ab, der im Althochdeutschen, im Altenglischen, im Französischen und im Lateinischen (burgus = Kastell, Wachtturm) vorkommt und eine befestigte Anhöhe bezeichnet. »Berg« ist mit ihm eng verwandt. Von einer befestigten Anhöhe aus war der Verteidiger einem Angreifer überlegen. In einer solchen Festung »barg« man seinen Besitz, man nutzte sie als Stützpunkt, als Wohnung, und beherrschte von ihr aus sein Gebiet. »Baulicher Reflex der politischen Situation« nannte sie Antonow. Tillmanns Burgenlexikon weist im deutschen Sprachraum etwa 19 000 von ihnen aus. Sie sind damit unsere umfangreichste mittelalterliche Bausubstanz. Stattliche Ruinen bezeugen heute noch ihre einstige Stärke, trotzten sie doch nicht nur vielen Angriffen, sondern jahrhundertelang auch Wind und Wetter, Raubbau und Ausschlachtung.

Die Entwicklungsgeschichte dieser Wohn- und Wehrbauten wurde von topographischen und politischen Gegebenheiten ebenso geprägt wie von fortifikatorischen Zwängen und modischen Stileinflüssen. Im Vordergrund stand die Schutzfunktion. Ein fester Turm (mittelhochdeutsch: turn, Thurn) bildete ein sicheres Refugium. Um den Feind möglichst von ihm fernzuhalten, umgab man ihn mit einem Wall, mit Palisaden oder mit einer Mauer. Hinter solchen festen Mauern behauptete man sich mit geringen Kräften lange Zeit und hatte dazu den Vorteil der »inneren Linie«; man konnte schnell von einem gefährdeten Punkt zum anderen gelangen.

Die älteren Burgen scheinen an der Bergstraße weiter oben gelegen zu haben, versteckt im Wald oder in parallel verlaufenden Seitentälern. Wo es nötig und möglich war, ging man in die Ebene, baute um seine Burg einen Wassergraben oder legte in einer der alten Flußschlingen des Neckars eine »Motte« an. Im Hochmittelalter bevorzugte man Vorhöhen, um nicht nur Macht, sondern auch Wohlstand zu zeigen. Ein Angreifer mußte danach trachten, Gräben und Wälle zu überwinden, die Mauer zu untergraben, durch Schläge mit einem Widder, einem pendelnd aufgehängten Balken, zu durchbrechen oder durch Feuer den Mörtel zu zermürben. Er fuhr einen Belagerungsturm an die Mauer, um so von höherer Position aus die Burg zu erobern. Bliden, Schleudermaschinen, verschossen große Steine, wirkten aber durch die steile Schußbahn nicht direkt gegen die Mauer. Das taten später Pulvergeschütze, und die Verbesserung der Artillerie im 16. Jahrhundert machte die Burgen mit ihren senkrechten Mauern zu einer leichten Beute. Die Verteidigung mußte sich darauf einrichten, den Feind nicht nahe genug herankommen zu lassen und gefährdete Punkte besonders zu verstärken. Aus dem Wohnturm entstand so der Bergfried, eigentlich Belfrit, zugleich die letzte Zuflucht. Die Hauptmauer der Burg hieß Bering oder Zingel (daher »umzingeln«) und war auf der dem Feinde zugewandten Seite als Schildmauer oder Mantel verstärkt. Von der Mauer, den Zinnen und dem Wehrgang schossen die Verteidiger aus sicherer Deckung. Wer zum Tor wollte, mußte diese Mauer meist auf seiner ungedeckten rechten Seite passieren, dort wurde ihm ein im wahrsten Sinne des Wortes heißer Empfang bereitet. Aus Gußlöchern rann siedendes Pech oder kochendes Wasser, ein Fallgitter hielt denjenigen auf, dem es gelungen war, die starken Bohlen einzurammen. Weiterreichende Angriffswaffen zwangen dazu, einen Feind noch weiter von der inneren Mauer fernzuhalten. So entstanden Zwinger und Vorburgen, die wie eine oder mehrere Schalen die Kernburg umgaben. Ihre Mauern waren niedriger, so daß man darüber hinwegschießen konnte.

Die Höhenburgen an der Bergstraße bevorzugten eine Spornlage. Ein solcher Vorsprung ragt aus dem Berghang, besitzt steile Flanken, ist mit ihm nur durch einen schmalen Sattel verbunden und läßt sich leicht durch einen tiefen Graben abtrennen. Mit fachmännischem Scharfblick wurden die am besten geeigneten Stellen erkannt und genutzt; es ist erstaunlich, daß während des »Burgenbaubooms« in der Mitte des 13. Jahrhunderts keine von ihnen ausgelassen wurde. Eine Burg von durchschnittlicher Größe hatte etwa 1000 Quadratmeter bebauter Fläche; Landesburgen waren größer. Bautechnik und Stilelemente zeigen, daß bei der Planung und Ausführung Fachleute tätig waren, die nicht zu den Hörigen zählten. Antonow hat errechnet, daß unter normalen Verhältnissen fünf Jahre Bauzeit notwendig waren. Währenddessen waren ständig 76 Handwerker und Handlanger tätig; den Steinmetzen fiel dabei der Löwenanteil zu. In den Dörfern gab es Maurer, Zimmerleute und tüchtige Handlanger, aber kaum Steinmetze. Antonow vermutet daher, daß die Bauhütten während der langen Baupausen bei den Sakralbauten »auf Burgenbau« gingen. Auch die Territorialherren verfügten über einen festen Stamm von Facharbeitern, die sie an treue Vasallen vermieteten. Ohnehin waren nach dem Sachsenspiegel und dem Schwabenspiegel für den Bau von Burgen, vor allem von solchen mit zinnenbewehrten Mauern, Genehmigungen erforderlich, auch wenn sich die kleinen Herren nur selten daran hielten. Die Frage nach den Baukosten – nach heutigem Geld zwischen drei und fünf Millionen Mark – ist eigentlich müßig, so einfach lassen sich die damaligen Verhältnisse nicht mit den heutigen vergleichen. Es gab noch kein reibungslos funktionierendes Währungssystem, der in Schwäbisch Hall geprägte Heller (Pfund Heller) war weit verbreitet, erst im 14. Jahrhundert setzte sich der rheinische Goldgulden und der in Florenz geprägte (fl.) durch. Es war eine Wissenschaft für sich, die einzelnen Sorten zu kennen und ihren Wert gegeneinander aufzurechnen. Es ist erstaunlich, mit welchem Einfühlungsvermögen und Geschick sich die kleinen Herren finanziell und politisch abzusichern wußten, und wie sie es verstanden, durch geeignete Heiraten, durch Beleihungen und Verkauf von Öffnungsrechten und anderen Verpflichtungen zu Geld zu kommen.

Ein Kranz von Burgen krönt die Bergstraße. Strata publica, platea montana, die Namen stammen aus dem Mittelalter, nicht, wie man vermuten könnte, aus römischer Zeit. Burgen, die Sitze kleiner Herren, Landesburgen oder Residenzen waren, nannte man damals auch Schloß, was soviel wie Festung bedeutete. Im 18. Jahrhundert entstanden an begünstigten Stellen Jagdschlösser und Sommeraufenthalte; das Wort bekam nun eine andere Bedeutung. Dieses Buch behandelt alle Plätze zwischen Darmstadt und Heidelberg, an denen Burgen, Residenzen und Schlösser zu finden oder zu vermuten sind. Ihr wechselvolles Schicksal und das ihrer Bewohner soll hier erzählt werden.

Jagdschloß Kranichstein

Das Jagdschloß der hessischen Landgrafen, »eine Stunde Weges nordöstlich von Darmstadt«, ist aus einem Gutshof entstanden. Längst sind ihm die Häuser entgegengerückt, doch hält die gezackte Silhouette Neu-Kranichsteins respektvoll Abstand. Malerisch, fast entrückt, abgegrenzt durch Mauer und Hecke, liegen die Gebäude vor der Kulisse des großen Waldes. Sie bergen seltene Zeugnisse höfischer Jagdleidenschaft. Die Erinnerung daran ist hier so lebendig geblieben, daß sich der Spaziergänger wohl kaum wundern würde, wenn plötzlich eine rotberockte Jagdgesellschaft auf schnellen Pferden aus dem Wald galoppierte, vorneweg die quirlige, schon heiser bellende Hundemeute hinter einem prächtigen Hirsch, der sich mit letzter Kraft ins Wasser stürzt.

1399 belehnte Graf Eberhard V. von Katzenelnbogen seinen Burgmann Henne Kranich von Dirmstein mit einem Stück Land im Messeler Wald, genannt »Einsiedlroth«. Dirmstein baute in der Rodung einen Gutshof und gab ihm den Namen Cranichroth nach seinem Wappentier, einem Kranich. Später, man weiß nicht genau wann, wurde das Lehen ein freies Erbgut.

1549 kaufte der landgräfliche Keller Johann von Rensdorf »Cranichs Rotth im Darmbstaedter wald am Messeler wege gelegen«. Er muß es sehr erfolgreich bewirtschaftet haben, denn als er es 1572 dem Landgrafen Georg I. verkaufte, erhielt er dafür die stattliche Summe von 3000 Gulden. Das Hofgut Kranichstein versorgte die landgräfliche Küche und war gleichzeitig ein Mustergut, das den Bauern als Lehrbeispiel diente. Es wurde vergrößert, und der geschäftstüchtige Landgraf verkaufte alljährlich beträchtliche Mengen Wein. Eine Mühle wurde gebaut, Teiche angelegt um Fische und Enten zu züchten, und in einem 100 Hektar großen Wald wurden Hirsche, Rehe und Fasanen ausgesetzt. Viele Bienenhäuser lieferten Honig. Georg I. kam regelmäßig nach Kranichstein zur Jagd. Jakob Kesselhut baute in seinem Auftrag 1578–1580 ein dreiflügeliges Jagdschloß, dessen Hof nach Südwesten offen ist. An der Kapelle, für den Landgrafen, der den Beinamen »der Fromme« trug, unverzichtbar, tat der Hofprediger Dienst, später der Pfarrer von Arheilgen.

Auf Kranichstein gab es neben Jagden auch Vergnügungen wie die Wasserfahrt Georgs II. und seiner Gemahlin Eleonore zum Steinbrücker Teich »in einer prächtig mit den hessischen und sächsischen Farben geschmückten Barke unter Pauken- und Trompetenschall«. Während des Dreißigjährigen Krieges mehrmals geplündert, verwahrlosten die Gebäude, waren danach jedoch schnell wiederhergestellt. 1688–1690 entstand dort das Jagdzeughaus.

Unter Landgraf Ernst Ludwig hielt die Parforcejagd auch am Darmstädter Hof Einzug. Parforce wurde nur auf ein Stück Wild gejagt, meist einen Hirsch, den eine große Hundemeute aufstöbern und hetzen mußte, bis er gestellt war und vom Jagdherrn erlegt wurde. Die Leithunde waren kostbar, bildeten den ganzen Stolz ihres Herren und hatten in den Jagdhäusern eigene Zimmer.

Zur Parforcejagd benötigte der Fürst viel Personal. Meist waren zahlreiche Gäste geladen. Durch Wald und Feld, über Stock und Stein, brauste dann die wilde Jagd dahin, sehr zum Leidwesen der Bauern. Sie hatten nicht nur den Flurschaden und verloren die wertvolle Weide im Wald, sondern mußten auch dulden, daß das regelrecht gezüchtete Wild auf ihren Feldern beträchtlichen Schaden anrichtete.

Ziel dieser Jagd war die Trophäe, während das Fleisch in die Küche wanderte oder gar an die Hunde verfüttert wurde. Nach dem Brand des Schlosses in Darmstadt 1715 verlegte der Landgraf seine Hofhaltung so lange nach Kranichstein, bis im Schloß neue Räume zur Verfügung standen. Die Jagden waren während dieser Zeit gleichzeitig Hoffeste.

Ernst Ludwigs Sohn, Ludwig VIII., ist als der »Große Jäger« in die Geschichte eingegangen. Er hatte zwei Leidenschaften: Sein Tag gehörte der Jagd, wofür ihm Kranichstein genehm war, die Abende verbrachte er regelmäßig im Theater. Kehrte er von dort zurück, ging es oft noch einmal in den Wald, wo er mit der Blendlaterne Fasanen jagte. Ludwig schätzte diese Einzeljagd, wenn er auch Parforce darüber nicht vernachlässigte. Er besaß besonders kostbare Jagdwaffen, die ständig weiterentwickelt und verfeinert wurden. So kurios wie wirkungsvoll waren seine Windbüchsen, Luftgewehre mit einer ungewöhnlichen Wirkung und Durchschlagskraft, mit denen dem Landgrafen sogar Dubletten gelangen. Mit einem lautlosen Schuß erlegte er zwei hintereinanderstehende Tiere gleichzeitig.

Der leutselige und liebenswürdige Fürst, um den sich unzählige Geschichten und Anekdoten ranken, galt als einer der letzten Grandseigneurs seiner Zeit und wurde von Maria Theresia und Kaiser Franz Stephan sehr geschätzt. Der »Hirsch mit den Schlappohren«, der »Weiße Damhirsch« und ähnliche Kuriosa sind ebensowenig Jägerlatein wie seine Karosse, die von sechs eigens dafür abgerichteten Hirschen gezogen wurde. Allerdings mußte man die Hunde fernhalten, wenn angespannt wurde, sonst wurden die Tiere zu unruhig. Während der Brunftzeit konnte man sie ohnehin nicht gebrauchen. Ludwig VIII. liebte es, seine Gäste und auch erfolgreiche Bedienstete mit Dukaten und Medaillen zu beschenken, die er, mit humorigen Inschriften versehen, eigens dafür prägen ließ. Er förderte auch die Jagdmaler, unter ihnen Georg Adam Eger, dem die Nachwelt viele schöne Bilder verdankt. Eines hält eine Begebenheit fest, die sich 1760 ereignete. Damals floh ein Hirsch vor seinen Verfolgern ins Treppenhaus, das fortan »Hirschtreppe« genannt wurde. Kranichstein war beileibe nicht das einzige Jagdschloß oder Jagdhaus, aber das größte und schönste. Wie es auf einer Parforcejagd zuging, schilderte der junge Landgraf Friedrich V. von Homburg, der 1768 Gast am Hofe war: »Die Dianenburg ist ein charmant rundes Haus, in der Mitte ist ein runder Saal mit 13 Fenstern. Von der einen Seite ist ein Wald mit lauter Schneisen, von der anderen ist die Ebene und liegt überhaupt in einem Thier Garten. Oben ist eine prächtige Aussicht . . . Der Hirsch kam zwey mahl bey dem Haus vorbei, Prinz Georg und zwei Prinzen ritten mit . . . Auf einmahl wurden wir gerufen, um den Beschluß von der Jagd zu sehen. Wir fuhren gleich hin, bey einer grausamen Kälte. Der Hirsch war halali, wurde erstochen, dann zerlegt, und die Hunde mußten einen Creys um ihn schließen, durften ihn aber nicht anrühren und mußten sogar, so ein gewisses Stück mit den Hörnern geblasen wurde, alle zurücklaufen. Endlich wurde eine gewisse Fanfare geblasen, da fielen sie alle über den Hirsch und zerrissen ihn. Wir standen dabey auf einer feuchten Wiese eine halbe Stunde, es war schon 8 Uhr. Der Herr von Riedesel brachte mir zu großem Ehrenzeichen die Füß vom Hirsch . . .« Die Jagd hatte vier Stunden gedauert.

Die Hetzjagden hatten nicht nur unter der Landbevölkerung Gegner. Matthias Claudius verfaßte das berühmt gewordene Schreiben eines Hirsches an seinen Fürsten: »Durchlauchtigster Fürst, Gnädigster Fürst und Herr! Ich habe heute die Gnade gehabt, von Ew. Hochfürstlichen Durchlaucht parforcegejagt zu werden; bitte aber untertänigst, daß Sie gnädigst geruhen, mich künftig damit zu verschonen. Ew. Hochfürstliche Durchlaucht sollen nur einmal parforcegejagt sein, so würden Sie meine Bitte nicht unbillig finden. Ich liege hier und mag meinen Kopf nicht aufheben, und das Blut läuft mir aus Maul und Nüstern. Wie können Ihre Durchlaucht es doch übers Herz bringen, ein armes, unschuldiges Tier, das sich von Gras und Kräutern nährt, zu Tode zu jagen? Lassen Sie mich lieber totschießen, so bin ich kurz und gut davon. Noch einmal, es kann sein, daß Ew. Durchlaucht ein Vergnügen an den Parforcejagden haben; wenn Sie aber wüßten, wie mir noch das Herz schlägt, Sie tätens gewiß nicht wieder, der ich die Ehre habe zu sein mit Gut und Blut bis in den Tod hinein usw. usw.«

Aber die fürstliche Leidenschaft ließ sich nicht so ohne weiteres »abkanzeln«. Auch zahlreiche Unfälle gab es, fast jedesmal kamen Hunde zu Schaden. Abends am Kamin gab dies immer wieder Stoff für Erzählungen und zu schauerndem Ergötzen.

Ebensogern ging Ludwig VIII. auf die Pirsch. Die Jagd auf Wildschweine erforderte Mut und Erfahrung; vor allem alte Eber wußten sich zu wehren, was so mancher der eigens dafür gezüchteten Hunde am eigenen Leib erfahren mußte. Diese Hunde wurden während der Schonzeiten verliehen, zumeist an Müller, bei denen sie als Wachhunde gute Dienste leisteten. Sie bekamen einen Knüppel um den Hals gebunden, damit sie nicht wilderten. In Kranichstein war auch ein Teil des Leibregiments untergebracht. Seine Verpflegung war den Verhältnissen angepaßt; der Volksmund nannte es »Corps der Brühfleischesser«.

Mit dem Tode Ludwigs VIII. 1768 endete diese Zeit. Sein Sohn und Nachfolger, Landgraf Ludwig IX., sah sich recht desolaten Staatsfinanzen gegenüber. Er stellte die aufwendigen Jagden sofort ein und ließ die entbehrlichen Jäger seiner Truppe einverleiben. Kranichstein wurde wieder zu einer Meierei; große Gesellschaften gab es nur, wenn Politik und Repräsentation dies erforderten.

Nach 1800 wurde im Schloß eine Gaststätte eröffnet. Die Darmstädter Bürger stärkten sich dort gern nach ihrem sonntäglichen Spaziergang mit einem Schoppen. Wer genug Geld hatte, leistete sich eine Flasche des teuren Hofweins. 1859 ließ Großherzog Ludwig III. das Jagdschloß von Weyland umgestalten. Es erhielt damals sein heutiges Aussehen, auch die Säulenhalle stammt aus jener Zeit. Ludwig liebte Kranichstein, wo er sich, als er älter wurde, gern im Sommer aufhielt. Er ließ die Plätze beschildern, an denen einst Jagdhäuschen gestanden hatten, und sorgte dafür, daß die Geschichte des Schlosses erforscht und niedergeschrieben wurde.

Großherzog Ernst Ludwig führte fort, was sein Großonkel begonnen hatte. Er ließ Jagdbilder, Waffen, Trophäen und Gerätschaften sammeln und nach Kranichstein bringen. Kuno Graf von Hardenberg, sein Oberhofmarschall, ordnete die Sammlung, und im September 1918 konnte im Obergeschoß ein Jagdmuseum eröffnet werden. 1920 kam im Erdgeschoß des Seitenflügels das Marstallmuseum hinzu.

Als 1944 die Innenstadt Darmstadts fast völlig zerstört war, bezogen Ausgebombte die Räume des Jagdschlosses. Die Sammlungen lagerte man aus. Nach Kriegsende mußte weiterer Platz für Flüchtlinge und Vertriebene gemacht werden. Danach hatten die Quäker dort eine Zentralstelle.

Die Kranichsteiner Musikwochen und die daraus entstandenen Internationalen Ferienkurse für Neue Musik begründeten eine neue Tradition. 1953 verkaufte Prinz Ludwig von Hessen und bei Rhein das Schloß an die Stiftung Hessischer Jägerhof, die zur Erhaltung jagdlicher Stätten und Traditionen gegründet worden war. Die Räume wurden gründlich renoviert, die Sammlungen neu geordnet und vervollständigt. Der langjährige großherzogliche Mitarbeiter und Vertraute, Architekt Ernst Hofmann, leitete die Arbeiten und betreute bis zu seinem Tode das Jagdmuseum Kranichstein. Es ist in seinen Sammlungen und in seiner Gestaltung einzigartig.

7. Darmstadt, Orangerie, Gartenseite. (S. 40–45)
8. Darmstadt, Prinz-Emil-Schlößchen. (S. 46–48)
Vorhergehende Seite:
5. Darmstadt-Kranichstein, Jagdschloß. (S. 13–16)
6. Darmstadt, Prinz-Georg-Palais (Porzellanschlößchen), Herrengarten. (S. 17–18)

Prinz-Georg-Palais (Porzellanschlößchen)

Nördlich des Darmstädter Schlosses liegt der Herrengarten, auch heute noch ein ansehnlicher Park, obwohl inzwischen große Teile für Straßen, Bauten, Stadterweiterung und Technische Hochschule abgetrennt wurden. Das »Boskett« wurde um 1770 auf Veranlassung der »Großen Landgräfin« Caroline zu einem Garten im englischen Stil umgestaltet, worüber sich ihr Gatte, Ludwig IX., nicht gerade entzückt zeigte. Die Fürstin hatte selbst im Park die Stelle ausgesucht, an der sie ihrem Willen gemäß ruht, »femina sexu, ingenio vir«.

Im nordöstlichen Zipfel des Herrengartens liegt hinter einem schönen Gittertor wie ein Relikt der alten Welt ein Garten im französischen Stil. Er bildet den Rahmen für ein kleines Palais; Teehaus, Voliere und Sonnenuhr schmücken ihn.

Georg II. hatte 1624 das Grundstück seinem Kanzler Wolff von Todenwarth geschenkt, der dort einen Lustgarten anlegte. Landgraf Ernst Ludwig tauschte es von des Kanzlers Erben wieder ein. Vielleicht ist er der Bauherr des kleinen Schlößchens, auch wenn erst sein Sohn und Nachfolger sein Signum an Balkonen und Wetterfahnen anbringen ließ. Dann dürfte de la Fosse der Architekt gewesen sein; die Ähnlichkeit mit dem Baustil der Orangerie ist nicht zu übersehen. Das Häuschen im angrenzenden Prettlackschen Garten wird ebenfalls de la Fosse zugeschrieben. Als Ludwig VIII. Vater eines Sohnes, des nachmaligen Landgrafen Ludwig IX., wurde, schenkte er diesen Garten seinem Oberjägermeister August Friedrich von Minnigerode. 1743 erwarb er das Grundstück zurück und schenkte das Schlößchen mit Garten 1764 seinem zweiten Sohn, dem Prinzen Georg Wilhelm, dazu Grund und Boden für ein Sommerschlößchen in Braunshardt sowie Häuser und Parzellen neben dem »Weißen Turm«, wo der Prinz sein »Altes Palais« baute.

Prinz Georg war preußischer General, trat 1747 in kaiserliche Dienste und wurde Generalfeldmarschall des Oberrheinischen Reichskreises. Von stattlicher Erscheinung, musisch begabt, leutselig und populär, fiel ihm die Aufgabe zu, während langer Jahre das landgräfliche Haus zu repräsentieren. Sein Vater, der leidenschaftliche Jäger, war oft abwesend, und sein Bruder, Ludwig IX., bevorzugte Pirmasens.

Während der Sommermonate war das Schlößchen ein gesellschaftlicher Mittelpunkt. Es gab Empfänge und Konzerte, die Erbprinz Ludewig, der 1806 Großherzog wurde, auf der Violine leitete, und Theateraufführungen, wie es Friedrich von Günderode 1782 beschrieb: »Am Abend, nachdem man unter freiem Himmel gespeist hatte, führte die bernerische Schauspielgruppe zwei Singspiele auf einer Bühne auf, die der Prinz Georg Wilhelm zu dieser Gelegenheit in seinem Orangeriegarten hatte aufschlagen lassen . . .«

Prinz Georgs Sohn geriet wegen seiner vielen technischen Experimente in finanzielle Schwierigkeiten und verkaufte das Schlößchen seiner Schwester, der Großherzogin Luise. Es wurde ihr geliebtes Tuskulum, in das sie sich gern zurückzog. Feste und Feiern fanden hier nicht mehr statt, doch lud die Fürstin alljährlich zur Gedenkfeier an die Völkerschlacht bei Leipzig die Waisenkinder aus der Stadt zu sich in den Garten ein. Pfarrer Ritsert hat das gemütvoll in seinen Jugenderinnerungen geschildert: »Jedesmal war die Speisung der Waisenkinder ein Festtag für ganz Darmstadt. Da saß die graue Schar . . . heute glücklich wie die Seligen des Olympos . . .«

Nach dem Tode der Großherzogin diente das Palais als Gärtnerwohnung, zeitweise waren die Gartenbaudirektion und die Geologische Landesanstalt darin untergebracht. Für die Künstlergruppe der Mathildenhöhe richtete Großherzog Ernst Ludwig 1899 vorübergehend im Haus ein Atelier ein. Danach nahm das Prinz-Georg-Palais die umfangreiche Sammlung seltener Porzellane auf. 1908 wurde das Porzellanmuseum eingerichtet. Es genießt inzwischen Weltruf. Seltene Kostbarkeiten werden hier gezeigt. Sie stammen aus berühmten Manufakturen wie St. Petersburg, Meißen, Berlin, Wien und Nymphenburg, aber auch aus weniger bekannten, denen nur eine kurze Lebensdauer beschieden war, wie der hessischen Manufaktur Kelsterbach.

1919 ging das Schlößchen an den Staat über. Als der Zweite Weltkrieg ausbrach, brachte man die kostbare Sammlung in Sicherheit. In der Bombennacht 1944 brannte das Prettlacksche Gartenhaus ab, das Prinz-Georg-Palais blieb fast unversehrt.

Mit seltenen Stücken aus der Privatsammlung des Hauses Hessen öffnete das Museum 1951 wieder seine Pforten. Gudrun Illgen, die Leiterin, hatte gemeinsam mit Architekt Ernst Hofmann für eine Neugestaltung gesorgt. Das Prettlacksche Haus war im alten Stil wiedererstanden. Der ganze Komplex untersteht heute der Verwaltung der Staatlichen Schlösser und Gärten in Hessen. Karl Esselborn hat das Porzellanschlößchen, wie es im Volksmund zu Recht heißt, treffend beschrieben: »Eine stimmungsvollere Stätte hätte diese an den größten Seltenheiten reiche Sammlung, deren wertvollste Stücke aus dem 18. Jahrhundert stammen, gar nicht finden können als in diesen freundlichen Räumen, die noch etwas von dem Geist einer Zeit atmen, wo die Porzellankunst eine Stufe der Entwicklung einnahm, die sie später nie wieder erreicht hat.«

Das Darmstädter Schloß

In römischer Zeit lag hier eine wichtige Straßenkreuzung: In Nord-Süd-Richtung verlief die heutige Bergstraße, die nach Nida führte, die andere Straße verband Groß-Gerau mit dem nördlichen Odenwald. Vielleicht gab es hier eine Poststation oder einen Wachtposten. Spuren davon wurden bisher nicht entdeckt.

Der Name Darmstadt gibt Rätsel auf und erlaubt mehrere Deutungen seines Ursprungs. Heinz Winfried Sabais hat einleuchtende und diskussionswürdige Namensdeutungen veröffentlicht. Karl Demandt vermutet, daß der Ort wie alle mit -stat bezeichneten Orte älter ist als manch anderer in der Umgebung, wenn auch kleiner und unbedeutender. »Darimundes-stat« wäre dann von einem Personennamen abzuleiten. Beweise für all diese Vermutungen gibt es bisher nicht. Dafür gibt es eine schöne Legende. Darmunda, die Tochter eines Grafen, dem die ausgedehnten Wälder gehörten, liebte einen armen Ritter, durfte ihn aber nicht heiraten. Heimlich zogen beide auf und davon, ließen sich von einem ihnen wohlgewogenen Geistlichen trauen und lebten in einem Häuschen mitten im Wald. Jahre später verirrte sich der Graf auf der Jagd und kam an die Hütte, vor der zwei Knaben spielten. Darmunda erkannte ihren Vater sofort, er sie aber erst, als sie ihm das Abendessen in ihrer Lieblingsschüssel auftrug. Inzwischen kam auch der junge Ritter von erfolgreicher Jagd heim. Der Graf versöhnte sich mit beiden, ließ sie im Wald wohnen und baute im Herbst ein Jagdschloß, wegen des sumpfigen Untergrundes auf hölzernem Rost, um möglichst oft seine Tochter und ihre Familie besuchen zu können. Es soll die Stelle sein, an der heute das Schloß steht, und Darmunda soll ihr den Namen gegeben haben.

Darimundestat war eine kleine Siedlung an den Ufern des Darmbachs inmitten ausgedehnter Wälder, die zum Bannforst Dreieich gehörten. Südlich davon lag Bezzingen, Hauptort einer Grafschaft, die zum Hof Groß-Gerau gehörte. Als Bessungen ist es heute längst nach Darmstadt eingemeindet. Dort begann der Forstbann Forehahi, den Kaiser Heinrich II. 1002 dem Bischof von Worms und dem Kloster Lorsch zum Geschenk machte. Die Grafschaft Bezzingen schenkte Heinrich am 21. Juni 1013 dem Bistum Würzburg. Darimundestat dürfte damals eine Wildhube gewesen sein.

Von Würzburg bekamen die Grafen von Katzenelnbogen das Gebiet zu Lehen. Sie erkannten sofort, daß der Platz wichtiger war als das benachbarte Bessungen. Von 1089 an nannte sich das Geschlecht nach dem gleichnamigen Ort auf dem Einrich, wo es seine Stammburg hatte. Katzenelnbogen bedeutet kleiner, ellenbogenförmiger Bach. Dank ehelicher Verbindung mit den Lorscher Klostervögten, den Grafen von Henneberg, waren sie an die Bergstraße gelangt, wo sie in den nächsten 300 Jahren die »Obergrafschaft Katzenelnbogen« aufbauten. Darmstadt machten sie zu ihrer Hauptstadt und sicherten sie mit einer Wasserburg, die beide Straßen beherrschte. Diese Wasserburg dürfte einen dreieckigen Grundriß gehabt haben, die Schenkel leicht nach außen geknickt. Die Grundmauern des Palas liegen unter dem sogenannten Herrenbau des späteren Altschlosses. Von der Basis bis zur Spitze maß der Bering innen knapp 40 Meter. Der mächtige Bergfried war noch bis zum Ende des 17. Jahrhunderts vorhanden. Das Fundament der alten Schildmauer kam 1962 bei den Wiederaufbauarbeiten zutage. Ein Wassergraben sicherte die Burg, bei der damals sicher die Verteidigungsfähigkeit weit vor der Wohnlichkeit rangierte.

Wann die Burg erbaut wurde, ist nicht bekannt. Der dreieckige Grundriß läßt sofort an den Auerberg denken, einen ebenfalls katzenelnbogischen Bau. Auch zu anderen Burgen des Geschlechts gibt es – was Stil und Bauweise betreffen – Parallelen. Katzenelnbogen war reich, konnte sich gute Baumeister leisten und im damaligen Sinne modern bauen. Die Grafen verstanden ihre Herrschaft stets als Erwerbs-, nicht als Machtpolitik und dienten Königen und Kaisern weniger mit dem Schwert als mit Bargeld, wofür sie sich Zölle und einträgliche Ämter verpfänden ließen. Zum Dank für geleistete Dienste verlieh Kaiser Ludwig der Bayer am 23. Juli 1330 dem Grafen Wilhelm I. für Darmstadt das Stadtrecht. Der begann sofort, die Siedlung mit einer Mauer und mit Türmen zu befestigen. Die Wasserburg bildete das nördliche Bollwerk. Wilhelm ließ seine Burgmannen, Pförtner und Turmknechte schwören, keinen seiner Leibeserben vor erlangter Volljährigkeit in das Schloß einzulassen.

Wilhelms gleichnamiger Sohn bekam von seinem Schwiegervater bei der Heirat mit Elisabeth, einer Tochter des Grafen von Hanau, als Mitgift dessen Anteil an der Burg Tannenberg sowie 4000 Pfund Heller. Er verpflichtete sich im Ehevertrag, seiner Frau binnen zwei Monaten, nachdem sie »bigelegint und die brutlouft vollenfurt haben«, das ihr zustehende Wittum, die übliche Altersversorgung, anzuweisen. Bis sie in Darmstadt »bit eren«, standesgemäß, wohnen konnte, erhielt sie als Wohnsitz Stadt und Burg Zwingenberg.

In der Wasserburg begannen die Handwerker mit ihren Arbeiten. 1360 scheinen sie beendet gewesen zu sein, und Wilhelm wies seiner Frau das Wittum in Darmstadt an. Das Ausgedinge wurde stets in bewohnbarem Zustand gehalten, auch wenn sich die Eheleute nur immer für kurze Zeit, sei es zur Jagd, sei es zum Turnier, dort aufhielten.

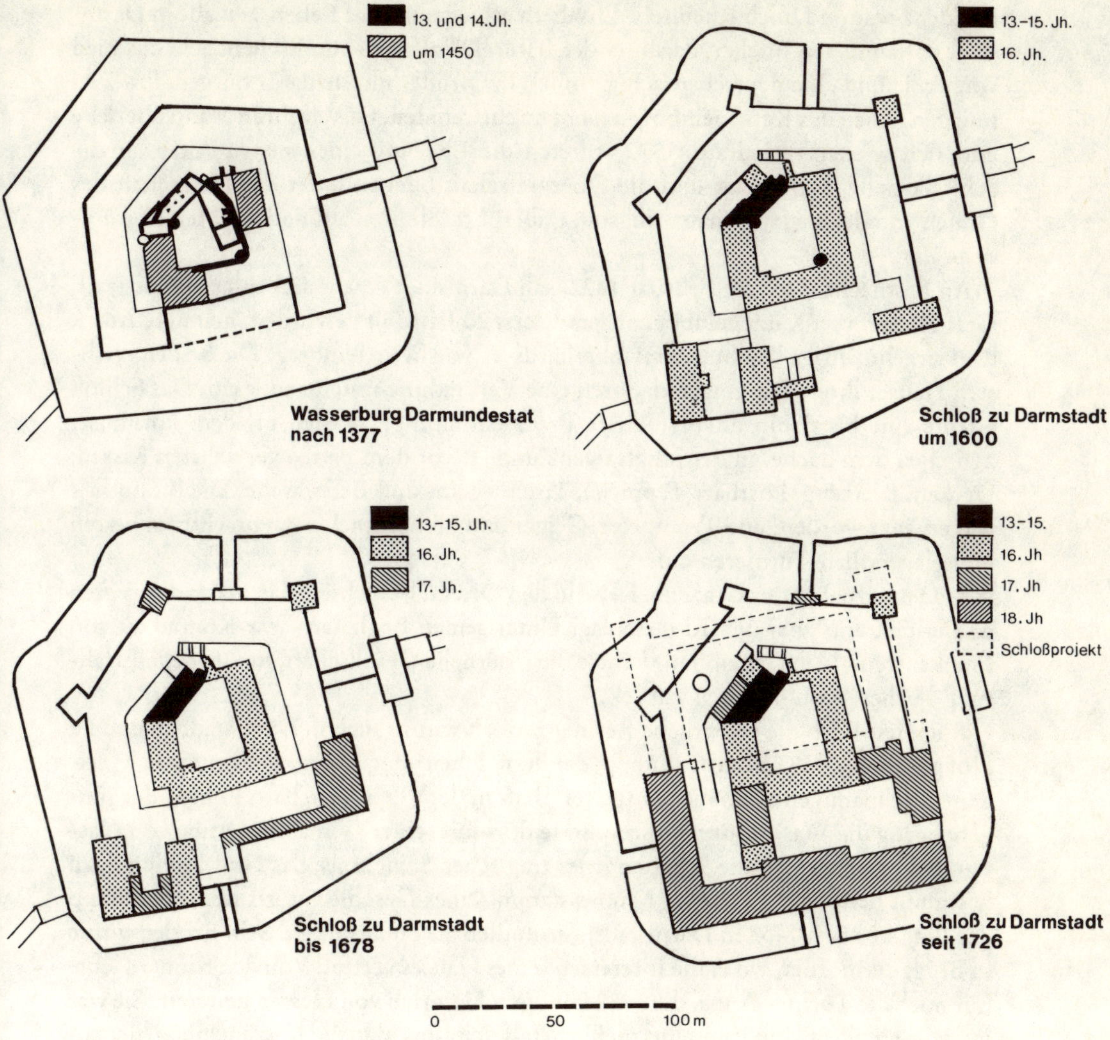

Das Darmstädter Schloß – von der Wasserburg zum Residenzschloß (nach: G. Zimmermann, Das Darmstädter Schloß und seine Geschichte)

Residenz war und blieb Rheinfels. Elisabeth erhielt auch auf Lebenszeit alle in Darmstadt vorhandenen Bücher, darunter den Titurel Wolframs von Eschenbach, das Lied von Troja und eine deutschsprachige Bibel. Ihr Bruder mußte dafür bürgen, ihr Wittum den Erben des Katzenelnbogen nicht zu entfremden, falls sie ihren Mann überlebe und sich wieder verheirate. 1377 stifteten die Eheleute einen neuen Altar für die Schloßkapelle. Darmstadt und die Obergrafschaft blieben unter der Herrschaft des Grafen von den vielen Wirren ringsum unberührt, blühten auf und erlebten eine goldene Zeit.

An Fastnacht, dem 24. Februar 1422, sah Darmstadt eine märchenhafte Hochzeit. Graf Philipp von Katzenelnbogen, gerade erst 20 Jahre alt geworden, heiratete Anna, die vierzehnjährige Tochter Graf Eberhards V. von Württemberg. Die beiden reichsten Häuser ihrer Zeit gingen dadurch eine Verbindung miteinander ein. Das Schloß erlebte eine bis dahin unvorstellbare Prachtentfaltung: »Kisten uff dem kornhuse, zwischen dem dache, in der jungfrawenkammer, vor dem bette« verwahrten Kissen, Decken, Bettzeug, kostbare Teppiche, Tisch-, Leib- und Bettwäsche. Die Bibliothek war ergänzt worden, und Trompeter, Geiger und Pfeifer spielten zu prächtigen Festen und glanzvollen Turnieren auf.

1433 unternahm der Graf eine Reise in den Orient, besuchte Palästina und Ägypten und erhielt am Sinai den Ritterschlag. Unter seinen Begleitern war Konrad V. von Frankenstein. Nach einem Jahr kehrte die ritterliche Gesellschaft, um manche Erfahrung reicher, wohlbehalten zurück.

Rheinfels blieb die eigentliche Residenz, doch wurde auch in Darmstadt ab und zu Hof gehalten. 1449 übertrug Philipp, der inzwischen »der Ältere« genannt wurde, seinem gleichnamigen Sohn die Statthalterschaft in der Obergrafschaft. Philipp der Jüngere bezog die Wasserburg und residierte dort mit seiner Gemahlin Ottilie von Nassau. Bald zeigten sich die Schatten jenes tragischen Schicksals, das Graf Philipp dazu bestimmt hatte, der Letzte im Mannesstamm seines Geschlechts zu werden. Philipp der Jüngere starb 1453 in Darmstadt, vermutlich an Tuberkulose. Sein Bruder wurde in Brügge ermordet, wo er die Interessen seines Hauses vertrat. Von den Kindern lebte nur noch die Tochter Anna, die 1458 Landgraf Heinrich von Hessen heiratete. Sie war jetzt die einzige Erbin jenes unermeßlichen Reichtums, den die Katzenelnbogener angehäuft hatten.

Philipp der Ältere und Anna waren einander längst entfremdet, zu unterschiedlich waren beider Charaktere. Der Graf war ausgeglichen, bescheiden und ruhig; man erzählte sich, er habe zeitlebens nur von hölzernen Tellern gegessen. Seine Frau hingegen war prachtliebend, temperamentvoll und heißblütig. Mittelalterlicher Liebeszauber, den sie bei ihrem Mann anzuwenden versuchte, blieb fruchtlos. 1456 wurde die Ehe kirchlich getrennt, eine Scheidung kam nicht in Frage. Anna zog sich auf ihr

Wittum, das Schloß Lichtenberg im Odenwald, zurück, gab es jedoch im Jahr darauf gegen eine jährliche Lebensrente von 1000 Gulden wieder auf und zog auf einen Hof in Waiblingen, den ihr der Bruder, Graf Ulrich von Württemberg, übergeben hatte. 1471 starb sie dort, einsam und vergessen.

In der Mainzer Stiftsfehde unterstützte Philipp von Katzenelnbogen den mit dem Pfalzgrafen verbündeten Erzbischof Dieter. Der Katzenelnbogener hatte sich gegen 20 000 Gulden Amt, Land und Rheinzoll von Gernsheim verpfänden lassen, was sich als so einträglich erwies, daß er dem Erzstift die Pfandsumme mehr als verdoppeln konnte und Mainz die Wiedereinlösung unmöglich machte. Als Erzbischof Dieters Widersacher Adolf von Nassau Mainz im Handstreich einnahm, konnte Graf Philipp nur mit Mühe und Not über die Stadtmauer entkommen; Pferd und Reisige mußte er zurücklassen. An der Seite Pfalzgraf Friedrichs des Siegreichen focht er in der Schlacht bei Seckenheim.

Die Landstände wollten verhindern, daß das weise und milde regierte Land zu Hessen kam und bedrängten den Grafen, nach Annas Tod noch einmal zu heiraten. Die Ehe, 1473 mit der Witwe Herzog Ottos von Braunschweig, Anna von Nassau-Dillenburg geschlossen, war von Unglück überschattet. Bald nach der Hochzeit erkrankte die Gräfin, nachdem ihr der Burgkaplan auf Schloß Rheinfels, Johann von Bornich, einen St. Johannes geweihten Becher Wein gereicht hatte. Die überstürzte Flucht des Priesters verriet, daß es sich um einen Mordanschlag gehandelt hatte. Johann wurde in Köln festgenommen, aus dem Priesterstand ausgestoßen, zum Tod verurteilt und verbrannt. Auf der Folter hatte er gestanden, vom Hofmeister des hessischen Landgrafen, Hans von Dörnberg, angestiftet worden zu sein.

Anna und ihre Familie waren von der Schuld der Hessen überzeugt, Philipp schenkte hingegen seinem Schwiegersohn Glauben, der seine Unschuld beteuerte; vielleicht zweifelte er am Wert des auf der Folter erzwungenen Geständnisses. Die Ehegatten wurden einander dadurch fremd, vermutlich hatte das Gift für die Gräfin auch eine lange Krankheit zur Folge. Kinder bekamen sie nicht mehr. Die letzten Jahre seines Lebens verbrachte Graf Philipp von Katzenelnbogen in Rheinfels zurückgezogen und einsam. Schon zu Lebzeiten mußte er erleben, wie man sich um das Erbe stritt. Die berühmteste Erbschaft des ausgehenden Mittelalters löste eine ganze Lawine von Ansprüchen, Streitigkeiten und Prozessen aus.

Am 28. Juli 1479 »starp der letzte grave zu Katzinelbogen, genant der alte Philips, uff sant Panthaleonstag als er 77 jar alt was . . .« Landgraf Heinrich III. trat sofort das Erbe an: »Graf Philipp zu Catzenelnbogen und zu Dietz, der starb . . . als man zahlt 1479 mittwochen nach Jacobi, da gefiel ihm die gantze Grafschaft Catzenelnbogen und groß guth von Gold und silber, alle boden und kasten voller frucht, alle keller voller weins, und dessen erhub er sich hoch.« Dem Hessen fielen neun Städte und 220

Ortschaften zu, deren Jahreseinnahmen auf 230 000 Gulden veranschlagt wurden. Das Barvermögen, schätzungsweise 100 000 Gulden, ließ der Landgraf sofort nach Marburg schaffen. Heinrich III. von Hessen hieß fortan »der Reiche«. Ein Menschenalter später war alles zerronnen. Darmstadt war zur vernachlässigten Provinz geworden. Die alte Wasserburg begann zu verfallen; erst nach langen Vorhaltungen ließ Landgräfin Anna von Hessen 1512 den südlich des Herrenhauses gelegenen Saalbau abreißen und einen neuen errichten.

1518 erschien Franz von Sickingen vor Darmstadt und ließ aus einer Feldschlange und drei Kartaunen das Feuer eröffnen, während sein Bundesgenosse Götz von Berlichingen Groß-Umstadt eroberte. Die Burg erlitt Schäden, in der Stadt brannten mehrere Gebäude. Der hessische Landgraf Philipp, den man später den »Großmütigen« nannte, war erst dreizehneinhalb Jahre alt und kurz zuvor für mündig erklärt worden. Ihm blieb nur übrig, Frieden um jeden Preis zu schließen. Fünf Jahre später belagerte er gemeinsam mit Kurpfalz und Kurtrier die Festung Landstuhl. Franz von Sickingen fand dabei den Tod.

1524 bekannte sich Philipp der Großmütige zur protestantischen Konfession und gründete 1527 in Marburg die erste evangelische Universität. 1534 besiegte er bei Lauffen die Gegner Herzog Ulrichs von Württemberg und verhalf dem vertriebenen Herzog wieder zu seinem Thron. Im Dezember 1546 rückte der kaiserliche General Maximilian d'Egmond, Graf von Büren, mit 6000 Fußknechten und 3000 Reitern vor Darmstadt, dessen kleine Besatzung in der Burg und der Stadt nur von 400 aus der Umgebung zusammengetrommelten Männern verstärkt wurde. Die Verteidiger brachten auf dem Turm der Stadtkirche ein Geschütz in Stellung und schlugen zwei Sturmangriffe Bürens blutig ab. Die Beschießung der Stadt begann, das Schloß brannte. Graf Büren sandte Parlamentäre, deren Angebot auf günstige Bedingungen hoffen ließ. Währenddessen drangen die Kaiserlichen am Arheilger Tor in die Stadt und eroberten sie. In Plünderungen und Bränden ging unter, was Generationen erworben hatten. In der Wasserburg waren alle Fachwerkhäuser und auch die Kapelle ausgebrannt. Nach einem zeitgenössischen Bericht soll Graf Büren geplant haben, das Schloß zu sprengen. Dazu kam es zum Glück nicht.

Der Schmalkaldische Krieg war zu Ende, Landgraf Philipp ein Gefangener Kaiser Karls V. Der zweitgeborene Sohn des Fürsten, Ludwig, wurde angewiesen, im Darmstädter Schloß zu wohnen. 1559 wandte man 976 Gulden 22 Albus für Bauarbeiten auf, viel zu wenig, um die Löcher zu flicken. Ludwig schrieb 1562 an seinen Vater: ». . . so will aber doch die bequemste Gelegenheit erfordern, daß auch etzliche stuben und chamern darin für die von Adell auch ander Hausgesinde zu erhalten auf das förderlichste möchten erbauet werden, sollten solche außerhalb dem Schloß und ich also allein in der Behausung über nacht sein, wäre fast bedenklichen . . .«

Philipp entgegnete: ». . . Wir wollen verschaffen, daß in unserem Schloß zu Darmbstadt noch ein Stuben oder Chammer, da 4 betten inne stehen kennen, gebaut werden soll, darinnen magst du die diener legen, die du am nottdürftigsten haben mußt. Dann daß du viel vom Adel und ander Gesinde über Nacht im Schloß liegen haben wolltest, wissen wir nicht, worzu daß nutz, dann allein, daß soviel mehr Weins ausgesoffen und ein Nacht an Schlaftrunken und andern mehr verthann werde, als wenn sie drei Nacht in der Stadt liegen . . .«

Um die Söhne aus seiner morganatischen Ehe mit Margarete von Saale zu bedenken, änderte Philipp sein Testament. Georg sollte nun die Obergrafschaft bekommen, und Ludwig dürfte mit einiger Erleichterung nach Marburg abgereist sein. Der neue Herr, Landgraf Georg I. zu Darmstadt, bezog am 15. Juli 1567 das »Hölzerne Haus« in der Burg, das bis dahin sein Bruder bewohnt hatte. Er erhielt aus dem Erbe nur eine Barschaft von 5000 Gulden und mußte bei seinen Untertanen »Schüssel, Deller, Leuchter, Dischtücher, Leilachen, Bett, Disch und Bänke« ausleihen, da es am notwendigsten Hausgerät fehlte. Standesgemäß konnte er erst speisen, nachdem ihm sein Bruder Wilhelm zur Hochzeit silbernes Tafelgeschirr geschenkt hatte. Georg sagte später, »er wisse gar wohl, wie es einem armen Gesellen zu Muthe sei, der von seinen Eltern keinen Trost erhalte«. Georg erwies sich, wie sein Vater schon in seinem Testament bemerkt hatte, als guter Haushalter. Er kam schnell über alle Anfangsschwierigkeiten hinweg und beauftragte 1568 den Kasseler Hofbaumeister Christian Müller mit der Planung eines Residenzschlosses, das die alte baufällige Wasserburg ersetzen sollte. Noch im selben Jahr begannen die Bauarbeiten, und während der fast dreißigjährigen Regierungszeit des Fürsten ruhten sie nicht. Der Bergfried erhielt einen neuen Aufsatz, der alte Bering wurde aufgebrochen und der Herrenbau erweitert. Um das schöne Renaissanceschloß, das entstanden war, zu sichern, ließ Georg den Schloßgraben vertiefen und Wallmauern um alle Gebäude ziehen. Vor dem Schloß entstand der Marktplatz, und östlich der Stadt wurde der Darmbach zum Großen Woog angestaut, der erst Stadtteich hieß und genug Wasser enthielt, um auch Großbrände löschen zu können. Den Darmstädtern dient das Gewässer heute noch als beliebtes Freibad. Der Landesherr ließ Karpfen aussetzen und ordnete an, in der waldreichen, sandigen Umgebung Wildkaninchen auszubringen, »damit uns die Füchs keinen Schaden thun können«. Der Herrengarten nördlich des Schlosses wurde erweitert, mit einer Mauer umgeben und diente als Zier- und Nutzgarten. Der Hofgärtner hatte dort viele Bienenvölker zu halten.

Georg erließ eine strenge Hofordnung, die das Leben vom frühen Morgen bis zum Abend reglementierte. Bei Tisch ging es sehr steif zu, aber sonst gab es Ausnahmen. Er war ein Freund der Musik, der unterwegs oft »allerlei Liedlein, geistliche und weltliche« sang. Solange er sich keine eigenen Musiker leisten konnte, waren durchreisende Musikanten stets willkommen. Turniere und Waffenspiele, Schauspielaufführungen und Maskeraden ließ er öfter veranstalten. »In der Mummerei« spielte der Landgraf mit seinem Hofschneider und verlor dabei einen Gulden, wie er überhaupt einem Spielchen nicht abgeneigt war und in der Kammerrechnung eigenhändig neben 34 Gulden, die er verloren hatte, vermerkte: »Ich verlor, da ich zornig wurde.« Zur Belustigung des Hofes und der Darmstädter ließ er einmal aus Frankfurt einen Schlittschuhläufer kommen, der dem staunenden Publikum auf dem zugefrorenen Woog seine Kunst vorführte.

In Religionsdingen war »der Fromme« unerbittlich. Am Sonntag, Mittwoch und an den allgemeinen Bettagen hatten alle Bürger die Gottesdienste zu besuchen. Eine Ausnahme wurde nicht einmal Kranken gestattet. Wer nicht erschien, mußte Strafe zahlen. Diese Haltung gipfelte in Hexenprozessen und -verbrennungen.

1595 erhielt der Baumeister Jakob Kesselhut den Auftrag, im Schloß den Kirchen- und den Kaisersaalbau zu errichten. Landgraf Georg I. erlebte die Fertigstellung nicht mehr. Bei seinem Tod war Hessen-Darmstadt ein reiches, blühendes Land. Auch seinem Sohn Ludwig V., der ihm 1596 folgte, war eine dreißigjährige Regierungszeit beschieden, leider überschattet von folgenschweren Auseinandersetzungen. Im Haus Hessen entbrannte ein jahrzehntelanger Erbstreit, und im Reich spitzten sich die Gegensätze zwischen Union und Liga, zwischen Kaisergegnern und Kaisertreuen, immer mehr zu, bis 1618 der Funke zündete. Der Dreißigjährige Krieg, der Deutschland verwüstete und entvölkerte, verschonte auch Hessen-Darmstadt nicht. Ludwig erklärte sich für kaisertreu und neutral. Zwar ließen die Spanier und Mansfeld das Land fast ungeschoren, aber 1622 rückte Kurfürst Friedrich von der Pfalz mit seinem gefürchteten Oberst Michael Obentraut, dem »Deutschen Michel«, durch den Lorscher Wald und brandschatzte ohne Unterschied mainzische wie hessische Orte. Der Gesamtschaden im Amt Darmstadt wurde auf 300 000 Reichstaler veranschlagt, wobei die Hauptstadt noch glimpflich davonkam, weil die Generalität hier Quartier bezog. Beim Abzug nahmen die Pfälzer den Landgrafen und seinen Sohn als Gefangene mit. Beide kamen erst nach Wochen frei, nachdem der Truppenführer der Liga, Graf Tilly, das Heer der Union bei Höchst geschlagen hatte. Doch auch Tilly preßte das Land aus. Seine »Ordnung« bestimmte unter anderem, daß einem Obersten täglich 40 Pfund Brot, 30 Pfund Fleisch, 30 Maß Bier, acht Maß Wein, Hühner, ein Schaf oder ein Kalb zustanden, einem gemeinen Soldaten waren täglich zwei Pfund Brot, ein Pfund Fleisch und zwei Maß Bier zu stellen. Eine Hungersnot brach aus, Seuchen grassierten. 1623 wurde Ludwig zwar die Landgrafschaft Marburg im Erbstreit zugesprochen, er konnte aber den gesamten Besitz nicht halten.

Landgraf Georg II., der 1626 an die Regierung kam, trat ein schweres Erbe an. Er mußte seine Hofhaltung wegen der Kriegs- und Seuchengefahr mehrmals verlegen.

Darmstadt war nicht zu verteidigen, der angeordnete Wachdienst zwang die Bauern, die Feldarbeit zu vernachlässigen. Als Georg eine Sonderabgabe an Wein und Getreide ausschrieb, wandten sich Bürgermeister und Rat der Stadt an den Fürsten: ». . . daß dem armen mann von solchem ihme von Gott dem allmechtigen vor augen gestellten segen fast nichts zu statten kommet, ohnerachtet an fleißiger tag- und nachthut kein mangel erscheint . . . wie dann der gemein burgerschaft gewerb und nahrung ebenmäßig sehr gering . . . daß unter der ganzen burgerschaft nicht 20 personen zu finden, welche das liebe tägliche brot uff dem ihrigen erbauen können . . .«

Georg blieb weiter neutral, gab Sicherheiten und erwirkte Schutzbriefe. Die Schweden hielten sich daran, aber Anfang 1635 erschienen französische Truppen vor Darmstadt. Im Schloß lag eine landgräfliche Besatzung von 200 Mann unter Rittmeister Strupp. Die Franzosen gingen auf dem Marktplatz in Stellung und drohten, die Stadt niederzubrennen, wenn sie beim Sturm Gefallene zu beklagen hätten. Der Stadtrat bestürmte den Rittmeister zu kapitulieren. Das Schloß wurde kampflos übergeben, Strupp und seine Besatzung zogen ab. Der hessische Gesandte versuchte nun, den französischen Oberkommandierenden, Marschall de Brèze, der sein Hauptquartier in Bensheim hatte, zum Abzug aus Darmstadt zu bewegen: »Ich habe, weiß Gott, gestanden, als ob ich in einem feuer stund, dann dergleichen audienz ich mein lebtag nicht gehabt . . .« Die Franzosen blieben, Bernhard von Weimar kam und der schwedische Kanzler Oxenstierna. Zahlen mußten die Bürger. Die Pfälzer hatten Georg die Schuld daran gegeben, daß sie vom Prager Frieden ausgeschlossen worden waren.

Als Franzosen und Schweden abrückten, folgten ihnen die Kaiserlichen: ». . . seind Polacken, Italiener Spanier . . . und Deutsche . . . die Franzosen seind hoch zu halten gegen dieses Volk . . .« Darmstadt wurde nun erst recht ausgeplündert. Niemand wagte mehr, auf den Acker zu fahren, weil er damit rechnen mußte, daß ihm vor dem Tor die Pferde ausgespannt und weggenommen wurden. Die Stadt war mit Bürgern, Flüchtlingen und Besatzung vollgestopft, insgesamt 8000 Personen. Der Pesttod hielt furchtbare Ernte, täglich starben 30, 40, 50, schließlich über 60 Menschen, zuletzt auch der Arzt Dr. Flößer. Es gab keinen Nachfolger, es gab keine Arzneimittel. »Die Hirten sterben mit ihren Schäflein dahin«, vermerkte Georg II. 2200 fielen der Seuche zum Opfer, so »daß man endlich kein bord oder bretter, solche zu begraben, hatte, denn was in der stadt war, das fraß die pest und hunger, und was heraus ging, das fraß das Schwert . . .«

1645 erschien wieder eine französische Armee, mit Hessen-Kassel verbündet, das die Marburger Erbschaft forderte. Nur ein Teil der verlangten Lebensmittellieferungen konnte aufgebracht werden, aber das genügte schon, um die Stadt in eine neue Hungersnot zu stürzen. 1647 kamen die Franzosen wieder und brachten Geschütze in Stellung, um das von zwei Kompanien verteidigte Schloß zu stürmen. Der Stadtrat bedrängte den Hauptmann, sich zu ergeben. Seine Soldaten wurden sofort in die französischen Regimenter eingereiht. Da die Stadt die ihr auferlegte hohe Kontribution nicht zahlen konnte, ließ der französische Oberst Maipas den Oberamtmann, die Stadträte und mehrere angesehene Bürger festnehmen und in den Wildbretkeller des Schlosses sperren. Er ließ sie erst gegen das Versprechen frei, 40000 Reichstaler Lösegeld zu zahlen. Obwohl alles Silberzeug eingeschmolzen, der Schmuck der Landgräfin verkauft, die Glocken und fast das ganze Vieh geopfert wurden, kam die Summe nicht zusammen. Georg II. wurde beim Oberbefehlshaber Henri de Latour d'Auvergne, Vicomte de Turenne, vorstellig, dennoch wurden der Oberamtmann, der Keller, der Landschreiber und die beiden Hauptleute als Gefangene nach Speyer verschleppt. Erst der Vergleich mit Hessen-Kassel und der Friedensschluß zu Münster 1648 befreiten die Darmstädter von Not und Bedrückung.

Der Landgraf kehrte in ein verwüstetes und verarmtes Land zurück. Die Schloßbauten waren zwar nicht zerstört, aber zum größten Teil völlig ausgeplündert. Erst zaghaft, dann aber um so kräftiger, regte sich neues Leben. Georgs Sohn, Ludwig VI. von Hessen-Darmstadt (1661–1678) konnte bereits wieder Baupläne machen. Er ließ das alte Zeughaus abbrechen und von dem Baumeister Johann Wilhelm Pfannmüller einen turmgekrönten Glockenbau errichten. Darmstadt erhielt ein Glockenspiel nach dem Vorbild Maastrichts.

Der Amsterdamer Salomon Verbeck beriet den Landgrafen bei seinem Vorhaben: Landsleute von ihm stellten das gesamte Werk her. Peter Hermoy goß die 28 Glocken und fertigte eine Klaviatur, mit der das Glockenspiel auch von Hand bedient werden konnte. Das Uhrwerk stammte von Peter Call aus Nimwegen. Die Gesamtkosten einschließlich der Fracht sind in der Kammerrechnung belegt: 11218 fl., 14 alb., 1¹/₅ Pf. Nach dieser Uhr hatten sich alle übrigen in der Stadt zu richten. Ab 1671 erklang das Glockenspiel stündlich; in dieser Zeit durfte keine andere Glocke läuten, sogar der Feueralarm war untersagt.

Ludwig VII. regierte nur eineinhalb Monate. Auf der Reise zu seiner Braut erkrankte er an der Ruhr und starb im Schloß Friedrichstein bei Gotha. Die Landgräfin Elisabeth Dorothea übte die Vormundschaft aus, bis sein Stiefbruder 1688 volljährig wurde. Der einundzwanzigjährige Ernst Ludwig übernahm die Regierung in einer schweren Zeit. Der Pfälzer Erbfolgekrieg bedrohte auch Darmstadt, der Hof mußte wieder nach Gießen ausweichen, wo Georg II., nachdem er Marburg hatte abtreten müssen, eine Universität gegründet hatte. Darmstadt hatte sich damals sehr darum bemüht und sogar sein Rathaus dafür angeboten. Gießen wandte mit Erfolg dagegen ein, die Fische aus der Lahn seien schmackhafter und bekömmlicher als die aus dem Rhein; Miete und Holz billiger, und der Marktlärm in Darmstadt würde die Vorlesungen zu sehr stören.

Wieder fehlten Truppen, um Darmstadt zu verteidigen. Prinz Georg hatte zwei Jahre zuvor ein Regiment aufgestellt, das in Griechenland für die Republik Venedig kämpfte. Der französische General d'Uxelles befahl, die Befestigungen vor der Stadt und dem Schloß zu schleifen. Stadtrat und Regierung sandten eine Delegation nach Mainz ins Hauptquartier des Generals, die »aus einem officir nebenst zweyen vom stattrath« bestehen sollte. Weil niemand dazu bereit war, der Stadtrat aber gern andere vorschickte, wurden der Bürgermeister und der Stadtschreiber ausgewählt, »daruff sie es dann, wiewohl ungern, übernommen haben«.

Beim Abzug wurden die Festungswerke von Rüsselsheim gesprengt. Gernsheim ging in Flammen auf, danach fast alle Städte rheinaufwärts. Unzählige Flüchtlinge suchten in Darmstadt eine neue Heimat: »Demnach die stätte Wormbs, Speyer, Oppenheim gänzlich ... eingeäschert und verbrand worden, haben sich viele deren verzagte bürger ... anhero salvieret und als baysassen allhie aufzuhalten ... gebührlich angemelt und darumb jeder des jars 5 fl. und theils 3 fl. beysaßgeld erlegen solle ... sind dabey bedeutet, sich mit den zünften abzufinden, kein gesind zu halten und nur vor sich zu arbeiten, aber keine gesellen und offen laden zu halten ...«

1693 erschienen die Truppen Ludwigs XIV. erneut und legten Zwingenberg in Schutt und Asche. Man brachte das Darmstädter Glockenspiel nach Frankfurt in Sicherheit. Französische Reiter erschienen in Darmstadt, erhoben eine Brandschatzung und rissen einen Teil der Stadtmauer nieder. Erst der Friedensschluß 1697 brachte Ruhe, der Hof kehrte zurück, und das Glockenspiel erklang wieder. Der musisch veranlagte Ernst Ludwig ließ über der mittleren Bastion des Schloßwalles einen Musikpavillon errichten. Im unteren Stockwerk saßen die Musiker, im oberen die Zuhörer. Der Schall wurde durch Trichter nach oben geleitet. Dieser Pavillon wurde 1833 abgebrochen. Der alte Bergfried, einst Stolz der Katzenelnbogener Burg, war baufällig und mußte abgetragen werden, ebenso der Treppenturm des alten Herrenhauses. 1714 berief der junge Landgraf den französischen Architekten Louis Remy de la Fosse nach Darmstadt, an dessen Arbeiten er Gefallen gefunden hatte. De la Fosse erhielt den Rang eines Oberbaumeisters und Majors und bekam den Auftrag, für die Orangerie im Bessunger Herrengarten Pläne auszuarbeiten. Der Fürst spielte mit dem Gedanken, dort seine neue Residenz zu errichten. Ein Unglück kam dazwischen. Am 19. Mai 1715 brannte ein Teil der von Pfannmüller errichteten Bauten im Schloß ab. Ernst Ludwig beschrieb das: »Demselben soll mit bestürztem Gemüthe nicht verhalten, was maasen es dem Allerhöchsten gefallen, diesen Mittag halb ein Uhren eine große Feuersbrunst entstehen zu lassen, wodurch in Zeit von 3 a 4 Stunden das halbe schloß und sonderlich meinen gantzen Bau, wo ich gewohnet von der Wacht an bis an den Wall völlig in Asche gelegt worden ... Wie groß und entsetzlich dieser Brand gewesen, ist mit Worten nicht zu exprimieren, denn in einer halben Stundt sind meine zwei Baue und der, darin die churfürstlichen Zimmer gewesen, in vollem Brandt gestanden und es ist auf einmahl zu vier seiten, an dießen drei Orten das gantze Dach in voller Gluth und Flammen gewesen, so daß sogleich die Flamme Mannsdick und mehr auch halb piquen lang aus Dach und Fenster geschlagen. Ich kann nun nicht mehr logieren und bin allhier im parforce Hauß . . . Das Elendt ist nicht zu beschreiben, denn es sindt viele arme Leuthe verbrandt, worunter des Maskowsky Diener, Steuernagel, so bei dem seel. Präsidenten gewesen; man weiß es noch nicht recht, wer alß verbrandt ist; über der Kirch und an dem Glockenspiel hat es auch zugleich anfangen zu brennen, so aber bald gelöscht worden, enfin, es war nicht anders, als wenn es an allen Orthen angelegt gewesen wäre, und es kann kein Mensch ergründen, wie es angegangen, denn es ist in der Stube über der Fräulein Forstnerin am ersten außgeschlagen . . .«

Man vermutete, das Feuer sei durch Unvorsichtigkeit der Büglerinnen entstanden. Ernst Ludwig bezog ein Haus gegenüber der Schloßapotheke, hielt sich aber oft und lange in Kranichstein auf. Remy de la Fosse plante nun ein neues Stadtschloß, einen umfangreichen barocken Bau, dem die alten Gebäude Stück für Stück zum Opfer fallen sollten. Es sollte den städtebaulichen Höhepunkt und östlichen Abschluß der vom Landgrafen vor Jahren angelegten Rheinstraße bilden, deren Bauherren man damals beachtliche Förderung hatte angedeihen lassen. Die Planung war großzügig und genial und mag auch dem Stil des Landgrafen entsprochen haben, wie auch dem des Zeitalters, in dem alle Fürsten mehr oder weniger dem Vorbild des Sonnenkönigs nachzueifern suchten. Sie überstieg jedoch bei weitem die Finanzkraft des Landes, deshalb riet die eigens dafür gebildete Baukommission davon ab. Dennoch bewilligte der Landtag 300 000 Gulden, womit die Ausführung des West- und Südflügels gesichert war. Die vorhandenen alten Gebäude konnten stehenbleiben und sollten erst beim zweiten Bauabschnitt abgerissen werden. Dazu kam es nicht, und der erste Bautrakt blieb noch ein Jahrhundert lang unvollendet. Ernst Ludwig mußte alle anderen Pläne zu den Akten legen. Der Torso war für sich allein schon so groß, daß Kaiser Joseph II., als er ihn erblickte, meinte, er habe mit allen Kurfürsten darin Platz.

Der alte Schloßgraben wurde um ein Stück nach außen verlegt. In dem nassen Grund diente ein Eichenrost, der am 11. Mai 1716 aufgeschlagen war, als Fundament. Morgens um 9 Uhr erschien der Landgraf mit dem Erbprinzen in Begleitung eines Schwarms von Honoratioren, um feierlich den Grundstein zu legen. Viele Neugierige sahen zu, wie am Marktplatz – an der Ecke gegenüber dem heutigen Kaufhaus Henschel & Ropertz – ein viereckig behauener Sandstein winkelgerecht ausgerichtet und in eine Höhlung eine bleierne Kapsel versenkt wurde, die Medaillen und Münzen enthielt. Ernst Ludwig setzte sie eigenhändig ein, dann bestrichen die Maurer den Grundstein mit Kitt und setzten einen weiteren Sandsteinblock darauf, ». . . und langte hierauf der Ingenieurmajor und Oberbaumeister de la Fosse ein rosenfarbenes taffendes

Schürzgen . . . band selbiges Ihro Durchlaucht um den Leib und reichte zugleich einen mit Blumen gezierten neuen Maurerhammer hervor, welchen Seine hochfürstliche Durchlaucht gnädigst annahmen und damit etliche Schläge auf den neu gelegten Grundstein thaten, sodann den Hammer wieder von sich gaben, welchen besagter Ingenieur und Oberbaumeister . . . dem Herrn Erbprinzen Ludovico VIII. in Unterthänigkeit überreicht, welcher dann damit ebenermaßen etliche Schläge auf den bemelten Grunstein thaten . . . worauf dieser ganze solenne Actus etwa 1/4 nach 10 Uhr vollendet wurde . . .« Ein Gottesdienst schloß sich an, und die Maurer erhielten am nächsten Tag »eine gewisse Quantität Wein zu ihrer Ergötzlichkeit«. Die Bauarbeiten schritten zügig voran, sobald ein Teilstück fertig war, wurde es eingedeckt, und man konnte mit dem Innenausbau beginnen.

1723 wurde am Tor zur neuen Vorstadt, der heutigen Rheinstraße, die vergoldete Jahreszahl MDCCXX (1720) mit dem Namenszug des Landgrafen E.L. in vergoldeten Lettern angebracht. Vier aneinanderstoßende Marmortafeln zierten das Tor auf der Marktseite. Sie trugen die Inschrift:

Ab Ernesto Ludovico
Landgravio Hassiae
praesens arx
loco alterius
Vulcani furore abreptae
exstructa est.

Es ist ein Chronogramm; die Buchstaben, die zugleich lateinische Ziffern sind, ergeben zusammengezählt das Baujahr.

Bereits 1721 machte sich de la Fosse ernsthaft Sorgen um die Finanzierung des gesamten Projekts und ahnte, daß sein Werk unvollendet bleiben müsse, weil die Geldmittel fehlten: »Es handelt sich hier um die Ehre des Fürsten, und auch meine Ehre steht auf dem Spiele; denn wenn die Gebälke oder die Gewölbe infolge der Vernachlässigung oder vielmehr infolge des Geldmangels, daß man sie nicht früher unter Dach brachte, einstürzen werden, dann werden die Fremden sich kaum die Mühe machen, die Ursache zu ergründen, vielmehr wird die Stimme des Volkes nicht verfehlen, die Schuld auf den Architekten zu werfen.« Im September 1726 starb de la Fosse. Im darauffolgenden Jahr wurde nur noch das Begonnene vollendet, 1730 der Bau wegen fehlender Mittel ganz eingestellt. Die Fensteröffnungen der Dachgeschosse blieben mit Brettern verschalt, bis Moller sie 1804 herstellen ließ. 1749 wollte man 117 Fenster anfertigen lassen, doch erlaubte der Etat nur neue Bretterverschalungen. Staatsarchiv, Schloßwache und ein Möbelmagazin bezogen den Marktflügel, Rentkammer und

Schloßapotheke die übrigen Räume. Im Westflügel befand sich das physikalische Kabinett, später auch die Hauptstaatskasse, nach 1768 die Hofbibliothek, die vorher im Glockenbau untergebracht war. Keiner der Fürsten wohnte mehr im Schloß. In den alten, geschichtsträchtigen Mauern wurde jetzt verwaltet, gesammelt, archiviert, ab und zu repräsentiert, nur noch selten Geschichte gemacht.

Landgraf Ernst Ludwig von Hessen-Darmstadt war ein toleranter Herrscher. Juden, Katholiken und Reformierten war ungehinderte Religionsausübung gestattet, und 1688 konnten die ihres Glaubens wegen aus Frankreich vertriebenen Waldenser nahe Darmstadt eine neue Heimat finden. Der Fürst liebte das Theater, besonders die deutsche und italienische Oper, und ließ, da für einen Neubau keine Mittel zur Verfügung standen, durch de la Fosse das alte Theater umbauen, das 1660 aus einer Reithalle entstanden war. 1709 berief Ernst Ludwig den bekannten Komponisten und Kapellmeister Christoph Graupner nach Darmstadt. Durch ihn erhielt das Musikleben großen Auftrieb. Graupner pflegte auch die geistliche Musik und komponierte für jeden Sonntag des Jahres eine neue Kantate, deren Text ihm sein Schwager Johann Conrad Lichtenberg lieferte, der Vater des berühmten Philosophen und Physikers.

Eine kostspielige Leidenschaft des Landgrafen war die Jagd, vor allem die 1708 eingeführte Parforcejagd. Die umfangreichen Bauvorhaben und die kostspieligen Vergnügungen erforderten mehr Geld, als er zur Verfügung hatte; er suchte daher ständig neue Einnahmequellen und glaubte sie schließlich in der Alchimie gefunden zu haben. Schon sein Vorfahr Georg I. hatte damit sein Heil versucht. Die Scharlatanerie brachte nicht nur nichts ein, sondern verschlang erhebliche Summen.

Landgraf Ernst Ludwig starb nach einundsechzigjähriger Regierungszeit am 12. September 1739 im Jagdschloß Jägersburg. Sein Sohn Ludwig VIII. war ein treuer Anhänger des Kaiserhauses und mit Franz Stephan und Maria Theresia eng befreundet. Der von seiner Jagdleidenschaft geradezu besessene Landgraf ging als der »Große Jäger« in die Geschichte ein. Der humorvolle, leutselige Herrscher pflegte seinen Gästen und verdienstvollen Jägern honorige Geschenke zu machen, darunter Medaillen und Goldstücke mit origineller Prägung wie die goldenen Hirschdukaten (»Durch die Dukaten ward ich verrathen«) und die silbernen Saugulden (»Geld verbindet, sucht und findet«). Zum Dank für seine Unterstützung des Hauses Habsburg im Österreichischen Erbfolgekrieg wurde er zum österreichisch-ungarischen Generalfeldmarschall ernannt. Maria Theresia sprach von ihm als ihrem »treuesten Freund und Vasallen« und nannte ihn den »letzten Grandseigneur«. Das Theater war neben der Jagd seine große Leidenschaft. Fast jeden Abend verbrachte er in der Loge, dort starb er schließlich auch. Gerade als der einen Sterbenden mimende Schauspieler auf der Bühne seine Seele Gott empfahl, hauchte Ludwig seine letzten Worte: »ich auch«.

Hatte Ludwig VIII. schon von seinem Vater drückende Staatsschulden übernom-

9. Oberhalb von Darmstadt-Eberstadt liegt in der Gemarkung Nieder-Beerbach die Burgruine Frankenstein. (S. 49–59)

10. Inmitten eines malerischen Parks: das Seeheimer Schloß. (S. 63–65)

men, so ruinierten die vielen Kriegslasten und die kostspieligen Vergnügungen des freigebigen Herrschers Hessen-Darmstadt vollends. Eigentlich hätten der Staatsbankrott erklärt und die kaiserliche Schuldenkommission eingesetzt werden müssen, doch Maria Theresia intervenierte: »Laßt mir den alten Mann zufrieden, solange er noch lebt, wenn der Preuße zur Regierung kommt, den wollen wir schon festhalten.« »Der Preuße« war des Landgrafen Sohn Ludwig IX., der 1768 die Erbfolge antrat. In der Grafschaft Hanau-Lichtenberg mit der Hauptstadt Pirmasens herrschte er seit 1741. Er war preußischer Generalmajor und Chef des in Prenzlau stationierten Regiments von Selchow, schied aber auf Wunsch seines Vaters aus dem preußischen Dienst aus, als 1756 der Siebenjährige Krieg ausbrach. Ludwig war im Gegensatz zu seinem Vater »fritzisch« gesinnt und bewunderte und verehrte den Preußenkönig. Er wollte nicht der »Sackträger der Vorfahren und Nachkommen« sein, schaffte sofort alle Jagden und Vergnügungen ab und schränkte seine Hofhaltung drastisch ein. Die kaiserliche Schuldenkommission brauchte nicht in Aktion zu treten. Freiherr Friedrich Karl von Moser war dabei ein sachkundiger Berater, er wurde zum Minister ernannt und sanierte mit Geschick, aber auch mit harter Hand, die desolaten Finanzen. Moser setzte die Trennung von Justiz und Verwaltung durch, Ludwig schaffte die Tortur ab. Von allen Seiten wurde der Minister angefeindet, sein wenig konziliantes Wesen schuf ihm kaum Freunde, doch der Landgraf hielt zu ihm. Überraschend kam es dann doch zum Bruch und zur Entlassung Mosers, als dieser sich weigerte, dem Fürsten ein weiteres Regiment zu finanzieren. Der Minister fiel in Ungnade, wurde in Prozesse verwickelt und erst durch Ludewig X. rehabilitiert.

Die Soldaten waren Ludwigs IX. Leidenschaft. Für seine Armee war ihm nichts zu teuer. Schon in Pirmasens hatte er täglich selbst mit seinen Truppen exerziert, nun begann das auch in Darmstadt. Johann Martin Schuhknecht baute in der Nähe des Schlosses ein Exerzierhaus, in dem die Truppe auch bei schlechtem Wetter und im Winter üben konnte. Seine freitragende Dachkonstruktion machte Epoche. Bemerkenswert waren die vielen Öfen darin, die aber nicht den Soldaten dienten, sondern dem Fürsten, der im Alter recht kälteempfindlich war, das geliebte militärische Schauspiel jedoch nicht missen wollte. Mit der gleichen Leidenschaft komponierte er Militärmärsche, manchmal 300 an einem Tag. Das klingt übertrieben, ja märchenhaft, ist aber durch Berichte und Aufzeichnungen belegt. Die Chronik verzeichnet insgesamt 52 365 Märsche. Auf einem Klavier gab der Landgraf nur die Töne und Themen an. Eigens dafür bestellte Kapellmeister stellten sie fertig und arrangierten sie. Der »Trommler von Pirmasens« war nicht oft und nur ungern für kurze Zeit in Darmstadt, bevorzugte Pirmasens und überließ die landgräfliche Residenz ganz seiner Gemahlin. Das ungleiche Paar verlebte von den 32 Jahren seiner Ehe nur 14 tatsächlich gemeinsam, dennoch bestand eine enge und innige Beziehung zwischen beiden. Von den 5000

Briefen, die von Landgräfin Caroline (1721–1774) erhalten sind, waren 2555 an ihren Mann gerichtet, und selbst in den sachlichen Berichten schwingt eine tiefe Zuneigung der warmherzigen und musischen Frau zu ihrem Mann mit.

Die Landgräfin verehrte den Preußenkönig Friedrich den Großen, der »ihr gefällt und sich gut und geistreich ausdrückt«. Über die jungen Leute am Berliner Hof schrieb sie, daß sie »Geist und die Damen außerdem Charme, Figur und gute Manieren« hätten. Unter ihrem Einfluß blühte das geistige Leben in Darmstadt auf. Der Kriegsrat Johann Heinrich Merck spielte dabei eine bedeutende Rolle. Mit dem jungen Goethe befreundet, förderte er Herder, Klopstock, Wieland, Lavater und Nicolai. Ein Kreis edler Frauen kam hinzu: Caroline Flachsland, Herders Lebensgefährtin, Henriette von Roussillon und Luise von Ziegler. Goethe liebte und schätze diesen Kreis. Schiller war zweimal in Darmstadt, und Luise, die Tochter der Landgräfin, bewog ihren kunstsinnigen Gatten, Herzog Carl August von Sachsen-Weimar, der Mäzen dieser Genies zu werden.

Die »Große Landgräfin«, wie Goethe sie nannte, ließ im Altschloß den zwischen Kanzlei und Glockenbau gelegenen Trakt aufstocken und sich hier Räume einrichten, die später als »Assembleezimmer« den Galaveranstaltungen des Hofes dienten. Am liebsten weilte sie jedoch im »Boskett«, dem Herrengarten. Dem Zeitgeschmack und dem des Landgrafen entsprechend, war es in französischer Manier angelegt, die Beete in exakten geometrischen Figuren, die Hecken streng beschnitten. Caroline jedoch haßte dieses »Diktat der Schere« und ließ den größten Teil des Gartens in der gerade modern werdenden englischen Manier anlegen, die der Natur freien Lauf ließ.

Hier suchte sie sich auch den Platz für ihr Grab aus: »Man wird daselbst eine Grotte finden, die außer mir niemand als ihrem Werkmeister bekannt ist. Hierin ist mein Grab mit einigen Steinen bezeichnet, und ich habe den größten Teil mit meinen Händen vollendet . . .« In dieser Gruft weilte sie gern und oft, ruhte sich aus und las. Gleim schrieb, darüber bestürzt:

Ihr Grab weiß Sie? Stieg eine Fürstin schon
Von ihrem Thron?
Und weiß ihr Grab? Und legte Mängel
der Menschheit ab?
Und weiß ihr Grab
Und lächelte wie Raphael, der Engel . . .

Viel zu früh, am 30. März 1774, wurde diese bemerkenswerte Frau heimgerufen. Ihr Mann, fern von ihr in Pirmasens, vermerkte in seinem Tagebuch: ». . . habe ich in der nemlichen Zeit und Stunde, als meine Frau Gemahlin gestorben, einen Marche aus dem B gemacht mit dem Second, dergleichen ich mit aller Mühe mein Lebtag keinen heraus bringen können . . . Noch im Tode hat sie mir geholfen, ein schier unmögliches Werk zu vollbringen.« Friedrich der Große, der Caroline sehr verehrte, sandte als Grabschmuck eine marmorne Urne und wählte selbst die Inschrift: »femina sexu-ingenio vir« – »vom Geschlecht her eine Frau, vom Geist her ein Mann«.

Nach dem Tod der Großen Landgräfin schien der Glanz aus der Residenz geschwunden. Ludwig IX. starb 1790 in Pirmasens und wurde nach seinem Willen dort beigesetzt. Sein Sohn Ludewig X. – er behielt die alte Schreibweise des Namens zeitlebens bei – erlebte während seiner vierzigjährigen Regierungszeit Umwälzungen und Umstürze, die sowohl das Bild der alten Obergrafschaft als auch den überkommenen hierarchischen Aufbau völlig verändern sollten. Nach der »Kampagne in Frankreich« und der »Belagerung von Mainz«, die Goethe so anschaulich beschrieb, kamen die Truppen der Französischen Revolution mehrmals über den Rhein, und auf den Höhen des Odenwalds flammten die Alarmfeuer der Zentmannschaften. Am 7. August 1796 erschien eine Truppe in Darmstadt mit einer Liste hoher Regierungsbeamter, Minister und Honoratioren und forderte diese auf, mit nach Wiesbaden zu kommen, wo ihnen ihr General eine Erklärung übergeben wolle. Sie bestand aus einer hohen Kontributionsforderung; die Delegation wurde festgenommen und erst Monate später wieder freigelassen.

Ludewig war ein leutseliger und in seinen Ansprüchen bescheidener Fürst. Goethe hat seine Erscheinung, wie sie sich auf dem »Monument«, dem »Langen Ludwig« in Darmstadt präsentiert, treffend beschrieben:

> Wer ists, der dort gebückt,
> Nachlässig stark die breiten Schultern drückt?

Die Auflösung der geistlichen Fürstentümer und der kleineren Herrschaften brachte Hessen-Darmstadt beträchtlichen Zugewinn, darunter das mainzische Oberamt Heppenheim und die Grafschaft Erbach. Nur zögernd trat Ludewig 1806 dem Rheinbund bei, blieb aber dann dem geschlossenen Vertrag treu und war der letzte Fürst, der 1813 zu den Alliierten übertrat. Sein Land mußte zwar bei Friedensschluß Gebietseinbußen hinnehmen, erhielt aber das reiche Rheinhessen.

In Georg Moller fand Ludewig, seit 1806 Großherzog, einen genialen Baumeister, dessen unverwechselbarer Baustil die Hauptstadt prägte. 1804 begann Moller, die bretterverschalten Teile des Schloßbaus fertigzustellen. Seinen Plan, die barocken Giebelhauben abzubrechen und den ganzen Bau um ein Stockwerk zu erhöhen, genehmigte der Großherzog nicht. Endlich verschwanden nun aber die verschalten Fenster, und die Fassaden wurden neu gestaltet.

Für Napoleon, der nie in Darmstadt war, mußte stets ein Zimmer bereitgehalten werden. Das Schloß nahm in seinen Räumen nun auch die ständig wachsenden Sammlungen auf, die am 12. Juli 1820 »zu einem Ganzen unter dem Namen Museum« vereinigt wurden. Goethe lobte sie: »Das hiesige vorzügliche Museum wird wohl immer unter den Anstalten dieser Gegenden zu den vorzüglichsten gezählt werden, und dessen musterhafte Einrichtung wird allen ähnlichen Unternehmungen billig zur Richtschnur dienen . . .«

Der Schloßgraben war in den letzten Jahren zu einem stinkenden Abwasserkanal geworden, nun wurde er trockengelegt und vertieft und nahm für einige Jahre den Botanischen Garten auf. Um 1860 entstand am Nordtor ein Zwinger, in dem zwei Bären gehalten wurde, ein Geschenk des Zaren Alexander II. Einmal gelang es einem von ihnen, die Mauer zu erklettern, aber die beherzte Wache trieb ihn mit Kolbenstößen wieder hinunter.

Die großherzogliche Familie war mehrfach mit dem europäischen Hochadel verwandt und verschwägert, besonders mit dem russischen Zarenhaus. Die Besuche der Zaren Nikolaus I., Alexander II., Alexander III. und Nikolaus II. und der dabei entfaltete Prunk verliehen der Residenz einen strahlenden Glanz, während sie sonst eher ein wenig verschlafen wirkte (»Die Rheinstraße, so breit sie ist, es wimmelt drauf ein Akzessist«) und sich hinter den bürgerlich ruhigen Fassaden manchmal bitteres Elend und politische Unterdrückung verbargen: Büchner, Weidig und Schulz zeugen davon.

Ludwig II. war nicht so populär wie sein Vater; die Regierung seines Ministers du Thil galt als die reaktionärste in Deutschland. Kurz vor seinem Tode zwang ihn der Landtag am 5. März 1848, seinen Sohn als Mitregenten aufzunehmen. Ludwig III. ernannte den Liberalen Heinrich von Gagern zum Ministerpräsidenten, gewährte Pressefreiheit, Versammlungsrecht, Wahl- und Petitionsrecht, bildete Geschworenengerichte und ließ das Militär auf die Verfassung vereidigen. Gagern war nur kurze Zeit im Amt, dann übernahm er den Vorsitz des Paulskirchenparlaments. Sein Nachfolger Reinhard von Dalwigk richtete seine Politik ganz auf Österreich und einen Bund der süddeutschen Staaten aus. 1866 stand das Großherzogtum auf seiten der Gegner Preußens. Am 19. Juli besetzten preußische Truppen Darmstadt, stellten vor den Wohnungen der großherzoglichen Familie Posten zum »Schutz gegen Marodierende« auf und beschlagnahmten im Schloß die Kasse, der sie jedoch Mittel für Pensionen und Witwenrenten beließen. Hessen-Darmstadt verlor einige Gebiete und mußte drei Millionen Gulden Kriegskostenentschädigung zahlen. 1871 wurde das Großherzogtum ein Gliedstaat des Deutschen Reiches. Die Industrialisierung schritt gewaltig voran, und die Stadt dehnte sich in den »Gründerjahren« nach Norden hin aus, so daß das Schloß, einst am Rand gelegen, nunmehr in ihren Mittelpunkt rückte.

Ludwig III. starb kinderlos, sein Neffe bestieg als Ludwig IV. 1877 den Thron. Er war mit Alice, einer Tochter der englischen Königin Victoria, verheiratet und dadurch mit dem preußischen Thronfolger Friedrich verschwägert. Alice, deren liberaler Geist und soziale Gesinnung in Hessen unvergessen sind, starb, erst fünfunddreißigjährig, 1878. Ludwigs Sohn Ernst Ludwig war erst 24 Jahre alt, als er 1892, nach dem plötzlichen Tod seines Vaters, den Thron bestieg. Er war ein musischer Mensch, dem alles Kriegerische fernlag. »Mein Hessenland blühe und mit ihm die Kunst«, war sein Leitspruch. 1899 berief er den genialen Wiener Architekten Josef Maria Olbrich nach Darmstadt. Ernst Ludwig gründete die berühmte Künstlerkolonie auf der Mathildenhöhe, die Ausstellungen dort hatten Weltgeltung, und der Jugendstil erlebte in Darmstadt eine Blütezeit. 1906 wurde das Museum aus dem Schloß in einen Neubau verlegt, den Alfred Messel westlich des Hoftheaters errichtet hatte.

Am 1. August 1914 brach diese Welt zusammen. Der Erste Weltkrieg forderte furchtbare Opfer, in ruhigen Nächten hörte man den Kanonendonner von der Verdunfront. 1918 begannen Fliegerangriffe; in fast jeder Nacht fielen Bomben auf die Stadt. Am 8. November 1918 übernahmen die Soldatenräte die Macht. Ernst Ludwig blieb unbehelligt und war der einzige Fürst, der nicht abdankte, sondern lediglich die neuen politischen Gegebenheiten anerkannte. Er zog sich auf Schloß Wolfsgarten zurück, das Staatsbesitz wurde. Im Glockenbau richtete der Haushofmeister und Vermögensverwalter Ernst Ludwigs, Kuno Graf Hardenberg, das Schloßmuseum ein. Durch die Trockenlegung des Schloßgrabens sank der Grundwasserspiegel, und die Holzroste, auf denen das Fundament des Barockschlosses ruhte, begannen zu verrotten. An der Bausubstanz zeigten sich ernste Schäden. 1922 begannen umfangreiche Bauarbeiten. Auch die Innenräume wurden umgestaltet; 1932 war die Landesbibliothek fertig, 1935 das Staatsarchiv.

Am 9. Oktober 1937 starb Ernst Ludwig, der letzte regierende Fürst aus dem Hause Hessen-Darmstadt. Wochen später kam die Familie des Erbprinzen bei einem Flugzeugunglück ums Leben. Der Volksstaat Hessen war inzwischen aufgelöst worden, und nationalistische Parolen hallten von den Wänden des ehrwürdigen Schlosses wider. 1939 zogen Feldgraue am Schloß vorbei. Die Lichter gingen aus; Verdunkelung, Kriegswirtschaft, Todesnachrichten, Angst vor Bombenangriffen bestimmten das tägliche Leben. Prinz Ludwig, der Letzte des Hauses, durfte nur in untergeordneten Stäben Dienst tun, bis er 1943 entlassen wurde.

Darmstadt, obwohl Sitz bedeutender Werke der chemischen und maschinenbautechnischen Industrie und Entwicklungszentrum für Steuergeräte in der Technischen Hochschule, war lange Zeit von Flächenbombardements verschont geblieben. Bei einem Luftangriff am 25. September 1943 wurde der Glockenbau beschädigt. Insgeheim munkelte man, die englische Verwandtschaft des Prinzen sorge dafür, daß Darmstadt unbehelligt bliebe. Doch längst stand die Stadt auf der Angriffsliste des Todes. In der Nacht vom 11. zum 12. September 1944 griffen 234 viermotorige Bomber der Royal Air Force nach einer neuen Taktik, dem Flächenangriff, an. In einem furchtbaren Inferno ging die Stadt unter. Häuser stürzten zusammen. Feuerstürme durchrasten die Straßen. Die Zahl der Todesopfer konnte man nur schätzen: zwischen 12 000 und 15 000. 75 000 Einwohner waren obdachlos, Darmstadt eine tote Stadt. Mit ihr ging auch das Schloß unter. Die Renaissancebauten waren ein Trümmerhaufen, vom Barockschloß standen nur noch die Außenmauern. Niemand glaubte, daß diese Trümmer jemals wieder aufgebaut und mit Leben erfüllt werden könnten. Am 25. März 1945 besetzten amerikanische Truppen die Trümmerwüste und richteten notdürftig ihr Hauptquartier in der Schloßruine ein.

Der Wohnungsbau hatte jetzt Vorrang; niemand wußte, ob ein Wiederaufbau der Schloßruine jemals erfolgen würde. So beschränkte man sich darauf, die Räume des Barockbaues notdürftig herzurichten, um die Hochschulbibliothek und das Staatsarchiv unterzubringen. Doch dann begann endlich der Wiederaufbau. Am 16. Dezember 1951 erklang über Darmstadt wieder das vertraute Glockenspiel, vorerst mit 21, von 1961 an mit 27 Glocken. 1954 waren die Magazinräume fertig, 1959 der Wiederaufbau der barocken Gebäude abgeschlossen.

Nun begannen die Arbeiten am Renaissanceschloß. Mühselig wurden die Volutengiebel Stück für Stück aus den Trümmern rekonstruiert. Dem Schloßmuseum standen 1965 wieder einige Räume zur Verfügung, 1972 war es endgültig fertig. 1966 bezog die Technische Hochschule einige Gebäude im Innenhof. 1968 konnte die Schloßkirche eingeweiht werden. Zwar waren noch jahrelange Aufräumungsarbeiten notwendig, doch erstrahlte das Darmstädter Schloß schon wieder im alten Glanz. Der Wiederaufbau kostete 4,3 Millionen Mark.

Mit dem Tode des Prinzen Ludwig am 30. Mai 1968 ging die Darmstädter Linie des hessischen Fürstenhauses im direkten Mannesstamm zu Ende. Seine Gemahlin Margaret, Prinzessin von Hessen und bei Rhein, wahrt ein traditionsreiches geschichtliches Erbe, das dereinst Prinz Moritz von Hessen fortführen soll.

Um das alte Schloß ranken sich viele Geschichten und Sagen. Wenn es Unheil zu verkünden gab, geisterte die »weiße Frau« nachts durch die Räume. Der »ungetreue Baumeister« wandelte durch das Schloß, Karl Merck hat das in einem Gedicht beschrieben, das mit den Zeilen beginnt:

Der Meister, der es einst gebaut,
Umwandelt still zur Geisterstunde,
Das alte Fürstenschloß und schaut,
Ob es noch steht auf festem Grunde . . .

Der Sage nach soll dieser Baumeister einen großen Schatz, mit dem man das Barockschloß hätte vollenden können, in die Fundamente versenkt haben. Nach seinem Tode konnte er deshalb keine Ruhe finden und geisterte des Nachts durch den unvollendeten Bau, nur von der »weißen Frau« aufgeschreckt.

Eine mit hellseherischen Gaben ausgestattete Gräfin war einst Gast des Landgrafen Ernst Ludwig. Bei einer Abendgesellschaft bat sie der Fürst, ihm den Tag seines Todes zu weissagen. Sie erklärte, sie könne ihm das nicht sagen, sondern werde Datum und Uhrzeit bei ihrer Abreise auf den Kaminsims schreiben. Die Angaben sollen auf die Minute genau gestimmt haben.

Johann Wilhelm Wolf erzählte die Sage vom Schatz im Schloß zu Darmstadt: Eines Nachts schreckte Landgraf Ludwig VIII. plötzlich auf. Vor seinem Bett stand ein Mann und winkte ihm zu, mit ihm zu gehen. Der »Große Jäger« war ein furchtloser Mann, doch er schlug dieses Ansinnen ab. Aber sein Hofprediger riet ihm am anderen Morgen, mit dem Geist zu gehen, wenn dieser keine schlimmen Forderungen an ihn stelle; vielleicht sei es ihm bestimmt, ihn zu erlösen. In der nächsten Nacht erschien der Geist wieder. Ludwig ging, auf seinen Stock gestützt, mit ihm durch endlos scheinende Gewölbe unter dem Schloß. Einst hatte sich ein Maurer in ihnen verirrt und war erst nach Tagen wieder herausgekommen. Schließlich gelangten sie in einen hell erleuchteten Raum, an dessen Wand viele Fässer standen. Ludwig lehnte seinen Stock an die Wand und untersuchte den Inhalt der Fässer. Sie waren voller Geld. Der Geist bedeutete ihm, daß der Schatz nicht für den Landgrafen, sondern für seinen Sohn bestimmt sei, und führte Ludwig, der in der Aufregung seinen Stock hatte stehen lassen, wieder zurück. Am anderen Morgen glaubte Ludwig an einen Traum, aber sein Stock, der sonst immer an seinem Bett lehnte, war verschwunden. Der Fürst ließ alle Keller des Schlosses absuchen. Der geheimnisvolle Raum wurde nicht gefunden, und auch sein Stock blieb verschwunden. Das Erlebnis wurde protokolliert. Als sein Sohn Ludwig IX. davon erfuhr, wollte er keine Nacht im Schloß verbringen, sondern hielt sich lieber in Pirmasens oder anderswo auf.

Orangerie (Bessunger Herrenhaus)

Landgraf Ernst Ludwig von Hessen-Darmstadt erwarb 1714 für 24 000 Gulden den Harnischhof in Bessungen. Er hatte als Mannlehen dem kaiserlichen Reichshofrat Christian Eberhard Kametsky von Estibor gehört. Der Besitz umfaßte eine Schäferei, Treibhäuser und eine Orangerie.

Orangen waren damals in fürstlichen Kreisen sehr geschätzt, eine Kostbarkeit und Delikatesse. Die Einfuhr war jedoch schwierig und teuer, weshalb man den Anbau im eigenen Land versuchte. Das setzte allerdings voraus, daß die kälteempfindlichen Bäume während der rauhen Jahreszeit in beheizten Gewächshäusern untergebracht werden konnten. Ernst Ludwig beauftragte seinen Architekten Louis Remy de la Fosse, im Harnischhof geeignete Gebäude zu planen.

Wegen des Darmstädter Schloßbrandes am 19. Mai 1715 wurde dieses Vorhaben zurückgestellt. De la Fosse spielte mit dem Gedanken, das neue Residenzschloß nicht am alten Platz, sondern hier zu bauen. Doch Ernst Ludwig winkte ab. Bessungen, damals noch selbständig, war nicht Darmstadt; er wollte die Residenz in der Hauptstadt belassen.

De la Fosses Plan der Orangerie ist eine seiner glücklichsten Schöpfungen. Zwei Gebäude waren projektiert, mit einem Verbindungsstück dazwischen, aber nur der westliche Bau wurde ausgeführt. Der Garten sollte nach französischer Manier in streng geometrischen Formen angelegt werden. 1716 wurde der Heidelberger Gärtner Johann Kaspar Ehret verpflichtet. 1717 erwarb die Hofkammer 24 Goldapfelbäume, wofür sie 1000 Reichstaler bezahlte. In den folgenden Jahren bezog man 60 Orangenbäume aus Sardinien, die 6000 Reichstaler kosteten. Archivrat August Buchner notierte, der Landgraf habe ». . . damit den neu angelegten Garten nebst anderen raren und kostbaren Gewächsen und Blumen von allerhand Gattung in kurzer Zeit dergestalt besetzen und auszieren lassen, daß er keinem Garten in Teutschland, zumalen was die Orangerie anlangt, etwas nachgiebet«.

Am 22. Juli 1719 wurde der Grundstein für das westliche Orangeriegebäude gelegt, eine Marmortafel an der mittleren Wand erinnert daran: »Präsentis edificii, malis aureis asservandis conditi, formam condecorandam curavit Ernestus Ludovicus Hassiae Landgravius eiusque fundamenta posita sunt die XXII. Juli MDCCXIX.« (Den Entwurf des gegenwärtigen, zur Aufbewahrung der goldenen Äpfel errichteten Gebäudes ließ Landgraf Ernst Ludwig aufstellen; der Grundstein wurde gelegt am 22. Juli 1719.) 1721 war das Gebäude fertig. Fußboden und Wände wurden nach antikem Vorbild durch Hypokausten beheizt, so daß die kostbaren Bäume gut überwintern konnten. Karl Esselborn schrieb: »Die feine Außenarchitektur stempelt das Gebäude zu einem Meisterwerk. Zwischen zwei Seitenrisaliten mit Balkonen ist die Frontseite in elf große, durch ionische Pilaster getrennte Bogenfelder, deren mittleres, das die Tür aufnimmt, durch einen Segmentgiebel und durch Blütengehänge in den Zwickeln reicher ausgestattet ist, still und klar aufgeteilt, und wirkt durch die zurückhaltende, ganz flächige Formgebung außerordentlich wohltuend. Die volutenartigen Bogenschlußsteine, die Kapitäle, von denen die beiden rechts und links der Tür befindlichen unter dem Fürstenhut das Monogramm des Landgrafen Ernst Ludwig aufweisen, und die Balkonkonsole sind allein reicher verziert.«

Während des Sommers fanden im Gebäude und im Garten viele Feste statt. Dort feierte der Hof auch die Verlobung der ältesten Tochter des Erbprinzenpaares mit dem Landgrafen Friedrich V. von Hessen-Homburg am 27. Juni 1768. Brautmutter Caroline, die spätere »Große Landgräfin«, berichtete in einem Brief an ihren Gatten in Pirmasens: ». . . Die Orangerie war durch eine grüne Wand in zwei Teile geteilt. Man saß an einem Tisch mit zweiundsechzig Gedecken, und während dieser Zeit war die andere, für den Ball bestimmte Hälfte, erleuchtet. Man hatte entsprechend den Fensteröffnungen an der Wand grüne Bogen angebracht, alles das war von oben bis unten mit Lampions und mit Blumengebinden ›oben an die grünen Bogen‹ geschmückt . . . Die Masken begannen während des Abendessens zu tanzen: wir waren vierundzwanzig Paare . . . Ich habe soviel tanzen lassen, als man wollte, und wir kamen kurz vor sechs Uhr morgens nach Hause; die Sonne und eine Menge Lämpchen, die noch brannten, stachen sonderbarlich voneinander ab . . .«

1774 brannte das Gebäude völlig aus. Johann Heinrich Merck stellte fest, ». . . daß man auch an diesem Überbleibsel sieht, daß es im besten Geschmack gebaut und seines großen Errichters würdig gewesen sei . . .« Mit dem Wiederaufbau wurde sofort begonnen. Der Zimmermeister und später fürstliche Baumeister Johann Martin Schuhknecht errichtete ein neues Dach mit eiförmigen Gauben, der einzigen Veränderung gegenüber der Architektur de la Fosses. Den Garten beschrieb Johann Heinrich Merck: »Wenn man auf der alten Straße nach Bessungen zu geht, führt uns linker Hand dicht an dem Eingang in das Dorf eine stattliche Lindenallee zu dem herrschaftlichen Garten und läßt uns mitten in dem Lustgarten im Freien. Zwar sind auf beiden Seiten der Allee noch herrschaftliche Obst- und Gemüsegärten angebracht, aber hohe grüne Wände, welche hinter den Bäumen herziehen, halten sie dem Auge verborgen. Bei dem Eintritt in den Lustgarten laden uns rechts und links Kastanienalleen, welche oben durch eine Querallee miteinander verbunden werden, zu schattenreichen Spaziergängen ein. Schade, daß die Schere ihren natürlichen Wuchs gehemmt hat. Der ganze Garten wird durch zwei Terrassen in drei besondere Flächen eingeteilt. Die niedrigste und größte Fläche nebst dem Eingange ist nach dem französischen Gartenstil mit mancherlei mit Buchsbaum eingefaßten Figuren und Blumen verziert und mit mehr als sechzig Taxussäulen von allerlei Formen angefüllt. Oben gegen die erste Terrasse zu ist auf beiden Seiten ein Springbrunnen angebracht . . . Die Hauptmerkwürdigkeit dieses Gartens ist die ansehnliche Orangerie. Vor dem November 1774, da das Gewächshaus abbrannte, war sie vielleicht in ganz Teutschland sowohl wegen der Menge als Schönheit der Stämme die einzige in ihrer Art; auch noch jetzo verdient sie gesehen zu werden, und noch immer sind drei mäßige Gewächshäuser dergestalt damit angefüllt, daß über dem untersten Stockwerk noch eine Bühne errichtet ist, um sie alle aufnehmen zu können . . .«

Der Kriegsrat verhehlte seine Vorliebe für Gärten nach englischer Art ebensowenig wie seine Fürstin. 1779 wollte der Oberhofgärtner auch die Orangerie danach umgestalten. Landgraf Ludwig IX. wehrte sich dagegen; mit der Veränderung des Herrengartens schien er genug zu haben: ». . . Von all denen Bosquetten à l'anglaise bin ich kein Freund. Wann ich in den Garten gehe, so liebe ich darin die freie Luft. Der Müller soll daher den Garten wieder in den vorigen Stand stellen, damit man ihn vom Haus aus mit einem coup d'oeil übersehen kann . . .«

Während der Revolutionskriege wurde das Gebäude zur Kaserne. 1796 kampierte darin eine für Westindien bestimmte Brigade. Der spätere Geheime Oberrechnungsrat Friedrich Maurer, soeben erst konfirmiert, gehörte ihr an und berichtete: »Auf dem freien Platz vor dem mittleren Orangeriehause gegen den Garten zu wurde täglich die Wachtparade aufgestellt und etwas exerziert. In dem Orangeriehaus, zur Zeit von allen Gewächsen entleert, waren die für das Bataillon angeworbenen Ausländer einkaserniert und wurden hier bewacht . . .« Um 1800 sollte auch das zweite Gebäude nach dem Plan de la Fosses erichtet werden, doch kam es wegen des Krieges nicht dazu. 1803 wurden im Dachgeschoß Offizierswohnungen eingerichtet.

Nach 1815 fanden wieder Feste in der Orangerie statt. Der Garten war nun auch den Bürgern zugänglich, was die Hofgärtner zu vielen Eingaben und Beschwerden veranlaßte, weil Spaziergänger Schäden verursachten und die Wege und Beete verschmutzten. Der Engländer Dodd hat 1817 ein prächtiges Hoffest beschrieben: ». . . Ich hatte das Vergnügen, die Großherzogin von Weimar bei einem kleinen Fest und Ball zu sehen, womit ihre erlauchten Gastfreunde sie in einer eine Meile von Darmstadt entfernten Orangerie des Großherzogs unterhielten . . . Als die beiden Großherzoginnen ihren schwierigen Umgang beendet und sich nebeneinander auf zwei für sie am oberen Ende der Halle aufgestellten Sesseln niedergelassen hatten, wurden Tee, Kaffee und deftige Kuchen in Hülle und Fülle herumgereicht. Ein Lieblingswalzer, aufgespielt von einer Militärmusikkapelle unter den Orangenbäumen am unteren Ende, gab das Zeichen zum Tanze, worauf deutsche Kavaliere stets aufmerksam lauschen. Nach einer Eingangspolonaise – mehr ein Spaziergang als ein Tanz, woran auch die Witwen teilhaben, die allen lebhafteren Vergnügungen Valet gesagt haben, begann der Walzer. Im Nu waren die Kavaliere auf ihren Posten, die Taillen ihrer schönen Partnerinnen umfassend . . . Die Damen, die alle diese nationale Leidenschaft teilen, sahen bereitwillig über die Unbequemlichkeit eines gepflasterten Fußbodens hinweg, der von Hühneraugen nicht heimgesuchte Zehen erforderte, sollte er überhaupt erträglich sein; und auch die Stiefel und Sporen der Offiziere in voller Uniform bildeten kein Hindernis für die Grazie und Beweglichkeit . . . Hier wurden weniger Umstände gemacht als im allgemeinen bei Hofveranstaltungen . . .«

Auch die Bürgerschaft feierte nun in der Orangerie. 1848 fand eine musikalische Aufführung »zugunsten der deutschen Kriegsflotte« statt, 1855 ein Konzert, dessen Erlös der Schillerstiftung zufloß. Dabei zeigte es sich, daß der Saal eine ausgezeichnete Akustik besaß. Großherzog Ludwig III. feierte 1856 dort das Gedenken an die Erhebung zum Großherzogtum vor 50 Jahren, und 1863 fanden sich bei einer Familientafel als Gäste Kaiser Franz Joseph von Österreich und König Maximilian II. von Bayern in der Orangerie ein.

Als 1848 überall Bürgerwehren gebildet wurden, exerzierte die Bessunger Wehr im Garten, was die Hofgärtner zu geharnischten Protesten veranlaßte. Im Sommer 1850 wurde das Tor beschädigt, als einem Fuhrwerk die Pferde durchgingen. Es wurde repariert, dann aber an der Bessunger Seite angebracht. An die Alleeseite kam das rückwärtige Tor vom Palais des Prinzen Georg Wilhelm, das am Marktplatz stand und inzwischen in Privatbesitz übergegangen war. Der neue Eigentümer hatte es dem Großherzog geschenkt.

Vom 25. bis 27. Juni 1870 fand im Orangeriegarten die erste deutsche Rosenausstellung statt, veranstaltet vom Gartenbauverein. Bald danach brach der Krieg aus, die Orangerie wurde Lazarett und nahm gefangene französische Soldaten, vornehmlich Nordafrikaner, auf. Auf den Wegen und Plätzen waren Baracken errichtet worden, weiter abseits standen Isolierzelte für die an ansteckenden Krankheiten Leidenden, 197 Verwundete und Kranke waren untergebracht, die Ärzte wohnten im Orangeriehaus. Der jüdische Rabbiner las den Moslems regelmäßig aus dem Koran vor. In Möbelwagen wurden die Gefangenen vom Bahnhof gebracht. Das Tor war für diese breiten Gefährte zu eng, so daß die nicht Gehfähigen über eine lange Strecke auf primitiven Tragen transportiert werden mußten. Man legte daher von der Artilleriekaserne aus ein Anschlußgleis durch den benachbarten Prinz-Emil-Garten. Viele Kriegsgefangene, die ihren Verwundungen und Krankheiten erlegen waren, fanden auf dem Bessunger Friedhof die letzte Ruhe. Die Baracken und Gleise verschwanden bald nach Friedensschluß wieder.

1873 und 1875 veranstaltete der Gartenbauverein wieder Rosenschauen. Einen besonderen Höhepunkt bildete die Gartenbauausstellung »Farbengärten«, die vom 19. August bis 17. September 1905 stattfand. Der berühmte Jugendstilarchitekt Josef Maria Olbrich hatte die Anlage versenkter Gärten, je einen in Rot, Blau und Gelb, entworfen. Mit dem Erlös dieser Ausstellung finanzierte Olbrich die beiden Brunnen auf dem Luisenplatz. Die Farbengärten waren bis zur nächsten großen Gartenbauausstellung im Jahre 1925 zu bewundern.

Der Volksstaat Hessen wollte 1918 die Orangerie der Stadt Darmstadt unentgeltlich übertragen, vorausgesetzt, diese würde das Personal übernehmen. Die Stadt verlangte jedoch lastenfreie Übergabe, so daß es nicht zu einer Einigung kam. Sie pachtete 1925 den Orangeriegarten wie übrigens auch den Herrengarten auf 99 Jahre. Der Plan, eine Lehr- und Versuchsanstalt für Gartenbau einzurichten, blieb unausgeführt. Im September 1934 feierte der Junggärtnerverein »Feronia« dort sein fünfzigjähriges Bestehen. In der Orangerie zeigte der Veranstalter eine Fülle von Sommerblumen, im benachbarten Prinz-Emil-Garten fand eine Dahlienschau statt.

Die folgenden Kriegsjahre und die Bombennacht überstand die Orangerie ohne wesentliche Schäden. Der Bessunger Herrengarten lag wie eine Oase in der Trümmerwüste. Für Jahre war dies der Mittelpunkt des kraftvoll erwachenden Kulturlebens von Darmstadt. Erich Kästner schrieb über den »Darmstädter Theaterfrühling 1946«: »Das vernichtete Darmstadt war das Ziel der Reise, deren Zweck darin bestehen sollte, festzustellen, wie lebendig eine tote Stadt sein kann. Das Landestheater veranstaltete im Saal der ehemaligen Orangerie zwei ›Uraufführungstage‹. Am ersten Tag sah man die ›Antigone‹ des jungen Franzosen Jean Anouilh, am zweiten ein Schauspiel des Amerikaners Thornton Wilder, das ›Wir sind noch einmal davongekommen‹ heißt, außerdem gab es eine Morgenfeier, in der das Ensemble aus Dramen von Saroyan, Ardrey, Wilder und Giraudoux vorlas. Es darf ohne Übertreibung festgestellt werden, daß bisher keine andere deutsche Stadt, sei sie auch zehn- oder zwanzigmal so groß, und keine andere Schauspielgruppe, mag sie getrost viel mehr und viel bedeutendere Namen nennen, mit einem derartig interessanten und reichhaltigen Programm aufgewartet hat.«

Das Darmstädter Landestheater, mit dem klassizistischen Mollerbau 1944 untergegangen, fand hier für Jahrzehnte eine neue Bleibe und steigerte sich von einem Notbehelf in eine neue künstlerische Dimension, zu ungeahnter Größe und internationalem Ansehen. Kein Geringerer als Karl-Heinz Stroux inszenierte Goethes »Iphigenie auf Tauris«, die am 15. Dezember 1945 uraufgeführt wurde. Die Presse berichtete: »Unbemerkt von den meisten indessen nahm man die Arbeit in Darmstadts einzig gebliebenem Saale auf, dem Orangeriehaus im Bessunger Herrengarten. Wer den Saal vorher gesehen hat, verwahrlost, räudig und vergessen, der wird an ein kleines Wunder glauben müssen, wenn er ihn jetzt nach der Herstellung wieder betritt. Der Zaubermeister aber, der ihn mit ein wenig Farbe und Holz und Tuch in einen die Sinne erfreuenden Theaterraum verwandelt hat, ist Max Ritsche, einer der Wenigen aus dem Restbestand des alten Theaters . . .«

Der ausgezeichneten Akustik des Hauses stand der Nachteil entgegen, daß sich der flache Parkett-Innenraum nur geringfügig ausgleichen ließ. Gustav Rudolf Sellner, von 1951 bis 1961 Intendant, machte aus der Not eine Tugend und ließ die Schauspieler auf einer schräg nach hinten ansteigenden Bühne agieren. Diese »Sellner-Schräge« ist in die Theatergeschichte eingegangen und erreichte, wie Bernhard Rzehak treffend formulierte, »nicht nur die Konzentration von szenischem Arrangement, auch die auf einen kompromißlosen Stil«.

Das Schauspiel strahlte eine seltene Brillanz und Intensität aus. Daneben stand aber die Oper keineswegs zurück. Auf der kleinen Bühne, der man allenfalls das Format von Kammerspielen zugetraut hätte, inszenierte Oberspielleiter Harro Dicks mit gleichem Erfolg sogar große Oper. »Theater in der Orangerie«, das waren Jahre unvergessenen Theatergenusses, und Rzehak stellte fest, daß die »Maßstäbe, die hier gesetzt wurden, sozusagen in der Tasche des Theateranzuges desjenigen stecken, der in das 1972 neu eröffnete Staatstheater geht.«

Mit dem Umzug in die neuen Theatergebäude wurde es in der Orangerie ruhiger. Ein Hauch des Vergangenen, Fragmente unvergeßlicher Worte und schöner Melodien scheinen die ehrwürdigen Mauern noch zu umwehen. Gesellschafts- und Festräume haben einen würdigen Rahmen, Ausstellungen finden statt; für die prächtigen Orangenbäume ist das Gebäude wie einst Winterquartier. Die Gartenbauausstellung »Blühender Herbst« zum Stadtjubiläum 1980 knüpfte an alte Traditionen an.

Die Orangerie bleibt mit Kultur und Kunst eng verbunden.

Prinz-Emil-Schlößchen

Als Landgraf Ludwig IX. von Hessen-Darmstadt 1768 an die Regierung kam, war das Land tief verschuldet, und es drohte ihm die kaiserliche Schuldenkommission. Daß es nicht dazu kam, war Karl Friedrich von Moser zu verdanken, der während des Siebenjährigen Krieges schon einmal in hessischen Diensten stand, danach aber in die kaiserliche Verwaltung überwechselte. Auf Drängen der Großen Landgräfin wurde er 1772 zum Präsidenten des Geheimen Rats und zum Kanzler berufen, Moser schrieb über die Situation, die er vorfand: »Der Name Darmstadt war so tief gesunken, so allgemein verachtet, daß, wenn man das Ideal von Verwirrung, Unordnung, Ratlosigkeit kurz zusammenfassen wollte, man Darmstadt nannte. ›Er ist ein Darmstädter‹, war in Frankfurt die Silhouette eines armen oder eines unbeholfenen Menschen.«

1775 kaufte Moser »nahe bei Bessungen zwölf und einen halben Morgen unfreies Gut zusammen, die er zu einem Boskett mit untermengten Obstbäumen anzulegen und darinnen ein Lusthaus zu erbauen willens ist«. So ist im Ratsprotokoll zu lesen, als der Minister Befreiung von den Reallasten beantragte, die ihm zusammen mit 30 Lohnfuhren bewilligt wurde. Die Steuern hatte er bereits bezahlt. Moser stellte den Gärtner Johann Georg Noack an und ließ von Johann Martin Schuhknecht im Garten ein »Lusthaus« bauen, das 1778 fertig war. Der Minister war wegen seiner Unnachgiebigkeit und seines wenig konzilianten Wesens unbeliebt, und es kam sogar zu Zerwürfnissen mit seinen Freunden, unter ihnen Johann Heinrich Merck. Der Landgraf stützte ihn, doch kam es schließlich zu Meinungsverschiedenheiten. Moser wurde am 10. Juni 1780 entlassen. In seiner Zwingenberger Wohnung erschien das ganze Kabinett »ernstgemessen«, nach weiteren Demütigungen exilierte der Gestürzte nach Mannheim, später in seine württembergische Heimat. Schleiermacher setzte sich beim Erbprinzen für ihn ein, der Moser aus der finanziellen Misere half, den Gärtner Noack in seine Dienste übernahm und das Anwesen für 22 000 Gulden kaufte. 1790 bestieg der Erbprinz als Ludewig X. den Thron, rehabilitierte Moser und bewilligte ihm die Pension, die ihm bei seiner Berufung zugesichert worden war.

Johann Heinrich Merck beschrieb den Moserschen Garten: »Wenn wir aus dem

Bessunger Lustgarten (Orangerie) einen angenehmen Rückweg durch das Dorf über die neu angelegte Chaussee nach unserer Stadt nehmen wollen, nötigt uns der Garten des Herrn Erbprinzen hochfürstlicher Durchlaucht zu verweilen, indem er schon von ferne unseren Augen einen Teil seiner Schönheit darbietet. Er liegt rechter Hand auf der Chaussee auf einer reizenden Anhöhe an dem Eingange der Bergstraße. Erst vor einigen Jahren ist er von dem Freiherrn von Moser angelegt und ohnlängst von dem Herrn Erbprinzen hochfürstlicher Durchlaucht angekauft worden. Der Eintritt in ihn ist durch das große Tor linker Hand, wo die Hauptfahrt durch eine chaussierte Allee italienischer Pappeln zum Hause führt. Von da wandelt man durch schlängelnde Gänge von ausländischen Hölzern, deren eine große Verschiedenheit ist, man stößt bald auf einen mit kleinen Bächen durchschlungenen und mit Kleearten und Sommergewächsen bewachsenen Rasenplatz, in dessen Mitte die Statue Apolls von geschlagener Arbeit steht. Nicht weit von da erhebt sich eine kleine Anhöhe, wo eine Quelle rinnt, über welcher eine Laube mit darüber gezogenen Obstbäumen angelegt ist. Auf beiden Seiten ist ein kleiner umzäunter Weinberg von niedrig gehaltenen Reben, welche eine freie Aussicht nach den oberen Partien erlauben. Steigt man höher, so entdeckt man eine schöne Menge Wasser, in deren Mitte sich eine kleine Insel erhebt, worauf ein bedeckter chinesischer Pavillon angelegt ist, in welchem man eine freie und angenehme Luft einatmen kann . . . Noch höher liegt das schöne Landhaus, das an Niedlichkeit, Simplizität und Geschmack sowohl in der Architektur als der Auszierung seines durchlauchtigsten Besitzers würdig ist und seinem Erfinder Ehre macht. Es hat einundachtzig Fuß in der Länge und achtunddreißig Fuß in der Breite. Das erste Geschoß besteht aus einem wohlproportionierten Saale, zwei Zimmern und drei Kabinetten. Das zweite hat nur ein großes Zimmer und zwei Kabinette, dagegen zwei Plattformen mit einer Balustrade, wo man das Vergnügen des Spaziergangs und der freien Aussicht genießen kann. Kurz hinter dem Hause sieht man ein kleines Kapellchen, so wie man es auf den Kirchhöfen erwarten könnte, worin aber statt der Totenopfer dem Komus (= Geselligkeit) gedient wird. Rechter Hand des Hauses trifft man einen kleinen offenen griechischen Tempel an, der niedlich auf nassem Kalk ausgemalt ist; weiter abwärts rechter Hand einen Teich von unregelmäßiger Form . . . Wendet man sich nunmehr wieder aufwärts linker Hand des Hauses, so stößt man auf die Ruinen einer gotischen Kirche, wovon das Portale eine artige Nische zur Ruhe und Aussicht darbietet, und wenn man sie rund umgehet, zeigt sich von hinten ein Fußsteig, der zu dem schönsten Belvedere führt, das als ein Schreibkabinett in dem mittelsten gotischen Fenster angebracht ist. Hier herrscht die freieste Aussicht sowohl über den Garten als über die Landschaft auf viele Stunden Wegs. Von hier aus kann man den Lauf des Rheins auf seinem Silberwege an verschiedenen Orten entdecken . . .«

Der Gärtner mußte oft Übergriffe der Offiziere aus der nahegelegenen Kaserne der

Chevauxlegers beklagen. Mit der Zeit verschwand eine Statue nach der anderen, und die architektonischen Requisiten verfielen. 1836 verkaufte Großherzog Ludwig II. das Anwesen seinem Bruder, dem Prinzen Emil, nach dem es heute noch benannt wird. Der Prinz kommandierte 1812 die hessischen Truppen im Feldzug Napoleons gegen Rußland. Der Kaiser schätzte ihn sehr und plante, ihn nach dem Sieg über die Verbündeten zum König von Preußen zu erheben. In der Völkerschlacht bei Leipzig vom 16. bis 19. Oktober 1813 soll Prinz Emil einer der letzten Getreuen Napoleons gewesen sein und mit seinem Trompeter auf dem Schlachtfeld ausgeharrt haben, als ringsum schon alles gefallen oder geflohen war. 1830 und 1848 galt er als besonders reaktionär.

Nach dem Tode des Prinzen im Jahre 1856 war der Park zu bestimmten Zeiten der Öffentlichkeit zugänglich, wurde aber 1897 wieder geschlossen. Prinz Franz Joseph von Battenberg, das jüngste Kind des Prinzen Alexander von Hessen und der Prinzessin Julie von Battenberg, bezog danach das Palais mit seiner jungen Frau Anna, Prinzessin von Montenegro. Bei Kriegsausbruch 1914 verließen beide Deutschland. Während der Kriegsjahre war das Schlößchen unbewohnt, und so manches schöne Stück der Einrichtung verschwand in dieser Zeit. Als französische Truppen 1919 vorübergehend Darmstadt besetzten, diente das Haus dem Verbindungsoffizier als Quartier.

Bei der Vermögensauseinandersetzung des Volksstaats Hessen mit dem großherzoglichen Hause blieb der Prinz-Emil-Garten Eigentum Ernst Ludwigs. 1927 erwarb die Stadt Darmstadt das Terrain für 500 000 Reichsmark, trennte einen Teil davon ab, legte den Teich trocken und gestaltete den Garten zu einem öffentlichen Park um. 1929 wurde in Darmstadt eine »Studiengesellschaft für elektro-akustische Musik« gegründet. Der Entdecker der Vierteltöne und Erfinder elektroakustischer Instrumente (»Sphärophon«) Jörg Mager bezog das Schlößchen und lebte dort einige Jahre lang seinen originellen Erfindungen. 1934 präsentierte die Deutsche Dahliengesellschaft im Park 14 000 Dahlien.

Die Kriegsereignisse zogen Garten und Gebäude stark in Mitleidenschaft. 1944 brannte das Haus vollständig aus. 1948/49 wurde es in der ursprünglichen Form wieder aufgebaut, auch der Park wurde neu angelegt. Seit 1957 ist das Schlößchen Nachbarschaftsheim.

Kommt man heute von Süden her durch die Heidelberger Straße, so öffnet sich plötzlich rechter Hand die Häuserfront und gibt den Blick frei auf den schönen Park, als dessen Mittel- und Ruhepunkt das Prinz-Emil-Schlößchen auf dem grünen Rasen thront, heute wieder wie einst ein Schmuckstück.

Burg Frankenstein

Es kleidet der Alte, der Frankenstein,
Sich immer noch waidmannsgrün.
(Otto Roquette)

Südlich von Darmstadt-Eberstadt steigen die Berge steil an zum ersten burgengekrönten Gipfel, dem Frankenstein. Auf seiner 394 Meter hohen Kuppe liegt ein kleines Felsplateau. Gabbro und Granit treten hier zutage. Die Stelle ist für eine Burg wie geschaffen.

Der Frankenstein gehört zur Gemarkung Nieder-Beerbach, das in einem kleinen, parallel zur Bergstraße verlaufenden Tal liegt. Dort, oberhalb der Kirche, gibt es ein Gewann »An der alten Burg«, wo früher eine Burg gestanden haben soll. Wer sie einst baute und bewohnte, ist unbekannt. In Nieder-Beerbach besaßen die Herren Reiz von Lützelbach ein Hofgut mit 110 Morgen Ackerland, zehn Morgen Wiesen, einer Schäferei und einer in Erbleihe vergebenen Mühle, außerdem standen ihnen dort noch einige Zins- und Steuereinnahmen zu. Besitz und Rechte könnten aus ehemals fränkischem Gut stammen. Die Reiz von Lützelbach waren ein altes Geschlecht, dessen gleichnamige Stammburg im Odenwald nahe dem Mümlingtal lag. Als im 12. Jahrhundert die Burg Breuberg gebaut wurde, zogen sie als Vögte von Höchst dorthin, und der erste Lützelbacher, der die neue Burg bewohnte, änderte seinen Namen in Konrad I. Reiz von Breuberg. 1222 ist er urkundlich nachgewiesen; er starb vor 1242.

Einer seiner Söhne, Eberhard, übernahm den Besitz Breuberg, ein anderer, Sibido, wurde Geistlicher und war 1257 Domkapitular in Würzburg. Dem dritten, Konrad II. Reiz von Breuberg, fiel der Besitz in Nieder-Beerbach zu. Er war mit Elisabeth von Weiterstadt verheiratet, der Erbin eines beträchtlichen Grundvermögens, zu dem auch der Frankenstein gehörte. Wann Konrad dort eine Burg baute, ist urkundlich nicht belegt, sondern läßt sich, wie bei fast allen Burgen, nur annähernd schätzen. 1252 wurde ein Vertrag »super castro in Frangenstein« geschlossen und von fünf Burgmannen als Zeugen bestätigt. Die Burg muß demnach schon einige Jahre alt gewesen sein. Sieben Jahre Bauzeit sind bei den schwierigen Geländeverhältnissen und den begrenzten Mitteln der kleinen Herrschaft sicher nicht zu hoch gegriffen. Hätte Konrad II. auf den Erbfall, den Tod seines Vaters warten müssen, wäre die Burg erst 1248 oder 1249 fertig gewesen. Das erscheint sehr knapp, bedenkt man das Datum der Urkunde, von der auch nicht sicher ist, ob sie die älteste ist. Der Breuberger baute jedoch auf dem Besitz seiner Frau und war dadurch vom Erbgang unabhängig. Vermutlich wurde der Grundstein zur Burg nach 1230 gelegt; sie dürfte nach 1240 bezogen worden sein.

Um diese Zeit war die alte Burg in Nieder-Beerbach wohl schon verfallen. Es ist auch nicht sicher, ob sie Konrad überhaupt jemals gehörte. Vermutlich war das »Alte Schloß« der vorherige Sitz (s. S. 61 f.).

Dem Urkundentext nach hatte der Frankenstein seinen Namen bereits beim Bau der Burg. Damals hatten aber die Höhen an der Bergstraße nur dann einen solchen, wenn dieser sich auf historische oder örtliche Gegebenheiten bezog, wie z. B. Malschen, Heiligenberg, Darsberg. Es gibt bisher keinen Hinweis darauf, daß der Berg in fränkischer Zeit eine solche Bedeutung besaß.

Konrads Sohn trug bereits den Namen der Burg und nannte sich Konrad I. von und zu Frankenstein. Bald war sein Geschlecht mit vielen anderen versippt und verschwägert, die an der Bergstraße und im Odenwald eine Rolle spielten. Seine Söhne, Töchter, Enkel und Urenkel fanden in hohen kirchlichen und weltlichen Ämtern das ihrer Herkunft und Neigung Entsprechende.

Die Geländeverhältnisse zwangen dazu, die Kernburg auf den Gipfel des kleinen Felsens zu beschränken. Den davorliegenden freien Raum für einen Zwinger oder gar eine Vorburg zu nutzen, verboten zunächst die knappen Mittel der kleinen Herrschaft. Der Grundriß weicht dadurch zwangsläufig von dem anderer Bergstraßenburgen etwas ab. Auf dem Felsen erhebt sich ein hoher Mauerring, an der Süd- und Westseite als Mantel verstärkt. Die Burg konnte auf einen Bergfried verzichten, der in dem engen Innenhof ohnehin keinen Platz gehabt hätte. Dort, wo er hätte stehen müssen, lag der heute verschüttete Brunnen. Der Bering mißt innen etwa 50 Meter in der Länge, zwischen 22 und 23 Meter in der Breite. Rechnet man die Gebäude ab, die hier standen, blieb nur ein schmaler Innenhof. Ein hoher Wohnturm ermöglichte es, einen Feind von erhöhter Position aus zu bekämpfen, er diente darüber hinaus als letzte Zuflucht. Der Eingang lag nicht an der heutigen Stelle, sondern an der Nordostseite, und war über eine Rampe zu erreichen. Die Reste der Flankenmauer sind noch zu erkennen. Wer in die Burg wollte, mußte erst die westliche und dann die nördliche Mauer passieren, die auf seiner rechten, ungedeckten Flanke lag. Die Mauerkrone liegt sehr hoch, der Weg steigt zum Tor hin an und verläuft streckenweise noch unterhalb des Felsens, auf dem der Bering steht. Ein tiefer Halsgraben trennt das Burgplateau vom Bergrücken. Aus ihm stammt auch das Baumaterial. Ein Vorwerk deckte ihn, das im 15. oder 16. Jahrhundert durch den sogenannten Pulverturm ersetzt wurde. Den steilen Weg von Eberstadt herauf sicherte ein weiteres Bollwerk. Es wurde entbehrlich, als man in die Zwingermauer einen Rondellturm einbaute. 1541 wurde dort eine »schöne Linde« urkundlich erwähnt, 1670 eine neue gepflanzt. Nach Süden und We-

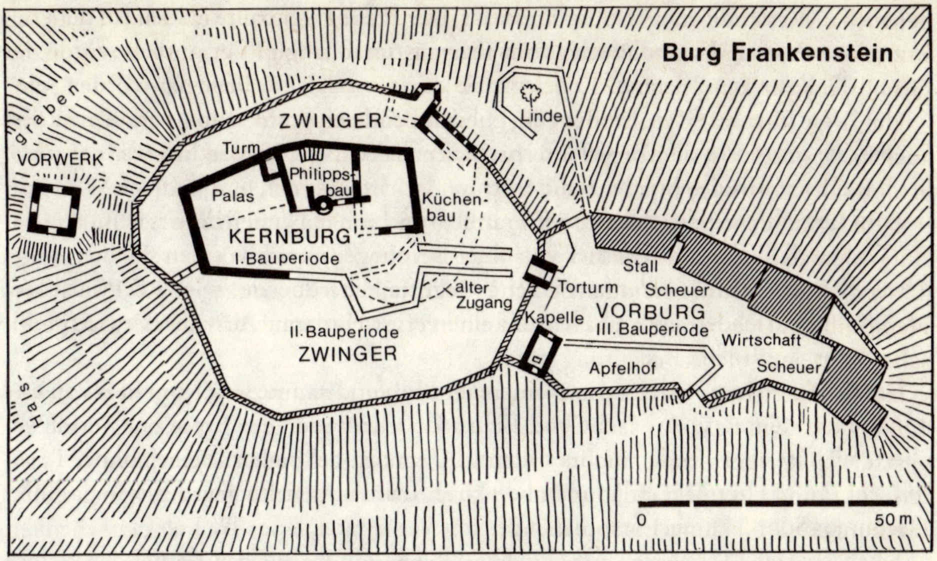

Burg Frankenstein (nach: Bronner, Odenwaldburgen)

sten wurde später vor den Bering ein Zwinger gebaut, zuerst wohl nur durch einen Graben und Palisadenwall, später durch eine Mauer gesichert. Auf der Ostseite war das zunächst nicht notwendig, weil dort die Bergflanke steil abfällt, der Fels an mehreren Stellen zutage tritt und es für einen Angriff kaum erfolgversprechende Möglichkeiten gab. Der Zwinger dort ist erst in jüngerer Zeit entstanden. Die Bergkuppe wurde vom Wald freigehalten, so daß sich der Burg niemand unbemerkt nähern konnte. Ringsum lagen Äcker und Gärten, deren Ertrag dazu diente, die Bewohner zu versorgen. Flurnamen verraten, was dort angebaut wurde: Mauer-, Würz-, Linden-, Nuß-, Obst-, Kersten-, Flachsgarten, Erbest (= Erbsen) gärtlein, Ludwigsacker. Der Brunnen in der Burg führte nicht genug Wasser, für Mensch und Vieh lieferten es außerhalb liegende Quellen: der Katzenborn, der Pfaffenborn, der Holderpronnen. Das kostbare Naß brachten täglich Pferde und Esel in die Burg. Pferde- und Viehställe sowie Unterkünfte für die Reitknechte lagen außerhalb der Burg, Mauerreste im westlichen Zwinger stammen von einem Kuhstall, der im 15. Jahrhundert dort gebaut worden war.

Lange Zeit konnte der Frankenstein auf seine eigene Festigkeit vertrauen. Dennoch war es ratsam, sich auch politisch abzusichern. Konrad I. von Frankenstein schloß daher am 20. Februar 1292 einen Vertrag mit Ulrich I. von Hanau, dem damals ein Sechstel der benachbarten Burg Tannenberg gehörte, und versprach, ihm gegen einen jährlichen Zins von 6 Pfd. Heller seine Burg offenzuhalten. Als Konrad kurz darauf starb, übernahm sein Bruder Friedrich die Vormundschaft über den unmündigen Sohn und orientierte sich politisch anders: »Friedrich von Frankenstein bekundet, Burgmann der Grafen Wilhelm und Diether von Katzenelnbogen geworden zu sein. Als Burglehen erhält er 10 Pfd. Heller jährlicher Einkünfte, die jederzeit gegen 100 Pfd. ablösbar sind. Friedrich leistet den Lehenseid und verspricht, seine Burg den Grafen gegen jedermann zu öffnen . . .«

Die Grafen waren in der Umgebung reich begütert, hatten die Zentgerichtsbarkeit inne und verfügten über Macht und Einfluß. Zwar wurde der Frankenstein nie erobert, auch ist über Fehden nichts bekannt. Dennoch bekunden abgeschossene Pfeilspitzen, die vor der Mauer gefunden wurden, daß es Angriffe gegeben haben muß.

Konrads Sohn Erkinger war mit Euphemia verheiratet, einer Tochter der Schenken von Erbach, seine Schwester war Gemahlin Gisos von Jazza auf Burg Dagsberg. Wie ein Netz legten sich verwandtschaftliche Bande über Burgen und Herrschaften, allerdings schützten sie nicht immer vor Fehden und Feindschaften. Erkingers Sohn Konrad II. wurde 1340 Burgmann des Grafen Eberhard von Katzenelnbogen auf Burg Urberg (Auerbach) gegen eine jährliche Zahlung von 200 Pfd. Heller und verpflichtete sich, in seinem »Haus Frankenstein niemanden wider den Grafen zu beherbergen, ausgenommen den Römischen König, den Pfalzgrafen und die Herren von Weinsberg, Bickenbach und Erbach«. Konrads Sohn erhielt später für das Lehen außer der Geldrente von den Katzenelnbogenern eine weitere Aufbesserung, indem sie »die armen Leute zu Griesheim in die frankensteinische Mühle zu Eberstadt bannten«. Die Hörigen dieser Gemeinde durften ihr Getreide danach nur noch in dieser Mühle mahlen lassen. 1379 bekamen die Frankensteiner eine Mühle in Pfungstadt, deren Bann Pfungstadt und Büttelborn umfaßte.

Konrad II. war zweimal verheiratet, beiden Ehen entstammten Kinder. Das Geschlecht teilte sich nun: Konrad III. aus der ersten Ehe begründete die ältere, Johann I. aus der zweiten die jüngere Linie. Am Margaretentag 1363 schlossen beide einen Burgfrieden und beschworen ihn feierlich. Ungeachtet der Teilung weiterer Güter blieb die Burg gemeinsames Eigentum. Der Erlös aus dem zugehörigen Wald sowie die Entgelte für eine Burgöffnung sollten der Unterhaltung und dem Ausbau der Verteidigungsanlagen dienen, im Falle von Streitigkeiten hatten sich die Parteien gütlich zu einigen. Dieser Burgfriede war auch für die Nachkommen verbindlich und verhinderte, daß der Besitz zersplitterte.

Die ältere Linie bewohnte die Gebäude auf der östlichen, die jüngere die auf der westlichen Seite. Der Wohnturm auf der Westseite wurde ausgebaut und verstärkt. Dennoch mag es bald im Burghof bedrückend eng geworden sein. Über seine Frau, die aus der Familie Kämmerer von Worms (später nannte sie sich »von Dalberg«) stammte, wurde Johann auch mit einem Zwölftel Ganerbe der benachbarten Burg Tannenberg und stellte bei der Belagerung von 1399 einen Knecht, der in der Gefangenenliste erwähnt wird.

In dieser Zeit wurde um die Ostseite der Burg ein Zwinger gezogen, der Eingang auf der Nordseite verlegt, wo er sich heute noch befindet. Das vor dem Zwinger liegende Plateau trennte ein Graben von der Mauer. Ein Turm mit Zugbrücke sicherte das neue Tor. Dieser Brückenturm war damals nicht so hoch wie heute und nach hinten offen, damit sich ein Feind nicht darin festsetzen konnte. Ihn schloß ein Zinnenkranz ab. Die Restaurierung von 1892/93 gab ihm ein zusätzliches Obergeschoß und eine nicht historische Dachhaube.

König Ruprecht I. verlieh am 2. Juni 1402 der Burg Nieder-Beerbach und dem Waldbezirk Dörrenberg Reichsunmittelbarkeit. Ob er damit nur ein altes Recht bestätigte oder den Frankensteinern eine besondere Gnade erweisen wollte, ist nicht bekannt. Die Frankensteiner gehörten der Rittergesellschaft »Zum Esel« an, die als Symbol einen Esel führte. Mit dem »Frankensteiner Eselslehen« hatte die Rittergesellschaft allerdings nichts zu tun. Das »Eselslehen« war ein Kuriosum. In Bessungen hatten die Frankensteiner Güter der Grafen von Katzenelnbogen zu Lehen, die mit einer jährlichen Rente von zwölf Maltern Korn nebst zwei Gulden zwölf Albus und der Verpflichtung verbunden waren, auf Anfordern Bessungens oder Darmstadts einen Boten mit einem Esel zu stellen. Auf diesem Esel mußte jene »undeutsche Frau, die gegen Epheser 5, 23 gefehlt hatte« (›Denn der Mann ist des Weibes Haupt . . .‹), nach einem auf freiem Platz gefällten Urteil durch die Stadt reiten. War der Mann in »offener Fehde« von seiner Frau geschlagen worden und hatte er damit ihre Herrschaft anerkannt, so mußte er selbst den Esel führen, wurde er durch »Überfall und Hinterlist überrumpelt«, tat dies der Frankensteiner Knecht. 1538 richteten Schultheißen und Schöffen des »Bösen Hundert«, des Polizeisenats, an den Junker Hans von Frankenstein und seinen Neffen folgendes Schreiben: »Es hat sich bei unsern Nachbarn zu Darmstadt Zwietracht, Zank, Uneinigkeit zwischen etlichen übermütigen stolzen und bösen Weibern erhoben, die sich haben uffgeworfen gegen ihre Männer und haben sich understanden, ihre Männer zu schlagen, und deren etliche das vollbracht haben. Sollcher Gewalt, Frevel und Übermut ist wider einer ganzen (Ver)Sammlung einer Gemein, auch sonderlich wider das Burglehen und das böse Hundert, und jeweils es dann in unser Straff zu hart verfallen ist und das in keinem Weg will geburen nachzulassen, dann wir zu Darmstadt, nämlich das böse Hundert, von eurer Feste, als von wegen des Burglehen sei dazu eingesetzt und verordnet, solches zu straffen mit Hilff und Beystand nach Vermögen, und wegen Eures Burglehens, so ist es unser ernstlicher Vorsatz, dieselben zu straffen. Bitt und Ansinnen, eure Feste, uns zu Hilf zu kommen nach altem Herkommen, als mit dem Esel und dem Mann daruff zu schicken, und wollt uns nit säumen oder verhindern, sonderlich den Esel uff nächste Dienstag mit dem Mann zu schicken, so wollen wir uff genannten Dienstag morgen früh unseren Stadtboten zu Euch schicken, der soll den Esel und den Mann geleiten gen Darmstadt, dort wird er Futter und Mahl haben, und wann wir ihn gebrauchen in unseren Nöten, so wollen wir ihn eurer Feste wieder mit unserem Stadtboten heimgeleiten am euern Kosten und Schaden, denn wir konnten es nit ungestraft lassen, uff daß das übermüthig, stolz und böse Weibsgewalt mag unterdruckt werden, und nit weiter inreißt. Des soll uns euer Veste zu verdienen mit Willen allezeit spiren bereit zu sein. Datum uff der Herrn vastnacht im jar 1538, Schultheis und Schöffen des bösen Hundert zu Darmstadt.«

Die Sitte des Eselsrittes für böse Frauen scheint auch in anderen katzenelnbogischen Orten üblich gewesen zu sein. Von 1588 an überließen es die Frankensteiner der »wohllöblichen Bürgerschaft zu Darmstadt, von nun an ihre übermüthigen, stolzen, giftigen und bösen Weiber selbst in Zucht und Ordnung zu halten«.

Pfalzgraf Friedrich I. verlieh 1454 »seinem getreuen Konrad von Frankenstein ein Haus mit Garten und ein Fuder Wein zu Nierstein« als Burglehen zu Oppenheim. Dort besaß die Familie bereits den »Frankensteiner Hof«, der die Zerstörung der Stadt im Orléansschen Krieg verhältnismäßig gut überstand und danach der angesehenen Kaufmannsfamilie Wallot gehörte. Ein Wallot war der Erbauer des Reichstagsgebäudes in Berlin, ein anderes Familienmitglied liebte Jugenheim besonders, war oft Kurgast dort und ist auch in Jugenheim begraben.

Konrad III., auch kaiserlicher Rat, strebte aus der räumlichen Enge des Burghofes, wo die jüngere Linie baute, und errichtete vor der Burg den »Apfelhof«, ein prächtiges dreistöckiges Wohnhaus, daneben eine Kapelle. Die neue Vorburg wurde mit einer Mauer umgeben. Das Nordtor darin nahm den Weg von Nieder-Beerbach, das Westtor den von Eberstadt auf. Die andere Linie behauptete, das »Haus verdecke Zinnen und Gewehr«, der Streit wurde 1467 beigelegt.

Philipp von Frankenstein aus der jüngeren Linie war 1448 in die Fehde Michael von Bickenbachs mit der Stadt Frankfurt verwickelt. Beide behaupteten, der Rat der Stadt habe Diener gekauft, um sie vergiften zu lassen. Begonnen hatte es 1413, als die Knechte der Burg und der Stadt in einem Nachlaßstreit auf dem Friedhof zu Nauheim miteinander kämpften. 1463 überrumpelten die Frankfurter Burg Bickenbach, erst 1469 war die Fehde beigelegt.

Ende des 15. Jahrhunderts wurden die Mauern verstärkt. In die westliche Zwingermauer fügte man einen Rondellturm mit Maulscharten ein, und anstelle des Vorwerks, das den Halsgraben deckte, entstand ein starker Turm, dessen Geschützscharten in mehreren Etagen übereinanderlagen. In der Kernburg entstand auf der Ostseite der »Neue Bau«.

Georg aus der jüngeren Linie der Frankensteiner war ein rechtschaffener, ehrlicher Mann und guter Familienvater, so recht nach Art der letzten Ritter. Er stand bei den Landgrafen im Dienst, war Hauptmann aller Zentmannschaften der Obergrafschaft und wurde 1529 Amtmann in Griesheim. 1531 starb er und wurde in der Kirche von Nieder-Beerbach beigesetzt. Sein Grabstein zeigt ihn mit einem Drachen, dem Symbol seines Namenspatrons. Bald woben sich Sagen um ihn: Albert Ludwig Grimm, nicht die Brüder Grimm, setzte die Sage vom Ritter Georg dem Drachentöter in Verse, Scriba faßte sie 1851 in Prosa: Junker Georg liebte die sehr schöne und tugendhafte Anna Marie. Sie war die Tochter eines verarmten Ritters, der jetzt den Frankensteinern als Knappe und Förster diente. Georgs Familie erschien diese Verbindung nicht standesgemäß, und so blieb den Liebenden nur übrig, sich heimlich zu treffen. Als Zeichen vereinbarten sie drei Kerzen, die, ins Fenster gestellt, künden sollten, daß ein Stelldichein möglich war. Junker Georg, der Heimlichkeiten offenbar müde, zog in Begleitung des Försters in ferne Lande, um sich die Rittersporen zu verdienen. Als Ritter, hoffte er, würde er seine Anna Marie heimführen können. Als er fortgezogen war, zeigte sich am Katzenborn, einer Quelle auf dem Weg vom Frankenstein nach Nieder-Beerbach, ein scheußlicher Lindwurm. Er versetzte die ganze Gegend in Angst und Schrecken, und alles, was in seiner Umgebung lebte, fiel ihm zum Opfer. Besonders lüstern war er auf das Fleisch junger Mädchen. Die Dorfbewohner wandten sich an eine Wahrsagerin, die alte Ursula. Ihr Spruch lautete, daß der Lindwurm nur dann wieder in den Born zurückkehren werde, der ihn geboren, wenn ihm das Schönste und Liebste geopfert würde, das das Tal besitze. Die Bewohner beschlossen, Anna Marie am Adventssonntag dem Wurm zu opfern. Dem verzweifelten Mädchen zeigten drei brennende Kerzen auf dem Frankenstein, daß der Geliebte zurückgekommen war. Grimms Verse schildern den Kampf Georgs mit dem Drachen:

Da wappnet sich stattlich und waffnet sich gut
der Ritter mit Hammer und Schwerte.
»Gern opfr ich dem Volke mein Leben und Blut!
Das ists, was ich stets ja begehrte!«
Und früh im Morgenstrahl
dort steht er in dem Tal,
ein Beispiel trefflicher Ritterschaft,
und schwingt den Hammer mit rechter Kraft.

Und kämpft mit dem Wurme, bedrängt ihn kühn
und trifft ihn mit kräftigem Schwunge.
Da taumelt er nieder im Wiesengrün;
der Ritter steht auf ihm im Sprunge;
noch krümmt der Drache sich,
doch fest und kräftiglich
tritt mit dem Fuße der Frankenstein
dem Wurme Genick und Nacken ein . . .

Dem sterbenden Lindwurm gelang es, mit seinem Giftstachel die Beinschienen des Ritters zu durchdringen, auch Georg lag tot auf dem Kampfplatz. Anna Marie starb an gebrochenem Herzen. Alljährlich am Adventssonntag erscheinen seitdem in ihrem Fenster drei brennende Kerzen.

Georgs gutes Einvernehmen mit den Landgrafen, die 1479 das katzenelnbogische Erbe angetreten hatten, paßte der Familie nicht. Sie hatte mit den Hessen häufig Streit; dabei ging es nicht allein um den Besitz in der Wetterau. 1505 verlieh Kaiser Maximilian I. dem Landgrafen Wilhelm einen Zoll auf Wein. Wilhelms Nachfahre, Philipp der Großmütige, ließ an der alten Straße von Eberstadt nach Darmstadt, der heutigen Heinrich-Delp-Straße, eine Zollstation errichten. Das traf die Frankensteiner hart, und sie umgingen den Zoll, indem sie weiter westlich eine neue Straße bauten (heute Heidelberger Straße).

Als Landgraf Philipp von Hessen 1526 in seinen Landen die Reformation einführte, blieben die Frankensteiner katholisch und widersetzten sich auch der Aufforderung, in ihren Pfarrkirchen »das Wort Gottes predigen zu lassen und die Messe samt allen Zeremonien ganz abzuschaffen«. Junker Hans (Johann IV.) verhinderte auch die vom Landgrafen angesetzte Kirchenvisitation für Eberstadt und Nieder-Beerbach mit dem Hinweis, daß dieses Recht nur ihm zustehe. Erst später lenkten die Frankensteiner ein, als die Bevölkerung längst der neuen Konfession anhing. Nur die Burg und ihre Bewohner blieben weiter katholisch.

Die Reichsunmittelbarkeit hatte den Frankenstein vor allen Feldzügen und Kriegen bewahrt, aber die Streitigkeiten wegen des Güldenweinzolls hörten nicht auf. Sie waren nutzlos, obwohl Philipp von Frankenstein den landgräflichen Schultheißen Adam Wamold zu Eberstadt festnehmen und im Turm der Burg gefangensetzen ließ. Ein Inventarium verdeutlicht, was damals der jüngeren Linie in der Burg gehörte: »Erstlich ein Haus im Schloß Frankenstein, wie das neu gebaut, gegen Beerbach zu an der innern Pfortstube, die andere Seite an Philipp zu Frankenstein alt Haus und Backstube stoßend. Item das alt Haus zwischen dem großen Turm und Philips zu Frankenstein Kuchen gegen den Vorhove zu. Item ein Platz im Schloß ist etwan ein Behausung drauf gestanden und durch ein Feuer zu Grunde gegangen, leit auf Bergsträßer Seiten hat einen Ziehbrunnen. Item ein Schöpfbrunnen vor gemeltem Platz. Item die Kapell im Vorhof. Im Vorhof das Gebäu mit Speichern, Ställen und genannt Apfelhove wie der mit der Schloßmauer umfaßt gegen Beerbach zu bis an Junker Philipps neuen Pferdestall mit Tor verschlossen. Item ein Pferdestall nächst dem äußeren Tor wo die Wächter uff sind ist unterschieden ein zu den Wasser- und ander zu den reisigen Pferden, stoßt an Junker Philipsen Pferdestall. Item ein Kuhstall wie der an dem Schloß neu erbaut, steht im Zwinger allein hinter Junker Philipsen Haus gen Eberstadt zu. Drittens im äußeren Vorhof Scheuer und Ställe wider an der Mauer nebicht an dem Pfortenhaus gegen Eberstatt bis an Junker Philipsen Kuhstall. Backhaus nebst Zubehörde gegen Ort Ramstatt uf Beerbacher Seiten gegen Junker Philipsen hoher Bau über. Schweinstall neben der Kapelle.«

Mauern, Turm und Vorburg waren gemeinsamer Besitz, auch der Katzenborn, an dem das Wasser geholt wurde. Die Pförtner waren gemeinschaftliche Bedienstete; wer Wasser am Brunnen holte, hatte auch den Nachtwein für die Torwache zu stellen. Im Januar 1597 erschien der Pfungstädter Zentschultheiß mit 40 Bewaffneten in der Burg, riß Junker Ludwig (vom älteren Stamm) aus dem Schlaf und ließ ihn schwören, daß er einen verdächtigen Reisigen nicht beherberge. Im Juni kam der Schultheiß wieder mit sieben Mannen und durchsuchte die Burg nach Juden, die angeblich auf der Burg aufgenommen wurden und ins Hessische hinein hausierten. Der Landgraf beanspruchte für sich allein das Recht, Schutzjuden aufzunehmen und von ihnen beträchtliche Steuern zu erheben, während der Frankensteiner vergebens auf seine Reichsunmittelbarkeit verwies.

Am 21. Mai 1602 verunglückte Philipp Ludwig im Kutscherloch unterhalb der Burg tödlich, als er mit dem Wagen nach Seeheim fahren wollte. Er war noch ledig, so daß mit ihm die jüngere Linie ausstarb. 1606 starb auch Ludwig von der älteren Linie kinderlos und vererbte seine Anteile an Burg und Herrschaft seinen Neffen mit der Auflage, »das Haus Frankenstein nimmermehr an das Haus Hessen gelangen zu lassen, sondern es im Veräußerungsfalle Kurpfalz oder Kurmainz zum Kauf anzubieten«.

Den Dreißigjährigen Krieg überstand die Burg unversehrt, doch kam es danach wieder zu Auseinandersetzungen wegen der Schutzjuden, so daß sich die Besitzer zum Verkauf entschlossen. Kurmainz konnte die geforderte Kaufsumme nicht aufbringen, Kurpfalz winkte ab, es hatte weder Geld noch territoriale Interessen. Hessen zeigte sich hingegen interessiert. Trotz der testamentarischen Klausel verkauften die Erben 1662 Burg und Herrschaft für 88 000 Gulden an die Landgrafen. Kaiser Leopold I. gab seine Zustimmung und erhob die Frankensteiner 1670 in den Freiherrenstand. Ihre Nachkommen leben heute in Ullstadt in Mittelfranken.

Erst 1664 konnte Hessen die Kaufsumme bezahlen. Es war in erster Linie am Gebietszuwachs interessiert, die Feste hatte jeden strategischen Wert verloren und wurde nur als Zugabe betrachtet. Die Burggüter und der Vorhof wurden verpachtet, die Burg selbst mit Gnadensöldnern (Invaliden) belegt. Während der Streifzüge Turennes 1673/74 bildete sie für die Bevölkerung eine willkommene Zuflucht. Über das weitere Schicksal der Burg berichtete Pfarrer Franck: »Die Invalidengarnison hatte bis zum Anfang des 18. Jahrhunderts einen Kommandanten, der aber, wie seine Mannschaft, beständig über Mangel, Verfall der Gebäude usw. klagte. Es fand sich übrigens zeitweise dort eine sehr bunte Gesellschaft zusammen von altersschwachen Militärsträflingen, Invaliden, verschämten adeligen Bettlern, Förstern, Schatzgräbern und bösen Weibern. Eine der Letzteren rächte schließlich das Eselslehen bitter an der Burg! – Eine Sergeantenfrau nämlich, namens Euler, deren Mann ihr längst fortgelaufen war, erhielt in den 1730er Jahren durch verschiedene Verwendungen das Frankensteiner Hofgut in Pacht und beschäftigte sich nun gründlich damit, die Burg mit ihren Händen zu demolieren. Sie beseitigte nicht nur alles, was niet- und nagellos war, sondern brach auch die Herde ab, stahl die Öfen, Herdplatten, Türen, Schlösser, Fenster, das Blei von den Dächern, verbrannte die Fußböden und Treppenschwellen und verwandelte so das Ganze mit überraschender Geschwindigkeit in eine unwohnliche Ruine. Im Jahr 1738 gelangte zwar die Anzeige von diesem Treiben nach Darmstadt, doch erst nach vollen zwei Jahren fand das Kriegsdepartement sich gemäßigt, einen Untersuchungs-Commissär hinzusenden, der am 18. November 1740 wirklich wohlbehalten dort ankam. Unter diesen Umständen hatte er freilich nur noch zu berichten, daß nicht mehr wohl zu helfen sei, und so wurde denn die Burg stillschweigend den Eulen und Fledermäusen als Garnison überlassen, bis unser Jahrhundert den Ort wegen seiner malerischen Schönheit wieder zu Ehren brachte.«

1765 wurde anstelle von Philipps hohem Bau in der Vorburg ein Forsthaus errichtet. Die Burg selbst blieb dem Verfall preisgegeben. 1835 begannen Restaurierungsarbeiten. Die Kapelle, die bis dahin als Schweinestall gedient hatte, wurde 1853 wiederhergestellt und erhielt Grabdenkmäler der Frankensteiner aus der Eberstädter und der Nieder-Beerbacher Kirche. 1892 bekam der Brückenturm das nicht historische Obergeschoß und das spitze Dach, ebenso der Wohnturm auf der Westseite. Die Gebäude in der Vorburg wurden 1968 abgerissen, und 1970 entstand dort ein moderner Gaststättenbau.

Nicht nur die Sage vom Ritter Georg, sondern auch andere ranken sich um die Burg. In älteren Beschreibungen liest man von einem unterirdischen Gang, der nach Eberstadt führt. Auf der sogenannten Goldplatte im Gewann Dunkelbach soll während des Dreißigjährigen Krieges eine Regimentskasse der Schweden vergraben worden sein. In hellen Mondnächten sieht man dort, so die Überlieferung, die Soldaten am Feuer lagern.

Minister von Dalwigk lud einst die Gesandten am Frankfurter Bundestag zu einem Ausflug auf den Frankenstein ein, unter ihnen auch Bismarck. Man fuhr in den damals modernen leichten Kutschwagen. Einer Anekdote zufolge schwang sich bei der Rückfahrt Bismarck auf den Kutschbock, feuerte die Pferde zu rasender Talfahrt an und bewältigte die Strecke in 20 Minuten. Auf die ängstlichen Zurufe der Mitfahrenden, besonders des österreichischen Gesandten, entgegnete Bismarck: »So wird in Preußen gefahren, wenn ich einmal auf dem Kutschbock sitze!«

Das Gruselspektakel, welches der Deutsch-Amerikanische Club alljährlich in der Burg veranstaltet, hat mit der historischen Wahrheit ebensowenig zu tun, wie das Filmmonster Frankenstein, für den die Verfasserin nur den Namen entlehnte.

Drei wenig erforschte Burganlagen im Beerbachtal

Hinter dem ersten Odenwald-Höhenzug verläuft parallel zur Bergstraße von der Modau aus ein kleines Tal von Norden nach Süden. Es wird vom Beerbach durchflossen, an dem die Dörfer Ober- und Nieder-Beerbach liegen. »Bera« kommt in Gewässernamen öfter vor, doch erlaubt die Ableitung mehrere Deutungen. An den Bären ist zu denken, den Ober-Beerbach im Wappen führte, auch an den Personennamen Bero.

Als 1130 eine neue Kapelle auf dem Weilerhügel geweiht wurde, urkundeten dort Graf Gerhard von Berebach und sein Bruder Heinrich. Gerhard war Graf des Maingaus, und man nahm bisher an, daß er aus Bernbach bei Somborn stammte. Es ist aber durchaus möglich, daß dieses Geschlecht Besitz im Beerbachtal hatte und seinen Namen davon ableitete. Dr. Horst Böhme vermutet, daß in diesem Tal eine kleine, selbständige Herrschaft existierte, wofür die Zent- und Gemarkungsfreiheit ein Indiz wäre. Die Herren von Lützelbach und die Frankensteiner führten ihren Ursprung auf dieses Geschlecht zurück. Die ältesten Burgen lagen nicht unmittelbar an der Bergstraße, sondern weiter oben versteckt im Wald oder in Seitentälern. In kurzer Entfernung, ein bis zwei Kilometer Luftlinie, finden sich die geheimnisumwitterten Reste dreier Anlagen. Sie haben gemeinsam, daß ihre Geschichte ebenso im dunkeln liegt wie der Zweck, dem sie einst dienten.

Die Alte Burg in Nieder-Beerbach

Am Südosthang des Frankensteins liegt oberhalb der Kirche, etwa 260 Meter hoch, das Gewann »An der alten Burg«. Der Name weist auf eine Burg hin, die älter gewesen sein muß als die auf dem Frankenstein. Wie groß sie war, wann sie erbaut wurde, wann und weshalb sie aufgegeben wurde und verfiel, ist unbekannt. Urkunden gibt es nicht. Wahrscheinlich handelte es sich um eine Turmburg. War sie eine Dominikal-Verwaltungsburg oder gar der uralte Sitz derer von Berebach?

1385 verurteilte das geistliche Gericht zu Mainz die Schenken Eberhard, Wilhelm und Gerhard von Erbach zu einer Strafe von 60 Gulden, weil sie dem Pfarrer von Nieder-Beerbach Gewalt angetan und seine Kirche verbrannt hatten. Ob das im Verlauf einer Fehde mit den Frankensteinern oder während »Wernher Kalbes Krieg«, jenem Zug gegen den Raubritter, geschah, ob dabei auch die »Alte Burg« in Mitleidenschaft gezogen wurde, läßt sich nicht mehr feststellen.

1763, 1770 und 1787 wühlten Schatzgräber den Boden um, fanden aber nicht, was sie suchten. Nur eine planmäßige Grabung kann Aufschlüsse über die Geschichte der Burg bringen.

Das Alte Schloß

Etwa einen Kilometer weiter nach Ober-Beerbach zu liegt östlich der Landesstraße eine kegelförmige Kuppe. Sie wird das »Alte Schloß« genannt, zu ihr gehört der etwa 113 Morgen umfassende Bieberwoog, eine Acker-, Wald- und Wiesenfläche. Der gesamte Bezirk war zent- und gemarkungsfrei. Hier stießen drei Gerichtsbezirke zusammen, doch gehörte er zu keinem von ihnen. 1597 hieß es: »...liegt in keiner Zent und die drei Dörfer liegen in drei Zenten«. 1820 teilten die anliegenden Gemeinden das gemarkungsfreie Stück unter sich auf, welches sie seit dem Mittelalter gemeinsam genutzt hatten.

Dr. Böhme vermutet hier eine alte selbständige Kleinherrschaft. Sie könnte den Grafen von Berebach gehört haben und später auf die Frankensteiner übergegangen sein. Dann wäre die Urkunde König Ruprechts I. aus dem Jahr 1402 für den Frankenstein als Übertragung alter Rechte zu verstehen.

Was stand hier einst? Reste eines eiförmigen Ringwalles sind heute noch erkennbar. Er geht nach Südwesten zu, wo das Gelände ansteigt, in einen mächtigen Wall über. Davor liegt ein tiefer Graben, der den Bergsporn vom übrigen Teil des Berges abtrennte. Auf dem Wall könnte eine Mauer gestanden haben. Die Anlage ist etwa 60 Meter lang und 30 Meter breit; wo der Zugang lag, ist noch deutlich zu erkennen.

Adam Breitwieser entdeckte 1976 bei einer planmäßigen Nachsuche die Fundamentmauern eines Turmes, die etwa zwei Meter dick sind. Dr. Böhme fand im Grabungsschutt Scherben und datierte sie in das 10./11. Jahrhundert. Der Platz muß danach noch lange bewohnt gewesen sein und gehörte später den Herren von Frankenstein, so daß die Vermutung naheliegt, daß es sich um deren Sitz handelte, bevor sie auf den Berg umzogen. Wem er vorher gehörte, ist unbekannt.

1855 fand der Oberförster Joseph dort einen alten Helm, der seiner Form nach aus der zweiten Hälfte des 14. Jahrhunderts stammt. Verlor ihn sein Besitzer beim Kampf um die Burg? Einer alten Sage zufolge soll diese in einem Bruderzwist der Frankensteiner zerstört worden sein . . . Pfarrer Dr. Scriba hatte 1845 noch Mauerwerk entdeckt und berichtete: ». . . noch zu Anfang dieses Jahrhunderts befanden sich auf derselben zahlreiche Überreste von einer Art Mauerwerks, welches aber, da der Berg in dem ersten Jahrzehnt desselben umgerodet und mit Tannensaat bestellt ward, abgebrochen und anderweitig verwandt wurde . . .«

Das Ober-Beerbacher Schlößchen

Im Wald nordwestlich von Ober-Beerbach, unweit des Sportplatzes, liegt das sogenannte Schlößchen. Sichtbar sind nur noch die Reste einer Erdumwallung in etwa rechteckiger Form. Eine keltische Fluchtburg war es nach Größe und Form nicht, auch keine Belagerungsburg des Tannenberges, wie Anthes vermutete. Wahrscheinlich handelt es sich um eine mittelalterliche Anlage. Sie ist ebenso geheimnisumwittert wie die beiden anderen im Tal. Vielleicht gibt eine planmäßige Grabung einmal Aufschluß darüber, was sich hier befand.

Das Seeheimer Schloß (Hoflager Seeheim)

»Dicht bei dem Dorfe erhebt sich eine sanfte Anhöhe mit anmutigen Anlagen und einem ziemlich geräumigen Lustschlosse samt Nebengebäuden. Diese Anlagen verdanken ihren Ursprung einem Privatmanne, dessen Liebhaberei an solchen Schöpfungen wohl seine pekuniären Kräfte überstiegen. Der Besucher derselben wird aber seinem Geschmacke in der Wahl und Benutzung des Lokals volle Anerkennung schenken . . .«, schrieb Albert Ludwig Grimm 1842. Der Garten ist heute ein weitläufiger Park mit seltenen exotischen Bäumen und Gewächsen. Die Sumpfzypresse findet man hier, japanische Sicheltannen und Mammutbäume.

Johann Ludwig Pistor, der das hessische Amt Seeheim von 1788 bis 1816 verwaltete, begann 1799, sich ein Landgut zu bauen. Um es finanzieren zu können, verkaufte er sein Gut in Hähnlein dem berühmten Arzt Hufeland für 30000 Gulden. Pistor ließ Wohn- und Wirtschaftsgebäude errichten und durch Maximilian Schulz am Hang einen Garten in französischer Manier anlegen. Der Platz war mit Umsicht und Geschmack gewählt, aber Feld- und Viehwirtschaft rentierten sich nicht, nur die Branntweinbrennerei warf Gewinn ab. Die unruhigen Zeiten und die fortschreitende Geldentwertung taten ein übriges. Pistor geriet in Zahlungsschwierigkeiten, schließlich wurde der Konkurs eröffnet, und das Gut kam unter den Hammer. Großherzog Ludewig I. von Hessen-Darmstadt ersteigerte es 1808. Obwohl sich die Ertragslage nicht geändert hatte, weigerte er sich, dem Rat der Hofkammer zu folgen und das Gut wieder zu verkaufen. Er sah den Besitz als »einen Garten der Lust« an. Sein Sohn und Nachfolger Ludwig II. entschloß sich 1831, die Gebäude zu einem Landsitz umzubauen, Moller hatte den Plan für ein größeres Schloß entworfen, der aber nicht verwirklicht wurde. Als 1831 in Darmstadt die Cholera grassierte, suchte der Hof fieberhaft nach seuchenfreien Zufluchtsorten und fand einen solchen in Seeheim. In erstaunlich kurzer Zeit wurde ein Anbau errichtet; die hölzernen Wachhäuser waren innerhalb von zwei Wochen fertig. Der Hof konnte einziehen. Das »Landgut«, auch »Berggut«, später »Lustgarten mit Berggut zu Seeheim« genannt, wurde nun öfter als Sommeraufenthalt genutzt. Sein erster Verwalter war der Hof-Hühneraugenoperateur Johannes Krebs, der 1832 nach Seeheim übersiedelte.

Der »Herrenbau«, der »Balkenbau« und das »Kavaliershaus« harmonieren in Form und Stil nicht gerade miteinander. Der in französischer Manier angelegte Garten wurde dem Zeitgeschmack entsprechend in einen Landschaftsgarten umgestaltet, in den sich die Gebäude besser einfügen. Albert Ludwig Grimm schrieb: »Der Großherzog von Hessen hat diese Besitzung schon seit einer Reihe von Jahren angekauft, die Anlagen noch erweitern und mit hohen Planken umschließen lassen. Da die alte Wohnung zu beschränkt und den Bedürfnissen des neuen Besitzers nicht angemessen war, wurde ein neuer größerer Anbau aus Holz daran angeschlossen, der geräumig genug ist, den mäßigen Ansprüchen einer fürstlichen Familie an einen ländlichen Aufenthalt zu genügen. Man genießt aus den Fenstern des Schlößchens und von der Terrasse eine reizende Aussicht . . . Zwei Monumente, den vaterländischen Gelehrten Wenck und Höpfner gewidmet, zieren den Garten . . .«

Großherzog Ludwig III. von Hessen-Darmstadt liebte den Aufenthalt im Seeheimer Schloß, ließ die Gebäude erweitern und die Parkanlagen verbessern. Dennoch wurde Seeheim nicht der strahlende höfische Glanzpunkt wie der benachbarte Jugenheimer Heiligenberg, wo Ludwigs Bruder Alexander residierte. Die Ehe des Großherzogs war kinderlos geblieben, seine Frau starb früh. Ludwig führte seitdem ein zurückgezogenes Leben und überließ seinem Neffen und designierten Nachfolger und dessen junger Frau, der englischen Prinzessin Alice, mehr und mehr die Repräsentationspflichten. 1868 heiratete er zum zweitenmal. Die morganatische Ehe mit der Tänzerin Magdalena Appel, die er zur Freiin von Hochstädten ernannt hatte, hielt er vor der Öffentlichkeit verborgen. Meist erschien er völlig überraschend zu einem kurzen Aufenthalt mit seiner attraktiven Frau, um ebensoschnell wieder abzureisen. Dennoch war er stets zur Stelle, wenn ihn sein Land brauchte. »Onkel Louis« nannte ihn die ganze Verwandtschaft zärtlich, sie liebte ihn und verzieh im gern seine Marotten, deren eine es war, alle Beamten, Pfarrer und Lehrer in Dienstuniformen zu stecken. Ende Mai 1877 kam er auf Anraten seiner Ärzte nach Seeheim. Nach einem Besuch auf Schloß Heiligenberg erlitt er einen Schlaganfall. Seine junge Frau pflegte ihn liebe- und aufopferungsvoll; rührend klingt, was von ihr in reinstem Darmstädter Dialekt überliefert ist: »Gelle mei Louis'sche, du verläßt misch net, du weißt, daß de mei einzisch Lewe bist . . .«

Ludwigs Nichte, die Fürstin Marie von Erbach-Schönberg, schrieb in ihren Memoiren: »Er wohnte damals, wie oft im Sommer, in Seeheim an der Bergstraße, ganz nahe vom Heiligenberg. Wir wurden abends gerufen, weil er schwer erkrankt war, und verbrachten die Nacht im Schlosse, teils in der Nähe des Kranken, teils in einem Saale im Erdgeschoß. Morgens trat eine Besserung ein, und wir fuhren nach Hause zurück. Kaum angelangt, erreichte uns die Nachricht seines Ablebens . . . Wir hatten ihn alle sehr geliebt . . .«

Es war der 14. Juni 1877. Die Seeheimer läuteten ihre Kirchenglocke so lange und heftig, daß sie einen Sprung bekam. Die große Zeit des Seeheimer Hoflagers war zu Ende gegangen. Der Glanz fürstlicher Sommeraufenthalte verblaßte. Die Häuser dienten nur noch dem sommerlichen Aufenthalt großherzoglicher Gäste und hoher Beamter. Während des Ersten Weltkriegs richtete die Großherzogin Eleonore dort ein Heim für erholungsbedürftige Stadtkinder ein.

Nach 1918 blieb das Schloß im Besitz der großherzoglichen Familie. Sie verpachtete es an Interessenten, die dafür Gewähr boten, Gebäude und Park in gutem Zustand zu erhalten, unter ihnen Professor Döring.

1940 erwarb die Deutsche Reichspost das Anwesen und nutzte es als Erholungs- und Schulungsheim. Nach dem Krieg diente es zunächst Vertriebenen und Ausgebombten als Wohnung. 1958 kaufte die Deutsch-Europäische Bibelschule das Seeheimer Schloß. Die »Bibelschule Bergstraße« bildet dort junge Seelsorger in einer hochschulmäßigen theologischen Fakultät aus.

Burg Tannenberg

Etwa vier Kilometer südlich vom Frankenstein liegt oberhalb von Seeheim eine 339 Meter hohe Kuppe. Ihr steiler Nordhang ist seit alters von Nadelbäumen bewachsen, die unter den übrigen Laubwäldern auffallen und dem Berg seinen Namen gaben. Danna heißt im Althochdeutschen der Nadelwald, und »Tanne« nennt man heute noch die großen Wälder, meist Kiefern, die sich als grünes Band westlich der Bergstraße hinziehen.

König Ludwig der Deutsche schenkte 874 sein Königsgut in Bickenbach und Seeheim dem Kloster Lorsch. Es muß sich um ausgedehnte Ländereien gehandelt haben, die außerhalb der geschlossenen Ortschaften lagen. Bickenbach und Seeheim lagen außerhalb der Mark Heppenheim, die später das Fürstentum Lorsch bildete. Hier am Rande konnten sich kleine territoriale Herrschaften bilden. Vielleicht bestanden sie seit langem, vielleicht bildeten sie sich im Laufe der Zeit aus Klosterbesitz. Um 1100 hatten hier die Herren von Bickenbach Macht und Besitz. Konrad I. von Bickenbach hatte eine Tochter, Luitgard, die um 1150 Konrad von Hagen-Arnsburg heiratete. Als Mitgift mag sie Seeheim in die Ehe eingebracht haben. Ihr Mann entstammte jenem einflußreichen Geschlecht, das sich später nach der um 1174 errichteten Burg Münzenberg, dem »Wetterauer Tintenfaß«, nannte.

Auch bei der Burg Tannenberg stellt sich die Frage nach Entstehungszeit und -grund. Luitgards Enkel Ulrich I., der 1239 starb, galt bisher als Erbauer. Trifft dies zu, so wäre der Baubeginn auf etwa 1230 zu datieren, eine Zeit, als es heftigen Streit um die Lorscher Vogteirechte gab. Dr. Norbert Wand hat Mörtelproben von den ältesten Mauerteilen nach seiner Methode der Altersbestimmung untersucht und errechnete daraus einen weitaus früheren Baubeginn, nämlich Anfang des 12. Jahrhunderts. Berücksichtigt man alle Fehlerquellen dieser wissenschaftlich noch nicht anerkannten Methode, liegt die Vermutung nahe, daß Luitgards neue Herrschaft durch eine Burg gesichert wurde, wenn es dort nicht bereits eine solche gab. Es bleibt abzuwarten, ob sich diese Hypothese durch andere Erkenntnisse erhärten läßt.

Die Burg liegt auf dem Gipfel, nicht auf einem Bergsporn. Von hier aus hat man

Sichtverbindung zum Frankenstein, zum Auerberg (Auerbach), Schloß Bickenbach (Alsbach), sogar bis zur Starkenburg. Seeheim liegt dem Beobachter zu Füßen, und auch dem unbewaffneten Auge erschließt sich alles, was zwischen Malchen und Alsbach geschieht.

Die Kernburg hatte einen ovalen Grundriß, der innen in der größten Länge und Breite etwa 30x50 Meter maß. Das war recht geräumig und deutete auf einen nicht unbedeutenden Besitz. Nach Osten, der Angriffsseite zu, war die Ringmauer verstärkt, hier stand auch, frei von der Mauer, der mächtige Bergfried, bis zu den Zinnen 24 Meter hoch. Sein Zugang, zu dem man über eine Außentreppe gelangte, lag in sechs Meter Höhe. Im Gewölbe des Untergeschosses war das Verlies, darüber gab es vier Stockwerke auf Balkendecken, die ihr Licht aus Scharten und Gießöffnungen erhielten. Den Abschluß des zinnengekrönten Turms bildete eine spitzkegelige Haube.

Der Eingang zur Burg lag ursprünglich auf der Nordseite, so daß ein Besucher seine rechte, ungedeckte Seite der Mauer zuwenden mußte. Später, vielleicht erst, als die Vorburg angelegt wurde, ist der Burgweg verlegt worden und führte nun von Süden nach Norden über eine Rampe zum neuen Tor. Die Burg war auf diese Weise bequemer zu erreichen. Ein tiefer Graben umgab die Mauer. Der Burgweg überquerte ihn auf einer Brücke, die zum Teil als Zugbrücke ausgebildet war. Dem inneren Bering war ein schmaler Zwinger vorgelagert. Zur Verstärkung erhielt er später einen Eckturm, einen Flankierungsturm und inmitten der Mauer ein Rondell. Im Burghof lehnte sich neben dem Bergfried das älteste Gebäude an die Burgmauer, der sogenannte Münzenbergbau, der wohl auch als Palas diente. Weitere Wohn- und Wirtschaftsgebäude standen daneben, doch herrschte dort sicher nicht die drangvolle Enge, wie sie dem Frankenstein eigen war. Die Burgkapelle lag neben dem Wohngebäude gegenüber dem Bergfried. Der Brunnen mitten im Hof führte kein Wasser, sondern diente als Zisterne. Das Fassungsvermögen mag bei 30 Kubikmetern gelegen haben. Von den Dächern wurde das Regenwasser hineingeleitet, wobei man sich viel Mühe gab, alles vollständig aufzufangen. Esel und Pferde holten frisches Wasser von einer ergiebigen Quelle, die heute noch am Nordhang des Berges sprudelt.

Die meisten Wohngebäude waren unterkellert. Hier lagerten die Vorräte für die Küche und der Wein. Der Burghof wurde, man weiß nicht wann, mit den Resten abgetragener Gebäude aufgefüllt und lag ursprünglich tiefer als zur Zeit der Zerstörung. Eine Ascheschicht gibt dabei Rätsel auf. Wurde die Burg schon früher einmal belagert oder eingenommen, oder wie kam es sonst zu einer Brandkatastrophe?

Das Erbe Ulrichs II. fiel 1255 zu fünf Sechsteln an den Reichskämmerer Philipp von Falkenstein, zu einem Sechstel an Reinhard von Hanau. Die Burg hieß weiter »Seeheim«, Burgmannen und Adlige nannten sich »von Tannenberg«: 1234 Konrad Rauenold (Rabenolt), 1245 Walbold de Dannenberc, 1254 Goldehold von Tannenberc als

Bürge für Konrad Reiz von Breuberg. Ein Werner von Tannenberg war 1270 Domherr in Würzburg; man ermordete ihn, indem man ihm vergiftete Handschuhe unterschob.

Die Anteile Philipps von Falkenstein erbte 1272 seine Tochter Guda (Jutta). Sie war in erster Ehe mit Schenk Konrad II. von Klingenberg verheiratet und brachte die mainzischen Lehen dieser Burg und Stadt am Main in ihre zweite Ehe ein, die sie 1256 mit Konrad II. von Bickenbach schloß. Konrad war ein berühmter Minnesänger und ging als solcher mit dem Beinamen »von Tannenberg« in die Sagenwelt ein. Wie er zu diesem Beinamen kam, ist nicht bekannt, aber auch die Stiftungstafel in der Jugenheimer Bergkirche nennt ihn so. Tannenberg, d. h. Burg Seeheim, gehörte ihm nicht, sondern fiel als Erbteil erst nach seinem Tode seiner Frau zu. Die Burg Konrads war Bikkenbach (Alsbacher Schloß), auch wenn beide auf dem Tannenberg oft und vielleicht auch länger zu Besuch gewesen sein mögen. Der Germanist Johann Wilhelm Wolf, Schwiegersohn der damals in Jugenheim wohnenden Dichterin Luise von Ploennies, hat die Geschichte des Ritters Conrad und seiner Frau Ann-Els in seinem 1853 in Leipzig erschienenen Buch »Hessische Sagen« veröffentlicht. Der Stoff war zu jener Zeit in Deutschland weitverbreitet. Weshalb und auf welche Weise er mit dem Tannenberg in Verbindung kam, ist nicht bekannt: »Es lebte in alten Zeiten in dem Schlosse Tannenberg ein Ritter, der hieß Conrad. Als seine Frau Ann-Els einmal bedenklich krank war, da tat er das Gelübde, wenn sie wieder gesund werde, nach dem Heiligen Land zu wallfahrten. Ann-Els genas bald darauf, und Conrad trat seine Pilgerfahrt an. Auf dem Meer wurde aber das Schiff, darin er fuhr, von Seeräubern angefallen, die ihn und alle anderen gefangennahmen und an einen vornehmen Türken als Sklaven verkauften. Als Ann-Els von Jahr zu Jahr ohne Nachricht von ihrem Mann blieb, machten ihr die Ritter aus der Umgegend Heiratsanträge, aber sie schlug alle aus. Da hörte sie eines Tages von einem anderen Pilger, der heimkehrte, daß ihr Mann in Gefangenschaft bei den Türken sei, und sie beschloß sogleich, ihn zu befreien. Sie verließ ihre Burg in Männerkleidung mit ihrer Harfe, die sie schön zu spielen verstand, und reiste übers Meer bis zur Türkei, wo sie so lang forschte und suchte, bis sie ihren lieben Gemahl fand. Da trat sie vor den Türken, seinen Herrn, und spielte wunderbare Weisen, so daß jeder entzückt zuhörte, der Türke aber sprach, sie solle bitten, was sie wolle, er werde es ihr gewähren. Da bat sie um einen Sklaven, und der Türke schenkte ihr denselben, und das war ihr Mann. Sie gab sich ihm aber nicht zu erkennen, sondern reiste schnell weg und eilte in die Heimat zurück. Wenige Tage nachher folgte ihr Conrad, und da gab es große Feste auf der Burg. Beim Essen erzählte der Ritter den Gästen von seiner Gefangenschaft und seiner Befreiung. Da raunten ein paar von den Gästen ihm ins Ohr, wie seine Frau während der Zeit in Männertracht im Lande umhergezogen sei und ein böses Leben geführt habe. Darüber wurde der Ritter so wü-

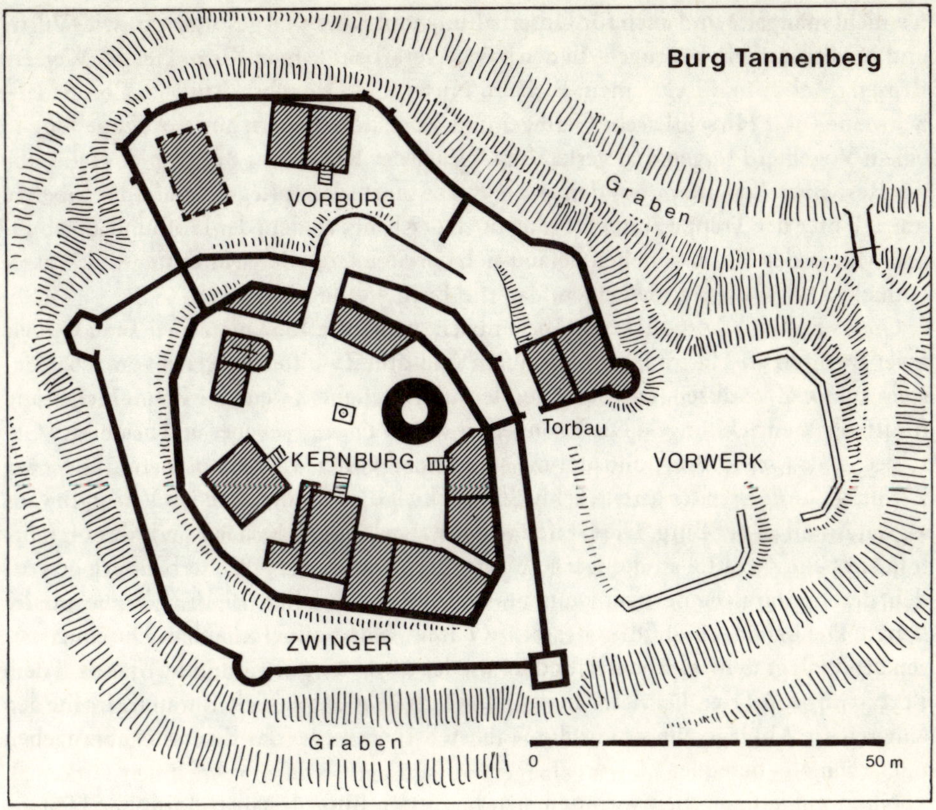

Burg Tannenberg um 1399 (nach: A. Meixlsperger)

tend, daß er sie ermorden wollte, aber sie floh in ihre Kammer und trat nach einer Weile in ihrer Männerkleidung in das Zimmer und vor die Gäste; ihre Harfe hielt sie in der Hand und spielte eine Weise darauf. Nun kann man sich die Freude des Ritters Conrad denken! Die Ohrenbläser machten sich eilig aus dem Staube, wonach das Fest noch viel freudenvoller endete, als es begonnen hatte.«

Der Herrensitz Tannenberg, wie er nun genannt wurde, war reich und gut ausgestattet. Fliesen zierten die Fußböden des Hauptgebäudes, und im Winter verbreitete dort ein schöner gotischer Ofen aus Nischenkacheln behagliche Wärme. Die Fenster waren bunt verglast. Der gewaltsame Untergang der Burg hat vieles unter den Trümmern der Nachwelt überliefert, die staunend sieht, daß es an Haus- und Küchengeräten nicht mangelte und auch für Unterhaltung und Kurzweil gesorgt war, wie Würfel und Maultrommeln bezeugen. In der Küche verarbeitete man Korn, Gerste, Weizen, Erbsen, Mohn- und Leinsamen, Eicheln, Nüsse und Dörrobst, Rind-, Kalb-, Schaf-, Schweine- und Hirschfleisch, Geflügel und Vögel, die Bauern aus der Umgebung in einem Vogelherd fingen und verkauften. Unter der Klause des Burgkaplans fand sich der Rest eines Leuchters, auf den er die Kerze zu stecken pflegte, um in der Bibel zu lesen. Unter der Treppe zum Hof hing noch der Ring, an dem der Hofhund angebunden war, in der Wand daneben befand sich der Steintrog, der sein Futter und Wasser enthielt. Die Waffenfunde zeigen, daß die Burg wohlgerüstet war.

Gudas Enkel, Konrad III. von Bickenbach, verkaufte 1333 mit seiner Frau Gudele zwei Zwölftel an Hartmut von Kronberg und drei Zwölftel an Klaus von Scharfenstein »umbe Zweidusent und Sechshundert und Vier und Zweinzige Phunt Heller und funfftenhalben Schillinge«. Die Kronberger waren ein angesehenes und mächtiges Geschlecht, das seine Burg und die meisten seiner Güter im Taunus hatte. Die zwei Zwölftel wurden weiter geteilt, schließlich behielt die Familie noch ein Vierundzwanzigstel Anteil an der Burg. Die Grafen von Katzenelnbogen besaßen Ende des 14. Jahrhunderts ein Zwölftel an der Burg. Tannenberg war zu einer Ganerbenburg geworden, deren zahlreiche Besitzer kaum persönliche und familiäre Bindungen zueinander hatten. Die Lehens- und Öffnungsrechte waren völlig unüberschaubar. Die einen waren den Pfalzgrafen verpflichtet, andere wieder dem Mainzer Erzbischof, ja sogar dem Erzbischof von Trier. Da viele Miteigentümer in Fehden verwickelt waren, drohte den anderen die Abklage, die sie vor die Wahl stellte, entweder das Eigentum aufzugeben oder ebenfalls befehdet zu werden.

Nur wenige Ganerben wohnten ständig in der Burg, besaßen dort aber Häuser, Wohnungen oder Wohnrechte, auch mußten sie ihre Bedienten unterbringen, die den Besitz verwalteten. So entstand ein Haus nach dem anderen. Nicht alle fanden im Burghof Platz, deshalb wurde um 1370 nach Norden hin eine Vorburg gebaut, in die man durch eine vorgelagerte Befestigung gelangte. Den Burgweg deckte ein weiter draußen liegendes Vorwerk, dessen wohl geplanter Ausbau zu einer weiteren Vorburg unterblieb.

In der zweiten Hälfte des 14. Jahrhunderts verschlechterte sich die wirtschaftliche Lage der Ritter zusehends. Sie besaßen nur die Einnahmen aus Ländereien und aus Burglehen, die sich nicht vermehren ließen. Handel und Gewerbe zu treiben, vertrug sich nicht mit der Standesehre. Auf der anderen Seite erfreuten sich die Städte und die Kaufleute eines zunehmenden Wohlstands. Was lag für junge, unternehmungslustige Ritter näher, als hier die Einkünfte aufzubessern? Zoll konnte man nicht erheben, das war ein Regal des Kaisers und der Fürsten. Geleit erhielten die nach Frankfurt zu den Messen ziehenden Kaufleute gegen entsprechende Gebühren von Heppenheim an durch Kurmainz. Eine Geleitmannschaft brachte die Kaufmannszüge bis nach Langen, wo Frankfurt den Schutz zu übernehmen hatte. Nach altem Recht gehörte, was auf den Boden fiel, dem Grundherren. Ließ sich das nicht erweitern? Die Grenze zwischen Fehde, bei der man den Gegner nach Kräften schädigte, und Raub war schmal, die Ritter kampferprobt und dem Geleitschutz überlegen. Das geraubte Gut zu verhökern, mag nicht einfach gewesen sein. Bargeld war da nützlicher, aber die Kaufleute wußten sich zu sichern und führten statt dessen Kreditbriefe mit; für die Raubritter nutzloses Papier. Diese wußten sich aber zu helfen und nahmen Geiseln, um Lösegeld zu erpressen. Die Klagen häuften sich; mit den Räubereien wurden vornehmlich drei Namen in Verbindung gebracht: Hartmann Beyer von Boppard, Werner Kalb von Reinheim und Hartmut der Junge von Kronberg. Die beiden ersten waren im Hauptberuf reputierliche Leute. Hartmann Beyer von Boppard erhielt 1378 als Nachkomme eines der Ganerben ein Burglehen auf Tannenberg: »Ich Hartmann Beyer von Bopar Ritter, zu diesen Zeiden Burggraue zu Stargkenburg bekenne etc. daz mir die edele mine lieben gnedigen Herren, Her Wilhelm Grave zu Katzenelinbogen und Her Ulrich Herre zu Hanauw al soliche genade getan han und mir gegeben han zweyhundert gudir gebir gulden gud von gulde und swer von gewichte die ich gereide von yn emphangen han ... da midde haben zu Thannenburg zu yrem Burgmanne gewonnen, also daz ich dieselbin 200 Gulden daselbes zu Thannenburg anlegen und vorbauwen sol ...«

Beyer war von 1373 bis 1382 Burggraf auf der Starkenburg. Die Grafen versuchten, mit seiner Hilfe einen Burgfrieden zustande zu bringen und luden 1379 die beteiligten Ganerben auf die Burg, erzielten jedoch keine Einigung. Dem Bopparder wurde in der Folgezeit öfter die Beteiligung an Raubzügen vorgeworfen, so 1381, als Machcolff von Monsheim Frankfurter beraubte und Hartmut ihn zu Tannenberg »gehegt« haben soll, oder 1382, als sich die schwäbischen Städte beim Pfalzgrafen Ruprecht beschwerten und forderten, das Haus Tannenberg zu zerstören. Erst nach dem Tode Beyers konnte sein Sohn die Fehde mit Frankfurt abtun.

Die Ganerben schlossen am 24. Juni 1382 auf Tannenberg einen Burgfrieden, nach dem dort niemand Schutz und Hilfe finden sollte, der mit dem Reich, den Kurfürsten und den freien Städten in Fehde lebte, ausgenommen ein geborener Verwandter oder ein Schwager eines der Ganerben. Keiner von ihnen durfte Hauptmann einer Raubgenossenschaft sein. Sie beschworen, das »vor uns und unsere Erben und vor alle Nachkommen ... veste und unverbrochlichen zu halten mit guten Treuen an Eides statt« und »haben das auch mit ofgereckten Händen zu den Heiligen geschworen, alle Gefährde und Arglist ausgeschieden ...« Nachdem sie Schiedsrichter bestellt hatten, siegelten alle Beteiligten das Dokument: Graf Wilhelm von Katzenelnbogen, Ulrich von Hanau, Schenk Johann von Erbach Domherr zu Mainz, Schenk Konrad von Erbach genannt Rauch, Schenk Eberhard von Erbach, Johann von Kronberg, Konrad von Buchis, Gottfried von Stockheim, Konrad von Rüdesheim, Johann von Frankenstein, Friedrich von Schönberg, Wilhelm und Gilbrecht Löw von Steinfurt, Johann Krieg von Fodesberg, Iligan von Daun, Grete Kämmerer Witwe des Hartmann Beyer, Dieter Kämmerer von Worms und Werner Kalb von Reinheim.

Werner Kalb von Reinheim scheint der einzige Mitbesitzer gewesen zu sein, der sich damals zeitweilig länger in der Burg aufhielt. Von hier aus unternahm er Raubzüge gegen die zur Frankfurter Messe ziehenden Kaufleute. Sein Stammsitz lag in Reinheim, außerdem gehörte ihm die Burg auf dem Schloßberg zwischen Ober-Ramstadt und Ober-Modau. Der Ritter mag damals 20 bis 25 Jahre alt gewesen sein. Die Stadt Frankfurt reagierte zunächst auf ihre Weise und bot ihm zwölf Pfund Heller jährlich, wenn er die Kaufmannszüge unbehelligt lasse. Werner Kalb beschwor das, verzichtete 1375 auf weitere Ansprüche, kündigte den Vertrag jedoch am 19. November 1377 und verlangte mehr Geld: ». . . das sollt ihr wissen, daß ich Euch das ufsage und Euch darum nimmermehr verbunden sein will. Und schickt mir auch den Brief wieder, den Ihr von mir habt . . .« Die Stadt Frankfurt lehnte ab. Frankfurt, Mainz und Worms, nun im Rheinischen Städtebund vereinigt, boten eine Streitmacht auf. Die Frankfurter Stadtrechnung verzeichnet die Ausgaben: ». . . 60 Mannen mit Gleven und 1 eynspennigen und 4 schiffen zu nachtgelde, als man Dannenberg besah und Werner Kalb schedigte . . .«

In »Wernher Kalbes Krieg« sammelte sich die mit Schiffen angekommene Streitmacht in Gernsheim, zog dann zur Burg Tannenberg, »besah« sie, wobei sie offenbar feststellte, daß die Burg wohlgerüstet war, der Gesuchte sich dort aber nicht aufhielt, und zog dann weiter in den Odenwald, wo Dörfer geplündert und angezündet wurden, ohne Rücksicht darauf, wem sie gehörten. Noch lange danach klagten die Grafen von Katzenelnbogen, die mit der ganzen Sache nichts zu tun hatten, um die Regulierung des ihnen zugefügten Schadens, den sie auf 3000 Gulden bezifferten. Walter Möller schätzte die Streitmacht auf etwa 150 Mann, angeführt von Wilhelm von Friedenheim (Worms), Hermann von Hohenweisel (Mainz) und Heinrich von Bellersheim (Frankfurt). Sie zog weiter nach Ober-Beerbach, wo sie auch das Alte Schloß angegriffen haben kann, denn die Frankensteiner waren in die Fehde verwickelt. Über Neutsch erreichte man den Schloßberg, wo die Burg Werner Kalbs erobert und dem Erdboden gleichgemacht wurde. Dem Ansehen des Ritters tat das übrigens keinen Abbruch. Die Katzenelnbogener und die Erbacher belehnten ihn danach, und mit den Städten lag er weiterhin in Fehde: 1390 mit Frankfurt, 1391 mit Mainz. 1425 oder 1426 ist er gestorben.

Es ist nicht sicher, ob der junge Hartmut von Kronberg Werner Kalb kannte, aber in gewisser Hinsicht mag er ihm zum Vorbild geworden sein. Tannenberg hatte sich als sicher und fest erwiesen, und die Kronberger hatten wenig Anlaß, die Frankfurter zu fürchten, mit denen die Familie fast ständig in Fehde lag. Während des Rheinischen Städtekrieges 1388 zog ein Frankfurter Heer, 1500 Mann, »gewappnet mit Hauben, Harnisch und Beingewand« gegen Burg Kronberg und entrindete in den Wäldern Tausende von Bäumen. Die Ritter, verstärkt durch den Pfalzgrafen Ruprecht und Ulrich von Hanau, bereiteten ihm bei Eschborn eine empfindliche Niederlage. 620 wurden gefangengenommen und nur gegen ein hohes Lösegeld freigelassen. Der Rat der Stadt Frankfurt war fortan bemüht, mit den streitbaren Kronbergern gütlich auszukommen. So verpflichtete sich Franke von Kronberg 1396 für sich und seine Erben, gegen eine jährliche Zahlung von 110 Gulden nichts gegen Frankfurts Frieden und Freiheit zu tun, der Stadt Schutz zu gewähren und nicht zu dulden, daß ihr von den Schlössern aus, die er besaß oder noch gewinnen werde, Schaden zugefügt würde.

Johann von Kronberg der Ältere verpflichtete sich nach Beilegung einer Fehde mit Graf Dieter von Katzenelnbogen und Philipp von Nassau, daß er seine Söhne Hartmut und Johann »nit husen und halden wolle in keinen seiner Schlössern wider die obgenannten herren«. Hartmut nahm seinen Vater gefangen und zwang ihn, seinen Bruder und sich wieder in den Familienverband aufzunehmen. Die Familie mag aufgeatmet haben, als die beiden schwierigen Sprößlinge Johann und Hartmut in die Burg Tannenberg zogen, wo die Kronberger Wohnrechte besaßen. Um die beiden scharten sich dort Gesinnungsgenossen: die »Tannenberger« Wiprecht und Peter Rabenolt, Heinrich von Kochendorf, Retzel von Wiesenbach, Dieter und Gerhard von Oberkeim, Vollmar von Wentzlau und Grun von Seeheim, der 1399 vor dem Zentgericht auf dem Heiligenberg angeklagt war, er habe »räubig Gäns genommen«. Gemeinsam machten sie die Bergstraße unsicher, raubten, plünderten und nahmen Geiseln, die ins Burgverlies kamen, bis ihre Angehörigen Lösegeld zahlten. Den Brüdern Oberkeim, Heinrich von Kochendorf und Vollmar von Wentzlau wurden sogar Morde an Gefangenen zur Last gelegt. Zugute kam ihnen dabei, daß nach dem Tode Kaiser Karls IV. im Jahre 1378 die Verhältnisse im Reich äußerst verworren waren. König Wenzel, sein Sohn, konnte sich gegen die Kurfürsten nicht durchsetzen; sein zu Eger verkündeter Landfriede von 1389 hatte wenig Erfolg. Die Kurfürsten konspirierten immer offener gegen den König und hätten ihn längst abgesetzt, wenn sie sich auf einen Nachfolger hätten einigen können. Überraschend erschien Wenzel und verkündete am 6. Januar 1398 einen auf zehn Jahre befristeten Landfrieden. Er war in Regionen gegliedert; der am Rhein gehörten Kurtrier, Kurpfalz, Kurmainz und die Städte Mainz, Worms, Speyer, Frankfurt, Friedberg, Gelnhausen und Wetzlar an. Obmann wurde Graf Philipp von Nassau-Saarbrücken, ein Verwandter des Mainzer Erzbischofs, die anderen Mitglieder des Siebenergerichts stellten je zur Hälfte die Kurfürsten und die Städte.

Erzbischof Johann von Nassau war durch Intrigen Pfalzgraf Ruprechts II. auf den

Mainzer Thron gelangt und als so geldgierig verschrien, daß die Mainzer, die ihn »des Bischof Hens'chin« nannten, behaupteten, gegen Bares könne man von ihm alles haben. Ruprecht wollte seinen Sohn als Kandidaten für die Königswahl qualifizieren und beweisen, daß auch ohne Wenzel im Reich Ordnung zu schaffen wäre. Das wandte sich in erster Linie gegen die Raubritterburgen. Am 11. März 1398 vereinbarten die Kurfürsten Johann von Mainz, Werner von Trier und Pfalzgraf Ruprecht II. in Mainz, »umb Schaden, Raub und Nahme zu verhüten und zu wehren, die unsern vorgenannten Schlössern, Land und Leuten, auch Kaufleuten und Pilgern auf den Straßen viel geschehen sind und täglich geschehen aus den Schlössern mit Namen Montfort, dem Stein, genannt Kallenfels, Altenwolfstein und Dannenberg . . .«, demjenigen von ihnen, der vor eine dieser Burgen ziehen sollte, mit der gleichen Anzahl Mannschaften. Wagen und Belagerungswerkzeug zu Hilfe zu kommen. Ihre Beauftragten sollten sich 14 Tage nach erfolgter Aufforderung treffen, um Einzelheiten des Zuges festzulegen. Eine eroberte Burg sollte jedem von ihnen zu einem Drittel zufallen, sofern sie nicht geschleift wurde. Falls man sie später wieder aufbaute, hatte jeder in gleicher Weise dazu beizutragen und erhielt dafür auch ein Drittel daran. Wurde einer der Verbündeten durch die Belagerung und Zerstörung in eine Fehde verwickelt, so hatten ihm die anderen als Helfer beizustehen, als ob sie für sich selbst kämpften. Die Gefangenen waren aufzuteilen, ebenso das Lösegeld, und durften nur mit Zustimmung aller freigelassen werden. Frieden und Sühne konnten nur gemeinsam geschlossen werden. Es verwundert, mit welcher Skrupellosigkeit sich die drei Kurfürsten über die Rechte unbeteiligter Dritter hinwegsetzten.

Pfalzgraf Ruprecht starb kurz danach, aber sein Sohn Ruprecht III. traf sich schon am 12. April 1399 in Boppard mit Erzbischof Johann von Mainz, um zu beraten, gegen welche der Burgen zuerst vorgegangen werden sollte. Montfort lag auf einem steilen Berg und war uneinnehmbar, die Eroberung gelang erst Pfalzgraf Friedrich I. 1456. Von den anderen schien Tannenberg das lohnendste Ziel. Von hier ging die größte Bedrohung Frankfurter Interessen aus, und nur die Stadt besaß die schwere Artillerie, die nötig war, um die starken Mauern zu brechen. So beschlossen die beiden Kurfürsten, am Sonntag vor Mittsommer vor Tannenberg zu ziehen, ». . . und unser jeder sein Bergfrit (Belagerungsturm) mit ihm da bereit haben, das off dieselben zeit daselbst vor Tannenberg offzuschlagen, zu befesten und zu bestellen, mit Leuten, Bussen, Bliden, Geschütze, wercken und anderem gezeuge als sich dazu heische und not ist . . .« Die Burg wollten sie zerstören, niemand sollte dort mehr bauen oder den Berg befestigen dürfen.

Die anderen unbeteiligten Ganerben mögen mit Unmut beobachtet haben, was sich da zusammenbraute. Hartmut von Kronberg ließ sich nicht einschüchtern. Die Frankfurter würden, so glaubte er, sich mit den Kronbergern nicht schon wieder anlegen wollen, die zudem noch die Transporte auf dem Main leicht stören könnten. Er mag es auch für unmöglich gehalten haben, schweres Geschütz den steilen Berg hinauf und vor der Burg in Stellung zu bringen. Schließlich konnte nur die Frankfurter »Große Busse« der Burg gefährlich werden. Sie war das größte bekannte Geschütz jener Zeit und verschoß Steinkugeln mit einem Kaliber von 50 Zentimetern und einem Gewicht von 175 Kilogramm, während die Geschütze der Mainzer nur 35 bzw. 30 Zentimeter Kaliber und 77,5 bzw. 53,5 Kilogramm Geschoßgewicht aufwiesen. Das städtische Arsenal verfügte zudem über einen so großen Vorrat an Steinkugeln, daß es sogar Mainz damit aushelfen konnte.

Frankfurt zögerte tatsächlich. Es wollte sich verpflichten lassen. Am 26. Juni 1399 beschloß das Siebenergericht des Landfriedens den Zug gegen »Herrn Hartmud von Cronenberg Ritter den Jungen und sin deil des slosses Dannenberg« und forderte die Stadt auf, ihr Kontingent von 30 gewappneten Reisigen mit Gleven sowie »dreiundfünfzig und einen halben gewappneten Schützen mit Geschützen und dazugehörigem Werkzeug zu stellen . . . und sollent ihr besunder stellen euer große Steinbusse mit allen gezeuge darzu gehörig uff unser Herren der Fürsten und der Städte gemeinen kosten . . .« Der Landfriedenshauptmann Philipp von Nassau erklärte, der Zug erfolge, weil Hartmut die Ehre des Landfriedens mißachtet habe. Der Rat der Stadt sicherte sich ab und erklärte den Kronbergern, daß er nur die vertraglichen Verpflichtungen gegenüber dem Landfrieden erfülle und jede Haftung ablehne.

Pfalzgraf Ruprecht lag bereits seit dem 22. Juni vor der Burg und hatte die Feindseligkeiten eröffnet, war aber nicht stark genug, um den Belagerungsring zu schließen. Er drängte den Grafen Philipp, mit den übrigen Truppen nachzukommen und nahm solange den militärischen Oberbefehl für sich in Anspruch. Frankfurt widersagte förmlich und erklärte die Fehde, nicht ohne auf seine Verpflichtung hinzuweisen: ». . . darumb wir von des landfriedens wegen seine feinde worden sind und werden wir oder die unsern zu seinem Teil des ehgenannten Schlosses oder zu andern seinen Gütern, wie man die nennen mag, daran ihr teil oder gemein mit ihm habt, greifen, und nehmet ihr des samtlich oder sonderlich schaden, welcherlei des wäre, des wollen wir unser Ehre gegen euch bewahrt han . . .«

Boten schwärmten aus, um die Fehdebriefe zuzustellen. Franke von Kronberg trafen sie auf seiner Burg Steinheim nicht an. Sämtliche Kronberger waren auf ihrer Stammburg versammelt und hielten Kriegsrat. Sie rieten Hartmut, sofort zum Tannenberg zu reiten. In einem bemerkenswerten Gewaltritt erreichte er die Burg. Seine Verwandten wollten inzwischen ein Heer sammeln und entweder die Stadt, den Geschütztransport oder das Lager vor der Burg überfallen. Sie konnten sich auch nicht vorstellen, wie die Frankfurter die über drei Tonnen schwere Busse mit allem zugehörigen Gerät den steilen Berg hinaufbringen könnten. So waren Hartmut und seine Gesellen zuversichtlich, als die Belagerung begann. Sie besaßen gute Waffen, die Burg war fest und stark, Vorräte gab es genug, so mochten sie sich halten können, bis Verstärkung eintraf. Zwar waren sie zu wenige, um einen Ausfall wagen zu können, aber das wußten die Gegner nicht, sondern vermuteten, es mit viel mehr Verteidigern zu tun zu haben.

Der Pfalzgraf brachte am 29. Juni seine große Büchse in Stellung, die Kugeln verschoß, »so groß wie ein Haupt«. Sein Büchsenmeister Henne von Wachenheim hatte einen Plan ausgearbeitet, wie man die Große Busse heraufschaffen konnte. Da ihm für die Flaschenzüge noch große und lange Seile fehlten, schrieb der Pfalzgraf an die Frankfurter, sie sollten ihrem Büchsenmeister welche mitgeben und auch für genügend Kugeln sorgen, so könne er die Räuber entsprechend bestrafen. Am nächsten Tag war auch der Belagerungsturm aufgeschlagen. Der ungeduldige Ruprecht unternahm am 1. Juli einen Sturm auf die Burg. Er wurde abgeschlagen. Die Verteidiger schossen mit Steinen »als grozz als ein hellerbroetgin und sust mit blye«. Dieses »Blei« bedeutete für die Angreifer eine böse Überraschung. Es wurde aus Handbüchsen verschossen, deren kurzer Lauf aus Bronzeguß auf einem Holzschaft steckte. Die Bleikugeln hatten ein Kaliber von 14,5 Millimetern und ein Gewicht von 15,8 Gramm. 11,8 Gramm Schwarzpulver kamen in den Lauf, die Zündung besorgte ein durch das Zündloch eingeführter glühender Draht. Der Schütze konnte damit einem Gepanzerten ganz schön zusetzen, zumal die Schußentfernung größer war als die einer Armbrust. Der Knall dieser Tannenbergbüchsen, der ältesten bekannten Handfeuerwaffen, mag dabei auch eine nicht zu unterschätzende moralische Wirkung gehabt haben.

Zwei Tage später traf auch der Mainzer Erzbischof mit seinem Aufgebot ein. Auch die »Fustbusse« kam an, eine schmiedeeiserne Kammerbüchse. Sie verschoß Steine mit 16 Zentimeter Durchmesser, die Pulverladung wurde von hinten in eine Kammer gefüllt und das Verschlußstück dann gegen die Lafette hin verkeilt. Der verhältnismäßig lange Lauf von 1,05 Meter und die große Ladung gaben dem Geschoß Zielsicherheit und Durchschlagskraft, so daß Büchsenmeister Siegfried Schwertfeger wohl zufrieden sein konnte.

Mainz bezog vor der Burg die nordwestliche, der Pfalzgraf und die Frankfurter die nördliche und nordöstliche Seite. Die Mainzer brachten zwei Steinbüchsen und eine Blide in Stellung, der Pfalzgraf eine weitere dieser Schleudermaschinen. Trafen die 68 und 286 Kilogramm schweren Geschosse aus Basalt ein Haus, richteten sie großen Schaden an, fielen sie aus ihrer steilen Bahn auf die Mauer, war die Wirkung der scharfkantigen Splitter beträchtlich.

Am 2. Juli nahmen die Pfälzer einen Verdächtigen fest, der sich Contz Relingheber nannte und vorgab, ein Bote der Frankfurter zu sein. Am 4. Juli berichteten Sifrid von Glauburg und Heilmann Schildknecht dem Rat der Stadt, »auch ist uns zu wissen kommen, daz Hanmann Waltmann und Hartmud sin bruder an diesem nächst vergangenen mittwochen zu nach (2. Juli) in dazz sloss sin kommen . . .« Die Kronberger hielten offenbar Kriegsrat; die heimlichen Besucher verschwanden noch in derselben Nacht. Der Belagerungsring wies noch Lücken auf, vielleicht hatte die Burg wie so viele andere einen unterirdischen Geheimgang, der unter dem Graben hindurchführte und davor an einer sorgfältig getarnten Stelle ins Freie mündete.

Die Stadt Frankfurt machte sich nun Sorgen um den Transport ihrer großen Büchse. War der Wasserweg noch sicher genug, auch wenn man frühmorgens beim ersten Licht abfuhr und Reisige sowie Schützen als Bedeckung mitnahm? Bei Eddersheim und Kelsterbach war ein Überfall der Kronberger auf die Schiffe zu befürchten. Der Rat bat den Erzbischof und die Stadt Mainz, dorthin zu Schiff Truppen zu schicken. Johann sagte zu, doch die Mainzer machten Ausflüchte und redeten sich darauf hinaus, sie müßten ihr Kontingent zum Treffpunkt nach Gernsheim schicken. Am Sonntag, dem 6. Juli 1399, morgens drei Uhr, legte das Schiff mit der »Großen Busse«, Gerät und Munition in Frankfurt ab, fuhr unbehelligt den Main hinunter und dann den Rhein aufwärts bis Gernsheim. Am 8. Juli (Dienstag) brach von dort ein langer Wagenzug auf. Für das Geschütz waren 20 Pferde nötig, 32 für die Lade. Ein ganzer Tag verging, ehe man Busse und Lade auf dem Berg hatte; an dem steilen Berghang mußte erst ein Stück Weg neu gebaut werden. Das Rohr wurde auf die Lafette gesetzt und die Busse in Stellung gebracht, »und gehört werklichen große Erbert darzu, dann daz Huß (die Burg) ist zumal gut und kann mer ner me zu kommen dan zu eyner syten«, schrieb Schwertfeger, der auch noch einen Schutzschirm anfertigen lassen mußte; ». . . auch sollt ihr weißen, daß wer nackeit (ungedeckt) sind . . .« Dennoch war er guten Mutes: ». . . besegelt mit eym heller, dan es get unß von gotz gnaden noch wol . . .«

Den Mainzer Bussen mangelte es bereits an Munition, an Ort und Stelle ließ sich kein Gestein brechen, da es zu hart war. Die Frankfurter, um Lieferung gebeten, antworteten am 12. Juli, sie hätten »am heutigen Samstag nach Mitternacht 16 große (39,5 cm) und 12 kleine (36,5 cm) Steine sowie Pulver zu Schiff nach Gernsheim« geschickt und baten, sie mit einem Geleit dort abzuholen. Am 14. Juli berichtete Heinz Herdan der Stadt: ». . . auch wisset, daß die busse heute geschossen hat einen schuß, daz der stein in dem Turn blieb stecken, der ander, daß ein groß Loch in den thurn geht . . .« Danach mußte aber die Beschießung unterbrochen werden: ». . . auch wissent, daz die steine der großin bussin ein wenig zu groß sind und lazt steyne unverzoglich machin daz die ein wenig mynner (minder = kleiner) sin . . .« Fieberhaft versuchte indessen die Geschützmannschaft, die zu großen Steine auf das richtige Kaliber zuzuhauen.

Bischof Raban von Speyer hatte ebenfalls ein Kontingent vor die Burg geschickt, das der Stadt Mainz langte erst am 16. Juli von Gernsheim aus an und entschuldigte die Verspätung damit, daß der Landfriede die Stadt bis jetzt noch nicht förmlich aufgeboten habe. Das veranlaßte Heinz Herdan, der Stadt Frankfurt anzuraten, keine weiteren Schützen mehr wie angefordert zu schicken, zumal sie durch ihr Aufgebot, die beiden Büchsen und das Belagerungsgerät stärker belastet war als die anderen. Eine Woche vorher hatte er sich nämlich Geld leihen müssen, um seine Mannschaft zu besolden.

Am nächsten Tag trafen neue Geschosse ein, die vorhandenen waren behauen und paßten. Die Große Busse begann wieder mit ihrer Arbeit. Erst wurde die Pulverladung in das Rohr gefüllt, festgestampft und verdämmt. Dann wuchtete die Geschützbedienung die 175 Kilogramm schwere, oben und unten etwas abgeplattete Steinkugel in das Rohr. Nun wurde der dicke hölzerne Schutzschild hochgeklappt, und der Büchsenmeister bewies seine Kunst, indem er Höhen- und Seitenrichtung genau peilte. Schließlich wurde der Schuß gelöst. Mit einem fürchterlichen Knall entlud sich die Busse, und der schwere Stein orgelte seinem Ziel entgegen. Wenn die mächtige Kugel einschlug, erzitterte überall die Erde. 40 Kugeln verschoß die Busse, zuletzt auf die Schildmauer. Am 21. Juli war eine Bresche geschlagen, die Belagerer rüsteten sich zum Sturm. Hartmut von Kronberg scheint gehofft zu haben, sich im Bergfried verschanzen und dann um freies Geleit verhandeln zu können. Doch der Turm war durch den Beschuß so beschädigt, daß er nicht lange hätte verteidigt werden können. Hartmut und seine Mannschaft streckten die Waffen.

Die Angreifer waren überrascht, daß es so wenige Verteidiger waren, die ihnen drei Wochen lang standgehalten hatten. Als die Einschließung begann, waren nur 65 in der Burg, sie täuschten aber eine größere Zahl vor, indem sie immer an den gefährdeten Punkten erschienen. Die Beschießung hatte ihnen hart zugesetzt, mindestens acht waren gefallen, und der Mainzer Chronist berichtete, als die Überlebenden aus der Bresche kamen: »ceteri quasi omnes etaliter propter virilem resitenciam fuerunt vulnerati«; nur fünf von ihnen waren unverletzt.

Unter den 51 Gefangenen, die das Frankfurter Stadtarchiv nennt, waren auch Bediente anderer Ganerben, die mit den Räubereien nichts zu tun hatten, der Schenken von Erbach, Hanmann Echter, Werner Kalb, Dieter Kämmerer, Albrecht von Hirschhorn, von der Thann und Frankenstein.

Die Burg brannte, die Eroberer begannen ihr Zerstörungswerk. Das Pulver im Bergfried explodierte und riß den mächtigen Turm in Stücke, die Gewölbe brachen ein, Trümmer bedeckten einen erheblichen Teil der Beute und sicherten sie so der Nachwelt. Vor der Übergabe hatte offenbar einer der Verteidiger seine Handbüchse in die Zisterne geworfen, damit sie nicht in die Hände seiner Feinde fiel.

Nur die Kapelle und die Wohnung des Kaplans blieben verschont, hatten aber bei der Beschießung Schäden erlitten und wurden nur noch notdürftig instand gesetzt.

Kaum jemand mag den Gottesdienst, der dort noch 60 Jahre lang regelmäßig gehalten wurde, besucht haben, der Weg hinauf war beschwerlich, und in den Ruinen soll es nicht geheuer gewesen sein. Am 24. Juli 1399 erklärte das Siebenergericht des Landfriedens in einem offenen Brief, daß die Burg gewonnen, gebrochen und geschleift worden sei, weil Teile von ihr verlandfriedet und der Zug auch des Reiches wegen geschehen sei. Das Gericht schloß alle Entschädigungsansprüche, besonders gegen die Stadt Frankfurt, aus.

Die Beauftragten der Verbündeten, Gerhard Graf von Kirberg als oberster Marschall des Pfalzgrafen, Siegfried von Lindau, Vitztum (Vizedom, Verwalter der bischöflichen Güter) im Rheingau und Landfriedenshauptmann Graf Philipp von Nassau entschieden gemeinsam über das Schicksal der Gefangenen. Diese mußten schwören, sich gemeinsam gefangenzugeben und sich am nächsten Bartholomäitag in Kirchheimbolanden zu stellen. Im dortigen Gefängnis sollten sie einen Monat verbleiben, dann nach Eltville und schließlich nach Heidelberg verbracht werden. Das Gericht des Landfriedens verurteilte die Oberkeims, Heinrich von Kochendorf und Vollmar von Wentzlau wegen Mordes zu einer Buße von 75 Gulden, sie verloren ihre Unabhängigkeit und mußten Dienstleute des Landfriedens werden. Die ersten Gefangenen kamen am 4. Juni 1400 frei, nachdem sie Urfehde geschworen und Bürgen gestellt hatten. Es waren nur noch 42, offenbar sind einige im Gefängnis ihren Wunden erlegen.

Ein paar Ganerben versuchten, von Frankfurt eine Entschädigung zu erhalten. Gerlach von Breidenbach stand mit der Stadt in einem Vertragsverhältnis und argumentierte, die Stadt hätte ihn nicht schädigen dürfen. Seine Klage wurde abgewiesen. Hamann Echter von Mespelbrunn, Vitztum zu Aschaffenburg, und Werner von Falkenberg, Landrichter des Mainzer Erzbischofs, klagten erfolglos gegen Gelnhausen und Frankfurt. Hadamar und Ulrich zur Laber hatten einen Teil des Erbachischen Besitzes geerbt und wandten sich mit einer Klage gegen Frankfurt 1423 an das Landgericht des Burggrafentums Nürnberg, indem sie behaupteten, Schenk Hans von Erbach sei zugesagt worden, die Stadt werde ihm einen Teil seines Schadens ersetzen, falls die Burg zerstört werde. Als Sicherheit ließen die Kläger Geld eines Frankfurter Bürgers pfänden. Erst 1447 wurde dieser Prozeß durch Schiedsspruch beendet.

Aber auch die Räubereien scheinen nicht aufgehört zu haben. 1411 wurde Hartmann von Buches angeklagt, geraubten Wein gelagert zu haben; geschah dies in der Burgruine? Sie lag vereinsamt da, die Bauern aus der Umgebung holten dort Steine; so manches Haus, so manche Scheuer und Mauer enthält Steine vom Tannenberg.

1460 übertrug Schenk Philipp von Erbach mit Genehmigung des Mainzer Erzbischofs den Altar mit allen seinen Einkünften auf sein Schloß Fürstenau. Die Wohnung des Priesters war inzwischen so baufällig geworden, daß man sich ohne Lebensgefahr nicht darin aufhalten konnte.

Um die Ruine rankten sich bald viele Sagen. Johann Wilhelm Wolf erzählte: »Ein Bauer aus Seeheim ging auf den Tannenberg, um Holz zu holen und traf einen alten Stock, der ihm am ersten Tage reichlich lieferte. Als er am folgenden Morgen wieder an demselben hackte, fand er plötzlich eine Röhre, die sehr schön gearbeitet war, gerade wie Stukkaturarbeit, und in derselben lag ein Regenmohr (Feuersalamander). Er warf das Tier hinaus in den Wallgraben, aber ehe er sichs versah, war es wieder in der Röhre. Darüber ärgerlich, schmiß er es wieder heraus, aber im selben Augenblick saß es auch wieder da, und so ging es ihm wohl fünfzigmal hintereinander, so daß er dessen müde heimging. Am anderen Morgen trieb ihn die Neugier herauf, zu sehen, ob das Tier noch da sei. Es war aber verschwunden, und er griff darum rüstig zur Axt und schlug an dem alten Stock weiter. Doch da flog ihm eine Wespe um den Kopf herum und ließ ihm keine Ruhe, wie oft er nach ihr schlug, so daß er wohl merkte, es sei nicht geheuer an dem Ort, und ein Schatz müsse da vergraben sein. Als die Wespe ihn endlich zu sehr belästigte, schlug er mit einem kräftigen Fluch nach ihr, und da war sie verschwunden, aber auch die Röhre war weg und keine Spur mehr sichtbar, wo sie gewesen.« Feuersalamander gibt es heute noch in der Nähe.

»Zwei Buben weideten ihre Ochsen in der Nähe der Burg gegen Seeheim hin vor der dicken Mauer außerhalb des Vorhofes. Da sprach einer zum andern: ›Du sag, hier ist der Keller, wo all der Wein in seiner Haut liegt und die Schätze stecken. Wollen wir einmal hier graben?‹ In demselben Augenblick tat es einen greulichen Schlag, es rollte gerade wie Donner in der Erde, und die Ochsen brachen ein, so daß sie nur mit Mühe wieder herausgezogen werden konnten.«

»Ein Schäfer trieb eine kleine Herde eines Tages bis in die Nähe der Ruine und setzte sich, vom Steigen ermüdet, auf einige Steine, welche aus Moos und Erde hervorblickten. Da hörte er plötzlich hinter sich seinen Namen rufen, und als er sich umschaute, erblickte er ein altes graues Männchen, welches aus einer weitgeöffneten Kellertüre trat. ›Willst Du nicht den Wein versuchen, der im Keller liegt?‹ frug das Männchen, und der Schäfer war nicht unzufrieden damit, da die Sonne gerade heiß brannte und ihm die Zunge am Gaumen klebte. Er folgte dem Männchen, wenn auch mit einigem Grauen. Da kam er in einen ungeheuren Keller mit hohen Gewölben, zu beiden Seiten lagen Fässer, deren Dauben längst abgefault waren, der Wein lag nämlich ›in seiner eigenen Haut‹. Das Männchen schritt von Faß zu Faß und füllte ihm aus jedem einen hohen Becher, und der Schäfer trank und trank, bis er nicht mehr wußte, wo ihm der Kopf stand. Was da weiter mit ihm vorgegangen, wußte er nicht. Als er aber aus seinem Rausch erwachte, fand er sich auf den Steinen wieder und die Sonne tief am Himmel, dem Untergang nahe. Seitdem mied er die Ruinen und hat den Ort nie wieder betreten wollen.«

Daß es in den Ruinen »webbert«, weiß heute noch jedermann in der Gegend. Bis in

Beschießung der Burg Tannenberg
vom Westhang aus, Juli 1399.

Nordostansicht
Burg Tannenberg
vor der Zerstörung
1399 n. Chr.

13. Seeheim-Jugenheim, Schloß Heiligenberg. (S. 83–88)
14. Seeheim-Jugenheim, Klosterruine auf dem Heiligenberg. (S. 83–88)
Vorhergehende Seite:
11. Alois Meixlsperger: Die Beschießung der Burg Tannenberg. (S. 66–82)
12. Seeheim-Jugenheim, Burg Tannenberg vor der Zerstörung. Rekonstruktion von Alois Meixlsperger. (S. 66–82)

die letzten Jahre hat man oft in ihnen gegen Mittag ein weißes Schäfchen gesehen. Andere wollen einem großen schwarzen Hunde dort begegnet sein.

Die Sage von der Zauberflöte, die Wolf aus einem vorhandenen Text bearbeitet hat, enthält Elemente, die sie in die Gruppe der Kunstsagen und Märchen einordnen.

Die Ganerbschaft zerbrach, die meisten Miteigentümer hatten kein Interesse mehr, und die Schenken von Erbach erwarben einen Anteil nach dem anderen. 1714 verkauften sie das Amt Seeheim an die Landgrafschaft Hessen.

Von den Unbilden der Zeit unberührt, schlummerten die Ruinen unter Gestrüpp und Gesträuch. 1746 begann der hessische General Rieppur zu graben. Er suchte »das Gewölb, darinnen 8 Faß Wein und etliche Kisten mit Geld sich finden« und hielt den Zeitpunkt für günstig, da der »Gehörnte Geist von dem Tanne Berk zu denen, so sich an der Noth Gottes (bei Auerbach) finden, zu retiriren gezwungen worden«, was er mittels eines Kompasses festgestellt zu haben glaubte. Was gefunden wurde, ist nicht überliefert, jedenfalls nicht das Gesuchte. Um 1800 ließ Amtmann Pistor dort das »Strohtempelchen« errichten. 1820 gruben einige Einwohner, fanden jedoch nur Reste einiger Eisengeräte, die in die Schmiede wanderten.

Am 30. August 1848 begannen in Anwesenheit Großherzog Ludwigs III. planmäßige Ausgrabungen. Schöne Fußbodenfliesen kamen zutage, reichverzierte Nischenkacheln eines gotischen Ofens, Haus- und Küchengeräte, die Reste einer Handmühle, Nägel, Schlösser, Scheren, Spinnwirtel, Gürtelschließen, Schlüssel, Gewandverzierungen, ein Fingerhut, eine Maultrommel, ein Schwert, ein langer und ein kurzer Dolch, eine Lanzenspitze, die Reste eines Steinhammers, Steigbügel, Sporen, Zaumzeuggeschirr, ein Helm (Kesselhaube), Teile einer Rüstung und von Eisenhandschuhen. Eine Tannenbergbüchse fanden die Ausgräber im alten Brunnen. Der Rest des Schaftes steckte noch im Laufstück. Die Büchse war geladen, der eiserne Ladestock lag daneben. Der Großherzog schenkte diesen wertvollen Fund dem Germanischen Nationalmuseum in Nürnberg.

Kreisbaumeister Mittermayer verfaßte einen Plan der freigelegten Grundmauern, während Oberförster Seitz die nähere Umgebung kartierte. Das Standardwerk von Dr. J. v. Hefner und Dr. Wilhelm Wolf »Die Burg Tannenberg und ihre Ausgrabungen« erschien 1850.

Um die Jahrhundertwende wollte der Verkehrs- und Verschönerungsverein Jugenheim einen Aussichtsturm errichten, da die Ruine ein beliebtes Ziel von Wanderern und Spaziergängern war. Die Inflation machte diesen Plan zunichte.

Baurat Carl Krauß hatte 1915 nachgraben lassen und 1926/27 Grundriß und Aufriß der Burg rekonstruiert. 1973 begann eine Arbeitsgruppe des Heimat- und Verschönerungsvereins Seeheim, die Mauerreste freizulegen, zu sichern und zu restaurieren. Viele freiwillige Helfer wurden an Wochenenden dort tätig, für sie seien stellvertretend einige der Verantwortlichen genannt: Alois Meixlsperger, Jörg Schill, Leo Keil und Harald Wirth. Dabei kamen weitere interessante Funde zutage, die zusammen mit einem Modell der Burg und Bildern von der denkwürdigen Belagerung im Heimatmuseum Seeheim-Jugenheim bewundert werden können. Die alte Brücke über den Burggraben ist wiederhergestellt, und in der Ruine erinnert ein Gedenkstein an die »Tannenberger«.

Schloß Heiligenberg

In Jugenheim treten nahe beieinander zwei wasserreiche Bäche aus den Bergen: Quaddelbach und Stettbach. Zwischen ihren Tälern liegt eine zungenförmige Erhebung: der Heiligenberg. Steil fallen seine Flanken ab, an den Fuß schmiegen sich die Häuser des Ortes.

Der Name erlaubt mehrere Deutungen. »Heilige« hießen die Reliquien, auf die beim Zentgericht auf dem Berg geschworen wurde, ein uraltes Nonnenkloster stand dort, den Heiligen Felizitas und Perpetua geweiht, und vielleicht reichen die Wurzeln uralten Weistums noch weiter zurück. Es ist möglich, daß jenes Gut, welches der Priester Altramnus 773 in Alsbach dem Kloster Lorsch schenkte, auf dem Heiligenberg lag. Dann hätte damals allerdings Jugenheim zur Mark Alsbach gehören müssen. Die Veröffentlichung von Dr. Horst Böhme läßt die Geschichte Jugenheims und des Heiligenberges jedoch in einem neuen Licht erscheinen.

Danach waren Jugenheim und das Gebiet des späteren kleinen Amtes Jossa uneingeschränkter Eigenbesitz der Herren von Bickenbach, wobei offenbleibt, ob dieses Geschlecht von Anfang an edelfrei war oder aus dem Stand der Klosterministerialen von Lorsch aufstieg. Dr. Böhme führt zum Beweis dessen an, daß dem Kloster in Seeheim, Bickenbach und Alsbach viele Dotationen gemacht wurden, in Jugenheim jedoch keine, was auf eine selbständige Herrschaft deutet. Jugenheim, obwohl an einer frühen Besiedelung kein Zweifel besteht, wurde erst sehr spät urkundlich erwähnt; es war dort keine Schenkung wie in den Nachbarorten möglich. Bei der Teilung des Kirchspiels Bickenbach machten die Grundherren das nahegelegene Jugenheim zur selbständigen Pfarrei und bauten dort 1263 eine Kirche – nicht in Seeheim. Als Konrad II. schließlich seinen Besitz teilte, wurde keine Lehensverpflichtung genannt; das Gebiet scheint von Rechten Dritter frei gewesen zu sein.

Die Kuppe des Heiligenbergs forderte zum Bau einer Burg oder eines befestigten Hofes geradezu heraus. Während man entlang der ganzen Bergstraße jeden geeigneten Platz belegte, sollte dieser freigeblieben sein? Das wäre ein merkwürdiger Zufall. Dr. Böhme schließt daraus, daß der Stammsitz der Herren von Bickenbach hier auf dem Heiligenberg lag, bevor diese auf den Weilerhügel und später nach Alsbach umzogen. Dafür gibt es noch andere Indizien. Zeller grub 1906 im Klostergelände und fand Scherben, die heute leider verschollen sind. Nach den vorhandenen Fotografien datiert sie Dr. Böhme ins 10. oder 11. Jahrhundert. Da bestand das Nonnenkloster noch gar nicht, und die Klarissen dort werden wohl kaum museale Stücke aufbewahrt haben. Das Zentgericht ist ein weiteres Indiz. Es könnte sich aus einem alten Hörigengericht entwickelt haben, solche Gerichtsstätten lagen immer bei einem Herrensitz. Klöster pflegte man auch nicht gerade auf exponierte Höhen zu bauen. Das auf dem Heiligenberg war als Grablege für die Stifter und ihre Familienangehörigen gedacht und diente darüber hinaus dazu, Töchter adliger Familien, die nicht standesgemäß verheiratet werden konnten, angemessen zu versorgen. Heiligenberg war das Hauskloster derer von Bickenbach, wie die Zimmerische Chronik vermerkt: ». . . ligen irer vil in einem clösterlein under Bickenbach die Bergstraße hinab auf einem Berg . . .«

Stimmt Dr. Böhmes Theorie, so lag hier eine Burg oder ein befestigter Herrenhof, Stammsitz der Bickenbacher, bis sie im 11. Jahrhundert umzogen. Das Kloster wurde gebaut, als die Gebäude verwahrlost waren, wobei offenbleibt, ob es Konrad II. und seine Gemahlin Guda oder einer seiner Vorfahren stiftete. Konrad machte 1264 dem Kloster eine Dotation und sicherte so seinen Bestand.

Das Kloster war nur klein und dürfte kaum mehr als jeweils 20 Nonnen beherbergt haben. Sie mußten ihr Wasser mit einem Esel unten im Balkhäuser Tal holen. Die Quelle trägt heute noch den Namen »Nonnenbrunnen«. »Eselsweg« heißt der Pfad, auf dem das Tier täglich entlangtrottete. Bei der Grabung von 1906 wurde vor den beiden Seitenaltären der Kirchenruine je ein großes Skelett gefunden, das mit den Füßen zum Altar hin lag. Handelt es sich um die beiden Stifter? Vor dem nördlichen Seitenaltar wurde ein weiteres Familienmitglied bestattet, der 1368 im Knabenalter verstorbene Konrad von Weinsberg. Seine Grabplatte ist erhalten.

Nachdem die Burg Tannenberg zerstört worden war, brachten die Schenken von Erbach allmählich den größten Teil des Amtes an sich. Ihr Hauskloster war Schönau bei Heidelberg, so daß das Kloster auf dem Heiligenberg immer mehr an Bedeutung verlor. 1413 waren nur noch zwei Nonnen dort: Grete von Hattstein und Elisabeth von Ramstadt. Erzbischof Johann II. von Mainz hob daher das Kloster auf und übertrug dessen Einkünfte auf das Kloster Lorsch. Die leerstehenden Gebäude begannen zu verfallen, nur die Kirche wurde, wahrscheinlich noch ein Jahrhundert lang, weiterbenutzt und erhielt auch später noch Stiftungen wie das Jahrgedächtnis der Elisabeth Pfot, der Witwe Martin Oberkeims. Ihr Sohn war vermutlich Pfarrer in Jugenheim. Das Geschlecht bekleidete ein halbes Jahrhundert nach den Vorgängen auf Burg Tannenberg wichtige Ämter.

Neben dem Eingang zum Nonnenkloster steht eine mächtige Linde. Fachleute schätzen ihr Alter auf etwa 1000 Jahre. Unter ihr trat einst das Zentgericht zusammen. Diese Zentverfassung ist eine Eigenart im rechtsrheinischen Franken. Als die Bevölkerung wuchs, teilte man die Gaue in kleinere Verwaltungseinheiten ein. Mehrere Dörfer bildeten eine solche Zent (von centum = hundert), es waren durchschnittlich einhundert Familien, etwa 500 Einwohner. Die Zent Jugenheim umfaßte die Dörfer Jugenheim, Seeheim, Bickenbach, Alsbach, Malchen, Ober-Beerbach, Stettbach, Schmalbeerbach, Wurzelbach, Staffel, Balkhausen und Hähnlein. Das Zentgericht setzte sich aus 14 Schöffen zusammen, die aus den Dörfern kamen, den Vorsitz führte ein Zentgraf als Beauftragter des Gerichtsherren. Je vier stellten Jugenheim und Seeheim, je zwei Alsbach und Ober-Beerbach, je einen Bickenbach und Balkhausen. Sie urteilten über Vergehen und Verbrechen, wobei ihnen auch die Blutgerichtsbarkeit oblag, faßten Beschlüsse über Preise und Gewichte, regelten Grenzstreitigkeiten und sorgten für die Reinigung der Bäche. Die Zent hatte ihre eigene Mannschaft, eine Art Miliz, die mit zeitlicher Beschränkung auch zur Landesverteidigung eingesetzt werden konnte, und die mit Waffen, auch einer Zentfahne, ausgerüstet war. Strafprozesse, bei denen der Eid angefochten wurde, entschied man durch Zweikampf. In zwei Fällen ist ein solcher zwischen Mann und Frau bekundet, wobei der Mann – »ein wip ist ein halber man« – bis zur Hüfte eingegraben wurde. Das Zentgericht trat nach altem Herkommen »undter freiem himmel und undter einer linden« zusammen, nach germanischem Recht durften Eide nur bei aufsteigender Sonne, also vormittags, geschworen werden, sonst waren sie ungültig. Ende des 16. Jahrhunderts wurde die Halsgerichtsbarkeit mehr und mehr nach Darmstadt gezogen, das Zentgericht tagte im Hof der Kellerei, nach 1714, als Jugenheim hessisch wurde, nur noch in Zwingenberg. Erst 1821 wurde die Zentverfassung aufgehoben.

1810 schenkte Großherzog Ludewig I. seinem Hofkammerrat August Conrad Hofmann den völlig verwilderten Heiligenberg. Hofmann baute dort zwischen 1814 und 1816 ein Landgut, bestehend aus Wohnhaus, Schuppen, Scheuer und Stall, Keller, Waschküche, Schweineställen und Schnapsbrennerei und legte Obstplantagen und neue Weinberge an. Das Gut stand auf der Ostseite des Heiligenbergs, von Klosterruine und Zentlinde trennte es ein schmaler Sattel. Vom Tannenberg her wurde eine Brunnenleitung aus eisernen Druckrohren gelegt, die das dazwischenliegende Stettbacher Tal überbrückte, einen Röhrenbrunnen speiste und vor dem Haus eine 3,60 Meter hohe Fontäne in die Höhe schießen ließ. Aus dem Überlauf erhielt ein Zierteich Wasser. Die Leitung versorgt das Schloß heute noch. Der Hofkammerrat und spätere Finanzminister kümmerte sich auch um die alte Klosterruine: »Auch die freundlichen Anlagen um die Klosterruine rühren aus jener Zeit her. Es wurde sinnig dabei benutzt, was die Natur seit dem Verfalle des Klosters dort geschaffen hatte, und bei der Räumung des Schuttes trug man Sorge für die Erhaltung des Vorhandenen . . .«

1827 verkaufte Hofmann das florierende Gut seiner künftigen Landesherrin, Großherzogin Wilhelmine. Die Fürstin kränkelte und erhoffte sich Heilung in dem milden Klima. Das Landgut war ihr Sommeraufenthalt, auf dem Berg tobten ihre beiden jüngsten Kinder herum: Alexander, geboren 1823, und seine um ein Jahr jüngere Schwester Marie.

Oberbaudirektor Moller leitete 1831 größere Umbauten, die aus dem alten Gut eine wenn auch bescheidene fürstliche Sommerresidenz machten. Die Großherzogin kümmerte sich persönlich um den landwirtschaftlichen Betrieb, besonders den Weinbau. Auf den Fundamenten der alten Klosterkirche ließ sie 1830 eine künstliche Ruine aus Resten der abgerissenen Kirche in Gronau bei Bensheim errichten. Dorthin kam auch der alte Taufstein aus der Jugenheimer Kirche, der im Pfarrhaus zuletzt als Ententrog gedient hatte. Handwerker, aber auch viele Einwohner fanden im Schloß Heiligenberg Lohn und Brot. Die Gemeinde blühte in den Folgejahren zu einem bekannten und viel besuchten Luftkurort auf.

Großherzogin Wilhelmine starb 1836. Fünf Jahre später heiratete ihre jüngste Tochter, Prinzessin Marie, den russischen Thronfolger und späteren Zaren Alexander II. und nahm ihren Bruder Alexander mit nach Petersburg. Der Prinz wurde im russischen Heer Generalmajor. Er verliebte sich in die Hofdame seiner Schwester, Julie von Haucke, quittierte den Dienst, verließ mit ihr heimlich Rußland und ließ sich am 21. Oktober 1851 in Breslau trauen. Die unstandesgemäße Heirat verursachte den üblichen Eklat, obwohl es längst andere genug gab und Julie einer angesehenen Familie entstammte. Einer ihrer Vorfahren war Pfarrer in Sesenheim, wo später Goethe seine berühmte Romanze mit Friederike Brion erlebte, und ihr Vater war als Militärgouverneur von Warschau beim dortigen Aufstand ermordet worden.

Das junge Paar zog sich auf Schloß Heiligenberg zurück, das der Prinz von seiner Mutter geerbt hatte. Ludwig III. von Hessen-Darmstadt verlieh Julie und ihren Kindern die Namen einer seit dem 14. Jahrhundert ausgestorbenen Familie: Sie wurde Gräfin, 1858 Prinzessin von Battenberg. Die Battenberger waren zwar von der Thronfolge in Hessen ausgeschlossen, spielten aber bald in der europäischen Geschichte eine bedeutende Rolle.

Prinz Alexander trat in österreichische Dienste und befehligte eine Brigade in Oberitalien. Seine Schwester verzehrte sich in Sehnsucht nach der geliebten Heimat und besuchte den Heiligenberg, sooft sie konnte. Sie durfte hier ungebunden und fern der strengen Etikette leben, mit ihren Kindern herumtoben und in den alten Ruinen spielen. Ihr Mann bestieg 1855 als Alexander II. den Zarenthron, rehabilitierte seinen Schwager und besuchte regelmäßig im Sommer mit seiner Gemahlin den Heiligenberg. Mit ihm kamen die Minister, Offiziere und das ganze Gefolge. Sie mußten, da im Schloß nicht genügend Platz war, im Dorf untergebracht werden, das durch die nun beginnenden »Russenzeiten« großen Aufschwung erhielt. Welche Aufregung jedesmal beim Zarenbesuch herrschte, schildert ein zeitgenössischer Bericht: »Von morgens an kamen jeden Augenblick vierspännige Leiterwagen, haushoch mit Koffern beladen, dazwischen kamen Wagen voll russischer Kammerdiener, Garderobiers usw. an. Es war ein Vorgeschmack der ganzen Russenzeit. Das Dorf war sehr hübsch geschmückt. Auch ein Triumphbogen war gebaut, im ganzen Dorf herrschte große Aufregung. Um halb sieben fuhren wir an den Bickenbacher Bahnhof, überall waren Menschen, wenigstens vierzig Wagen standen da. Um sieben Uhr annoncierte eine vorauseilende Lokomotive das Herannahen des kaiserlichen Zuges. Gleich darauf rauschte er an. Die ganze kaiserliche Familie zeigte sich an den Waggonfenstern, und einen Augenblick später stiegen alle aus. Die Kaiserin weinte vor Freude . . . Am Triumphbogen wurde gehalten, die Gesangvereine sangen die russische Hymne, Blumen wurden gestreut . . .«

Könige und Fürsten, Minister und Diplomaten kamen zu Besuch. Im Winter wurde das Schloß zur Baustelle. Alle Räume wurden erweitert und renoviert, Ställe und Remisen errichtet, die Ehrenwache mußte untergebracht werden, bald krönte ein Turm, später ein zweiter, den fürstlichen Sommersitz. 1859 zog sich der Prinz, der bei Montebello und Solferino gekämpft hatte, ins Privatleben zurück. Er widmete sich auf Schloß Heiligenberg nicht nur der Diplomatie, sondern suchte auch die Freundschaft von Künstlern und Gelehrten, war selbst ein talentierter Klavierspieler und geachteter Numismatiker.

Zum Gedächtnis an die Großherzogin Wilhelmine ließen ihre Kinder 1866 an ihrem Lieblingsplatz auf einem Sockel von schwarzem Granit ein hohes vergoldetes Kreuz errichten. Dieses »Goldene Kreuz« wurde zum Wahrzeichen Jugenheims und des Heiligenberges, das weit hinaus in die Rheinebene leuchtet.

Die Kinder des Prinzenpaars, die Battenberger, saßen auf Königs- und Fürstenthronen und beeinflußten die europäische Geschichte wesentlich. Marie, die Älteste, heiratete den Grafen, später Fürsten von Erbach-Schönberg und lebte im nahegelegenen Schloß Schönberg bei Bensheim. Ludwig, der älteste Sohn, begann seine Karriere als Kadett bei der britischen Marine und war 1914 Erster Seelord. Obwohl loyaler englischer Bürger und von Churchill gestützt, mußte er bei Kriegsausbruch sein Amt niederlegen und änderte den Namen seiner Familie 1917 in Mountbatten. Er war mit Viktoria, Prinzessin von Hessen, verheiratet, der Ehe entstammten vier Kinder: Luise, am 13. Juli 1889 in Jugenheim geboren, wurde als Gemahlin Gustavs VI. Adolf Königin von Schweden; sie starb 1965. Georg starb 1938. Alice (1885–1969) heiratete den Prinzen Andreas von Griechenland, ihr jüngstes Kind, Prinz Philipp, ist Gemahl der englischen Königin Elisabeth II. und Stammvater des Hauses Windsor-Mountbatten. Louis, der Jüngste, schlug wie sein Vater die Marinelaufbahn ein, wurde Admiral of

The Fleet, letzter Vizekönig von Indien und NATO-Befehlshaber im Mittelmeer. Er trug den Titel Earl Mountbatten of Burma, hatte viele unbeschwerte Kindertage auf dem Heiligenberg verbracht und kam in seinen letzten Jahren gern und oft dorthin zurück, jedesmal begeistert empfangen. 1979 fiel er einem Attentat zum Opfer. Alexander von Battenberg wurde 1879 von der Sobranje zum ersten Fürsten von Bulgarien gewählt. 1886 zwang ihn ein Putsch rußlandfreundlicher Offiziere zur Abdankung, er heiratete die Hofschauspielerin Johanna Loisinger, legte seinen Namen ab und zog sich als Graf von Hartenau nach Graz zurück, wo er 1893 starb. Bulgarien bereitete ihm ein Staatsbegräbnis.

Heinrich, Prinz von Battenberg, heiratete 1885 Beatrice, die jüngste Tochter der englischen Königin Viktoria. Er starb 1896 auf einer Expedition in Afrika. Das Paar hatte vier Kinder. Die Jüngste, Viktoria Eugenie, genannt »Ena«, wurde die Gemahlin König Alfons' XIII. von Spanien und ist die Großmutter des Königs Juan Carlos. Die Familie hat übrigens ihren Namen nicht anglisiert, ihre Nachkommen sind heute noch Prinzen und Prinzessinnen von Battenberg.

Franz-Joseph, »Franzjos«, das jüngste Kind des Prinzen Alexander und seiner Gemahlin Julie, heiratete Anna, Prinzessin von Montenegro. Die Ehe blieb kinderlos.

Die Särge des Prinzen Alexander († 1888) und seiner Gemahlin Julie († 1895) standen zunächst in einem 1894 erbauten Mausoleum in der Nähe des Goldenen Kreuzes. Die Stammeltern des Hauses Battenberg/Mountbatten ruhen seit 1902 in einer Gruft; das Mausoleum enthält Gedenktafeln an die Prinzen Alexander und Heinrich.

1922 wurde das Schloß Heiligenberg Privatbesitz, 1934 Staatseigentum und ist es bis heute geblieben. Es wurde in den Strudel der Zeitereignisse gerissen: Haushaltungsschule, BdM-Führerinnenschule, Lazarett, wieder Schule; von der Inneneinrichtung blieb nichts erhalten. Als Ende 1945 das Pädagogische Institut eröffnet wurde, konnte es die Räume zunächst nicht beziehen, weil Mobiliar fehlte. Dieses Institut hat Jugenheim viele Impulse gegeben. Zeitweise studierten hier 2000 Lehramtsbewerber. Nach seiner Auflösung stand das Schloß längere Zeit leer, bis dort eine Außenstelle des Hessischen Instituts für Lehrerfortbildung eingerichtet wurde. Diesem Zweck soll es auch weiterhin dienen; größere Umbauten sind geplant.

Burg Jossa (Dagsberg)

Von der Burg, die auf einem 295 Meter hohen Ausläufer des Darsberges erbaut wurde, sind heute nur noch Erdwälle und einige Mauerreste zu sehen. Sie war nur kurze Zeit bewohnt und verfiel dann.

Der Darsberg liegt zwischen Jugenheim und Alsbach. Tagesberg, Dasperg, Darschberg könnte mit dem Personennamen Tago zusammenhängen, stammt jedoch, was wahrscheinlicher ist, von Dachs, mittelhochdeutsch Dahs. Der Tannenberg und das Alsbacher Schloß sind in der Luftlinie nur jeweils einen Kilometer von ihm entfernt. Daß man auf diesem engen Raum eine weitere Burg baute, muß einen besonderen Grund gehabt haben. Keine Urkunde verrät das Baujahr, doch ist die Burg jünger als die benachbarten, was auch der mit Splitt vermengte Mörtel zeigt.

Der Grund war eine Erbteilung. Konrad II. und Guda hatten eine Tochter, Agnes, die mit Reinhard I. von Jossa (Jazza, Jazaha) verheiratet war. Reinhard entstammte einem alten Adelsgeschlecht, das sich nach der Burg Joß bei Salmünster nannte. Konrad II. starb vor 1272, Guda vor 1290. Agnes und ihre Söhne Gerhard und Giso erbten das abgeteilte Amt Jossa. Es war nicht groß und umfaßte Jugenheim, Balkhausen, Quaddelbach, Winthan, Staffel und als Exklaven Langwaden und den Hof Dietersklingen. Noch bis 1554, nachdem es längst in den Besitz der Erbacher gelangt war, wurde für das Amt Jossa innerhalb des Amtes Seeheim gesondert Rechnung gelegt.

Als Standort für die Burg kam nur der Ausläufer des Darsberges in Frage, obwohl er beträchtliche Nachteile aufwies. Seine Flanken sind zwar steil. Um die Burg nach Osten zu sichern, waren jedoch umfangreiche Erdbewegungen notwendig, auch blieb nach Westen hin eine freie Fläche, die nur schwer zu befestigen war. Der Grundriß mit 25 x 40 Metern erscheint heute recht klein, war aber für die damaligen Verhältnisse erträglich und angemessen. Hinter einer mächtigen Schildmauer, die wohl auch durch Futtermauern abgestützt wurde, stand der Bergfried. Sein Fundament wies bei einer Mauerstärke von 3,75 Metern eine lichte Öffnung von 0,90 Metern auf. Das Tor sicherte ein vorgelagertes Außenwerk, die Außenmauer wurde durch Erker gedeckt. Die Burg hatte keinen Zwinger, dafür gab es innerhalb des Berings noch eine Mauer,

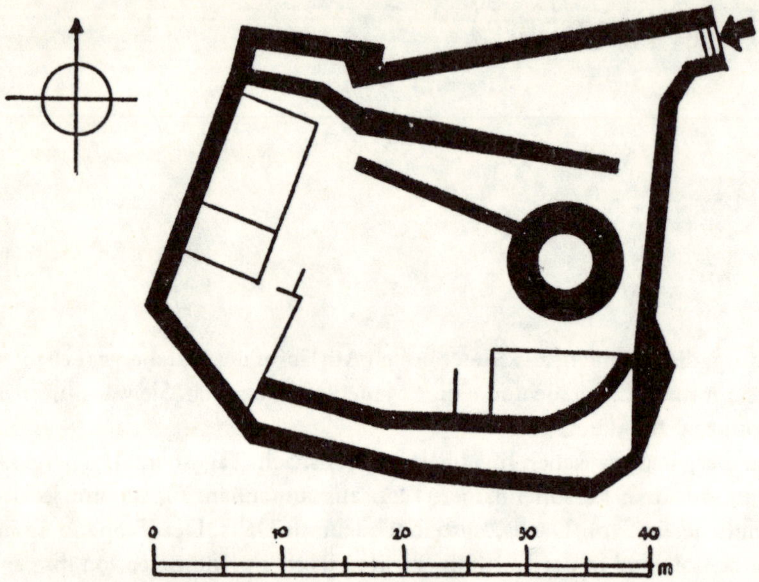

Burg Jossa (nach: R. Kunz, Wanderwegeheft Jugenheim)

die vom Bergfried aus ein Stück in den Hof hineinreichte, so daß hier ein Feind so lange aufgehalten werden konnte, bis sich die Verteidiger in den Turm zurückgezogen hatten. Ein Wohn- und ein Wirtschaftsgebäude standen an der Westseite des Innenhofes, an der Ostseite ein Stall. In der Burg gab es keinen wasserführenden Brunnen; wo die Zisterne lag, ist nicht bekannt. Esel und Maulesel mußten das Wasser unten im Tal an einer Quelle holen, die später das Jagdschloß Bickenbach versorgte.

Um 1290 dürfte man mit dem Bau begonnen haben. Wie die Spitzen abgeschossener Pfeile bezeugen, die im Burggraben gefunden wurden, ist die Burg angegriffen worden; wann und weshalb, ist nicht bekannt. Gerhard II. und Giso IV. von Jossa schenkten ihre Burg am 4. August 1312 dem Mainzer Erzbischof Peter von Aspelt und empfingen sie als Lehen wieder zurück. Sie verpflichteten sich, sie dem Erzbischof stets offenzuhalten, außer bei Fehden gegen das Reich und die folgenden Verwandten der Besitzer: Ulrich und Gottfried von Bickenbach, Erkenger von Frankenstein, Schenk Konrad von Erbach und Ritter Bernhard genannt Ruckelin. Kam es zu einer Fehde zwischen dem Erzbischof und Ulrich von Hanau, so sollte Giso, der beider Lehensmann war, neutral bleiben, Gerhard hingegen dem Mainzer Hilfe leisten. Der Erzbischof verpflichtete sich, für die Brüder einzutreten, wenn das Reich oder die Stadt Oppenheim dagegen Einspruch erhoben, daß sie die Burg gebaut und von Mainz zu Lehen genommen hatten. Gerhards Frau Lukardis und Gisos Frau Hedwig gaben ihre Einwilligung zum Vertrag; ihnen waren die Einkünfte als Wittum verschrieben worden. Die Übergabe erfolgte ohne weitere Vorbehalte und Genehmigungen. Dr. Böhme folgert sicher zu Recht daraus, daß Dagsberg Eigenbesitz war.

Nach dem Tode Gerhards II. (vor 1335) begannen die Erben Stück für Stück an die Erbacher zu verkaufen. Hedwig, die Witwe Gisos, veräußerte 1346 die Hälfte des Dorfes Jugenheim für 230 Pfd. Heller, ihr Sohn 1356 die ihm verbleibende Hälfte des Burgstadels, den dazugehörigen Wald und zwei Morgen Ackerland, genannt Benngarten, für 200 Pfd. Heller. Das Amt Jossa war damit ganz im Besitz der Erbacher, allerdings Mainzer Lehen.

Schenk Konrads Politik konzentrierte sich darauf, seinen Söhnen Anteile an den Burgen und Herrschaften Tannenberg und Alsbach zu sichern. Die Bezeichnung »Burgstadel« im Kaufvertrag von 1356 läßt darauf schließen, daß die Burg damals schon nicht mehr bewohnt war, es dürfte den Schenken auch nicht schwergefallen sein, sie ganz aufzugeben.

Im Mainzer Lehensbrief von 1360 wurden »Dasperg, Dithersclinge und Gugenheim« noch genannt, in einem anderen, der zehn Jahre später ausgefertigt wurde, fehlt Dagsberg, das wohl um diese Zeit längst nicht mehr bewohnt war. Die Mauern und Gebäude verfielen, alles Verwertbare wurde weggeschafft, und die Steine dienten den Bauern der Umgebung als willkommenes Baumaterial. Gestrüpp wucherte über den Trümmern, der Platz geriet in Vergessenheit.

Großherzog Ludwig III. von Hessen-Darmstadt ließ, ermutigt durch die Funde auf dem Tannenberg, am 9. September 1848 in der Ruine graben und gestattete am 18. September eine Nachgrabung. Die Ausbeute war gering: drei Vorratstöpfe, ein Horn, ein Schildchen, Nägel und ein kleines Schwert. Mittermayer fertigte einen Grundriß.

Durch den zunehmenden Fremdenverkehr entstanden nach 1860 viele Spazierwege und Aussichtsplätze. Die freiliegenden Grundmauern der Burg wurden zugeschüttet, die Trümmer weggeräumt und zu einer niedrigen Umfassungsmauer benutzt. Die Spitze des aufgeschütteten Hügels ebnete man ein und machte sie zu einem Tanzplatz, neben dem eine hölzerne Schutzhütte stand, der »Henriettentempel«. Die Burg Jossa ist heute fast vergessen.

Jagdschloß Bickenbach

Landgraf Ernst Ludwig von Hessen-Darmstadt konnte durch den Kauf des erbachischen Amtes Seeheim (Tannenberg) sein Gebiet abrunden und gewann umfangreiche Waldungen mit beachtlichem Wildbestand westlich der Bergstraße hinzu. Das Herz des passionierten Jägers mag höher geschlagen haben, gab es doch im Bickenbacher Forst damals über 100 Hirsche.

Ernst Ludwig (1688–1739) baute während seiner Regierungszeit viele Jagdhäuser und Jagdschlösser, um der damals in Mode gekommenen Parforcejagd, auch »Französische Jagd« genannt, frönen zu können. 1720 ließ er am südöstlichen Ausgang von Bickenbach ein Jagdschloß bauen. Einen Teil des Geländes erwarb er von der Gemeinde, einen anderen von der Witwe des Obersten Greber. Die Anlage, eine der weitläufigsten in Hessen, hat einen geräumigen, rechteckigen Grundriß. Ihr Hauptstück ist das Herrenhaus, ein einfaches, zweistöckiges Barockhaus mit abgewalmtem Dach, das Obergeschoß in Fachwerk, überputzt. Es hatte ursprünglich einen schokoladenfarbenen Anstrich und trägt an der Stirnseite die Inschrift: »Als Jagdschloß erbaut von Landgraf Ernst Ludwig Anno 1720.«

Dieses Haupthaus war den fürstlichen Herrschaften und ihren Gästen vorbehalten. Im ersten Stockwerk lagen die Zimmer für den Landgrafen und den Erbprinzen. Die südlichen vier Zimmer des Erdgeschosses waren dem Oberjägermeister zugeteilt, der jederzeit verfügbar sein mußte. Die Oberförsterei bestand in Bickenbach bis 1819, dann wurde sie nach Jugenheim in die frühere Kellerei der Grafen von Erbach verlegt.

Das große langgestreckte Gebäude gegenüber hieß »der große Bau« und enthielt Räume für das übrige Personal. Der vordere Hof wurde durch einen Querbau hinten abgegrenzt, daran schloß sich ein weiterer Hof an, der Ställe, Geräteräume, Schmiede und Wärterwohnungen enthielt. Um das ganze Anwesen zog sich eine hohe Mauer, am Tor neben der Straße stand ein Wachhäuschen.

Der Bauherr bevorzugte frisches Quellwasser aus den Bergen, ließ die Quellen unterhalb der Burg Jossa fassen und durch eine hölzerne Rohrleitung in das Jagdschloß leiten, wobei man wegen des Höhenunterschieds am Dünenrand einen Umweg am

Landbach entlang machen mußte. Die Holzröhren hielten nicht sehr lange. 1780 mußten sie erneuert werden. Reste von ihnen fanden sich beim Bau der Bickenbacher Wasserleitung und beim Kanalbau 1969 und 1974.

Landgraf Ludwig VIII. von Hessen-Darmstadt, der »Große Jäger«, veranstaltete von Bickenbach aus viele Jagden. Eines seiner vielen Jagdbilder, die er malen ließ, zeigt die vordere Bergstraße mit einer typischen Jagdszene: Auf der Ruine des Alsbacher Schlosses ist ein kapitaler Hirsch gestellt worden. Der Landgraf hatte 1745 dem Erzherzog Franz Stephan und seiner Gemahlin Maria Theresia das Dekret der Kaiserwahl nach Heidelberg überbracht. Bei seiner Fahrt zur Krönung machte Franz I. in Bickenbach Rast. Ludwig, den er seinen besten Freund nannte, lud ihn zur Jagd ein und ließ das Ereignis durch einen Gedenkstein im Bickenbacher Wald verewigen. Dieser »Kaiserstein« trug eine nach dem Zweiten Weltkrieg entwendete Metallplatte mit der Inschrift: »Am 16. Julius des Jahres 1745 schossen Seine Königliche Hoheit, der Großherzog von Toskana, Franziskus Stephanus, allhier einen Hirsch Knall und Fall.«

Der Erbprinz und spätere Ludwig IX. kehrte auf der Fahrt von Pirmasens gern in Bickenbach ein, seine Passion waren jedoch die Soldaten, nicht die Jagd. Bickenbach wurde nicht mehr als Jagdschloß genutzt, nachdem Ludewig X. (I. als Großherzog 1790–1830) an die Regierung gekommen war. Während der Koalitionskriege 1794 war es Lazarett, das zur Rheinbundzeit auch französische Verwundete aufnahm, von denen 77 starben, zumeist an Wundbrand und Fleckfieber. 1819 kam das Lazarett nach Gräfenhausen. Das alte Jagdschloß wurde zur Kaserne, die 2. Eskadron der Garde-Chevauxlegers wurde von Bessungen hierher verlegt. Eine Marketenderei wurde gebaut, eine Pferdeschwemme mit Pumpe angelegt, auf dem gegenüberliegenden Platz entstand eine Reitbahn. Acht Jahre später kam die Garnison nach Bensheim, Schwanheim und Groß-Hausen.

1827 erwarb Postmeister Zimmermann das Anwesen und richtete seine Poststation dort ein. 1848 wurde die Postexpedition nach Zwingenberg verlegt; Zimmermanns Witwe verkaufte die Gebäude dem Duisburger Handelshaus Arnold Bönninger für 10 000 Gulden. Aus dem einstigen Jagdschloß wurde nun eine Zigarrenfabrik. Der mittlere Querbau verschwand, man renovierte die Gebäude und pflanzte im Hof Bäume. Während ihrer Glanzzeit beschäftigte die Firma dort 150 Personen, und der Tabakanbau in den umliegenden Orten erhielt Aufschwung. 1860 geriet das Unternehmen in Schwierigkeiten. Fabrikdirektor Georg Max Scriba führte es zunächst in kleinerem Umfang weiter und erwarb es schließlich für 16 000 Gulden. Die Quellen unterhalb der Ruine Jossa verkaufte er für 4000 Gulden Karl Merck, der sie für seine Jugenheimer Villen nutzte. Als Scriba starb, ging der Besitz auf zwei weitere Fabrikanten, schließlich auf die Firma Thorbecke in Mannheim über, die etwa 100 Personen beschäftigte. Die Zigarren wurden im Akkord hergestellt, wobei ein Arbeiter auf einen

Wochenlohn von acht bis 20 Mark kam, außerdem stand ihm ein Deputat an Zigarren zu.

Im Herrenhaus wurden Angestelltenwohnungen eingerichtet, in Teilen der anderen Gebäude Arbeiterwohnungen, die übrigen Bauten dienten als Fabrik- und Lagergebäude. Die Firma besaß in Übersee eigene Plantagen. Während des Ersten Weltkrieges und in den Jahren danach war die Produktion stark eingeschränkt. 1931 nahm sie die Firma Meyer in Mannheim in kleinerem Umfang wieder auf, stellte sie jedoch 1936 ganz ein, weil inzwischen die Zigarre durch die Zigarette verdrängt worden war. 1939 erwarb die Firma Grenzhäuser das Anwesen und lagerte ihre Tabakwarenvorräte dort ein.

Nach 1945 war das alte Jagdschloß Auffanglager für Heimatvertriebene, diente als Notwohnung, Werkstätte und Champignonzucht. Den größten Teil erwarb die Spar- und Darlehenskasse und errichtete im Hof ein neues Bankgebäude sowie einen Lagerschuppen. Die übrigen Bauten wurden Gastarbeiterunterkünfte.

In seinem alten Umfang ist das Schloß heute nur noch schwer zu erkennen. Die Gemeinde Bickenbach bemüht sich darum, den größten Teil zu erwerben, die historische Substanz zu erhalten und soweit möglich wiederherzustellen.

Weilerhügel (Alt-Bickenbach)

Zwischen Bickenbach und Alsbach ragt ein spitzkegeliger Hügel fast elf Meter über die hier völlig ebene Umgebung. Ihm ist eine erhöhte Plattform vorgelagert. Um die ganze Anlage, die einen Umfang von 280 Metern und einen Längendurchmesser von 90 Metern hat, lief ein breiter Graben, der heute verlandet und eingeebnet, aber noch deutlich erkennbar ist.

Weilerhügel heißt diese Stelle, wo die Gemarkungen Bickenbach, Hähnlein und Alsbach zusammenstoßen. Der alte Neckarlauf bildete hier eine Insel. Auch wenn ein durchgehender Flußlauf an der Bergstraße in geschichtlicher Zeit nicht mehr existierte, so gab es doch an vielen Stellen noch offene Gewässer. Die berühmte Sumpfbrücke der Römer lag in der Nähe. Ob allerdings dort ein Wachtturm stand oder ein römischer Gutshof lag, ließ sich bisher ebensowenig feststellen wie die Existenz eines fränkischen Guthofes, von denen es mehrere am alten Neckarlauf gab.

Scherben aus alter Zeit fanden sich um den Turmhügel genug, doch ist nicht geklärt, ob sie aus dem Grabenaushub stammen oder mit dem Erdreich von weiter her transportiert worden sind, das einst zur Erhöhung des Hügels diente. Gesichert sind dort Siedlungsfunde nur aus dem 11. Jahrhundert und später.

Der Weilerhügel ist der künstlich aufgeschüttete Rest einer frühmittelalterlichen Burg, einer sogenannten Motte. Dieser Typus verbreitete sich von Frankreich aus über Westeuropa und hieß dort »motte« (Erdhügel), in England »moated mound«. Derartige Burgen lagen in Ebenen mit hohem Grundwasserspiegel oder in der Nähe stehender oder fließender Gewässer. Bei ihrem Bau wurde zuerst ein ringförmiger Graben ausgehoben und die anfallende Erde zu einer Plattform mit einem kleinen Hügel aufgeschichtet. Der Graben füllte sich mit Wasser, sein Innenrand wurde durch einen Palisadenwall, manchmal auch durch eine Dornenhecke, gesichert. Einige dieser Motten hatten Doppelgräben, deren Verbindungswall unter der Wasseroberfläche lag und mit einer Reihe spitzer Pfähle bestückt war. Auf der Plattform standen die Wohn- und Wirtschaftsgebäude, während auf dem Hügel ein hölzerner Wachtturm errichtet wurde. Des besseren Überblicks und der größeren Sicherheit wegen erhöhte man später diesen Hügel, aus der Motte wurde eine Hochmotte. Beim Weilerhügel liegt die sehr kleine Plattform 10,5 Meter über dem Hofniveau. Um den Fuß dieses Hügels zogen die Bewohner eine Steinmauer, anstelle des hölzernen bauten sie später einen Steinturm. Vielleicht war er zweigeschossig, in jedem Fall bot er nur wenig Raum, so daß sich tagsüber nur die Wachmannschaft darin aufgehalten haben mag, während sich die Herrschaft nachts und bei Gefahr in ihn zurückzog.

Eine Kette befestigter Höfe zog sich damals das alte Neckarbett entlang vom »Getwinc« bis zur Mainspitze. Die alten Flußschlingen boten ihnen idealen Schutz. Walter Möller sah in dieser auffallenden Reihung von Wehrhöfen ein zusammenhängendes Befestigungssystem, das die Aufgabe hatte, die Rheinebene von Norden her abzuriegeln. Den Anstoß dazu könnten um 900 n. Chr. die Normannenzüge den Rhein herauf und die Vorstöße ungarischer Reitertrupps gegeben haben. Ob die Höfe damals schon Motten, also Burgen, waren, muß bezweifelt werden. Motten kamen in Frankreich erst während der ersten Hälfte des 11. Jahrhunderts auf – der Teppich von Bayeux enthält die Abbildung einer solchen Hochmotte. Die Grabungen am Weilerhügel haben bisher nur Siedlungsspuren aus dem 11. Jahrhundert und danach ergeben. Dr. Böhme folgert daraus, daß die Herren von Bickenbach auf dem Jugenheimer Heiligenberg lebten, dann aber im 11. Jahrhundert oder noch später auf den Weilerhügel umzogen.

Dieses Geschlecht gehörte zum ältesten und einflußreichsten Adel der Umgebung, hatte umfangreichen Besitz in allen angrenzenden Marken, und verwaltete die hier gelegenen umfangreichen Lorscher Klostergüter. Der allgemeinen Übung folgend, nannten sich die mächtigen Herren nach ihrem neuen Sitz: Bickenbach. Der Name Bickenbach ist wahrscheinlich vom Personennamen Bicco abgeleitet. Das edelfreie Geschlecht besaß das Patrozinium über die dortige Kirche, die Mutterkirche für ein umfangreiches Kirchspiel war. Vielleicht hatten sie ihre Vorfahren bereits als fränkische Eigenkirche gestiftet. Das Dorf Bickenbach, nicht die Burg, dürften sie um 1150 ihrer Tochter Luitgard als Mitgift in die Ehe mit Konrad von Hagen-Arnsberg (später Münzenberg) gegeben haben, zusammen mit Seeheim bildete es das Amt Tannenberg.

1130 erscheint der Name Konrads (I.) von Bickenbach in einer Urkunde: »Im Namen der heiligen und unteilbaren Dreieinigkeit Adelbertus, von Gottes Gnaden Mainzer Erzbischof und des apostolischen Stuhls Legat. Kund und zu wissen sei allen gegenwärtigen und zukünftigen Christgläubigen mittelst gegenwärtigen Briefs, welcher Gestalt ich, in der begierigen Absicht, den Dienst Gottes auszubreiten und den Lohn ewiger Vergeltung zu vergrößern, auf heilsames Raten des Erzdiakons Heinrich (Propst zu St. Viktor) und auf bittliches Ansuchen unseres getreuen Konrads von Bikkenbach durch den Straßburger Bischof Herrn Bruno die in vorgedachter Veste Bik-

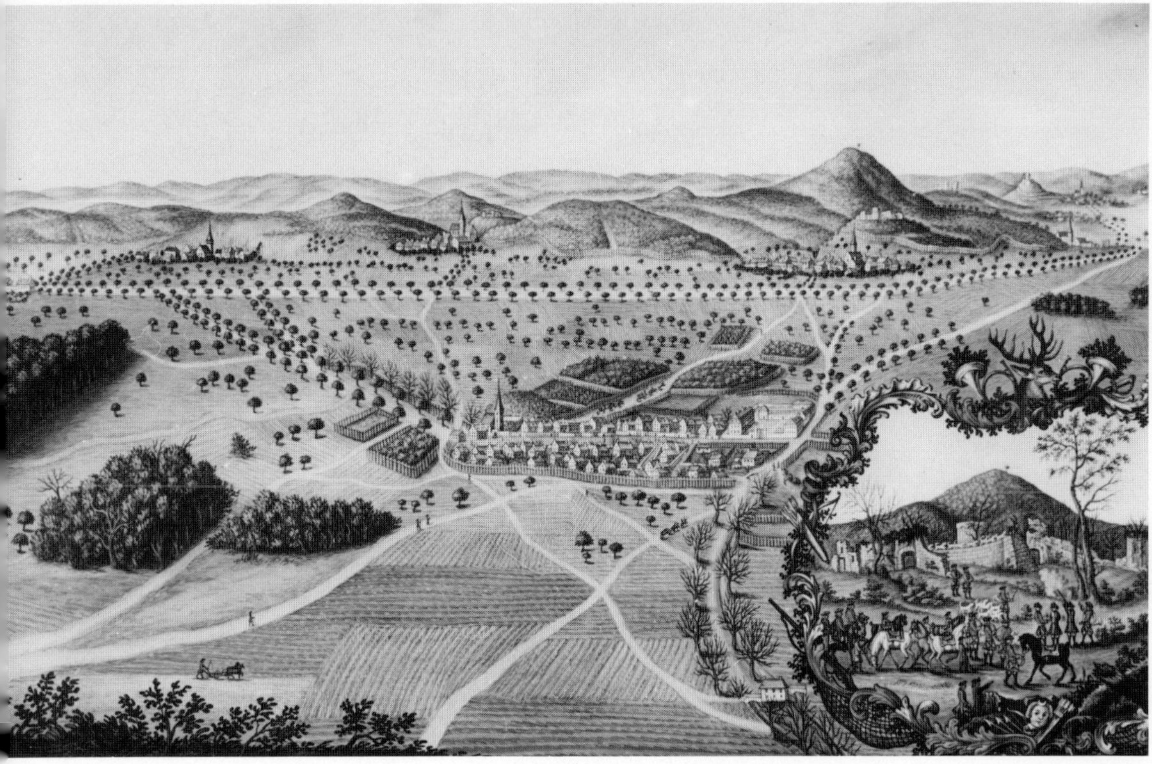

15. Panorama der Bergstraße, Hinterglasmalerei von Nikolaus Michael Spengler, um 1758. Im Vordergrund Bickenbach mit dem Jagdschloß am rechten Dorfausgang, im Hintergrund (von links) Seeheim, Jugenheim mit der Klosterruine, Alsbach mit der Burgruine, der Melibokus, das Auerbacher Schloß und die Starkenburg. Die eingeschobene Jagdszene zeigt das Ende einer Parforcejagd Landgraf Ludwigs VIII. Der Hirsch ist auf die Mauer des Alsbacher Schlosses geflüchtet und erhält den Fangschuß. (S. 92–94). Mit freundlicher Genehmigung des Jagdmuseums Kranichstein

16. Alsbach-Hähnlein, Alsbacher Schloß (Burg Bickenbach). (S. 100–110)

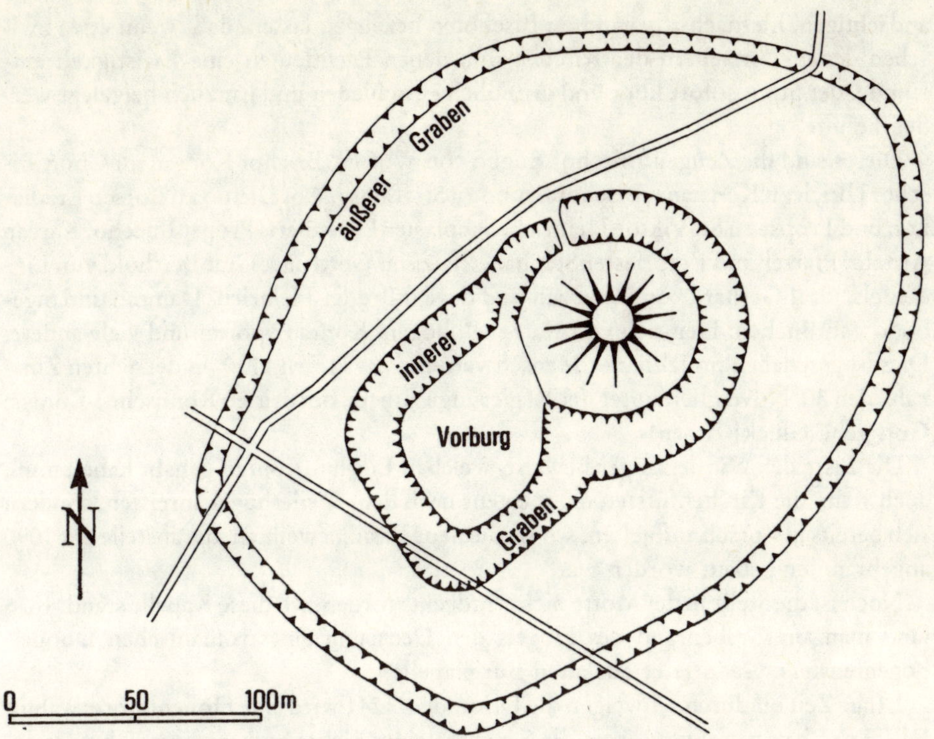

Plan der Motte Weilerhügel (nach: W. Möller – Horst Wolfgang Böhme)

kenbach gelegene und von obgenanntem Konrad gestiftete Kapelle zu Ehren Jesu Christi und des heiligen Apostels Bartholomäi einweihen lassen, mit dem Verfügen, daß in selbiger zu gehöriger Zeit, das ist an Ostern und an Pfingsten, ohne jemandes Widerspruch soll mögen getauft werden.

Obengenannter Konrad hat den Zehnten des Sallandes in Alsbach, eine Hube in vorgedachtem Schlosse Bickenbach und eine halbe Hube außer solchem Schlosse, auch die Leibeigenen mit Namen Albrecht und Lunegard, mit allem Nutzen genannter Kapelle zu einer Aussteuerung gegeben, unter Einwilligung des Lorscher Abtes Diemo (1125–1139) und des Vogtes Gottfried (von Calw, Pfalzgraf 1112–1133).

Damit aber diese Schenkung und Übergabe zu aller Zeit fest und stet bleibe, so haben wir diesen Brief anfertigen, mit unserem Siegel bekräftigen und von denen in Gott andächtigen, hiernächst benannten Bischöfen bezeugen lassen, daß, wenn etwa zwischen denen Vorstehern der Kirchen und denen Pachtleuten eine Zwistigkeit entstünde, der Streit sofort kurz und gründlich entschieden und gänzlich beigelegt werden könnte.

Dieses sind die Zeugen: Bischof Buggo von Worms, Bischof Konrad zu Chur, Bischof Ulrich zu Konstanz, Bischof Bruno zu Straßburg, Abt Diemo zu Lorsch Erzdiakon und Propst zu St. Viktor Heinrich, Scholaster Lorenbert, Propst Imecho, Kaplan Arnold, Pfarrer und Erzpriester Stephan, Pfalzgraf Gottfried, Graf Berthold von Lindenfels, Graf Gerhard von Berebach und dessen Bruder Heinrich, Dammo und Sigebodo von Buchen, Heinrich von Katzenelnbogen, Konrad Sporun und viele andere. Dies ist geschehen im Jahre der Menschwerdung des Herrn 1130, in der achten Zinszahl, den 30. November, unter der Regierung Lothars, des dritten Römischen Königs. Gott gebe Glück! Amen!«

Die Liste der Würdenträger beweist, welchen Einfluß Konrad gehabt haben muß, auch wenn die Kirchenfürsten nicht eigens nach dem Weilerhügel anreisten, sondern sich bereits in Lorsch aufhielten, wo sie die neue Basilika weihten, die anstelle der 1090 abgebrannten gebaut worden war.

Noch ist die Stelle in der Motte nicht entdeckt worden, wo diese Kapelle stand. 1876 fand man am Grabenrand des Hügels den Deckstein eines romanischen Doppelbogenfensters. Gehörte er zur alten Burgkapelle?

Lange Zeit hindurch schweigen die Urkunden. 1241 wird eine Höhenburg erwähnt. Die Herrschaft war umgezogen, die Geschichte der Bickenbacher setzte sich an anderer Stelle fort, der Weilerhügel hieß nun »Alt-Bickenbach«. Brandschutt deutet darauf hin, daß er belagert, vielleicht sogar erobert wurde. Dies könnte um 1230 geschehen sein, als bei dem Übergang Lorschs an Kurmainz heftige Kämpfe entbrannten, die sicher auch die Bickenbacher als treue Vasallen der Lorscher und Mainzer nicht neutral bleiben ließen. Sie bezogen eine Höhenburg, die sicherer war. Der Weilerhügel diente als Wirtschaftshof, Ulrich I. von Bickenbach nannte 1310 den Platz »curia antiqua«. Nach dem Weistum von 1516 verlief die Hähnleiner Gemarkungsgrenze ». . . neben der Hanlachen herüber für und für bis in Wyler uf Alt-Bickenbach . . .« Heute heißt das Gewann »Die alte Burg«.

Um 1800 wurde in der Nähe des Hügels, der um diese Zeit längst verlassen war, ein verschütteter Kalkofen gefunden. 1836 entdeckte ein Bauer im Graben 70 Hufeisen, Vorder- und Hintereisen in Pferdelänge auseinander, Sporen, Schnallen, Pfeilspitzen, ein Torband und Reste eiserner Gerätschaften. Der Zwingenberger Landrichter Klipstein grub zwei Jahre später und fand neben eisernen Nägeln und alten Schüsseln ein Messer, eine kleine Zange und irdenes Geschirr. Der Historische Verein fand 1876 in der Vorburg unter einer Schicht Brandschutt Scherben, Ziegelstücke, Pfeilspitzen, Reste kupferner Beschläge sowie ein Stück eines Bronzegefäßes; zwischen Vorburg und Hügel einen großen Schlüssel und einen Rustikaquader, am Grabenrand einen vergoldeten Kupfernagel und den schon erwähnten Deckstein eines romanischen doppelbogigen Fensters. Die Spitze des Hügels war von einer Mauer umgeben, deren Fundamente festgestellt wurden. Die Funde kamen ins Darmstädter Landesmuseum, wo sie dem Bombenangriff von 1944 zum Opfer fielen. Der Weilerhügel ist heute Eigentum der Forstverwaltung.

Burg Bickenbach (Alsbacher Schloß)

Nach Konrad I., der wahrscheinlich noch auf »Alt-Bickenbach«, dem Weilerhügel, residierte, fehlen urkundliche Nachrichten über die Bickenbacher. Erst mit Gottfried I. (1211–1245) ist ein lückenloser Nachweis der Stammfolge möglich. So weiß niemand, wer den Weilerhügel verließ und die Höhenburg auf einem 257 Meter hohen nordwestlichen Ausläufer des Melibokus baute.

Sie liegt auf einem Felsen; nach Westen schließt sich eine schmale, tieferliegende Terrasse an. Auf der Angriffsseite im Osten wurde ein etwa 20 Meter breiter und zwölf Meter tiefer Graben in den Fels gehauen. Die Kernburg hat einen dreieckigen Grundriß, die abgestumpfte Spitze zeigt nach Norden. Die Basis ist der Angriffsseite zugewandt und über ihre gesamte Länge von 50 Metern als Schildmauer ausgeführt. Sie ist nicht geradegezogen, sondern leicht nach außen gewölbt und weist eine Mauerstärke von 2,20 Metern auf. Dahinter steht frei der 19 Meter hohe runde Bergfried. Seine Mauern waren ursprünglich weniger dick als heute. Der Zugang führte über eine Rampe durch einen Torturm, der östlich des Bergfrieds lag.

Um den Innenhof gruppierten sich die Gebäude. Im Westen lag der Palas, die Wohn- und Wirtschaftsgebäude befanden sich im Osten. Ihre Fenster waren in die Außenmauer gebrochen, von ihnen hat man eine herrliche Aussicht. Ob es in der Burg einen Brunnen gab, ist nicht bekannt; eine Zisterne muß jedoch vorhanden gewesen sein. Ein fünf bis sieben Meter breiter Zwinger umgibt die Burg. Grundriß und Baustil ähneln auffallend der Burg Auerberg (Auerbacher Schloß).

Haus, Feste, auch Schloß Bickenbach, hieß die neue Burg, Alsbacher Schloß hingegen erst, nachdem sie verfallen war. Gottfried I. von Bickenbach dürfte sie um 1230 erbaut haben, obwohl schon ein älteres Datum angenommen wurde, das bis zu Konrad I. zurückreicht. 1241, 1245 und 1254 machten Burgmannen Schenkungen an das Kloster Schönau mit Genehmigung des Burgherren; die Burg muß damals schon einige Jahre alt gewesen sein.

Nach Gottfrieds Tod erbten seine Söhne Konrad II. und Otto die Herrschaft je zur Hälfte. Otto war über seine Frau mit König Adolf von Nassau verschwägert und dessen Hofrichter. Es dürften zwei seiner Söhne gewesen sein, die 1298 in der Schlacht bei

Göllheim am Fuße des Donnersbergs bei dem vergeblichen Versuch fielen, Leben und Krone König Adolfs zu schützen.

Konrad II. war jener Minnesänger, der in der Handschrift »Geschichte der Grafen von Cymbern« von Johann Müller erwähnt wird. Sie gelangte im 19. Jahrhundert in den Besitz des Freiherrn von Laßberg in Meersburg, soll auf Rudolf von Hohenems († 1254) zurückgehen und enthält das einzige Lied, das von Konrad überliefert ist:

1. Stille swigen unt gedagt
daz ist nu der beste site.
Wan er sich vil ruemt unt sagt
z'war, der leidet sich dar mite,
sicherlich er wird ze swach
er si ritter oder knecht
(solcher man, der tut nit recht) Zeile ergänzt
der viel sagt, das nie beschach.
Wer sich wel lieben reinen wiben,
der hab' si in steter huot,
beschiht ein man dan iht zu guot,
daz kan im leit vertriben.

2. Manger spricht, er si gelegen
bi herzlibe dik unt dik,
unt hab ouch liebe pflegen
und an munde, blik an blik.
Leider des empfant ich nie,
ez geschiht da ez geschehen sol;
mit ist am (ge)denken wol,
kus von lieb ich nie empfie
Wer sich wel lieben . . .

3. Swig ich zuo der liebe guot,
hei, so waer' ich har ein helt.
Sie kumt mir selten uz dem muot
die ich ze trost hab uz erwelt.
Sie ist bi reinen wiben kluok,
die ich mit ganzen triuwen minn,
mins herzen trut, min keiserin,
waer sie mir holt, ich het genuok.
Wer sich wel lieben . . .

Um 1255 heiratete er Guda (Jutta) von Falkenstein, die älteste Tochter des Reichskämmerers Philipp I. Sie war die Witwe Schenk Konrads II. von Klingenberg und Alleinerbin von dessen Besitzungen, entstammte aber einem nicht ganz ebenbürtigen Zweig der Bickenbacher und erbte auch Anteile an der Burg Tannenberg. Konrad und Guda lebten zumeist in Klingenberg, kamen sie aber nach Bickenbach, so sahen die Mauern der Burg prächtige Feste, Ritterspiele und Gastmahle, und so mancher fahrende Minnesänger wird seine Kunst vor dem kritischen Ohr des Hausherrn erprobt haben. In diesen Rahmen – nicht in den der Burg Tannenberg – paßt auch die Sage der Ann-Els. Von einem Pilgerzug Konrads ist nichts bekannt, und dieser Sagenstoff wird, auf viele Burgen zugeschnitten, erzählt.

Konrad II. starb um 1272, Guda vor 1290. Die Tochter Agnes erhielt als Mitgift das kleine Amt Jossa. Was übrig blieb, reichte nicht aus, um alle Erben standesgemäß zu versorgen. Die folgenden Generationen litten oft unter Geldnot. Während Konrads Söhne sich nach Klingenberg zurückzogen, bewohnte sein Neffe Ulrich I. die Burg Bickenbach. Am 11. Juli 1312 gestattete ihm der Mainzer Erzbischof Peter, seine Gemahlin Eisabeth dort mit 1500 Mark Kölnischer Währung zu bewittumen. Ob das dabei bestätigte Lehensverhältnis neu war, kann nicht mehr festgestellt werden. Ulrich, der am 30. Oktober 1339 starb, hatte keinen Sohn, sondern drei Töchter, und seine Witwe mußte lange darum kämpfen, daß diese und ihre Nachkommen erbberechtigt wurden. Eine, Agnes, war mit Graf Eberhard III. von Katzenelnbogen verheiratet, die zweite, Elisabeth, mit Schenk Eberhard VIII. von Erbach, die dritte, Imagina, »Mene«, mit Kuno von Falkenstein, nach dessen Tod mit Graf Gerhard V. von Rieneck.

Als Elisabeth starb, begannen jahrelange Auseinandersetzungen. Konrad III., der Enkel des Minnesängers, zog auf die Burg und beanspruchte das gesamte Mannlehen. Schließlich wurde ein Vergleich mit Erzbischof Gerhard geschlossen, der Konrad und Mene je einen Anteil zusprach, während Mainz nur ein Drittel als heimgefallen beanspruchen konnte, weil sowohl Konrad als auch Mene seit zehn Jahren unangefochten in der Burg wohnten.

Der Vergleich war mit einem Burgfrieden verbunden. Die Ganerbschaft begann sich nun weiter zu zergliedern. Das Erzstift ließ auf seinem Anteil die »Mainzer Hofstatt« errichten, die sich wahrscheinlich an die Schildmauer lehnte. Mene und Graf Rieneck erhielten am 4. September 1357 die Erlaubnis, daneben eine Küche zu bauen. Um 1370 wurde die Burg vergrößert. Vor dem südwestlichen Zwinger, auf der Schildmauerseite, entstand eine Vorburg. Der Eingang wurde nach Westen verlegt. Ein Besucher mußte über eine Rampe, kreuzte den Graben und gelangte durch eine Barbakane in die Vorburg, von dort über eine Zugbrücke durch ein Tor in die Kernburg. Die Vorburg half zugleich der Raumnot ab, dort entstanden weitere Wohn- und Wirt-

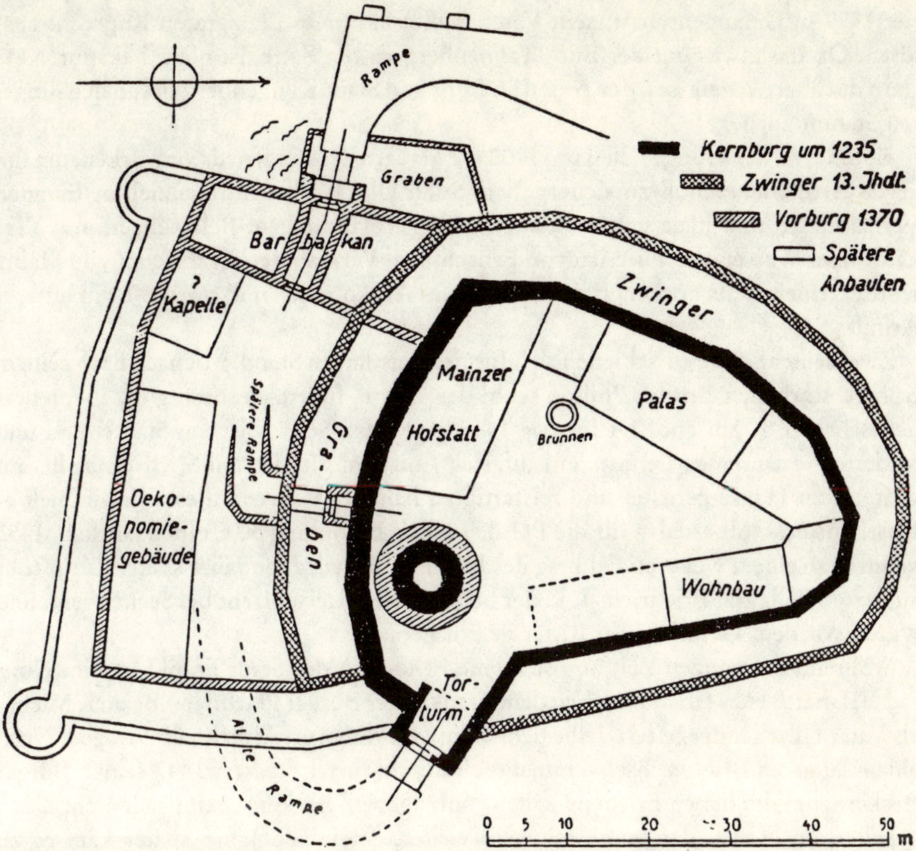

Burg Bickenbach (Rudolf Kunz nach: W. Möller, Burgenkunde für das Odenwaldgebiet, 1938)

schaftsbauten, und, an die Barbakane angelehnt, eine Kapelle. Peter von Buwensheim und seine Ehefrau Albrat verkauften 1371 ihr »Haus in der Vorburg neben Wernher Kuchen« um sieben Pfund Heller an Schenk Eberhard von Erbach. Werner Kuche war einer der Obmänner des Burgfriedens.

Die Bickenbacher teilten sich später in zwei Stämme. Der ältere und seine Nachkommen saßen auf Burg Schildeck und waren ständig in Geldnot, weil Mainz das ohnehin magere Burglehen nur schleppend auszahlte. Eine Fehde, die wegen eines Pferdes mit der Stadt Frankfurt entbrannt war, zog sich 13 Jahre lang hin. Dietrich II. geriet 1399 in Gefangenschaft, sein Vater mußte ihn beim Pfalzgrafen Ruprecht auslösen. Ob das etwas mit der Burg Tannenberg zu tun hatte, ist nicht bekannt. 1445 starb der ältere Zweig aus, der Anteil an Burg und Stadt Klingenberg fiel an den jüngeren Stamm zurück.

Konrad V., der »Junge«, ließ um 1400 die Mauern des Bergfrieds verstärken, um ihn gegen Artilleriebeschuß zu sichern. Sein Sohn Ulrich lebte in finanziell bedrängten Verhältnissen und hielt sich mühsam durch Verpfändungen, Belastungen und Verkäufe über Wasser. Als Dietrich von Erbach, sein Verwandter, Erzbischof von Mainz wurde, erhielt er als Forstmeister ein schmales Auskommen und starb 1461 in bitterer Armut.

Zwei seiner Söhne entschieden sich für den geistlichen Stand. Michael, nach seinem früh verstorbenen Bruder Philipp wohl der älteste, führte ein bewegtes, abenteuerliches Leben. Erzbischof Dieter zog 1449 gegen den Schwäbischen Städtebund und forderte ihn als seinen Lehnsmann auf, sich »mit fünf Pferden am Michaelstag bis auf weiteres zu Hause gerüstet und reisfertig zu halten«; während dieser Zeit erhielt er Kost, Futter, Hufbeschlag für die Pferde und als Besoldung 50 Gulden jährlich. 1453 nahm er an einem weiteren Feldzug des Erzbischofs teil, zehn Jahre später kämpfte er auf seiten Pfalzgraf Friedrichs I. in der berühmten Ritterschlacht bei Seckenheim und wurde vor dem Gefecht zum Ritter geschlagen.

Während der ganzen Zeit zog sich eine Fehde mit der Stadt Frankfurt hin. Konrad VII. hatte 1439 ein Mannlehen dem Frankfurter Bürger Hartmann Becker, Michaels Vater Ulrich hingegen dasselbe dem Contz Geyling von Altheim übertragen. Nach einem längeren Briefwechsel veranlaßte der Frankfurter Stadtrat 1447 seinen Bürger Becker, »um des lieben Friedens willen« aufzugeben. Becker scheint sich nicht daran gehalten zu haben, der Streit schwelte weiter, eineinhalb Jahre später kam es zu Kampfhandlungen. Über den Hergang liegen nur Berichte der Stadt vor; es hat den Anschein, als hätte Frankfurt weitere Fehdegründe vertuscht. Am 10. Oktober 1449 erklärte Michael von Bickenbach, der Stadt Feind sein zu wollen, und benannte als Helfer seinen Vetter Philipp den Jüngeren von Frankenstein, Gerhard Forstmeister von Gelnhausen, Engelhard von Rodenstein, Contz Echter, Contz Phil von Aulenbach, Jorg von Rosenberg und Philipp von Riedern. Fritz Burkhardt von Wartenfels hatte den Fehdebrief zu überbringen. Die Frankfurter behaupteten später, dies sei nicht ordnungsgemäß geschehen, und Michael habe unrechtmäßig gehandelt, als er am nächsten Tag mit 200 Reitern vor den Mauern erschien, Vieh wegnahm und Gefangene machte. Die Fehde zog sich zwei Jahre lang hin. Michael brandschatzte Sulzbach, die Frankfurter behaupteten, er habe einige Knechte, als Bettler verkleidet, mit dem Auftrag in die Stadt geschickt, sie anzuzünden. Philipp von Frankenstein hingegen klagte den Frankfurter Rat an, er habe Knechte dazu veranlaßt, sich bei ihm und anderen

Feinden der Stadt als Köche zu verdingen und sie zu vergiften. Bei Agnes Kreis von Lindenfels und ihrer Zofe sei das auch gelungen. Tatsächlich starben beide plötzlich, und Philipp präsentierte ein Geständnis des Täters, mit dem er allgemein Glauben fand. Kaiser Friedrich III. beauftragte den Mainzer Erzbischof Dieter mit der Untersuchung. Der entschied, die Frankfurter Ratsherren sollten, jeder einzeln für sich, schwören, daß sie von der Sache nichts wüßten. Dennoch wurde die Fehde erst durch Vermittlung von Michaels Onkel Dieter Kämmerer 1451 beigelegt. Das Mißtrauen blieb. Mehr als einmal beschwerte sich Frankfurt, daß die Bickenbacher Feinde der Stadt beherbergt hätten. Einmal hatte der Heidelberger Hans von Steine, genannt Ungelter, mehreren Frankfurter Bürgern Pferde weggenommen und in die Burg Bickenbach gebracht. Nach dem Fehderecht hatte dies der Eigentümer einer Burg sofort anzuzeigen, wollte er nicht als Helfer und Mitschuldiger gelten. Michael tat dies erst nach sechs Tagen, so daß Ungelter genügend Vorsprung erhielt, und verwies darauf, daß er zu dieser Zeit gar keinen Anteil an der Burg mehr besessen habe, sondern im Hause seines Vetters Adam Kämmerer wohnte. Der vermittelte, und der Rat der Stadt »hätte es dabei belassen, wenn es dabei geblieben wäre«.

Nun begann ein Zwist mit Hartmann Ulner, der einige Jahre zuvor einen Anteil an der Burg erworben hatte. Ulners Knechte nahmen am 27. April 1463 zwei Frankfurter gefangen, nahmen einige Pferde weg und brachten sie auf die Burg. Der katzenelnbogische Amtmann zu Auerberg, Hans von Wallbrunn, wurde als Vermittler angerufen und entschied, daß die Gefangenen freizulassen seien, sobald sie Urfehde geschworen hatten, die Pferde durfte Ulner behalten. Der Schiedsspruch läßt vermuten, daß auch Frankfurt Schuld an der Fehde hatte. Drei Monate später brach eine neue Fehde aus. Ulner nahm am 28. Juli bei Oberrad Vieh weg und trieb es auf die Burg. Am 23. August sandte der Rat der Stadt Abklagen an alle Ganerben und lehnte darin jede Verantwortung für Schäden ab, die im Verlauf der Fehde an ihrem Eigentum eintreten könnten. Ulner ließ sich offenbar davon nicht beeindrucken; die Frankfurter behaupteten, er »nahm, was er bekommen konnte«. Der Rat der Stadt entschloß sich zum Angriff. Hauptmann Hamann Waltmann setzte sich an die Spitze seiner Truppe, erschien am 18. Oktober 1463 vor der Burg, die sich keines Angriffs versah, überraschte die Wachen und eroberte sie im Handstreich. Die Frankfurter vermerkten in ihrem Fehdebuch: »Bickenbach gewonnen und ußgebrand. Notandum Hamann Waltmann der Stede Heubtmann hat Bickenbach dz Sloß gewonnen uff sant Lucasdag Anno 1463 des Morgens als eß schoner Dag wz, do die Wechter davon gingen, do lieff er yne die porten abe und plonderte do inne so viel sie gefure mochten und stießen es darnach ane, so brante iß uß.«

Die Frankfurter befreiten dabei einen Gefangenen aus dem Verlies. Waltmann erhielt eine Gratifikation von 50 Gulden. Seine Leute müssen aber auch in den umliegenden Dörfern geplündert haben, denn Contz Krafft, Keller zu Auerbach, schrieb am 22. Oktober an die Stadt: ». . . als die euren am Dienstag nächst vergangen das Schlosse Bickenbach geplondert und gebrant haben, so hant sie etlichen meiner armen luden von Gogenheim, von Alspach, von Balckhusen und von Obern-Berbach das ire off dem Slosse und auch auswendig in den Dörfern das ire genommen . . .«

Frankfurt entgegnete, davon wisse man nichts. Waltmann und seine Leute hätten auf der Weide in Balkhausen nur einem Mann des Schenken Jorg ein Pferd weggenommen, es ihm aber wieder zurückgegeben. Dagegen hätten Kysel und andere Alsbacher die abziehenden Truppen verfolgt, sie geschlagen und ihnen einiges von der Beute wieder abgenommen. Wie der Starkenburger Burggraf Hans von Kronberg notierte, handelte es sich um 200 Malter Korn, 40 Malter Hafer, Hausrat und ein Pferd. Die Fehde mit Hartmann Ulner wurde 1464 beigelegt.

Die Mauern der Burg waren intakt geblieben, die Gebäude hingegen niedergebrannt. Schenk Philipp von Erbach, Adam Kämmerer, Frank von Kronberg und Konrad VII. von Bickenbach verlangten Schadenersatz und riefen deshalb den Westfälischen Landfrieden an, dem auch Frankfurt angehörte. Ein Jahrzehnt lang zog sich dieser Streit hin, dann verbot Kaiser Friedrich III. öffentlich, die Bickenbacher in ihren Ansprüchen zu unterstützen. Michael bemühte sich nun, Anteile an der Burg Bikkenbach zu erhalten. 1469 verkaufte er seine Hälfte an Burg und Stadt Hanau für 6200 Gulden, dann erbte er den Anteil seines Vetters und Freundes Adam Kämmerer. Der Mainzer Erzbischof Adolf von Nassau gab ihm ein Burglehen in Aschaffenburg und machte ihn für zwei Jahre zu seinem »Rat und Hofgesinde«, wofür er 200 Gulden erhielt. So konnte er die Anteile Dietrichs und Konrads VII. erwerben. Unter der Hand bot ihm die Stadt Frankfurt an, gegen eine jährlich nachträglich zu zahlende Vergütung von 600 Gulden, die mit seinen Ansprüchen gegen den Rat verrechnet werden sollte, in ihre Dienste zu treten. Darüber hinaus würde ihm, wenn er sie aufgab, eine Jahrespension von 50 Gulden bis an sein Lebensende zustehen. Dafür hatte er der Stadt mit einer Gleve von sieben Gewappneten zur Verfügung zu stehen. Michael nahm das Angebot an und siedelte am 2. Februar 1469 nach Frankfurt über, nachdem seine Verpflichtung gegenüber dem Erzbischof abgelaufen war. Ende Mai nahm er Urlaub, um, wie er vorgab, eine Fehde auszutragen. Das war der Stadt offenbar nicht unlieb, denn Michaels Gläubiger begannen ihr zuzusetzen. Hans von Hartheim schrieb gar an den Rat, Michael sei »ein treweloser, meineidiger Boßwicht, der nit wert ist, die gelben sporen zu tragen, dar ihm sein alle ritterspiel verboten, ausgenommen das krucken stechen . . .«

Michael trat seinen Dienst wieder an, wurde jedoch 1471 krank und nahm erneut Urlaub. Der Pfalzgraf besuchte ihn in Heidelberg am Krankenbett und lud ihn zur Fastnacht ein. Dem konnte der Bickenbacher nicht folgen, weil inzwischen seine Gemahlin, Anna von Buches, gestorben war. Als sich seine Krankheit verschlimmerte, suchte Michael erneut um Urlaub nach. Er erhoffte sich von einer Luftveränderung Heilung, doch kam es nicht mehr dazu. Am Ostermontag, dem 15. April 1471, morgens 8 Uhr, verschied er im Hause des früheren Stadthauptmanns Otto Winter in der Galgengasse, der heutigen Gallusstraße. Unter dem Klange aller Frankfurter Glocken geleiteten sein Vetter Konrad VII., alle Ratsherren, die Pferde besaßen, und seine Söldner die Leiche bis zur Sachsenhäuser Affenpforte. Dieser eigenartige Name kommt wahrscheinlich von Avepforte, weil man sich dort Lebewohl sagte. Michael fand in Amorbach seine letzte Ruhe.

Von Michaels Nachkommen ist nur eine Tochter bekannt, die 1470 in das Kloster Konradsdorf eintrat. Sein Vetter Konrad wurde nun Familiensenior. Er war erst Vizedom in Aschaffenburg, dann Zeuge und Vermittler, als der Markgraf von Baden, ein Verwandter seiner Frau, mit dem Schloß Weißstein und dem Schultheißenamt in Pforzheim ausgestattet wurde – einem Mainzer Lehen –, nahm dann am Zuge Herzog Ludwigs des Reichen gegen Markgraf Albrecht Achilles von Brandenburg teil und wurde schließlich Burgmann auf der Starkenburg, wofür er jährlich sechs Pfund Heller und zwei Käse aus der dortigen Kellerei zu beanspruchen hatte.

Auf Einladung seines Verwandten, des Erzbischofs Dieter von Isenburg, zog Konrad nach Mainz, wo er Steuer- und Abgabenfreiheit genoß. Dort starb er 1483. In seinem Testament hatte er seine Wohnung »Zum Rosenbaum« seinem langjährigen Freund, dem Scholaster Adolf Breithart vermacht, Stiftungen für sein und seiner Frau Seelenheil eingerichtet und den seit 15 Jahren rückständigen Lohn für seine langjährige Dienstmagd Engel von Karlsbad sichergestellt. Mit seiner Frau, die ihm zwei Jahre später folgte, ist er vor dem Kreuzaltar der Stiftskirche St. Peter und Alexander in Aschaffenburg bestattet worden.

Das Ehepaar hatte nur einen Sohn, Konrad VIII. Er war »durch Verhengknis des allmächtigen Gotts an Glydern und Vernunft etwas mergklich gebrechentlich«, seine Schwester mußte ihn »in ihre Husung nehmen, sin Furmunder, Vorsorger und Schirmer sin mit Wartung, Kleidern, Essen, Trincken und alles Libs Notturft sin leptag gantz usse zum besten versehen und versorgen . . .« Susanne von Bickenbach war selbst vom Unglück verfolgt. Ihr Mann, Graf Albrecht von Mansfeld, starb 1484 in Leipzig. Sie stand mit fünf unmündigen Kindern allein da und heiratete ein Jahr später den Grafen Heinrich von Hohnstein. Konrad VIII. starb 1486. Mit ihm erlosch das alte, einflußreiche Geschlecht im Mannesstamm.

Das Erbe traten die Schenken von Erbach an. 1483 hatte Erasmus das dem Erzbischof gehörende Drittel für 1200 Gulden erworben. Für 7700 Gulden kaufte er von den Mansfeldern das Viertel an Burg und Herrschaft »mitsamt der Behusung und Buwen in dem Sloß . . . und setzen ihn und sin erben mit Mund, Hand und Halm in alle un jeder gerechtigkeit . . . wir sagen auch alle Amptlude, tornlude, Thorwächtern, welcher des Huß Bickenbach und alle und jeglichen Schultheißen, Schöffen und Underthanen in den dörfern und weilern aller gelübde, pflicht und eyde gänzlich quitt, ledig und los, geben auch alle Urkunden und Register heraus . . .« Für das Zwölftel Frank von Kronbergs zahlte Erasmus 1502 275 Gulden. Bereits 1488 nannte er sich »Herr zu Erbach und Bickenbach«.

Mit Erasmus, der 1503, noch jung an Jahren, starb, erlosch die ältere Erbacher Linie. Der Erbe, Schenk Eberhard XIII. aus der Linie Erbach-Fürstenau, konnte sich des Bickenbacher Besitzes nicht lange erfreuen. Kaiser Maximilian I. verhängte über den Pfalzgrafen Philipp wegen dessen Beteiligung am Pfälzisch-Bayerischen Erbfolgekrieg die Reichsacht. Landgraf Wilhelm II. von Hessen hatte mit dem Pfälzer eine Rechnung zu begleichen und bewarb sich mit Erfolg um den Vollzug der Acht. Die Erbacher waren durch ihr Schenkenamt Pfälzer Vasallen. Es nutzte nichts, daß sie sich für neutral erklärten. Mit einem großen Heer rückte der Landgraf vor Habitzheim, Otzberg und Umstadt, nahm die Orte ein und ließ sie in Flammen aufgehen. Dann zog er an die Bergstraße, wo seine Soldaten Weinstöcke aushieben und ». . . sintemalen das solcher Landgraf und die Seinen sehr arg mit Rauben und sonderlich mit Brennen gemacht, daß man sie wegen ihrer Fertigkeit und Grausamkeit alles anzuzünden Brandmeister geheißen habe . . .«

Am 9. Juni 1504 erschien das Heer vor der Burg Bickenbach. Ihr Kommandant, Hans Gans von Otzberg, übergab freiwillig die Schlüssel, obwohl die Artillerie der Hessen noch nicht nachgezogen war und eine Belagerung vorher wenig aussichtsreich gewesen wäre. »Hans Gans fiel allgemeiner Verachtung anheim«, liest man in zeitgenössischen Chroniken. Was hätte er tun können? Schenk Eberhard wollte neutral sein und sich aus dem Krieg heraushalten. Die Verteidigungsanlagen waren veraltet und konnten einer Beschießung nicht standhalten. Hans Gans hatte offenbar nicht einmal genug Leute, um die Mauern zu besetzen. Zerstörung, Brand, Plünderung auch für die Dörfer wären eine Frage von wenigen Tagen gewesen. Der Kommandant entschloß sich zur Kapitulation, vielleicht sogar auf Weisung des Schenken.

Die Hessen zogen weiter; Schönberg, Lindenfels, Lorsch und die Burg Stein fielen in ihre Hände, Bensheim widerstand. Die »Brandmeister«, so weiß der Chronist zu berichten, verheerten 300 pfälzische Dörfer. Der Landgraf gab nach dem Friedensschluß die eroberten Gebiete zunächst nicht heraus, es bedurfte erst einer Klage vor dem Reichskammergericht. Die Erbacher bekamen endlich ihre Ämter zurück, allerdings als hessische Lehen. Die Burg Bickenbach mit ihrem ansehnlichen Zubehör blieb hessisch. Die Untertanen, denen zugesichert worden war, sie in ihren »altherkommenden Rechten gnädiglich handhaben, bleiben und nit darüber treiben, auch nötigen zu lassen«, spürten trotzdem bald das härtere Regiment.

Landgraf Philipp der Großmütige wurde 1518 für mündig erklärt und gewährte dem aus seinem Land vertriebenen Herzog Ulrich von Württemberg politisches Asyl. Aus den Briefen des Herzogs geht hervor, daß er sich in Kassel, Marburg, Blankenstein und Darmstadt aufhielt, doch mußte er sich immer öfter Nachstellungen entziehen. Es ist daher sehr wahrscheinlich, daß sich Ulrich auch auf den Burgen Bickenbach und Auerbach aufhielt. Philipp, von dem man bald sagte, »ein jeder diesen man forchtet wie ein schlagenden Gaul«, eroberte in der Schlacht bei Lauffen Ulrichs Land zurück, geriet aber im Schmalkaldischen Krieg in die Gefangenschaft Kaiser Karls V. und sollte bis 1565 in Haft bleiben. Kaiserliche Kommissare bereisten unterdessen das Land, um festzustellen, welche Burgen und Festungen zu schleifen waren. Bickenbach hatte zwar östlich und südlich der Vorburg eine weitere Zwingermauer mit Rondelltürmen an den Eckpunkten, aber die Beamten des Kaisers »sahen solch Haus auch für keine Bevestung an« und verzichteten darauf, die Mauern niederlegen zu lassen.

Landgraf Philipp gab aus dem Gefängnis heraus seine Anweisungen und schmiedete mit seinem Schwiegersohn Moritz von Sachsen Pläne, durch ein Bündnis mit dem französischen König Kaiser Karl in die Knie zu zwingen. Das mußte unter größter Geheimhaltung geschehen, und sein politisches Archiv enthält keine Hinweise darauf. Philipps Vertrauter war der Damstädter Oberamtmann Alexander von der Thann. Er siedelte 1551 in die Burg Bickenbach über. Da sein Amtssitz Darmstadt war, kann dieser Umzug nur politische Gründe gehabt haben. Auf der Burg konnte man sich schließlich unbeobachtet treffen.

Die Rechnungsbelege von der Thanns geben Aufschluß. Zwischen dem 19. März und dem 21. April wurde der Darmstädter Bürger Bock mehrmals »ins Franzosenlager« geschickt, der Zwingenberger Bürger Madern im Mai. »48 Mahlzeiten, der zeit was der könig von Frankreich vorhanden«, und »69 suppen und schlafdrunke idem« sind abgerechnet. König Heinrich II. wird wohl kaum persönlich in Bickenbach gewesen sein, wohl aber einer seiner engsten Vertrauten. Der sogenannte »Fürstenkrieg«, der nun ausbrach, zwang Kaiser Karl V., Deutschland zu verlassen. Landgraf Philipp der Großmütige kam 1552 frei.

Als Burg hatte das Haus Bickenbach ausgedient. Seit 1518 wohnte dort ein Amtskeller mit seiner Familie, dazu ein Bäcker, ein Torwärter, ein Torhüter und ein Eseltreiber. Zwei Esel gab es dort und zwei Hunde, »die an der Pforten leyen«. Bald verfielen die Gebäude. 1558 stellte der landgräfliche Baumeister Lohner fest, daß die Küche samt Schornstein baufällig und die Dachung des großen Speichers, des Backhauses, Stalles und des Kelterhauses baufällig und »der große Thorm im Hof, darauf das Wächterhaus ist gestanden, gar eingefallen« waren. Auch die Mauern seien an einigen Stellen schadhaft und müßten ausgebessert werden, weil sich der Keller vor Dieben und Räubern nicht mehr sicher fühle.

Nach Philipps Testament sollten die Kinder aus seiner Nebenehe mit Margarete von der Saale, die Grafen von Dietz, einige Ämter, darunter Bickenbach, erben. Graf Christoph Ernst, der Bickenbach verwaltete, wurde unter dem Vorwurf, Hochverrat begangen zu haben, verhaftet und starb 1603 im Gefängnis. Sein Bruder Moritz war 1577 nach Einnahme einer Überdosis »Purgentia« gestorben, auch die anderen Brüder lebten nicht lange, und ihre Schwester Margarete wurde abgefunden. Das umstrittene Erbe fiel an die Hessen zurück. Bickenbach gehörte nun zu Hessen-Darmstadt.

1614 wurde die Amtsverwaltung nach Zwingenberg verlegt. Landgraf Ludwig V. belehnte 1623 seinen »Trillmeister« Johann Philipp von Schaumont mit der Burg. 1636 ging das Lehen auf Schaumonts Sohn Georg Hans Philipp über. Unter seinem Kommando lag eine hessische Besatzung dort, und während der furchtbaren Kriegsjahre fand Alsbachs Bevölkerung in der Burg Schutz und Sicherheit.

Nach 1664 war die alte Burg unbewohnt. Gebäude und Mauern verfielen, wurden ausgeschlachtet und dienten als Steinbruch. 1714 verkauften die Grafen von Erbach den ihnen verbliebenen Besitz an der Bergstraße an die Landgrafen von Hessen. Nur wenn die Jagdhörner erschallten, wurde jetzt noch für kurze Zeit die Ruhe der alten Gemäuer gestört.

Erst 1829 begann man, um die Burg herum aufzuräumen und Anlagen zu schaffen. Großherzog Ludwig III. ließ 1863 Sicherungs- und Wiederherstellungsarbeiten einleiten. Nachdem 1866 Zar Alexander II. und Zarin Marie die Ruine besucht hatten, wurde sie zu einem beliebten Ausflugsziel vor allem der Jugenheimer und Auerbacher Kurgäste. Sie hieß jetzt »Alsbacher Schloß«.

Von 1968 bis 1970 wurde die alte Burg restauriert. In der Nähe entstanden Freizeitanlagen, die Zufahrtsstraße wurde ausgebaut. Die stattliche Ruine ist heute noch ein beliebtes Ziel für Ausflügler und Wanderer.

Scriba hat 1874 die Sage von dem Tannenbäumchen niedergeschrieben. Sie wurde auch von Wilhelm Wolf erzählt, auf die Burg Auerberg bezogen. Dort ist das Tannenbäumchen eine Kiefer.

Zwingenberg

Der Melibokus fällt an seiner Westflanke steil ab. Der alte Neckarlauf, der teilweise noch offene Gewässer bildete, teils versumpft und vermoort war, reichte bis an die hier sehr schmale Terrasse heran, so daß sich die Bergstraße durch einen Engpaß zwängen mußte. Vielleicht hatten schon die Römer an dieser Stelle einen Wachtposten, vielleicht gab es im 7. oder 8. Jahrhundert eine Erdschanze. Als Kaiser Heinrich II. 1012 den Wildbann Forehahi dem Kloster Lorsch schenkte, wurde der Paß als »Locus qui dicitur Getwinc« beschrieben. Mit »locus« bezeichnete man gemeinhin einen bewohnten Ort. Gab es damals eine Siedlung dort?

Ein Angreifer konnte an dem Engpaß mit schwachen Kräften lange aufgehalten werden. 1077 versuchte Kaiser Heinrich IV., das ihm treu gebliebene Würzburg zu entsetzen, das sein Gegenkönig Rudolf von Schwaben belagerte. Als 5000 Schwaben heranrückten, überschritt Heinrich IV. den Rhein und verteidigte einer alten Chronik zufolge drei Tage lang eine Stelle gegen die Übermacht. Ihre Lage wurde nicht beschrieben, doch könnte es durchaus das »Getwinc« gewesen sein.

Über seine Frau Hildegard von Henneberg, deren Vorfahren mächtige Lorscher Klostervögte waren, kam Heinrich II. von Katzenelnbogen (1124–1160) in den Besitz des Passes und des Gebiets um Auerbach. Bis 1593 gehörte das Getwinc zur Auerbacher Mark. Um es zu sichern, mußte die Herrschaft dort eine Burg bauen. In ihrer Bannmeile, der sogenannten Burgfreiheit, konnte sich eine kleine Siedlung entwikkeln, die man später mit Mauern umgab. Bis jetzt sind keine Spuren von dieser Burg gefunden worden, vielleicht enthält der alte Speicherkeller unter der Jugendherberge letzte Reste von ihr. Als dann die Straßenführung verbessert werden mußte, entstand die Unterstadt, die am südwestlichen Ende durch eine Wasserburg gesichert wurde. Von ihr sind Lage und Teile des Grundrisses bekannt, Mauerreste in der umgebenden Bebauung nachgewiesen.

Nach anderer Auffassung entstand die Stadt erst in staufischer Zeit, und zwar im Schutz der Wasserburg. Welcher Theorie man auch zuneigt, fest steht, daß die Stadt ihren Namen von dem alten Paß erhielt. Aus Getwinc wurde twingenberc, Zwingenberg. Niemand weiß, ob es eine obere Burg überhaupt gab und wann sie erbaut wurde, niemand vermag zu sagen, wann die Wasserburg entstand. Die obere Burg dürfte damals aber schon baufällig gewesen sein. Vielleicht verwendete man ihr Abbruchmaterial für den Neubau. Die Herren von Katzenelnbogen sicherten ihre Gebiete meist durch Stadtgründungen. Der Zwingenberger Stadtgrundriß weist auffallende Ähnlichkeiten mit dem von Heidelberg auf und enthält typische Elemente des Städtebaus in staufischer Zeit. Für die Katzenelnbogener lag es nahe, Zwingenberg als Stadt auszusetzen. Das zu Lorsch, seit 1232 zu Kurmainz gehörende Bensheim besaß seit 956 Marktrecht. Stadtrechte erhielt es allerdings erst später. Katzenelnbogen kam Mainz zuvor.

Graf Dieter V. erwirkte 1258 vom Mainzer Erzbischof die Erlaubnis, in der Oberstadt eine Kirche zu bauen, sie aus der Pfarrei Bensheim zu lösen und ein neues Kirchspiel zu gründen. »Ut in oppido fabricetur ecclesia« urkundete Erzbischof Gerhard, der den Grafen wohl auch deshalb entgegenkam, weil sie ihn vier Jahre zuvor bei einer Fehde gefangengenommen hatten. »Oppidum« war damals eine mit Mauern umgebene Siedlung, Zwingenberg demnach bereits ummauert.

Eine Wasserburg, die am südlichen Ende der Stadt lag, in ihrem Mauerkranz eingebunden, sicherte Stadt und Bergstraße. Der Verkehr auf der strata montana muß damals schon recht rege gewesen sein und wurde durch die beiden Stadttore geleitet, wo Wegegeld und Zoll erhoben wurden. Dennoch blieben Stadt und Burg rechtlich getrennt, in Urkunden wurden »castrum Zwingenberc cum oppidum dicto Twingenberg« erwähnt. Graf Dieter V. von Katzenelnbogen hatte König Rudolf von Habsburg wichtige Dienste bei der Königswahl geleistet. König Rudolf zeigte sich erkenntlich und verlieh am 9. März 1274 in Oppenheim auf Bitten Dieters Zwingenberg Freiheit und Marktgerechtigkeit. Die Siedlung erhielt dadurch als erste an der Bergstraße Stadtrecht.

Im Rheinischen Zollkrieg stand Wilhelm von Katzenelnbogen auf seiten des Mainzer Kurfürsten. König Albrecht von Österreich erschien, wahrscheinlich im Juli 1301, vor Zwingenberg, belagerte und eroberte die Stadt und ließ sie niederbrennen. Lange Zeit versuchte Wilhelm vergebens, vom Erzbischof dafür eine Entschädigung zu erhalten. 1312 trug er die Burg Erzbischof Peter von Aspelt zu Lehen auf und erhielt dafür 200 Mark Kölner Pfennige, mit denen er den Wiederaufbau finanzierte. Die Burg muß danach recht wohnlich geworden sein, denn Gräfin Else sollte in Zwingenberg als Wittumssitz so lange wohnen dürfen, bis das »bit eren«, also standesgemäß, in Darmstadt möglich war.

Ohne Erfolg versuchten die Grafen, auch das Geleitrecht auf der Bergstraße zu erhalten, in das sich Kurpfalz und Kurmainz teilten. Darüber und wegen des an den Toren der Stadt erhobenen Wegegeldes kam es 1371 zu einem längeren Streit. Steuern

17. Zwingenberg, Oberstadt mit Kirche. (S. 111–113)

18. Bensheim-Auerbach, Auerbacher Schloß. Der Blick geht vom Bollwerk über die sagenumwobene knorrige Kiefer hinweg zum Nordturm (rechts). Links die Ruine des Palas. (S. 114–123)

umgeht man gern, und so suchte sich der Verkehr bald einen Weg westlich um die Stadt und die Wasserburg herum. Mit Faschinen versuchten die Fuhrleute, die sumpfigen Stellen zu überbrücken. Heute benutzt die Bundesstraße 3 die Trasse dieses Umgehungsweges. Längst ist der Grundwasserspiegel gesunken, der Boden trocken geworden.

1421 ließ Graf Johann IV. diesen Umgehungsweg mit »Gräben, Schlägen, Brücken und Wehren« sperren und westlich davon eine kleine Schanze anlegen. Heute befindet sich dort das Gebäude der Bezirkssparkasse. Die Fuhrwerke konnten nicht weiter nach Westen hin ausweichen. Das Wegegeld, der »Landzoll«, wurde hier bis ins 19. Jahrhundert hinein erhoben.

1479 wurde Zwingenberg hessisch. Franz von Sickingen nahm Burg und Stadt am 15. September 1518 ein und hielt sie zwölf Tage lang besetzt, ehe er weiterzog. Das Wasserschloß begann danach zu verfallen. Landgraf Philipp nutzte es schon nicht mehr und ließ 1561–1563 vor dem Obertor ein Jagdschloß bauen, das spätere Amtsgericht.

1603 schenkte Landgraf Ludwig V. das verfallene Wasserschloß der Stadt Zwingenberg, die den Graben auffüllen ließ, einen Teil des Areals zur Anlage eines neuen Marktplatzes, den anderen als Bauplätze nutzte. Reste der Mauern und eines quadratischen Eckturms sind heute noch vorhanden. Ansichten oder Beschreibungen der alten Wasserburg gibt es nicht.

Der Dreißigjährige Krieg verschonte auch Zwingenberg nicht. Die Bevölkerung der umliegenden Orte hatten sich hinter die Mauern geflüchtet, die Pest wütete fürchterlich. Einige Jahre lang scheint die Stadt leergestanden zu haben. 1645 und 1647 brandschatzten sie französische Truppen, 1674 kamen sie wieder. Was danach in zwei Jahrzehnten aufgebaut wurde, vernichtete der Orléanssche Erbfolgekrieg. Am 4. Juli 1693 eroberten französische Truppen die Stadt, plünderten sie und steckten die Häuser in Brand. Der Feuersbrunst entgingen nur die Kirche, das Schulhaus und elf Wohnhäuser in der Oberstadt. Es dauerte Jahre, ehe die Stadt wieder aufgebaut war. Ihre malerische Kulisse und die alten, romantischen Häuser und Winkel erinnern heute noch an Wehrhaftigkeit und längst vergangene glanzvolle Zeiten.

Burg Auerberg (Auerbacher Schloß)

Südlich des Melibokusmassivs liegt der 340 Meter hohe Auerberg. Er erhielt seinen Namen von dem an seinem Fuß gelegenen Auerbach. Der staatlich anerkannte Luftkurort ist seit 1939 Stadtteil von Bensheim. Auf dem Auerberg liegt eine der schönsten, imposantesten und meistbesuchten Burgruinen an der Bergstraße.

Der Ortsname läßt sich nicht zweifelsfrei deuten. Römischer Ursprung ist unwahrscheinlich (aurum – Gold). Vermutlich wurde der Ort nach dem Ur = Auer(ochsen) benannt, der ihn durchfließende Bach trägt denselben Namen. Ob der Auerberg mit dem junior Malsen des Lorscher Kodex identisch ist, muß bezweifelt werden. Schon frühzeitig wurde der Ort in einer Urkunde des Klosters erwähnt: »In Christi Namen, am 9. März im 13. Jahr (= 784, gemeint ist die Alleinregierung) des Königs Karl (nach 800 Kaiser Karl der Große) bringen wir, Graf Heimerich und Herman, eine Opfergabe dar. Wir widmen sie dem hl. Nazarius, dessen Leib im Lorscher Kloster ruht, das unter der Leitung des ehrwürdigen Abtes Richbodo (784–804) steht. Wir schenken in pago worm(atiensi = im Wormsgau), in der Oppenheimer marca einen Weinberg, acht Leibeigene und den Arbeitsertrag des Herman in Urbach . . .« (übertragen von Karl Josef Minst).

Der Stifter war ein Sohn des Klostergründers Cancor. Auerbach gehörte zur Mark Heppenheim, die Karl der Große 773 Lorsch geschenkt hatte. Sollte es, wie gemutmaßt wurde, auf dem Auerberg eine keltische Fluchtburg gegeben haben, so sind ihre Reste beim Burgenbau verschwunden.

Die Anhöhe fällt nach drei Seiten steil ab, ein schmaler, tiefer liegender Sattel verbindet sie mit dem Melibokusmassiv. Sie ist ein idealer Standort für eine Burg. Das Fundament eines mächtigen, längst verschwundenen Bergfrieds und einige Bauteile aus romanischer Stilepoche rechtfertigen allein jedoch nicht die Annahme, daß diese Burg bereits im 12. Jahrhundert erbaut wurde. Heinrich II. von Katzenelnbogen (1124–1160) kam in den Besitz der Mark Auerbach und sicherte sie in Zwingenberg. 1222 wurde Auerbach urkundlich erwähnt; hätte es damals dort schon eine Burg gegeben, wäre sie dabei genannt worden.

1232 gliederte Kaiser Friedrich II. das Fürstentum Lorsch in das Erzbistum Mainz ein. Lehensherren der Katzenelnbogener in Auerbach wurden die Erzbischöfe. Das führte zu Verwicklungen mit den Pfalzgrafen und mag Anlaß gegeben haben, die Mark Auerbach nicht nur nach Norden hin, sondern durch eine Burg über dem Dorf zu sichern. Der Baubeginn wird daher in diese Zeit zu datieren sein. Dann war Dieter IV. von Katzenelnbogen der Bauherr. Er hatte 1220 am Kreuzzug teilgenommen, verließ aber wegen eines Streits mit dem päpstlichen Legaten Pelagius das Heer und kehrte nach einer abenteuerlichen Reise heim. 1228 wurde er in einer Urkunde »Graf von Lichtenberg« genannt. Über die Herren von Katzenelnbogen dichtete der berühmte Minnesänger Walther von der Vogelweide:

Ich bin dem Bogenaere holt
gar ane gabe ane solt:
er ist milte, so wie klein ichs geniuze
so nieze on aber ein Polan alde ein Ruize
daz ist allez ane mine haz.
in braehte ein Meister baz ze maere
danne tusent snarrenzaere,
taet er den hovewerden baz.

Den diemant den edelen stein
gab mir der schoensten ritter ein:
ane bete wart mir diu gabe sine,
jo lob ich nith die schoene nach dem schine
milter man ist schoene und wol gezogen
man sol die inre tugent uz keren:
so iz das uzer lop nach eren
sam des von Katzenelnbogen.

Ich bin der Bogenarme hold
auch ohne Gabe und ohne Sold
er ist milde, doch kann ichs wenig begrüßen,
daß sie Polen und Russen genießen;

das alles liegt nicht in meiner Hand
ihn förderte mehr ein Meister von Rang
als tausend Schmarrenpossen Dank,
wenn er ihn ehrt nach höfischem Stand.

Den Diamant, den edlen Stein,
gab mir der schönste Ritter sein:
ganz ohne Bitte wurde die Gabe mein
Ich lobe die Schönheit nicht nach dem Schein
der milde Mann ist schön und wohlerzogen,
man sollte die innere Tugend nach außen kehren.
so dient sie auch dem äußeren Lob zu Ehren,
wie die des Katzenelnbogen.

Die Burg besitzt einen großzügigen Grundriß, ihr Baustil vereint Schönheit und Stärke harmonisch. Form und Stil verraten südfranzösische, fast orientalische Einflüsse. Den Bauherren kam es nicht nur auf fortifikatorische Notwendigkeiten an, sondern auch und vornehmlich auf Repräsentation.

Das Plateau wurde durch einen neun bis zehn Meter tiefen Graben vom Bergsattel getrennt. Der hier ausgebrochene Fels diente als Baumaterial. Über diesen Halsgraben führte eine Brücke, die auf Steinpfeilern lag; das letzte Joch war als Zugbrücke ausgebildet. Diese Brücke deckte ein Torhaus, dessen Grundmauern noch sichtbar sind, später sicherte sie außerdem noch eine kleine Schanze. Den Grundriß der Kernburg bildet ein gleichseitiges Dreieck, dessen Spitzen abgestumpft sind und dessen Schenkel leicht konkav verlaufen. Seine Basis ist nach Westen, die Spitze nach Osten, der Angriffsseite, zugewandt. Die Nordostseite war schon in der ersten Bauperiode als Schildmauer verstärkt, hinter ihr stand frei der Bergfried. Seine Fundamentmauer maß 2,40 Meter. An der Nord- und Südecke standen jeweils ein schlanker Turm, Wachtturm und Luginsland zugleich.

Eine Urkunde von 1247 erwähnt Burgmannen, unter ihnen Angehörige namhafter Familien aus der Umgebung: die Kronberger, Rechershausen, Hattstein, Sickingen, Rabenolt, Echter, Wallbrunn und Frankenstein. 1300 teilten die Katzenelnbogener ihre Herrschaft, sie wurde jedoch nach wenigen Jahren wieder vereinigt.

Graf Dieter, der Auerbach erhalten hatte, schloß sich nach der Schlacht von Göllheim König Albrecht an, es scheint ihm auch gelungen zu sein, sich aus dem Rheinischen Zollkrieg herauszuhalten. Während Zwingenberg niederbrannte, blieb Burg Auerberg unbehelligt. Als 1318 die Rechte und Pflichten der Burgbewohner geregelt wurden, war auch die Rede von baufälligen Türmen. Die Burg war noch nicht ein Jahrhundert alt, aber Wind und Wetter wirken auf dem Berg noch heute sehr stark. Der Bergfried wurde 1347 noch erwähnt, 1402 nicht mehr. Es ist nicht bekannt, weshalb er verschwand, ob er baufällig war, ob er einstürzte, vielleicht beim großen Erdbeben von 1356, oder ob er durch den Bau des Bollwerks überflüssig wurde und man den Platz anderweitig benötigte.

Daß der Felsen, auf dem die Kernburg stand, noch besonders abgesichert worden war, zeigte sich, als ein Teil der Zwingermauer einstürzte. Herwig Spieß hat das in den »Geschichtsblättern des Kreises Bergstraße, Band 10, beschrieben: ». . . Der Fels, der die Kernburg trägt, ist in sehr steiler Schräge abgearbeitet worden, um einen Angriff zu erschweren. Es wäre aber doch noch möglich gewesen, hier Sturmleitern anzulegen, weil, wie sich jetzt herausstellte, die Schräge ursprünglich nur mit einer niedrigen Futtermauer abgeschlossen war. Erst später ist diese niedrige Mauer erhöht worden, um einen beiderseits ausgekragten Wehrgang zu tragen. Bis dahin lag die Felsböschung frei, ein Angreifer hätte sich an Spalten und Unebenheiten hocharbeiten können. Dem begegnete man damit, daß die Schräge mit einem ›Hangpflaster‹ verkleidet wurde, dessen glatte Flächen keine Spalten, Lücken oder Vorsprünge bot, die das Aufsteigen erleichtert hätten. Die Fläche ist zudem noch konvex angelegt, so daß angelegte Sturmleitern abkippen mußten, wenn man sie bestieg . . .«

Zuerst umgab nur ein einziger Zwinger die Burg. Unter ihm hindurch führte eine Poterne nach draußen, ein unterirdischer Gang, durch den Bewaffnete heimlich aus der Burg in den Rücken des Feindes gelangen konnten. Dieter VIII. (1360–1402) ließ die Burg umbauen. Dabei erhielt sie ihr heutiges typisches Aussehen. Die Grafen verfügten, wie auch ihre anderen Bauten zeigen, über erfahrene, weitgereiste Burgenbaumeister, die es verstanden, auch Zweckbauten einen originellen Stil zu geben.

Vor den inneren, schmalen Zwinger kam ein äußerer, der zugleich als Vorburg diente. Ein Angreifer mußte am Bergsattel erst den Halsgraben überwinden und dazu Brücke und Torhaus gewinnen. Er sah sich dann vor einem Zugang, der 80 Meter weit bergauf führte, was seinen Schwung ohnehin bremsen mußte. Auf seiner ungedeckten rechten Schwertseite lag die Zwingermauer, von der aus er beschossen wurde. Nach links zum Hang hin auszuweichen, war unmöglich, das verhinderte eine Mauer. Das äußere Tor, das er, wenn überhaupt, erreichte, bestand aus dicken Balken und war durch starke Riegel gesichert. Auf der Innenseite konnten die Verteidiger ein Fallgatter herablassen. Das Torhaus enthielt wahrscheinlich eine Barbakane, durch dessen Gießlöcher Spieße geschleudert, heißes Pech und kochendes Wasser geschüttet werden konnten. Der äußere Zwinger ist hier mehr als 20 Meter breit und verengt sich an den anderen Stellen auf etwa 15 Meter. Er bildete dadurch einen geräumigen Vorhof, an dessen Westseite sich Gesindeunterkunft, Pferde- und Viehställe, Scheuer und Schuppen befanden. Steinerne Treppen führten an mehreren Stellen die Mauer hinauf zu einem Wehrgang, der über die Mauer kragte. Unmittelbar neben dem Torhaus lag das Wächterhaus. Der Hof stieg zum inneren Zwinger hin steil an und bildete davor ein kleines Plateau, von dem aus ein eingedrungener Feind von erhöhter Stellung aus wirksam bekämpft werden konnte. Hier dürften später auch jene Messinggeschütze gestanden haben, die 1574 »nach Darmstadt abgeführt« wurden.

In dieser Vorburg lag eine große Zisterne, aus der das Vieh getränkt wurde. »Wasserpferde« brachten das Naß von Quellen, die außerhalb der Burg lagen. Der Wehrgang besaß Armbrustscharten, die sich nach außen hin verengten. Den Schützen hier war es möglich, sowohl den Weg als auch das Vorfeld zu beschießen. Später gab es an vielen Stellen Scharten für Hakenbüchsen; die Löcher für das Holz, gegen das der Haken gestemmt wurde, um den Rückstoß zu mildern, sind noch deutlich sichtbar.

Flankierungstürme gab es nicht, dafür Erker an den Ecken, die wahrscheinlich spitze Giebel trugen. Sitzbänke sorgten für die Bequemlichkeit der Wachen, die jeweils einen Mauerabschnitt übersehen konnten. Auch Aborte waren in ausreichender Zahl vorhanden, die Exkremente fielen einfach in den Burggraben.

Zwischen dem erhöhten Hofteil und der inneren Zwingermauer gab es einen Graben, der durch eine Zugbrücke gesichert war. Der Weg führte dann durch ein spitzbogiges Tor in den inneren Zwinger, der nur drei Meter breit war. Über diesem Tor lag eine Reihe von Gußerkern (Maschikuli). Der Eingang zur Kernburg befand sich damals neben dem Südturm, so daß ein Eindringling in dem engen Raum noch eine weitere Schießscharte passieren mußte, ehe er vor dem inneren Tor stand, über dem noch eine Reihe von Gußerkern und Spottköpfen lag.

Der innere Bering bildet ein Dreieck, dessen mittlere Höhe etwa 35 Meter beträgt. Auf der Westseite stehen zwei Türme, die als Wacht- und Signaltürme dienten, aber auch als letzte Zuflucht gedacht waren. Beide waren nur vom Mauerkranz aus zugänglich; das heute am Fuß des Südturmes vorhandene Türchen ist später hineingebrochen worden. In diesem Turm lag auch das Verlies. Beide Türme hatten damals wohl andere Aufsätze als heute. Sie besaßen Signalglocken, die 1465 und 1560 urkundlich erwähnt und 1578 nach Darmstadt gebracht wurden.

Die Nordostseite bildete ursprünglich die Schildmauer. Hinter ihr stand der Bergfried, der 1402 verschwunden war. Später wurde die nach Osten weisende Mauerecke zu einem mächtigen Bollwerk verstärkt. Seine vier Meter dicken Mauern konnten auch einer heftigen Beschießung widerstehen. An der Spitze reichte das Bollwerk bis an die innere Zwingermauer, der Wehrgang verlief hier gedeckt. Die Anlage ähnelt der Marksburg, die ebenfalls den Katzenelnbogen gehörte und nie erobert wurde.

Auf der Westseite des seit Abbruch des Bergfrieds recht geräumigen Innenhofs lag der Küchenbau mit dem Backhaus, darunter die 1557 erwähnte »Speisekammer zur Küche«. Ob vorher hier andere Gebäude standen, ist nicht bekannt. Romanische Fenster sind hier in die Mauer gebrochen. Dem Bau schlossen sich »Küchenstube und Gesindestube« an. Die nördliche Ecke nahm der Marstall ein. Neben ihm stand die Schmiede mit dem heute noch vorhandenen großen Kamin.

Nahe der Innenmauer liegt der 62 Meter tief in den Fels gehauene Brunnen. Er erschloß damals wasserführende Schichten und konnte wohl die Bewohner der Kern-

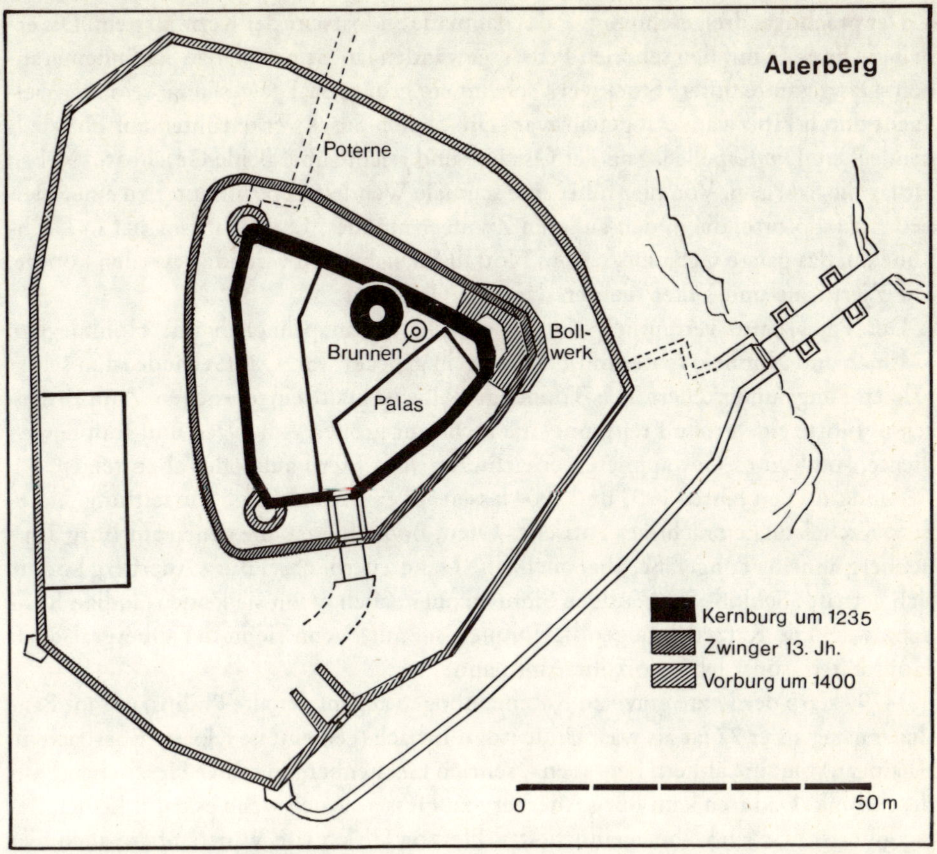

Burg Auerberg (nach: W. Möller, 1938)

burg versorgen. 1431 wurde auch eine »schistern« erwähnt, später zweimal eine »Zwistern«. Wasserpferde sorgten auch hier für den nötigen Vorrat, außerdem wurde das Regenwasser von den Dächern über Rinnen und Rohre aus »gebackenem Stein« hineingeleitet, auch der Brunnen scheint auf diese Weise zusätzliches Wasser bekommen zu haben. 1536 wurde er vom »Brunnenmeister versehen, da er versunken war«, danach scheint er aufgegeben worden zu sein. Der Schacht diente nun als Müllgrube, aus der 1937 interessante Funde zutage traten. Genügend Wasser war nicht nur zum Trinken und Tränken lebensnotwendig, sondern auch zur Brandbekämpfung.

Der prächtige, dreigeschossige Palas nahm die Südostseite der Kernburg ein. Die erhaltene Fassade mit den schönen Fenstergewänden läßt seine einstige Schönheit erahnen. Das gesamte untere Stockwerk scheint ein großer Saal gewesen zu sein, der vielleicht durch Holzwände abgeteilt war. Die oberen Stockwerke ruhten auf Holzbalkendecken. Die Kapelle lag an der Ostseite und reichte über beide Geschosse. Neben ihr lag die Sakristei. Von hier führt eine schmale Wendeltreppe hinunter zu einer kleinen Ausfallpforte, die in den äußeren Zwinger mündet. Ein Wehrgang lief in Dachhöhe um das ganze Gebäude, das im Notfall für sich allein verteidigt werden konnte. Die Ziertürme und Erker dienten dann als Gußerker.

Der Palas hatte vermutlich ein Walmdach, das ursprünglich mit Hohlziegeln, »Mönch und Nonne«, später mit Flachziegeln gedeckt war. Das Gebäude ist in seiner ganzen Länge unterkellert. Das Tonnengewölbe ist heute eingebrochen. Zum Erdgeschoß führte eine große Freitreppe, die nicht nur großen Auftritten und Empfängen diente, sondern es Gewappneten erleichterte, vom Pferd auf- oder abzusteigen.

Funde aus den Jahren 1903 und 1904 lassen auf eine reichhaltige Ausstattung schließen: Kachelstücke prächtiger gotischer Öfen, Bodenfliesen, die denen auf Burg Tannenberg ähneln, Tongefäße, aber auch eine Handfeuerbüchse. Burg Auerberg konnte sich getrost »Schloß« im heutigen Sinne nennen, auch wenn sie keine ständige Residenz war. Die Katzenelnbogen bewohnten sie nur, wenn sie in der Obergrafschaft Hof hielten, sonst lebte dort ihr Amtmann.

1479 »starp der letzte grave zu Katzinelnbogen genant der alte Philips, uf sant Panthaleonstag als er 77 jar als was. Unde ist zu Erbach (gemeint ist Kloster Eberbach im Rheingau) bie sine älthern begraben«, schrieb Gerstenberg in seiner Hessischen Landeschronik. Dadurch kam Burg Auerberg zu Hessen. Auch wenn es dafür keinen Beleg gibt, ist es doch wahrscheinlich, daß Herzog Ulrich von Württemberg auch hier vorübergehend Asyl gefunden hat.

Nach dem Tode Landgraf Philipps des Großmütigen im Jahre 1567 wurde Hessen geteilt. Georg I. von Hessen-Darmstadt verlegte die Amtsverwaltung nach Zwingenberg; der Amtmann, der zeitweilig auch den Titel Burggraf geführt hatte, mußte umziehen. In die Burg kam ein Verwalter, der zugleich Forstbeamter war. 1593 schied Zwingenberg aus der Mark Auerbach aus.

Für notwendige Reparaturen wurden in der Folgezeit nicht genügend Mittel bereitgestellt, so daß die Gebäude langsam verfielen. 1635 plünderten sie schwedische und französische Truppen. Die Bevölkerung flüchtete sich bei Truppendurchzügen stets auf die Burg, obwohl sie dort keinen rechten Schutz fand.

Während des Ersten Reichskrieges gegen Ludwig XIV. (1674–1678) rückte der Duc de Turenne mit einem Söldnerheer an die Bergstraße. Im Bensheimer Stadtratsprotokoll wurde vermerkt, daß die Franzosen in Auerbach »lange gestanden (haben) und das flache Land ganz abrasiert (ist)«. In ihrer Not suchten die Auerbacher in der Burg Zuflucht und verstärkten die Mauern. Das nutzte jedoch wenig, wie der Chronist Retter beschrieb: »Anno 1674 war der französische General Duc de Turenne mit seiner Armee allhie vor Auerbach zu stehen kommen, und die Auerbacher nebst vielen anderen dahin geflüchtet waren, darauf sich wehrten und durch ausfallen einige Raubpartheyen derer Feinde zerstreuten. Denn solcher ließ hierauf diese Veste durch eine starke Parthey stürmen, welche sie auch endlich durch einen verborgenen Ausgang erstiegen, mit Mannes- und Weibspersonen jämmerlich gehauset, viele getötet, viele als gefangen mitgenommen haben, welche jedoch auf Interzession Ihrer Hochfürstlichen Durchlaucht von Hessen-Darmstadt wieder losgelassen worden. Indessen wird dieses Haus nicht mehr bewohnt.«

Der Gardekapitän Johann Heinrich Eckbrecht berichtete dem hessischen Kanzler Fabricius in Darmstadt: »Sonsten haben die Ireländer das alte Schloß Auerbach überrumpelt und ohn angesehn der Bauern starker Gegenwehr zweyer Generalspersonen, die selbsten hinaufgejagt und abgewehrt, alles ausgeplündert und mit 3 oder 4 Bauernweibern übel umgegangen und ob auch wohl sehr um Remedirung angehalten, hat es doch nicht können erhalten werden, denn sich die Leith, weilen ihrer bei 20 gequetscht und etlich tot geblieben, nicht wollen wehren lassen und in aller Eil alles darunter gebracht.« Der Auerbacher Pfarrer Johannes Sebastian Lutz stellte richtig, daß es sich bei den Söldnern Turennes nicht um Irländer, sondern um »fast bestialische Engländer« (Bergschotten) handelte. Der Befehlshaber einer dieser Einheiten hieß übrigens Johann Churchill. Der Pfarrer schrieb die Namen der Toten in sein Buch:

»Martin Bender, so geschossen worden . . . alt 72 Jahr
Georg Ried, so geschossen worden . . . alt 43 Jahr
Georg Kaltwasser, so sich zu todt über die Mauer gefallen, da er entrinnen wollte . . . alt 78 Jahr
Johann Desti, so geschossen worden . . . alt 33 Jahr
Hans der Pferdehirt, so über die Mauer hinabgefallen, aber im Walde erschossen worden . . . alt 54 Jahr
Georg Bender, Förster, so geschossen worden . . . alt 32 Jahr
Tobias Krichbaum, so auf dem Schloß geschossen worden, aber erst 8 Tag hernach in Zwingenberg gestorben und begraben, alt 44 Jahr«.

Die Gebäude waren ausgeplündert, hätten aber wieder bewohnbar gemacht werden können, doch zeigte der Darmstädter Hof weder Interesse, noch hatte er Geld. Die Burg wurde zur Ruine. 1821 stürzte der Nordturm, »zernagt vom Zahn der Zeit«, ein. Erst die Romantiker entrissen die alte Burg ihrem Dornröschenschlaf. Sie wurde zu einem Anziehungspunkt für Touristen und ist es bis heute geblieben. Um 1850 ließ Großherzog Ludwig III. den Turm wieder aufbauen und die Mauerreste sichern.

Eine stark verwitterte Sandsteinplatte in der westlichen Hofmauer erinnert an ein Fest, das die hessischen Veteranen 1840 feierten. Es waren Angehörige jener Truppe, die unter dem Prinzen Emil 1792 bis 1813 in Spanien, Frankreich, Rußland und Deutschland gekämpft hatten. 1852 fand in der Ruine ein Künstlerfest statt. Seinem Andenken dient das Bild über dem (neuen) Eingang zum Burghof. In die nördliche Mauer ist eine Tafel zu Ehren des Reichskanzlers Fürst Bismarck eingelassen. 1979, zum Jubiläum »Auerbach – 500 Jahre bei Hessen«, enthüllte der Kur- und Verkehrsverein Auerbach e.V. in Gegenwart der Prinzessin Margaret von Hessen und bei Rhein und des hessischen Ministers für Wirtschaft und Technik, Heinz-Herbert Karry, im Palas eine Gedenktafel.

Umfangreiche Wiederherstellungsarbeiten leitete Baurat Krauß 1903/04. Auch in den letzten Jahren sind die Bauten restauriert worden. Der Wirtschafts- und Gaststättentrakt soll modernisiert werden. Alljährlich treffen sich im August die Auerbacher, um ihr inzwischen schon zur Tradition gewordenes Burgfest zu feiern.

Die Sage, die Scriba dem Alsbacher Schloß zuschrieb, gehört nach Auerbach. Dr. Johann Wilhelm Wolf hat sie aufgeschrieben, K. O. Tulla hat sie neu erzählt: »Wo die Nordmauer an das Bollwerk stößt, steht eine knorrige Kiefer. Wer den Übergang zum Turm benutzt, muß an ihr vorbei. Sie ist aus einem Kiefernzapfen gewachsen, den ein über das Schloß fliegender Rabe aus seinem Schnabel auf die Plattform fallen ließ. Wird sie gefällt, so wächst an ihrer Stelle ein neuer Baum.

Ein Knabe aus Auerbach, der in einer aus dem Holz dieser Kiefer gefertigten Wiege gewiegt worden ist, kann den Geist einer stolzen, reichen Prinzessin erlösen. Sie war einst zur Strafe für ihre Hartherzigkeit in eine häßliche weiße Schlange verwandelt und mit ihren Schätzen in eine Höhle tief unter dem Schloß verbannt worden. Alle sieben mal sieben Jahre erscheint sie als weiße Frau in der Mittagsstunde im Schloßhof.

Einem Knaben, auf den das zutraf, trat die weiße Frau entgegen und sagte ihm, daß er dazu bestimmt sei, sie zu erlösen und die großen Schätze zu gewinnen. Sie werde ihm am anderen Tag mit den goldenen Schlüsseln erscheinen, jedoch in anderer Gestalt. Er dürfe dabei kein einziges Wort sprechen, sonst werde die Erlösung um weitere sieben mal sieben Jahre verzögert.

Als der Knabe am anderen Tag in den Schloßhof kam, schoß eine häßliche, große weiße Schlange auf ihn zu und hielt einen goldenen Schlüssel im Maul. Das Kind schrie vor Schreck auf, und die Schlange verschwand mit einem Donnerschlag. Sie muß nun wieder sieben mal sieben Jahre warten, ehe sie erscheinen darf. Dann kann sie nur von einem Knaben erlöst werden, der als Kind in einer Wiege lag, die aus dem Holz der Kiefer auf dem Bollwerk gezimmert wurde.«

Zwei weitere Sagen ranken sich um die Burg: »Ein armer Tagelöhner entdeckte einst in den Ruinen ein geheimes Schatzgewölbe. Dort in dem großen unterirdischen Saal saßen zwölf Männer um einen Tisch, vor dem ein riesiger Haufen Geld lag. Der Taglöhner füllte sich schnell die Taschen, dabei fragte einer der zwölf: ›Was sollen wir mit dem da machen?‹ die anderen antworteten: ›Laß ihn nur gewähren.‹ So ging es mehrere Jahre lang, bis den Taglöhner einmal der Übermut packte und er auf die Frage antwortet: ›Halt's Maul, du alter Narr!‹ Blitzschnell sprangen die anderen elf auf und prügelten ihn windelweich. Er konnte ihnen zwar entkommen, doch das geheimnisvolle Gewölbe hat er nie mehr gefunden.«

»Ein trinkfreudiger armer Bauer seufzte, als er einmal vor der Ruine stand: ›Ach, wer doch all den Wein hätte, der in alter Zeit mutwillig vernichtet worden ist.‹ Da stand ein kleiner alter Mann vor ihm, angetan mit einer Küferschürze, und bedeutete ihm freundlich: ›Wenn du den Wein der hohen Herren probieren willst, mußt du mir folgen.‹ Er führte den Bauern in ein altes Kellergewölbe. Dort stand eine lange Reihe uralter Fässer. Der Küfer drängte ihn zu probieren, und der Bauer zeigte sich schon vom ersten Schluck begeistert. Der alte Mann versprach ihm bessere Tropfen, und sie probierten alle Fässer durch, bis der Bauer völlig trunken war, die Fässer umarmte und schließlich in einen tiefen Schlaf fiel. Als er aufwachte, lag er in einer Pfütze im Schloßhof. Alle Versuche, den Keller wiederzufinden, waren erfolglos. Manchmal scheint süßer Weinduft die alten Mauern zu umwehen. Dann sagen die Auerbacher: ›Der Küfer probiert.‹«

Das Fürstenlager

Oberhalb von Auerbach zweigt vom Hochstädter Tal ein kleines, anmutiges Seitental ab, das sich, nach Westen offen, ein Stück in den Wald hineinzieht. »Roßbach« heißt dieses Gewann. Pfarrer Christian Zickwolf, der von 1727 bis 1743 in Auerbach amtierte, plante schon seit langem, dort eine Quelle fassen zu lassen. Dr. Johann Daniel Heyland, Stadt- und Kurmainzischer Amtsphysikus in Bensheim, vermutete, daß sie Mineralien enthielt und sich als Heilquelle eignete. Auf Drängen des Pfarrers entschloß sich der Auerbacher Oberschultheiß, der Barbier Georg Nikolaus Gerst, graben zu lassen, »weilen in dasiger Gegend, wo itzo der Brunnen ist, von undenklichen Zeiten her eine Quelle und ein Sudell gewesen ist, woraus ein fetter und mineralischer Schleim sich gezeigt hatte, so hat schon Herr Johann Daniel Heiland sel. gew. Stadt- und Amtsphysikus zu Bensheim, bei seinem Leben oft zu mir gesagt, er wolle alles darauf setzen, es müsse ein mineralisches Wasser in der Gegend sein, welches ich oft anderen erzählet und beschrieben hatte, daß man doch die Quelle aufsuchen und probieren möchte . . .«

Aus dem eisenhaltigen, mit bläulicher Tonerde vermischten Sand strömte das Wasser mit drei Quellen. Der Grund wurde mit einem Rost befestigt, der Rand mit Mauersteinen eingefaßt. In Windeseile verbreitete sich die Kunde von angeblichen Wunderheilungen. 1739 kamen, wie Pfarrer Zickwolf schrieb, auch »die Leute aus Darmstadt, Frankfurt, Heidelberg, Mannheim und sogar über den Rhein und Main her in großen Scharen, um in Krügen und Fässern das Wasser allhier zu holen, so daß an mehrfachen Tagen viel Ohm sind verführet worden und das nicht nur im Sommer, sondern auch zur jetzigen Winterszeit«.

Die tägliche Schüttung wurde mit 60 Ohm ermittelt und dürfte, da dieses Maß nicht einheitlich war, zwischen sieben und zehn Kubikmetern gelegen haben. Der Zwingenberger Amtmann berichtete an die Darmstädter Regierung, die daraufhin den fürstlichen Rat und Leibmedikus Dr. Rapp, Dr. Jürkens und den Hofchirurgus Held beauftragte, das Wasser zu untersuchen. Die drei Experten stellten Mineralien darin fest, neigten aber zu der Auffassung, daß unter dem »guten Brunnen« eine Quelle mit Süßwasser läge.

Die Chronik berichtet, daß von dem Wasser »Blinde sehend, Taube hörend« geworden sein sollen. Bei Kindern habe man das Fieber kuriert, und »des Zwingenberger Schulmeisters Frau als eine frische Kindbetterin, so contract gewesen«, sei durch das Wasser wieder gesund geworden.

Die Gemeinde Auerbach hätte die Quellen fachgerecht fassen lassen müssen, doch fehlte ihr dazu das Geld und auch der Anlaß, denn die Regierungskommission hatte festgestellt, daß das Wasser »in regula ad regalia« gehörte und »der Fiskus zur Einfassung der mineralischen Quellen die Kosten zu furnieren« habe. Die Zeiten waren jedoch nicht danach. Jahr für Jahr neue Kriege, Truppendurchzüge, Kosten, Schäden, Mißernten. Bald war der Brunnen verschlammt, auch hatten sich die Hoffnungen auf spektakuläre Heilerfolge als übertrieben herausgestellt.

Im Juli 1766 veranlaßte der Kammerrat Graupner das Fürstliche Kollegium, das Quellgebiet instand zu setzen. Oberbaudirektor Philipp Mann entwarf die Pläne, nach denen südwestlich des heutigen Brunnens und zwischen späterem Prinzen- und Küchenbau ein ovales »Badbiet« entstand. Das zog wieder viele Badegäste in das stille Waldtal, »so daß täglich hundert und mehr Personen, Einheimische und Fremde kamen, um in Krügen und Fässern das heilende Wasser zu holen«. Landgraf Ludwig VIII. erprobte höchstpersönlich die Heilkraft. Seine Schwiegertochter Caroline, die spätere »Große Landgräfin«, schrieb am 10. August 1767: »Unser teurer Landgraf weilt seit zehn Tagen an dem Wasser von Auerbach und trinkt jeden Tag vier bis sechs Gläser und fühlt sich wohl dabei. Dasselbe Wohlsein bereiten ihm auch die Fußbäder von der gleichen Quelle. Wenn Sie etwas über die Geschichte unseres berühmten Bades wissen wollen, dann befehlen Sie dem Leibmedikus Hesse, daß er Ihnen diese übermittelt. Man erzählt sich in der Tat Wunderdinge von den Wirkungen dieser Bäder. Ich bin ein wenig ungläubig, aber wenn das so weitergeht, werde ich auch an das Mirakel glauben.«

Das Bad war hoffähig geworden, Schleiermacher und Hesse, die Leibärzte des Landgrafen, mußten sich während der Sommermonate ständig in Auerbach aufhalten. Der Hofmedikus J. H. Lichtenberg, Vetter des berühmten Philosophen, verfaßte eine Abhandlung über die Quelle, ihre Wirkungen und die Geschichte des Bades. Im Hochstädter Tal, jenseits des Bergrückens, waren weitere Quellen entdeckt und gefaßt worden. Alle Heilerfolge und die Krankengeschichten wurden beschrieben, darunter die des Präzeptors Ritsert, der »zehn Jahre lang sein Gehör durch eine schnelle Erkältung verloren, den achten Tag einige Besserung und im kurzen, wie der ganzen Gegend bekannt ist, sein völliges Gehör wiedererhalten hat«.

Philipp Mann erhielt vom Landgrafen den Auftrag, die Pläne für einen großzügigen Ausbau zu fertigen. Sie wurden erst am 7. Oktober 1773, nach Ludwigs VIII. Tode, fertig und sind so nicht ausgeführt worden. Nach Manns Entwürfen entstand eine gemauerte, runde, vertiefte Brunneneinfassung, wie sie heute noch existiert. Neben ihr standen zwei Pavillons. Sie dienten als Kursaal und Badewärterwohnung und wurden später abgerissen. In einer Denkschrift stellte der Zwingenberger Amtmann Ludwig Schmalkalder fest, daß für die Besucher des Bades »44 gute, 61 mittlere und 42 weniger gute Quartiere bei 111 Auerbacher Bürgern« angeboten wurden. Der Gastronom Diefenbach, dessen Familie seit einigen Generationen das Gasthaus »Zur Krone« bewirtschaftete, war Brunnenmeister und machte sein Haus zu einem Mittelpunkt zahlungskräftiger Gäste. Wie damals offenbar in jedem Badeort üblich, der etwas auf sich hielt, betrieb der Hotelier auch eine Spielbank. Bis sie 1818 verboten wurde, rollte buchstäblich das Geld in Auerbach.

Der Gießener Professor und Bergrat Friedrich August Cartheuser und der Kammerrat Klipstein untersuchten im Auftrag Landgraf Ludwigs IX. 1775 das Wasser des »Guten Brunnens« und des im Hochstädter Tal gelegenen Gesundbrunnens. Sie verfaßten eine »Abhandlung vom Auerbacher Mineralwasser« und stellten darin fest, daß »gedachtes Stahlwasser, ob es gleich, wenn es gegen andere Stahlwasser, zum Exempel das Schwalbacher, Pyrmonter, Egersche gehalten wird, von geringerer Stärke ist, dennoch in verschiedenen chronischen Krankheiten zur Stärkung der festen Teile, zur Verdünnung des Blutes und der übrigen Säfte und zur Öffnung der verstopften Eingeweide nützliche Dienste leisten könne, wovon auch die von einigen geschickten Ärzten gemachten Beobachtungen und Erfahrungen rühmliches Zeugnis ablegen«.

Die Regierung ließ davon 100 Exemplare drucken und zu Werbezwecken an Ärzte versenden, was sehr zur Hebung des Auerbacher Kurbetriebes beitrug. Das Bad sah oft fürstliche Gäste, der Name »Fürstenlager« bürgerte sich ein. Gefördert von der Großen Landgräfin, hatte sich um den Kriegsrat Johann Heinrich Merck der »Kreis der Empfindsamen in Darmstadt« gebildet, dem unter anderen auch Herder, Claudius und Wieland angehörten. Goethe, mit Merck eng befreundet, gesellte sich dazu. Der Herzog Carl August von Weimar wurde ihr Mäzen. Ob Schiller den ersten Akt seines »Don Carlos« in Darmstadt oder im Fürstenlager vorlas, ist nicht festzustellen – aber spielt das eine Rolle? Goethe hat sicher öfter das Fürstenlager besucht, der Gesundbrunnen im Hochstädter Tal ist einer der Schauplätze seiner Dichtung »Hermann und Dorothea«:

> Von dem würdigen Dunkel erhabener Linden umschattet,
> Die Jahrhunderte schon an dieser Stelle gewurzelt,
> War, mit Rasen bedeckt, ein weiter, grünender Anger
> Vor dem Dorfe, den Bauern und nahen Städtern ein Lustort.
> Flach gegraben befand sich unter den Bäumen ein Brunnen,
> Stieg man die Stufen hinab, so zeigten sich steinerne Bänke,

Rings um die Quelle gesetzt, die immer lebendig hervorquoll,
Reinlich, mit niedriger Mauer gefaßt, zu schöpfen bequemlich.

Dazu angeregt wurde der Dichter durch den großen Flüchtlingsstrom, der nach Ausbruch der Revolution aus Frankreich kam. Die historische Handlung entstammt allerdings einer früheren Zeit, als 247 »Exulanten«, vertriebene evangelische Salzburger, in Auerbach, Alsbach und Hähnlein eingewiesen wurden und der Sohn eines Zwingenberger Gastwirts ein Mädchen vom Fleck weg heiratete.

Im benachbarten Wald wurde 1786 der »Altar der Freundschaft« errichtet. Der gleichen Zeit entstammen »die Champignons«, fünf pilzförmige Tische aus rotem Sandstein, und das Luisendenkmal mit der Inschrift: »En Mémoire de Frédérique et Charlotte deux amusés Chéris par Louise leur soeur 22 May 1786.«

Erbprinz Ludwig schätzte das Auerbacher Bad besonders, nachdem er dort 1783 Heilung von einer längeren Krankheit gefunden hatte. Campe berichtete: ». . . ich hatte das Glück, auf erhaltene Einladung zur Tafel diesem gütigen Prinzen und seiner liebenswürdigen Gemahlin zu Auerbach aufzuwarten und ich war gerührt über die einfache, prachtlose und fast bürgerliche Lebensart, die ich hier beide führen sah . . .«

Der Erbprinz kam 1790 zur Regierung und ordnete den Ausbau des Fürstenlagers an. Bereits am 19. August wurde ihm berichtet, »daß in diesem Jahre die Fundamente zu den Gebäuden am ›guten Brunnen‹ zu Auerbach wie solche vom fürstlichen Ingeniör-Hauptmann Möller in Riss gebracht, gefertigt worden«.

Es sind schlichte, einfache Gebäude, die sich um den Weg und die Brunnenanlage gruppieren. Eine Lindenallee führt vom Dorf her zu den Wirtschaftsgebäuden, an die sich der Kavalierbau anschließt. Platanen säumen den weiteren Weg, der in einen kleinen Platz mündet. Hier liegen sich Damenbau und Prinzenbau gegenüber, am Hang oberhalb des Prinzenbaus Meierei, Küche und Konditorei, anschließend an den Damenbau das zierliche winzige Weißzeughäuschen. Das Herrenhaus, ein schlichter, zweigeschossiger Putzbau mit Walmdach, steht neben der Brunneneinfassung. Es enthielt damals einen Speisesaal, vier »Cabinette« und ein Billardzimmer, zum Hang hin schloß sich ein kleiner Kammerbau an.

Das Wachhaus gegenüber dem Hof hatte ursprünglich wohl einen anderen Platz, sein Aufbau mit der Uhr ist später entstanden. Für die Bauten war der Hofbaudirektor Johann Helfrich Müller verantwortlich, an der Planung scheinen Johann Martin Schuhknecht und sein Sohn Friedrich beteiligt gewesen zu sein.

Die Anlagen unmittelbar um die Gebäude waren zuerst in französischer Manier gestaltet, 1791 änderte sie Carl Ludwig Geiger, wohl nach Plänen und Anregungen des Schwetzinger Hofgärtners Franz Ludwig Sckell, nach Art eines englischen Gartens und paßte sie geschickt in die umgebende Landschaft ein. Wie selbstverständlich wachsen hier fremdländische Gehölze: die Himalajazeder, die Blauzeder, die Sumpfzypresse, der Götterbaum, Trompetenbäume, Magnolien, Eiben und andere. Vor dem Herrenhaus steht ein Brunnen mit sprudelnder Fontäne. Hangaufwärts erstreckt sich eine große Wiese, auf der ein stattlicher Mammutbaum steht; mit 53 Meter Höhe ist er inzwischen zum größten seiner Art in Europa herangewachsen. Die Sandsteingrotte und die Eremitage sind 1791 entstanden. An der höchsten Stelle des Parks gehen von einem runden Platz die »neun Aussichten« strahlenförmig aus. Es sind Schneisen, die Ausblicke auf bemerkenswerte Punkte eröffnen. Heute sind nur noch acht von ihnen offen.

Für das landgräfliche Paar war Auerbach eine Insel stillen Glücks inmitten einer aufgewühlten, revolutionären Zeit. Französische Truppen kamen damals oft über den Rhein, um zu fouragieren und Kontributionen zu erheben. Auf den alten Tapeten im Herrenhaus fanden sich originelle handschriftliche Notizen wie die des Landgrafen: »Den 4. August 1792 ging ich weg diesen Kranz von Lorbeeren zu verdienen«, oder die seiner Gemahlin Luise: »Da aber die neue Art seit 1792 Krieg zu führen statt Lorbeeren nur Diesteln verspricht, so muß man erst das Ende des Non Sens erwarten, um überzeugt zu werden, ob man Lorbeer- und Diestelkränze verdient. Im August 1793 nach der Übergabe von Mayntz.«

Acht Jahre später war der nahe Rhein Frankreichs Grenze; für die Anrainerstaaten war es eine Illusion zu glauben, Napoleon werde ihre Neutralität respektieren. Damals versuchte Kurfürst Friedrich II. von Württemberg, bei den süddeutschen Fürsten für einen Bund zu werben, der in Anlehnung an Preußen bewaffnete Neutralität üben sollte. Sein Geheimer Rat von Mandelslohe sprach am 29. August 1805 im Fürstenlager vor und erläuterte die Absichten seines Souveräns. Ludwig bat ihn ans Fenster, von dem aus man damals noch die Rheinebene übersehen konnte: »Sehen Sie dort etwas Weißes?« – »Ja, es scheint mir Wasser zu sein.« – »Ganz richtig, es ist der Rhein«, und Ludwig beschloß die Audienz mit den Worten: »Fügen Sie aber bei, daß ich Ihnen aus dem Fenster meines Wohnzimmers den Rhein gezeigt habe.« Nach 1815 wurde es im Fürstenlager stiller. Großherzogin Luise liebte das kleine Waldtal sehr und hielt sich, seit längerer Zeit leidend, gern dort auf. 1829 ist sie im Herrenhaus gestorben.

1830 wurde das Wasser des »guten Brunnens« neu untersucht. Man plante, nun endlich das Badehaus zu bauen, doch wurden die Pläne nach dem Tod des Großherzogs zu den Akten gelegt. Erst Ludwig III. und seine Gemahlin besuchten wieder gern und oft das Fürstenlager. Wenn sie die Gebäude nicht benutzten, waren diese für die höheren Beamten und Offiziere ein beliebter und kostenloser Sommeraufenthalt. Wie es dabei zuging, beschrieb die Dichterin Helene Christaller, Enkelin des Geheimen Bibliotheksrats Philipp Walther, in ihrem Buch »Meine Mutter«: »Von dieser Zeit ab

19. Bensheim-Auerbach, Auerbacher Schloß, Innenhof mit Ruine des Palas. (S. 114–123)

20. Fürstenlager bei Bensheim-Auerbach, Herrenhaus. (S. 124–129)

durfte die Familie jedes Jahr drei bis vier Monate im Auerbacher Fürstenlager verleben, und sobald es im Mai sommerlich und schön wurde, packte man die Leiterwagen, denn Möbelwagen gab es damals nicht. Das Haus war wohl möbliert, aber das Bettwerk mußte mitgenommen werden, Geschirr und Lampen, Weißzeug und Bücher . . . Das Fürstenlager bestand aus einer Reihe weißer Häuser an der Flanke des Champignonberges im Stile der französischen Renaissance. Die Dächer waren aus Schiefer und hingen tief hinab, mächtige Linden und Platanen beschatteten sie. Das schönste und größte war der Fürstenbau. Der lag niedrig und langgestreckt auf einem runden Platz, hinter ihm kletterte der Wald in die Höhe, vor ihm stieg eine sanftgeneigte Rasenfläche auf, gärtnerisch wohl betreut, mit ausländischen Baumgruppen, Zedern und Blautannen, Tulpenbäumen und Katalpen . . .

Die Häuser waren meist nur im Sommer bewohnt, in den Wochen, in denen der Fürst hier Hoflager hielt. Da wimmelte der Damenbau von Hofdamen, Ehrendamen und Kammerfrauen und der Kavaliersbau von Adjudanten und Kammerherren. Das Hofpredigerhaus war voll würdiger Einwohner, im Küchenbau liefen Dienstmädchen aus und ein, das Wachhäuschen mit dem Uhrenturm hatte eine Schildwache und beherbergte Soldaten. Aber die übrigen Häuser waren den ganzen Sommer belebt und standen den Familien der Hofbeamten zur Verfügung. Walthers wohnten in einem großen Haus, das früher eine Kaserne gewesen. Es hatte sieben Zimmer und zwei riesige Säle; einer dieser Säle war ganz den Kindern überlassen . . .«

Während des Ersten Weltkriegs war das Fürstenlager Lazarett. 1918 kam es in das Eigentum des Volksstaates Hessen und unterstand der Forstverwaltung. Diese Regelung erwies sich als nicht sehr glücklich; forstbetriebliche und landschaftspflegerische Erfordernisse lassen sich manchmal schwer miteinander vereinbaren. Am 1. April 1949 wurden die Bauten und der auf 25 Hektar verkleinerte Park dem Landeskonservator in Hessen unterstellt und gingen am 13. Oktober 1953 in die Verwaltung der Staatlichen Schlösser und Gärten in Hessen über. Die Innenräume des Herrenhauses wurden umgestaltet und beherbergen einen Café- und Restaurationsbetrieb. Der Staatspark Fürstenlager zieht alljährlich viele Besucher an.

Der Rodensteiner Hof in Bensheim

Dieser Adelshof mit dem schönen Herrenhaus, der vor dem alten Auerbacher Tor am heutigen Ritterplatz liegt, ist älter als bisher angenommen. Der Bensheimer Stadtarchivar Diether Blüm machte in den »Bergsträßer Heimatblättern« auf einen Irrtum aufmerksam, dem schon Dahl 1812 erlegen war, und wonach die Familie von Rodenstein mit Kapuzinern Grundstücke tauschte und den nach ihr genannten Hof 1651 errichtete.

Blüm stellte fest, daß dieser bereits 1620 stand und führt Indizien an, die den Schluß erlauben, daß er damals bereits ein halbes Jahrhundert alt war. Im Zinsbuch der Stadt findet sich der Vermerk: »Junker Hans von Rodenstein von einem Garten vor der oberen Pforte . . . benachbart heimzu Er selbst . . .« Diese Floskel pflegte man anzuwenden, wenn es sich um ein Wohnhaus handelte. Einen weiteren Hinweis gibt der Baustil des Herrenhauses, in dem unverkennbar manieristische Stilelemente der Spätrenaissance enthalten sind, die auch durch spätere Umbauten nicht verschwanden. Es spricht also einiges dafür, daß dieser Herrenhof um 1570 von der Familie Hans von Rodenstein errichtet wurde.

1671 starb sie im Mannesstamm aus. Das Gehöft ging an die Familie von Haxthausen über, die es 1698 dem kurmainzischen Oberamtmann und Oberforstmeister von Schleifras verkaufte. Von ihm erwarb der General Johann Rudolf Freiherr von Prettlack das Anwesen, dem neben weiterem Grundbesitz auch der »Prettlacksche Garten« neben dem Prinz-Georg-Palais im Darmstädter Herrengarten gehörte. Prettlack verkaufte 1733 an Franz Caspar von Überbruck und Rodenstein. Durch Umbauten entstand in den nächsten Jahren daraus ein stattlicher Herrensitz, der im Volksmund auch »Bensheimer Schloß« genannt wurde.

Der Hauptsitz steht an der Bergstraße, der Westseite des Grundstücks. Vor dem Tor lag eine doppelläufige Treppe. In einer von zwei Säulen flankierten Muschelnische steht eine Sandsteinstatue der Immakulata, die 1740 in Mainz gefertigt wurde. Die Jahreszahl 1739 über der Toreinfahrt bezieht sich wahrscheinlich auf diesen Umbau. Hinter dem Hauptbau lagen zwei von Wirtschaftsgebäuden umgebene Innenhöfe.

1873 wurden die rückwärtigen Gebäude aufgestockt. An der Südostecke ließ der Bauherr einen Turm errichten. Nach Süden und Osten hin entstand ein weitläufiger Park, der zur tiefer gelegenen Bergstraße hin durch eine hohe Mauer abgegrenzt wird. Auf ihrer südlichen Ecke steht ein Pavillon, der um 1830 erbaut wurde und dem Moller-Umkreis (Frölich, Sperlich, Moller) zuzurechnen ist.

1905 erwarb die Stadt Bensheim das Anwesen. Die Treppe vor dem Haupteingang mußte 1910 entfernt werden, weil die Bergstraße verbreitert und höhergelegt wurde. Der Rodensteiner Hof war von 1945 bis 1984 Bensheimer Rathaus, das historische Gebäude am Marktplatz fiel dem Krieg zum Opfer. Der Park wurde der Öffentlichkeit zugänglich gemacht, der Pavillon erhielt 1949 einen Anbau und war zeitweilig Café. Der vor dem Eingang zur Bensheimer Innenstadt gelegene Rodensteiner Hof gehört zu den Sehenswürdigkeiten dieser Stadt.

Schloß (Burg) Schönberg

Oberhalb des Dorfes Schönberg, heute ein Stadtteil von Bensheim, liegt auf einer 170 Meter hohen Felsnase hoch über dem gewundenen Tal der Lauter ein ansehnliches Schloß. Zur Bergstraße ist es nicht weit, Bensheim und Auerbach liegen ganz in der Nähe. Die Straße nach Lindenfels ließ sich von hier oben gut beherrschen und sperren. Eine Burg, die man an dieser Stelle baute, bildete einen bedeutenden Vorposten pfälzischen Gebiets an der wichtigen Straße von Worms nach Würzburg, die als Bundesstraße 47 heute den Namen »Nibelungenstraße« führt.

Keine Urkunde kündet davon, wann diese Burg gebaut wurde. Wahrscheinlich entstand sie um 1230, als um die Lorscher Vogteirechte zwischen Kurmainz und Kurpfalz ein heftiger Streit entbrannte. Seitdem die Lorscher Klostervögte im 11. und 12. Jahrhundert Ländereien der Abtei an sich gebracht und als Stützpunkt ihrer Herrschaft die Schlierburg (Lindenfels) gebaut hatten, beherrschten die Pfälzer den mittleren Odenwald. Ihre Vasallen waren die Schenken von Erbach, die »Burg Schonenberg« zu Lehen erhielten und das Amt Schönberg verwalteten.

1303 wurde die Burg erstmals urkundlich erwähnt. Ob sie im Rheinischen Zollkrieg 1301 belagert oder gar erobert wurde, ist nicht bekannt. Damals erschien König Albrecht von Österreich beim Zuge gegen die Kurfürsten mit seinem Heer vor Bensheim. Ballisten, Sturmdächer, Steinkugeln und mit Werg umwickelte Feuerkugeln wurden gegen die Stadt eingesetzt, die nach vierwöchigem tapferen Widerstand erobert wurde.

1365 wurde der Burgkapelle, die den Heiligen Prothasius, Gervasius und Nikolaus geweiht war, ein Ablaß gewährt. Sie dürfte im Hof östlich des Herrenhauses gestanden haben, denn eine Urkunde bezeichnete ihren Standort, als sie 1614 abgebrochen wurde, »mitten im Schloß«. Eine Beschreibung oder auch Erwähnung anderer älterer Gebäude gibt es nicht, dennoch ist der alte Grundriß heute noch erkennbar. Auch die älteste bekannte Ansicht, die 1594/95 gefertigt wurde, läßt Rückschlüsse auf sie zu.

Den Bergsporn, auf dem die Burg steht, trennte ein tiefer Halsgraben vom Bergplateau. Ihm gegenüber war der Bering als Schildmauer ausgebildet, die an ihrem nördlichen Ende von einem Turm begrenzt wurde. Sein unterer Teil ist heute noch erhalten. Der Palas scheint von Erkern umgeben gewesen zu sein, wie sie auch im Auerbacher Schloß zu finden sind. Alle diese Bauten dürften aus der Zeit vor 1500 stammen.

Landgraf Wilhelm II. zog 1504 als Vollstrecker der Reichsacht an den Pfälzern gemeinsam mit den ihm verbündeten Herzögen von Braunschweig und Mecklenburg die Bergstraße entlang und belagerte Bensheim elf Tage lang. Er konnte die Stadt nicht einnehmen und erlitt empfindliche Verluste. Ein Inschriftstein am roten Turm, der früher am Auerbacher Tor angebracht war, erinnert daran: »Nach christi geburt fünfhundert und vier jar / uff dienstag den eylfften juny des brachmonds furwar / belagert landgraff wilhelm vo hesse diese stad und pfort / mit gewalt schoß die ab an allen orten / und drey hartzogen warn im verwandt / brunschwig und meckelburg seind sie genandt / dethen bald von der gegenwehr fliehen / darnach am eylfften tag eylends aus dem feld ziehen.«

Die vielen Gefallenen wurden auf dem eigens dafür angelegten »Hessenfriedhof« vor den Toren der Stadt bestattet. Die Hessen zogen auch vor die Burg Schönberg und nahmen sie ein. Vielleicht wurde sie, wie Burg Bickenbach, gar nicht verteidigt, weil die Schenken ihre Neutralität strikt einhalten wollten. Die Burg geriet, vielleicht beim Plündern, in Brand; der Schaden scheint aber nicht beträchtlich gewesen zu sein. Die Hessen behielten die Feste und gaben sie erst nach langem Hin und Her 1510 als Lehen unter der Bedingung an die Schenken zurück, daß sie den Eroberern auf ewig geöffnet bleiben müsse.

Schenk Eberhard XIII. wurde 1532 in den Grafenstand erhoben. Unter der Leitung von Baumeistern aus Darmstadt, Zwingenberg und Pforzheim begannen um 1540 umfangreiche Bauarbeiten. Anstelle der alten Küche entstand der »Neue Bau«, außerdem ein Pfortenhaus und ein Kelterhaus. Weitere Gebäude wurden unter dem Heidelberger Baumeister Albrecht 1562 bis 1565 errichtet. Die schon erwähnte Gouache aus den Jahren 1594/95 zeigt, daß damals auch die Ostmauer mit einem gedeckten Wehrgang versehen war.

Um Platz zu gewinnen, wurden 1612 »alte Mauern und Felisstücke abgelegt«, man schüttete mit ihnen den Halsgraben zu. Der heutige Nordflügel, eine neue Kellerei und ein Speicher entstanden dort. Die alte Burgkapelle wurde abgerissen und 1616 der »große neue Bau« dort errichtet. Das alte Herrenhaus wurde so umfassend renoviert, daß es einem Neubau gleichkam. Aus der Burg war ein Schloß geworden. Nach ihm nannte sich die später dort regierende Linie des Grafenhauses: Erbach-Schönberg.

Der Dreißigjährige Krieg schlug auch Schönberg tiefe Wunden. Zwischen 1621 und 1622 wurde das Schloß fünfmal von kaiserlichen Truppen geplündert: »Am schlimmsten hausten hier die Spanier. Sie öffneten alle Schränke und Kisten, nahmen die Kostbarkeiten weg, schnitten die Betten auf, so daß die Federn in die Luft gleich Schneeflocken nach Bensheim flogen . . .« In den folgenden Jahren gab es außer Truppendurchzügen, Drangsalierungen und Hunger auch noch die Pest. 1644 besetzten die Franzosen Bensheim, aber die Bayern unter Johann von Werth und Mercy drangen »hintenrum« in die Stadt und plünderten sie. Es ist nicht überliefert, ob auch Schönberg davon betroffen wurde.

Die Kriegsschäden konnten erst 1670 bis 1677 behoben werden. Damals wurde der Nordturm erhöht und bekam eine heute nicht mehr vorhandene Haube. Auf dem Plateau nördlich des Schlosses ließ der Besitzer einen barocken Garten anlegen.

Graf Georg August beauftragte 1728 den Bensheimer Eberhard Hoffmann mit Stuck- und Freskoarbeiten im Herrenhaus. Am Süd- und Westrand des Berggipfels entstanden neue Gebäude. Der Barockgarten wurde später zu einem Landschaftsgarten umgestaltet. Von 1840 bis 1850 baute man das Herrenhaus um, versetzte einige Eingänge und veränderte die Dächer.

Graf Gustav von Erbach-Schönberg heiratete am 29. April 1871 Marie, die älteste Tochter des Prinzen Alexander. Die Braut war auf dem Heiligenberg aufgewachsen. Das Grafenhaus, später gefürstet, war nun mit den Großherzögen von Hessen-Darmstadt, mit dem russischen Zaren und dem englischen Königshaus verschwägert. Den Einzug in ihr neues Heim beschrieb die junge Frau in ihren Memoiren: »Um sechs Uhr waren wir in Schönberg, wo alles Erdenkliche für unseren Empfang gemacht war: viele Ehrenpforten, Blumenmädchen, Fahnen; der Bürgermeister blieb in der Begrüßungsrede stecken und entschuldigte sich dann mit den vielsagenden Worten: ›Wie ich die Braut gesehen hab, da hab ich nix mehr sage könne . . .‹« Marie fühlte sich erst etwas fremd im Schloß: »Hier in dem großen altersgrauen Schlosse war es still, sehr still, und wenn auch die für mich bestimmten Zimmer hell und freundlich eingerichtet waren, so gab es doch Räume und Gänge und Gastzimmer, die waren düster, und Ahnenbilder hingen zu Dutzenden an den Wänden . . . und da war *eine* Erscheinung, die auf mich wirkte, als sei sie einem der Bilderrahmen entstiegen. Sie kam oft auf mich zu, stumm und ehrerbietig verbeugte sie sich vor dem Kinde, das des Schlosses Herrin geworden. Ein schwarzes Filettuch umhüllte die grauen Haarpuffen, und aus einem gelben Wachsgesicht funkelten zwei schwarze Äuglein, gleich Vogelbeeren anzuschauen, und wenn sie knixte, bauschten sich ihre weiten, altmodischen Röcke. Gustav stellte mir das lebende Ahnenbild mit gar freundlichen Worten vor: Das sei die treue langjährige Beschließerin Fräulein Mathilde Holz aus Ulm in Schwaben gebürtig, die würde mir alles erklären . . .«

1895 brach ein großer Brand aus, dem beinahe das ganze Herrenhaus zum Opfer fiel. Dennoch barg Schönberg keine düsteren Geheimnisse, beherbergte dafür oft genug illustre Gäste. 1871, 1874, 1875 und 1876 besuchten Onkel und Tante der Prinzessin, Zar Alexander II. und Zarin Marie, die Schloßherrin. Mit ihnen kamen die Kinder, mit ihnen kam auch die Zarenschwester, Königin Olga von Württemberg, und der Thronfolger, der spätere Zar Alexander III. Im Gegensatz zu seinem kultivierten Vater liebte der Zarewitsch rauhe Späße. Die Gastgeberin erzählt in ihren Erinnerungen, wie der junge Mann bei Tisch einmal einen Teller auf seinen Knien zerbrach, um sich davon zu überzeugen, daß das Porzellan tatsächlich echt war.

1956 wurde Schloß Schönberg an die Ruhrknappschaft verkauft und dient seitdem als Erholungsheim. Die Umbauten haben das äußere Bild nur unwesentlich verändert. Um den fast rechteckigen Hof gruppieren sich die Gebäude: ein Wohnflügel mit Toreinfahrt, an der Westseite ein halb eingebauter Rundturm, daran anschließend das ehemalige Wirtschaftsgebäude, an der Südostecke die frühere Kaplanei. Das alte Herrenhaus mit leicht geknicktem Grundriß steht frei im Hof. Vom nördlichen Vorhof aus gibt es einen Zugang zu dem davorliegenden Schloßpark.

Eine Säule dort trägt ein Relief: Ein Mann ohne Kopf hält in einer Hand eine Trompete, in der anderen sein abgeschlagenes Haupt. Es soll an eine alte Sage erinnern. Nach ihr schlief der Wächter, als die Hessen 1504 heranrückten, und gab nicht rechtzeitig Alarm. Er wurde zur Strafe hingerichtet; sein Geist irrt noch heute in dunklen Nächten durch die alten Räume.

Kloster Lorsch

Jahrhundertelang war die ehrwürdige Abtei reichsunmittelbar, wie ein regierender Fürst nahm ihr Abt an den Hoftagen teil. Auf dem Höhepunkt ihrer Macht erstreckte sich das Herrschaftsgebiet vom Melibokus bis vor die Tore Heidelbergs und weit nach Osten in den Odenwald hinein. Lorsch beherrschte die Bergstraße; um das Erbe stritten Kurmainz und Kurpfalz lange Zeit.

Das Kloster lag nicht unmittelbar an der Bergstraße, sondern auf einer Dünenkette, die sich hier etwa fünf Kilometer westlich durch die Rheinebene zieht. In fast greifbarer Nähe liegen Bensheim, Heppenheim und die Randberge des Odenwalds. Am Rand der Düne fließt die Weschnitz entlang, die bei Weinheim aus dem Odenwald kommt und große Strecken des alten Neckarbetts benutzt. Die Römer schätzten und liebten diese Stelle, und ringsum finden sich die Reste ihrer Landhäuser und Landgüter. Das christliche Glaubensgut, das ihre Bewohner und wohl auch Legionäre mitbrachten, blieb in der Bevölkerung tief verwurzelt.

760 n. Chr. schenkten Cancor, damals Graf des fränkischen Oberrheingaus, und seine Mutter Williswinda ihr Hofgut Lauresham dem Erzbischof von Metz, Chrodegang (Rutgang), um dort ein Kloster nach der Regel des hl. Benedikt zu bauen. Cancors Vater Rupert hatte zu Lebzeiten wichtige staatliche Ämter bekleidet und war zuletzt Statthalter in Alemannien. Seine Nachkommen machten im westfränkischen Reich später Geschichte; aus ihnen ging das französische Königshaus der Capetinger hervor.

Cancor war vorher Graf im Thurgau, dann im Breisgau, im Lahngebiet und in der Wetterau. Graf war damals ein Titel für den höchsten königlichen Verwaltungsbeamten eines Gaus, er war weder erblich noch auf ein Gebiet festgelegt. Bischof Rutgang gehörte zur Familie und hatte ebenfalls hohe Staatsämter inne. Bevor er 745 oder 749 in Gorze nahe Metz eine Benediktinerabtei gründete, war er Primas des fränkischen Reiches. Wie alle Mächtigen seiner Zeit, besaß auch Cancor eine Eigenkirche, die St. Peter geweiht war und die er 760 renovieren ließ. Eine solche Eigenkirche konnte vererbt, beliehen, geteilt oder verkauft werden, nur die kirchliche Aufsicht war dem

Stifter entzogen. Cancor setzte die neue Abtei zwar als Eigenkloster aus, scheint aber von vornherein mit ihr weitergehende Pläne verfolgt zu haben. Der Hof Lauresham lag auf einer Insel in der Weschnitz, in der Nähe seiner Kirche. Die Namensendung -ham bedeutet eine Siedlung am Flußufer oder in dem Hochwasser ausgesetzten Land. Lauresham mag auf den Fundamentresten einer römischen villa rustica entstanden sein und lag am östlichen Rand der Mark Bürstadt.

Erzbischof Chrodegang war zwar schon hochbetagt, übernahm aber dennoch im Familieninteresse die neue Aufgabe und wurde der erste Abt des Klosters. 764, wahrscheinlich am 12. Juli, weihte er die neue Kirche in Anwesenheit der Bischöfe Automadus von Trier, Alberich von Utrecht und Johannes von Konstanz. 14 junge Mönche und zwei reiferen Alters übersiedelten von Gorze, der nach dem Tod des Bonifatius bedeutendsten Abtei im fränkischen Reich, nach Lauresham.

Die Heiligenverehrung war damals so groß, daß ein Kloster ohne Reliquien zur Bedeutungslosigkeit verurteilt gewesen wäre. Chrodegang bemühte sich beim Papst darum und bestimmte für Lorsch den Körper des hl. Nazarius, eines römischen Märtyrers. In feierlichem Zug wurde der Heiligenschrein von Metz überführt. Scharenweise pilgerten ihm die Einwohner der Umgebung entgegen, Männer, Frauen, Kinder und Greise. Cancor, Warinus und andere Edle wetteiferten um die Gunst, den Schrein auf ihren Schultern unter Absingen geistlicher Hymnen »ad locum provisum«, an den von Gott bestimmten Platz zu tragen.

Chrodegang bestimmte seinen Bruder Gundeland zu seinem Nachfolger als Abt und kehrte dann nach Metz zurück. Bald setzte ein wahrer Strom von Schenkungen und Stiftungen ein. 788, beim Tode Gundelands, waren es bereits mehr als 1400. Das Kloster wurde rasch wohlhabend.

Die Benediktinerregel stützt sich auf Arbeit und Gebet. Die Bevölkerung war angewachsen, mehr Land ließ sich nur durch »innere Kolonisation« gewinnen, indem man die großen Waldgebiete des Odenwalds rodete und neue Siedlungen anlegte. Mit der Schenkung der Mark Heppenheim und später der Mark Michelstadt fielen dem Kloster riesige Gebiete zu. Die Mönche scheinen sich mit besonderem Eifer ihrer Aufgabe als Entwicklungshelfer gewidmet zu haben. In den Waldtälern entwickelten sie einen neuen Siedlungstyp, das Waldhufendorf, bei dem sich entlang des Baches Hof an Hof reiht und alles zugehörige Land bis zur Gemarkungsgrenze dahinter liegt. Diese Form der Besiedelung wurde noch Jahrhunderte später bei der Ostkolonisation angewandt.

Bald waren die Bauten auf der Kreuzwiese zu klein. Eine Erweiterung war dort unmöglich. Cancors Bruder Thuringbert schenke am 1. November 767 der Abtei einen Bifang, der etwa 600 Meter nördlich davon auf der Düne lag, »ad illum claustrum faciendum«, als Bauplatz für ein neues Kloster. Dieser Bifang lag auf einem alten römischen Ruinenfeld. Die Sanddüne war hochwasserfrei; die Mönche hatten dort auch nicht mehr so sehr unter der Mückenplage zu leiden, über die es auf der Insel stets Beschwerden gegeben hatte. Abt Gundeland scheint sofort mit den neuen Bauten begonnen zu haben.

Williswinda lebte zu dieser Zeit nicht mehr. Als Cancor im Februar 771 starb, erhob sein Sohn Heimerich Erbansprüche auf den Eigenbesitz an Kirche und Kloster. Gundeland wandte sich hilfesuchend an König Karl, der damals gerade nach Ausschaltung seines Bruders Karlmann seine Alleinherrschaft angetreten hatte. Der König bewog Heimerich zum Verzicht, übernahm das Kloster im März 772 »in manus et mundeburdum« und verlieh ihm Immunität. Es erhielt das Recht der freien Abtwahl und die Gerichtsbarkeit über seine Hörigen sowie deren Abgaben.

Lorsch erfreute sich der besonderen Gunst des Herrschers. Zwar ist seine Anwesenheit urkundlich nur fünfmal belegt, aber Karl hielt sich öfter und gern in der Abtei auf, die eine seiner Königspfalzen wurde. 773 schenkte er ihr die Mark Heppenheim und machte sie dadurch zur zentralen Territorialmacht an der Bergstraße und im Odenwald.

Altenmünster, das alte Kloster auf der Weschnitzinsel, bestand weiter. Am neuen Platz wurde eifrig gebaut. Innerhalb von sieben Jahren entstand dort eine dreischiffige, querhauslose Basilika. Um sie gruppierten sich Kreuzgang, Refektorium (Speisesaal), Dormitorium (Schlafsaal), die Wohnung des Abtes, Wirtschaftsgebäude und Ställe. Daneben wurde eine Königspfalz gebaut, denn der Herrscher und sein Gefolge durften nicht in den Klostergebäuden untergebracht werden. Das Reich besaß keine Hauptstadt, die jeweiligen Herrscher regierten es, indem sie mit ihrem Gefolge von Pfalz zu Pfalz zogen. Die Pflicht, so viele Menschen angemessen zu beköstigen, mag für das Kloster eine nicht unbeträchtliche Belastung mit sich gebracht haben, und so mancher Nachfolger Gundelands wird sich heimlich bekreuzigt haben, wenn sie weiterzogen. Karl und seine Nachfolger pflegten jedoch das Kloster öfter durch Dotationen zu entschädigen.

Auf den Fundamenten dieser Königspfalz wurde wahrscheinlich später die Zehntscheuer erbaut. Das Kloster bot Platz für 150 bis 300 Mönche. Eine Wehrmauer umgab alle Gebäude, und mehrere Brunnen stellten die Wasserversorgung sicher. Eine große Zahl von Lehensträgern, Verwaltern und Hintersassen gewährleistete den Unterhalt der Abtei und stellte den Heerschild, den sie in Kriegszeiten für den König aufzubieten hatte.

Die Basilika wurde am 1. September 774 den Aposteln Petrus und Paulus sowie dem hl. Nazarius geweiht. Der Mainzer Erzbischof Lullus nahm die feierliche Handlung vor, ihm assistierten dabei die Erzbischöfe von Metz, Trier, Würzburg und Passau. Die prominentesten Gäste waren Karl der Große, seine Gemahlin Hildegard und seine

Söhne Karl und Pippin. Abt Gundeland ging ihnen entgegen, empfing sie an der Pforte und geleitete sie in die Basilika. Nach der Weihe begab sich der König nach Worms und verfügte dort, daß dem Kloster Lorsch Oppenheim mit seiner Kirche und allem Zubehör übertragen wurde.

Von der alten Basilika sind heute nur wenige Reste erhalten. Der kostbarste Fund ist das Fragment eines farbigen Glasfensters, Christus salvator darstellend. Eine in der Nähe gefundene Skulptur, der Kopf eines jungen Mannes, wird auf die Zeit um 800 datiert. Das Material stammt aus dem Sandsteinbruch bei Heppenheim. Zwischen dem Westtor und der Basilika entstand eine Art Triumphstraße, flankiert von Atriumbauten. An ihrem einen Ende steht, gleichsam als Pendant zur Kirche, eine Torhalle. Diese »Königshalle« ist der einzige große Bau des Klosters, der vollständig erhalten ist, und bezeugt den hohen Stand karolingischer Baukunst. Der Fußboden und die flache Balkendecke des Erdgeschosses sind dem Gelände angepaßt und steigen leicht an. Das offene Geschoß wird auf beiden Seiten durch je drei Arkaden begrenzt. Das Obergeschoß ist über Wendeltreppen zu erreichen, die in außen angebauten Türmen verlaufen. Es schließt mit einem Tonnengewölbe aus Brettern ab. Der ansteigende Fußboden mag, wenn der König hier Hof hielt, ihn deutlich über die ihn Umstehenden erhöht haben. Auf den Innenwänden lassen sich vier Malschichten übereinander feststellen: Auf dem Rauhputz Buchstaben, deren Bedeutung unbekannt ist, auf dem Feinputz Reste figürlicher Malerei; Architekturmalerei, Säulen mit attischen Basen und ionischen Kapitellen darstellend, dazu Sockel, Felder und Abschlußstreifen, alles unmittelbar auf die zweite Schicht aufgetragen, darüber in Kalk-Secco-Malerei eine Schicht aus gotischer Zeit, die zum Teil noch gut erhalten ist.

In der Außenwand ruhen zehn Pilaster im Obergeschoß auf den vier Säulen des Erdgeschosses. Sie teilen die Wand in neun gleiche Felder ein und schließen oben mit einem Band von Spitzstreben ab. Die Wandfelder sind abwechselnd mit roten und weißen sechseckigen Sandsteinplatten verkleidet. Der Ansatz des ursprünglich niedrigeren Satteldaches ist noch gut zu erkennen.

Die Karolinger pflegten Gefolgsleute und Familienangehörige, die sich gegen den König auflehnten, ihm gefährlich wurden oder ihm im Wege standen, als einfache Mönche in ein Kloster zu stecken, anstatt sie, wie bei den Merowingern üblich, hinrichten oder in Gefängnissen verkommen zu lassen. Der Bayernherzog Tassilo III., ein Schwager und Vetter Karls, war ihm ein gefährlicher Rivale. Der Reichstag zu Ingelheim verurteilte ihn am 11. Juni 788 wegen einer bereits Jahre zurückliegenden Verweigerung der Heeresfolge zum Tode, König Karl begnadigte ihn zu lebenslanger Klosterhaft. Tassilo erhielt in St. Goar die Tonsur und wurde in ein Kloster verbracht. Seine Familienangehörigen setzte man ebenfalls lebenslänglich in anderen Klöstern fest. Tassilos Aufenthaltsorte sind urkundlich nicht eindeutig belegt. Wahrscheinlich kam er zunächst nach Jumièges in der Ile de France, wurde dann aber verlegt, als Pippin 792 gegen den Vater rebellierte. 794 bat Tassilo vor dem Reichstag in Frankfurt Karl kniefällig um Verzeihung und erklärte feierlich, daß er keine Haß- und Rachegefühle hege. In »Olto monasterio, ubi S. Bonifatius requiescit« soll er als Mönch gelebt haben. Das deutet zwar auf Fulda, aber die Bezeichnung »Olto« ist dafür sehr vage. Setzt man für Olto Alto und unterstellt man, daß Bonifatius mit Nazarius verwechselt wurde, ergibt sich als Aufenthaltsort Altenmünster, das alte Kloster auf der Weschnitzinsel.

Der entmachtete Bayernherzog starb am 11. Dezember, vermutlich 798, im Alter von 56 Jahren. Um ihn und die von ihm erflehte Verzeihung rankten sich viele Legenden, und auch sein Grab blieb geheimnisumwittert. Schließlich ist auch sein Aufenthalt in Lorsch nicht eindeutig belegt. Der Mainzer Domvikar Georg Helwich, der Lorsch 1615 besuchte, berichtete: »Er wurde bestattet in der Kirche auf der linken Seite vor dem Altar des hl. Nikolaus. Sein altertümliches Monument ist dort in die Wand eingefügt. Die in sehr alten Buchstaben gehaltene Inschrift sah und las ich wie folgt:

Tassilo, Herzog zuerst, später König, doch Mönch dann am Ende,
Starb eines seligen Todes am 11. des Monats Dezember.
Hier liegt er nun in der Gruft, Christus, gib Seligkeit ihm.«
(Original Lateinisch)

Nach der Zerstörung des Klosters stellte Merian in seiner Topographie fest, daß Tassilos »Grabstein zu unseren Zeiten ein Säutrog, wie berichtet wird, worden . . .« (1645). Bis heute ist keine Spur davon gefunden worden.

Die Mönche führten ein sogenanntes Totenbuch, um die Jahrgedächtnisse von Stiftern und Mitbrüdern feiern zu können. Es enthält die Sterbetage, nicht aber die Jahre, die sich nur dort eingrenzen lassen, wo ein Vergleich mit anderen Urkunden möglich ist.

Die Mönche waren nicht nur als Kolonisatoren tätig. Die Gebildeten unter ihnen hatten in den frühen Morgenstunden und während der freien Mittagszeit Lektüre zu betreiben, d. h. Literatur durchzuarbeiten. Die Schreibkundigen erhielten jeweils zur Fastenzeit nach einer feierlichen Messe ein Buch, von dem sie eine kunstvolle Abschrift zu fertigen und diese nach einem Jahr wieder abzuliefern hatten. Tag für Tag saßen sie über das Pergament gebeugt, malten Buchstaben für Buchstaben, plagten sich mit alten, kaum noch lesbaren Texten, fügten Anmerkungen und Hinweise dazu und kommentierten bisweilen. Allmählich sammelte sich in Lorsch eine Bibliothek an, nach Sebastian Münster »die herrlichste in Deutschland«. Evangeliare, Inschriftensammlungen aus römischen Kirchen, Gregor von Tours, Bibelhandschriften und die Lorscher Beichte, ein Sündenbekenntnis in deutscher (altfränkischer) Sprache, von König Karl selbst initiiert, standen neben Klassikern und weltlichen Schriften: Ammianus Marcellinus, dem Historiker Florus, einer leider verlorengegangenen Handschrift Vergils, den fünf letzten Büchern des Livius und den Variae Cassiodors, des Kanzlers Theoderichs des Großen. Auch germanisches Sagengut befand sich darunter; ein weiteres Buch enthält Rezepturen für die Behandlung von Krankheiten durch Heilkräuter, die heute noch angewendet werden. Kostbare Bücher besaßen ebenso kostbare Einbände; Elfenbein- und Goldschmiedearbeiten standen hoch im Kurs. Das Prachtstück bildete ein Evangeliar, dessen Einband reich mit Edelsteinen verziert war. In den Stürmen späterer Jahre wurde es auseinandergerissen, seine Teile sind heute leider unvollständig und nicht mehr als Ganzes zu bewundern.

Karl der Große ordnete an, Bibliotheken als Teil des Klostervermögens zu katalogisieren und durch königliche Beauftragte zu überwachen. Von seinem Sohn und Nachfolger Ludwig dem Frommen ist überliefert, daß er heidnisches Schriftgut oder was man dafür hielt auf den Index setzen und ausmerzen ließ. Ob die Lorscher Bibliothek davon betroffen wurde, ist nicht bekannt.

Der berühmte »Lorscher Bienensegen« enthält alte Zaubersprüche, vermischt mit christlichen Elementen:

»Kirst, imbi ist huze! nu liuc du, uiho minaz, hera
fridu frono in godes munt heim zi commone gisunt.
sizi, sizi bina; inbot dir sancta Maria
hurolob ni habe du zi holce ni fluc du,
noh du mir nindrinnes, noh du mir nintuuinest.
sizi uilu stillo, uuirki godes uuillon!

Die Übertragung nach Schlosser:

»Christus! das Bienenvolk ist ausgeschwärmt!
Nun fliegt, meine Tiere, (wieder) her, damit ihr im Frieden des Herrn,
in Gottes Schutz, gesund heimkommt!
Sitz, sitz Biene! Das hat dir die heilige Maria befohlen:
du sollst keine Erlaubnis haben, in den Wald zu fliegen,
du sollst mir weder entwischen noch entweichen!
Sitz ganz still und tu, was Gott will!«

In diesen uralten Worten mischen sich altgermanische Stabreime mit den sich langsam durchsetzenden Endreimen. Die schreibenden Mönche benutzten solche Spruchweisheiten gern als Seitenfüller, wenn es in einer Abschrift noch Platz gab, denn Pergament war kostbar. Niemand hat je vermerkt, wie viele fleißige Hände, wieviel Geist aufgewendet wurde, um eine Bibliothek zu schaffen, die mit Recht zu den bewundernswertesten in Deutschland zählte.

Auch eine Klosterschule gab es in Lorsch. Die lateinische Inschrift eines Grabsteinfragments lautet übersetzt:

»Hier (ruht) . . . er hatte ohne Ärger und Gift
vier Jahre lang hier die Knaben gelenkt,
indem er allen durch sein Vorbild und seine Weisungen
fromme Lehren erteilte.«

Abt Helmerich (774–784) ließ in die Basilika eine Kassettendecke einziehen. Damals begannen auch die Arbeiten an dem berühmten Fußboden aus Marmormosaik, die sich noch zwei Jahrhunderte lang hinzogen. Abt Adalung, ein enger Freund Kaiser Karls, häufte, wie die Metzer Bischofschronik berichtet, so große Schätze an Gold, Silber und Edelsteinen an, daß die Basilika »ein Wunder an Pracht und Schönheit« wurde.

Die Klöster mußten für denjenigen Teil ihres Besitzes, der nicht zur Ausübung ihrer klerikalen Aufgaben notwendig war, einen Vogt als Verwalter bestellen. Der Konvent hatte ihn zu wählen und bevorzugte dabei einflußreiche und mächtige Lehensträger. Im 11. Jahrhundert wurde dieses Amt erblich, und oft genug mußte sich nun das Kloster gegen die Begehrlichkeit seiner eigenen Vögte zur Wehr setzen, meist erfolglos. Lorsch hatte damals durch die Mark Michelstadt und das Gebiet um Hirschhorn seine größte territoriale Ausdehnung erreicht.

Seit 843, der Reichsteilung im Vertrag von Verdun, gehörte es zum »diutisken« Reich. Ludwig der Deutsche, der hier von 840 bis 876 regierte, schätzte und liebte diese Abtei, überhäufte sie, wie sein Enkel berichtete, mit Wohltaten und bestimmte sie zu seiner letzten Ruhestätte. Der zweiundsiebzigjährige König starb am 28. August 876 in der Pfalz zu Frankfurt. Seinem Wunsch gemäß überführte sein Sohn den Toten nach Lorsch, wo er zunächst nur provisorisch beigesetzt werden konnte, da die Grabkirche noch nicht fertig war. Die Schriftquellen nennen dieses Gotteshaus »ecclesia varia«, »Bunte Kirche«, der Volksmund machte daraus »Vehenkirche«. Sie wurde an den Rechteckchor der Hauptkirche angebaut, ihr Fußboden lag jedoch sechs Meter tiefer, weil das Gelände dort abfällt.

Wer heute die Reste dieses Klosters besucht, kann einen mächtigen, aus einem Stück gehauenen Steinsarkophag bestaunen. Er wird Ludwig dem Deutschen zugeschrieben, ist 2,05 Meter lang, 0,73 Meter breit, 0,67 Meter hoch und besitzt eine Wandstärke von sieben Zentimetern. Außen ist er reliefartig mit ionischen Pilastern geschmückt, die stark denen an der Außenfassade der Königshalle ähneln und mit Sicherheit aus der gleichen Bauperiode stammen.

Der Oberforstmeister von Hausen erwarb 1797 das verwahrloste Klostergelände und ließ dort nach Schätzen graben. Die recht unsachgemäß durchgeführten Arbeiten legten diesen und noch weitere Sarkophage frei. Man hatte die unter Trümmern begrabene ecclesia varia angeschnitten und Bruchstücke einer farbkräftigen Freskomalerei gefunden, die einst diese Kirche zierten. In dem Sarkophag lag ein Toter, der nach zeitgenössischen Berichten mit einem goldbesetzten Seidengewand angetan war. Er trug Stiefel mit Sporen. Neben ihm lagen Pergamente und eine Schiefertafel, beide in fremdartiger Sprache beschrieben. Es kann sich nur um Ludwig den Deutschen gehandelt haben, dessen Gebeine hier nach 924 Jahren wieder ans Tageslicht kamen. Nur der Sarkophag ist erhalten geblieben, der Inhalt verschollen.

Ludwig der Jüngere fand 882 in der »Bunten Kirche« seine letzte Ruhe, neben seinem Sohn Hugo, der 880 zuvor sechzehnjährig in der Schlacht bei Thiméon gegen die Normannen gefallen war. Graf Werinhar und sein Gefolgsmann Engilhelm mit seiner Gemahlin Moda wurden dort beigesetzt, ebenso Kunigunde, die Gemahlin König Konrads I. (911–918), die wahrscheinlich ihre letzten Lebensjahre in Lorsch verbracht hat, wo sie am 7. Februar 920 starb. Alle waren Verwandte des Königshauses.

Auch die Sachsenkaiser erwiesen dem Kloster ihre Gunst. Otto der Große wählte Lorsch als sichere Zuflucht für seine Gemahlin Edgith, als sich sein Bruder Heinrich und sein Schwager Giselbert gegen ihn erhoben hatten und der Aufstand das ganze Reich ergriff. Der Abt Ebergis, zugleich Bischof von Münster, hielt treu zum Kaiser.

Die Abtei war nun auch formell Reichsfürstentum, und der Abt hatte in der Reichsversammlung Sitz und Stimme. Otto I. und seine Nachfolger statteten die Hauptorte des Gebietes mit Privilegien aus. Den Anfang machte Bensheim, das 956 Marktrecht erhielt. Die Güter, die nicht von den Mönchen selbst bewirtschaftet wurden, waren verlehnt. 1050 umfaßte der gesamte Besitz zwölf umfangreiche Voll- und Fahnenlehen, deren Träger Heeresfolge zu leisten hatten. Sie gehörten bedeutenden Geschlechtern an, unter ihnen die Grafen von Calw, die Hohenberger, Henneberger, Bickenbacher und Katzenelnbogen, und hatten ihrerseits durch Afterlehen zahlreiches Gefolge im Landadel und unter den Ministerialen.

Lorsch erfreute sich so eines beachtlichen Aufgebots. Unter den Äbten gab es auch streitbare Männer, die mit dem Schwert ebensogut umzugehen wußten wie mit der Bibel. Abt Heinrich beispielsweise kaufte sich zweimal von der Teilnahme an Barbarossas Italienzug frei, besann sich dann aber anders, denn »beim dritten Male ergriff er nämlich das Schwert und kämpfte bei der Belagerung von Crema . . . unter den kaiserlichen Feldzeichen«.

Auch Tochterklöster entstanden, am bedeutendsten wurden Steinbach bei Michelstadt und Heiligenberg bei Heidelberg. Auf Bitten des Abtes Poppo schenkte Kaiser Heinrich II. 1012 dem Kloster den Wildbann Forehahi, ein wichtiges Recht in den ausgedehnten Wäldern, die weit über das Lorscher Territorium hinausreichten. Niemand durfte dort mehr ohne die Erlaubnis des Abtes jagen oder fangen; Rodung, Weide, Eichelmast, Fischfang, Köhlern und Aschebrennen, Mühlenbetrieb, Waldbienenhonig sowie die Förderung und Verarbeitung von Bodenschätzen standen allein der Abtei zu. Papst Leo IX., der später heiliggesprochen wurde, besuchte am 25. Oktober 1052 Lorsch, gab dabei der ecclesia varia auch die apostolische Weihe und verlieh der Abtei ein wichtiges Privileg: Ohne die Erlaubnis des Abtes oder des Dekans durfte kein auswärtiger Priester mehr am Hochaltar der Basilika die Messe zelebrieren.

Unter den Saliern wehte für das Fürstentum bald ein schärferer Wind. Noch besaß die Abtei Macht genug, sich erfolgreich zur Wehr zu setzen, doch lag darin bereits der Keim für ihren späteren Niedergang. 1055 wurde Udalrich zum Abt gewählt, ein standhafter, tüchtiger und agiler Mann. Er genoß das uneingeschränkte Vertrauen des Konvents, der Mönche und der Lehensträger.

Heinrich IV., der im Alter von sechs Jahren auf den Königsthron kam und unter Vormundschaft stand, geriet mehr und mehr in den Bannkreis des weltgewandten, macht- und prunkliebenden Bischofs Adalbert von Bremen und strebte, als er 1065 volljährig wurde, für seinen Günstling eine herzoggleiche Stellung an. Dazu war die Belehnung mit Gebieten notwendig. Um sich nicht mit den Großen des Reiches anzulegen, suchte er geistliche Gebiete aus: Lorsch und Corvey. Adalbert hatte bereits die Zustimmung Papst Alexanders eingeholt und versuchte, die Mönche gegen den Abt aufzuwiegeln, als er im Gefolge des Königs Lorsch besuchte. Das mißlang, Udalrich wurde wenig später nach Basel geladen, widersetzte sich dort jedoch energisch dem Ansinnen des Königs. Doch Heinrich IV. fertigte am 6. September 1065 die Schenkungsurkunde aus, durch die er Lorsch und Corvey seinem Günstling Adalbert schenkte. Udalrich, nach Goslar zitiert, um dort Weisungen für die Übergabe entgegenzunehmen, ließ sich wegen Krankheit entschuldigen. Recht ungnädig lud ihn der König auf den 1. November erneut nach Goslar vor. Noch krank, machte sich der Abt auf den Weg, brach aber unterwegs zusammen und mußte nach Lorsch zurückgebracht werden. Erzbischof Siegfried gewährte Udalrich im Mainzer Kloster St. Alban Asyl, wo er unter dem persönlichen Schutz des mächtigen Grafen von Calw stand. Inzwischen handelten die Lehensträger von Lorsch und bauten in aller Eile auf dem Berg oberhalb von Heppenheim eine starke Burg. Vielleicht befestigten sie auch den Paß am Getwinc. Udalrich konnte unbesorgt nach Lorsch zurückkehren. Adalbert von Bremen suchte nun seine Ansprüche mit Gewalt durchzusetzen, sammelte ein Heer und belagerte die Heppenheimer Burg, die in der kurzen Zeit nur provisorisch

21. Bensheim, Schloß Schönberg. (S. 132–135)

22. *Bensheim, Rodensteiner Hof.* (S. 130–131)

befestigt worden war. Er konnte sie trotzdem nicht erobern und mußte die Belagerung wegen der vorgeschrittenen Jahreszeit erfolglos abbrechen. Inzwischen hatte sich unter den Reichsfürsten eine Fronde gegen ihn gebildet, und er mußte schließlich für längere Zeit vom Hofe verschwinden. Die Mönche hatten obsiegt, und Abt Udalrich erschien im Januar 1066 stolz an der Spitze eines Heerbannes von 1200 Mann auf dem Reichstag in Trebur. Heinrich IV. hat die standhafte Haltung der Lorscher und ihrer Vasallen offenbar imponiert. Vier Jahre später brachte er seine Gattin Berta von Turin in diesem Kloster in Sicherheit und ließ 1075/76 seinen Gegner, Bischof Werner von Merseburg, dort sicher verwahren. Des Kaisers Besuch 1072 auf der Reise von Worms nach Regensburg war allerdings der letzte eines regierenden Herrschers in Lorsch.

Die Lehensträger hatten ihre Macht mit Erfolg erprobt. Was lag näher, als sie auch einmal gegen das Kloster zu gebrauchen, wenn sich eine günstige Gelegenheit bot, ein Abt sich nicht durchsetzen konnte oder klerikaler Zwist es lähmte. Vögte aus der mächtigen Familie der Bertholde bauten bei Lindenfels die starke Schlierburg und nannten sich nach ihr »Hohenberg«. Sie hatten nach 1080 Gebiete um die Burg bereits als Allodialgut inne. Andere taten es ihnen nach. Es mag nicht nur Raffgier immer der Anlaß gewesen sein, oft blieben die Entschädigungen für ihre Dienste aus, so daß sie sich eben auf ihre Weise schadlos hielten. Macht und Besitz des Klosters begannen zu zerfasern. Hinzu kam, daß die Mönche der kluniazensischen Klosterreform lange hartnäckig Widerstand leisteten. Erst die aus Hirsau kommenden Mönche konnten sie allmählich durchsetzen. Diese Reform hatte zum Ziel, die Mönche stärker zur Pflege der Liturgie anzuhalten und die Handarbeit einzuschränken, was mit der Benediktinerregel »ora et labora« schwer in Einklang zu bringen war.

Am 21. März 1090 traf das Kloster ein großes Unglück. Die Basilika mit ihren unermeßlichen Kostbarkeiten und ein Teil der Klostergebäude fielen einer Brandkatastrophe zum Opfer. Albert Ludwig Grimm beschrieb sie nach alten Quellen: »Der Namenstag des Ordensstifters Benedikt wurde gefeiert, und am Abende wurden die Diener und das Volk im Klosterhofe gespeist und getränkt. Sie fingen hier auch an, allerlei Spiel und Kurzweil zu treiben und kamen so auch auf das in jener Zeit beliebte Spiel, das hier und da noch im Breisgau unter dem Namen ›Scheibenschlagen‹ üblich ist. Es werden dabei hölzerne Scheiben, die in der Mitte ein Loch haben, am Rande angezündet, bis sie sich verkohlen. Dann steckt man einen etwas schlanken Stock in das Loch der Scheibe und schleudert sie mit aller Kraft in die Höhe. Im Herunterfallen dreht sich dann die Scheibe und beschreibt dabei durch den glühenden Rand schöne Feuerkreise, die sich besonders im Dunkel der Nacht gut ausnehmen. So wetteiferte dort auch einer mit dem anderen, seine Scheibe höher hinauf zu schleudern, und Spieler und Zuschauer ergötzten sich an dem Schauspiele, das in jener Zeit vor der Erfindung des Schießpulvers wohl die Stelle des Feuerwerkes vertreten mochte.

Da flog eine der glühenden Scheiben, ohne daß man es bemerkte, auf das Dach der Kirche und blieb in den vom Morgenwinde getrockneten Schindeln hängen. Der wehende Wind entfachte die Glut zur Flamme, und ehe man sichs versah, griff das Feuer um sich. Gleich anfangs brannten auch die Glockenseile ab, und man konnte nicht einmal Sturm läuten. Auch aus der Kirche wurde nur weniges gerettet, weil das geschmolzene Blei glühend von dem Dache herabträufte, so daß man sich nicht einmal zu nahen wagen durfte . . .«

Sofort verbreitete sich das Gerücht, die Gebeine des hl. Nazarius seien gar nicht mehr an ihrem Platz gewesen, sonst hätte der Schutzpatron doch das Unglück verhindert. Geradezu rührend beschreibt die Lorscher Chronik, wie sich der Abt abmühte, um die Trümmer zu durchsuchen, schließlich die Gebeine freilegte, das Bleitäfelchen auf der Brust des Märtyrers fand und die Inschrift entzifferte: »Sanctus Nazarius Mediolani passus«, wie Bischof Ebbo von Worms das Haupt des Heiligen hochhob und der Menge zeigte, wobei plötzlich ein kühles Lüftchen über die in der Schwüle ausharrende Menge strich, so daß die Gläubigen aufjubelten und freudig für den Wiederaufbau spendeten.

Offenbar blieben die Dotationen Begüterter aus; man mußte sich mit einem kleineren Bau behelfen. 40 Jahre vergingen, ehe am 30. November 1130 die wiederaufgebaute Basilika feierlich geweiht werden konnte. Viele kirchliche Würdenträger kamen, Repräsentanten des Reiches fehlten.

Das einst geschlossene Gebiet des Fürstentums wurde aufgesplittert. Dem Pfalzgrafen Gottfried von Calw verlieh Heinrich V. sieben Voll-Lehen, die später erblich wurden und aus dem Klosterbesitz ausschieden. Die Hohenberger und die Henneberger machten Besitzrechte geltend, Pflichten und Abgaben lasteten schwer auf dem Fürstentum. Die Reichsabgabe betrug jährlich 100 Pfund und konnte 1147 nur dadurch abgelöst werden, daß dem Kaiser die Höfe Oppenheim, Giengen und Waiblingen abgetreten wurden. Um diese Zeit versuchten die Äbte, durch den Lorscher Kodex Besitzrechte nachzuweisen. Die Chronik berichtet öfter von Äbten, die in Glaubensstreit verstrickt sind, und Vögten, die mehr den eigenen Vorteil als ihre Pflicht im Auge hatten. So geht die Chronik auch mit Abt Sieghart (1167–1198) nicht gerade zart um. In Wahrheit war er recht tüchtig. Er war ein Sohn Gerhards I. von Scoweburch, stammte also von der Lorscher Burg oberhalb von Dossenheim. Sein Bruder Siegfried war Bischof von Speyer. Sieghart war Hirsauer, und ein Teil der Mönche stand der von dort ausgehenden Klosterreform immer noch ablehnend gegenüber. Der Abt genoß jedoch das Vertrauen des Pfalzgrafen Konrad, der die Obervogtei innehatte.

»Kloster und munster zu Lorse« sind Schauplätze des Nibelungenliedes. War ein Lorscher Mönch der geheimnisvolle Dichter dieses Epos, das uraltes Sagengut mit ritterlicher und christlicher Ethik verknüpft? War es gar Abt Sieghart? Er hatte eine ritterliche Erziehung genossen und war in seiner Jugend viel herumgekommen. Es könnte möglich sein, daß er, wenn nicht der Dichter, so doch der Bearbeiter war. Mindestens eine Handschrift befand sich in der Klosterbibliothek.

Der Streit zwischen Staufern und Welfen wirkte sich auch auf Lorsch aus. Die Staufer setzten einen ihrer Parteigänger, den Wormser Bischof Lupold von Scheinfeld, auf den Mainzer Stuhl, die Welfen hatten sich für Siegfried von Eppstein eingesetzt, dem Heinrich von Avranches ein »langes, listenreiches Streben« nach Lorsch zuschrieb. Lupold mußte in die Verbannung, als König Philipp 1208 ermordet wurde und der Welfe Otto IV. regierte. Er war auch Abt von Lorsch, nun versuchten die Eppsteiner Erzbischöfe, diesen Ämterverbund für sich beizubehalten. Kaiser Friedrich II. hatte die Wittelsbacher zu Pfalzgrafen eingesetzt, sie wurden durch Heirat zu Vögten des Klosters.

Das Fürstentum Lorsch geriet in den Strudel der hohen Politik und ging darin unter. Um 1220 wurde Konrad Abt des Klosters. Seine Herkunft liegt im dunkeln, er entstammte wohl einem freiadligen Geschlecht. Konrad scheint einigen Rückhalt beim Kaiser gehabt zu haben, doch konnte er die Abtei weder vor Ansprüchen bewahren, die Mainz auf der einen, die Vögte auf der anderen Seite stellten, noch bewahrte er sie vor monastischen Differenzen. 1228 ordnete der Papst eine Visitation an. Anklagepunkte finden sich in einem solchen Fall schnell und leicht, ob sie stichhaltig sind, mag dahingestellt bleiben. Die Kurie setzte Abt Konrad ab und beauftragte den Mainzer Erzbischof damit, das Kloster zu reformieren. Nun baten Dekan und Konvent des Klosters um Eingliederung in das Erzbistum. Erzbischof Siegfried II. schien an einer Lösung ohne Streit interessiert und schlug vor, die Abtei in ein von Domherren geleitetes Stift umzuwandeln. Das war ein verlockendes Angebot, hätte nicht der Zisterzienserorden alle Hebel in Bewegung gesetzt, anstelle der Benediktiner in Lorsch einzuziehen. Kaiser Friedrich II., des Streits offenbar müde, inkorporierte am 20. April 1232 das Fürstentum Lorsch in das Erzbistum Mainz. Siegfried III. konnte die Früchte jenes »langen und listenreichen Strebens« ernten, das sein Onkel begonnen hatte. Dem weltlichen Akt folgte der kirchliche; 1233 verfügte eine päpstliche Bulle die Umwandlung Lorschs in ein Zisterzienserkloster. Doch so schnell gaben die Benediktiner nicht auf. Sie blieben noch jahrelang und nutzten dabei geschickt den Streit, der um die Konkursmasse entbrannte. Sie scheinen dabei ein sicheres Refugium gehabt zu haben, ähnlich wie 1065. Ob der abgesetzte Abt Konrad noch eine Rolle spielte, ist nicht bekannt.

Die Kurie hatte sich wohl auch deshalb für Zisterzienser entschieden, weil diesen weltlicher Besitz untersagt war, soweit er über die rein klerikalen Erfordernisse hinausging. Das mußte Mainz stärken, rief aber sofort die Pfalzgrafen auf den Plan, die ihre Rechte bedroht sahen und sich darauf beriefen, daß Kaiser Friedrich II. in seiner

Urkunde von 1232 nichts davon erwähnt hatte. Ursprünglich sollten Mönche aus der Zisterzienserabtei Schönau nach Lorsch kommen, doch die Pfalzgrafen, unter deren Schirmherrschaft dieses Kloster stand, übten Druck aus, so daß sie verzichteten. Mainz holte Mönche aus dem Kloster Eberbach, das ihm unterstand, aber die sahen sich sofort einer Fronde, bestehend aus Benediktinern, Ministerialen und der Bevölkerung, gegenüber.

Der Dichter Heinrich von Avranches beschrieb, daß sich Ministeriale des Klosters der Starkenburg bemächtigten und dort den Burgherren bedrohten, als dieser gerade die Messe las. Über sie wurde der Kirchenbann verhängt, dem die Reichsacht folgte. Recht- und besitzlos raubten sie, was sie zum Lebensunterhalt brauchten: Vieh, Getreide, Hausrat und Wein. Dann plünderten sie das Kloster, erbeuteten Kelche, Altarschmuck, Reliquienschreine, liturgische Bücher, die kostbar eingebunden und verziert waren und »ließen nichts zurück, was überhaupt weggeschleppt werden konnte«.

Erzbischof Siegfried III. kaufte den Usurpatoren die Starkenburg ab. Wohl auf Betreiben des Pfalzgrafen exkommunizierte ihn der Papst, als Siegfried sich weigerte, die Burg herauszugeben. »Weiße Mönche«, Zisterzienser, besetzten Lorsch. Heinrich von Avranches läßt die Mönche, gemeint sind wohl die Benediktiner, sagen: »Mir wäre es lieber, die Räuber besäßen das, was sie zuerst mit Gewalt an sich brachten. Zwar sind sie schreckliche Leute, doch verfuhren sie milder mit uns. Sie raubten zwar die Schätze, nahmen uns aber nicht das Heim . . .«

Trotz aller Kirchenstrafen ließen sich die Benediktiner nicht vertreiben und scheinen auch einen Teil der Güter weiter in Besitz gehabt zu haben, so daß sich die Zisterzienser 1238 beschwerten, das ihnen Zugeteilte reiche nicht aus, um einen Konvent unterhalten zu können. Nun pochte der Wittelsbacher Pfalzgraf Otto der Erlauchte auf seine Vogteirechte. Erzbischof Siegfried gab nicht nach, es kam zum Krieg.

1235 oder 1236 drang der Pfälzer Hauptmann Zurno von Alzey, ein alter Haudegen, mit einigen Ministerialen nachts ins Kloster Lorsch ein und vertrieb die »weißen Mönche« mit Waffengewalt. Die Benediktiner sollen danach, einem zeitgenössischen Bericht zufolge, mit ihren Helfern den Zisterzienserprior in der Kirche niedergemacht haben. Dennoch konnten sie die Verhaßten ebensowenig vertreiben wie umgekehrt. Die »schwarzen Mönche« scheinen damals Zuflucht auf der Starkenburg gefunden zu haben. Der Krieg zwischen der Pfalz und Mainz zog sich hin, die Pfälzer gelangten zwar vor die Tore der Stadt, konnten sie aber nicht erobern, während die Truppen des Erzbischofs bei Worms und im östlichen Odenwald erfolgreich waren.

1245 vertrieben »filii perditionis« erneut die Zisterzienser. Wieder schien Zurno seine Hand im Spiel zu haben. Die Mainzer forderten von Nürnberg vergebens seine Auslieferung, wo Zurno bei einer Fehde in Gefangenschaft geraten war. Um den Streit zu beenden, schlug der Papst vor, weltliche Chorherren in Lorsch einzusetzen, doch unterblieb das, weil sich die streitenden Parteien inzwischen geeinigt und den Frieden von Bingen (1247) geschlossen hatten. Darin wurden die Pfälzer Vogteirechte anerkannt, ebenso der Übergang des Fürstentums an das Erzstift.

Die stolze Reichsabtei war zu einem Diözesankloster herabgesunken. 1248 zogen Prämonstratenser aus dem Kloster Allerheiligen im Schwarzwald dort ein. Sie erkannten die Gesetzgebungskompetenz des Erzbischofs an und überließen Mainz alle Vasallen, Ministerialen, Burgen, Städte, Einkünfte und Rechte. Die Benediktiner waren geblieben, zu Kämpfen kam es aber nicht mehr. 1253 mußte der Erzbischof dem Domkapitel versprechen, die schwarzen Mönche von der Starkenburg zu vertreiben. Über Lorsch senkte sich die Stille eines weltabgeschiedenen Klosters.

Am 7. August 1358 schlug der Blitz in den Doppelturm der Basilika. Er brannte aus und mußte abgetragen werden. Am 19. November 1461 verpfändete Erzbischof Dieter, als er während der sogenannten Mainzer Stiftsfehde um seinen Bischofsstuhl kämpfte, die Bergstraße, das alte Lorscher Fürstentum, dem Kurfürsten Friedrich I. von der Pfalz. Obwohl wiederlöslich, betrachtete der Pfälzer dies als De-facto-Übertragung; Mainz wäre auch gar nicht in der Lage gewesen, die Pfandsumme von 100 000 Gulden aufzubringen.

Für 160 Jahre wurde Lorsch pfälzisch. Zwar plünderten die Hessen 1504 das Kloster, doch scheinen die Gebäude keine nennenswerten Schäden davongetragen zu haben. Auch die Bibliothek war offensichtlich noch vollständig erhalten, sieht man von den kostbaren edelsteinverzierten Einbänden einiger Bücher ab. Die Zimmerische Chronik berichtet: »Gleich im folgenden Sommer darauf nahm sich Graf Werner vor, einige Antiquitäten und alte Gebäude zu besichtigen. Er ritt also in den Ferien von Speyer aus nach Lorsch, um dort die Bibliothek zu sehen und die alten Stiftungen und Gebäude zu erkundigen. Wie er aber nun ankam, verweigerte ihm der Propst, ungeachtet, daß er sich mehrmals hatte anzeigen lassen, den Eintritt ins Kloster, so daß er unverrichteter Dinge wieder heimreisen mußte. Als er es aber durch den kurfürstlichen Rat, Herrn Wolf von Affenstein, an der gebührenden Stelle angebracht, ward der Kurfürst, Pfalzgraf Friedrich, über den Propst so erzürnt, daß er ein paar Reiter hinab ins Kloster schickte. Die nahmen eine Menge Haber, Korn, Wein und andere Viktualien mit sich hinüber nach Heidelberg, so daß der Propst durch seinen Geiz zu großem Schaden kam und den zehnfachen Nachteil hatte. Es hatte dieses herrliche, alte Kloster zugrunde gehen müssen, denn die haben vor Jahren ihren Orden verlassen, die Kutte von sich geschüttelt und sind weltliche Priester geworden. Wie sie aber noch viel weltlicher wurden, da ist dann der nachfolgende Kurfürst, Pfalzgraf Ottheinrich, wie ein zweiter Nebukadnezar gekommen, der führte die uralte kaiserliche Bibliothek samt Butzen und Stiel, wie man sagt, davon und gegenwärtig sieht das

Kloster einem zerfahrenen Spital viel ähnlicher als einer so herrlichen und kaiserlichen Stiftung.«

Die Mönche liefen in der Reformationszeit auseinander; Kurfürst Ottheinrich blieb schließlich nichts anderes übrig, als die Propstei aufzuheben. Ein Schaffner waltete nun dort seines Amtes. 1619 dichtete man die Fenster der alten Basilika ab, um in ihr Getreide lagern zu können. Noch aber standen die alten Gebäude, und der gesamte Klosterbereich war intakt. Merian zeichnete ihn und überlieferte mit seinem Stich der Nachwelt Lorschs unzerstörtes Bild.

Das Unheil kam endgültig, als 1621 die Spanier unter Cordoba die Bergstraße herabzogen. Lorsch wurde geplündert, die Gebäude gingen in Flammen auf, und binnen weniger Stunden sank das prächtige, herrliche Kloster in Schutt und Asche. Versuche, danach wenigstens wieder einige Bauten bewohnbar zu machen, schlugen fehl. 1624 siedelte der Schaffner nach Bensheim über. Die prächtige Bibliothek entging dem Feuer, wurde aber in Heidelberg eine Beute Tillys.

Kurmainz präsentierte die Pfandsumme und wurde wieder in den Besitz von Lorsch und der Bergstraße eingewiesen. 1650 ratifizierte der »Bergsträßer Rezeß« den Übergang. Die Untertanen mußten erneut die Konfession wechseln. Kurmainz strebte den Sitz Lorschs im Reichsfürstenrat vergebens an. Erst Hessen bekam dieses Recht im Reichsdeputationshauptschluß 1803. Es ging bereits drei Jahre später mit dem alten Deutschen Reich unter.

Kurmainz hatte weder Interesse noch die Mittel, das alte Kloster wieder aufzubauen. Es blieb ein Ruinenfeld, das allmählich ausgeschlachtet wurde. Wie durch ein Wunder hatte die Königshalle alle Zerstörungen heil überstanden. Als »Michaelskapelle« wurde sie 1697 erzbischöfliche Privatkapelle. Auch später entging sie dem ihr zugedachten Schicksal. 1797 ersteigerte sie die Gemeinde Kleinhausen »auf Abbruch«, doch verhinderte dies Landgraf Ludewig X. von Hessen-Darmstadt und ließ sie 1803 wiederherstellen. Aus den Ruinen holte jeder, was er brauchen konnte. Die »zerfallen Closter-Kirch« diente 1720 als Schüttspeicher. Kurfürst Lothar Franz von Schönborn ließ um 1700 auf alten Fundamenten das »Kurfürstliche Haus« errichten.

1753 wurde der untere Teil eines mächtigen Steinsarkophags gefunden. Symbole, die auf seiner Innenseite eingehauen sind, lassen darauf schließen, daß er in frühchristlicher Zeit angefertigt wurde. Wer in ihm lag, ist bis heute ein Rätsel. Äbte wurden in der Regel in gemauerten Särgen beigesetzt, während Mönche in Holzsärgen beerdigt wurden. Es muß ein Mächtiger gewesen sein, der dort seine letzte Ruhe fand. Das läßt sofort an den Bayernherzog Tassilo denken; oder war es der Klostergründer Cancor? Der Sarkophag ist auffallend lang, ein Mensch mit ausgesprochenem Gardemaß muß darin gelegen haben. Er wird deshalb auch »Siegfriedsarg« genannt; dazu die folgenden Strophen aus dem Nibelungenlied:

»Sin edelez gebeine ward in der stund begraben,
zu Lorse bi dem munster vil werdelichen sit
da der helt vil kuene in einem langen sarche lit.«

Dieser »Lange Sarg« ist heute neben dem Sarkophag König Ludwigs des Deutschen in Lorsch zu besichtigen. Zu der Zeit, in der die Handlung des Nibelungenlieds spielt, gab es noch kein Kloster Lorsch. Stand dort schon zu alten Zeiten eine Basilika, die später in Vergessenheit geriet? Oder kannte der geheimnisvolle Dichter, wenn er in Lorsch lebte, den Sarkophag und ließ sich dadurch zu den Versen anregen?

1797 erwarb der Oberforstmeister von Hausen das Klostergelände, um dort nach Schätzen zu graben. Der Sage nach sollten die Gebeine des hl. Nazarius in einem Reliquienschrein liegen, der mit einem Kreuz aus Brillanten geschmückt war. Die Grabungen von Hausens waren recht unsachgemäß. Sie schnitten zweifellos die unter Trümmern begrabene ecclesia varia an und förderten die Sarkophage Ludwigs des Deutschen und seiner Familienangehörigen zutage. Verschollen blieben die Gebeine des Heiligen.

1803 kam Lorsch zu Hessen. Großherzog Ludewig I. erwarb 1811 das Klostergelände. Die Fundamente der meisten Gebäude konnten seither durch umfangreiche Grabungen lokalisiert werden. Der Basilikatorso, der als Frucht-, Gerberei- und Tabakspeicher gedient hatte, wurde 1956/57 restauriert. Der Innenraum dient als Museum, dort stehen auch die beiden Sarkophage. Das Gelände steht heute unter der Obhut der Staatlichen Verwaltung der Schlösser und Gärten in Hessen, gärtnerische Anlagen markieren die Grundmauern von Basilika und ecclesia varia. Von allen Bauten kündet nur noch die Königshalle sichtbar von karolingischer Pracht und Herrlichkeit.

Wer heute im alten Klosterbezirk steht, mag an den Dichter der »Lorscher Rätsel« und seine schwermütigen lateinischen Verse denken. Einer von ihnen, in der Übersetzung von Karl Minst, schien es vorauszuahnen:

»Jäh sind geschlossen die Tore der Zeiten vergangenen Lebens,
Unter dem Zwange des Todes erwart ich mein künftiges Schicksal,
Harre des Vaters, der wieder, wie einst, mich aufs neue erwecke,
Daß ich im Himmel, vielleicht auch im Tode, in Ewigkeit bleibe.«

Die Starkenburg

> Stat sublime decus et inexpugnable castrum et quod teutonice »Mons fortis« dicitur, ex re nomen habens . . .
>
> Hoch ragt und mächtig empor die unbezwingliche Feste, der Name besagt, was sie ist . . .

Namen besaßen im Mittelalter große Bedeutung und standen mit dem Begriff in Einklang, den sie verkörperten. Starkenburg hieß jener befestigte Berg, lange bevor man von einer Starkenburg sprach. Diese älteste Höhenburg an der Bergstraße ist die einzige, deren Bauzeit urkundlich belegt ist.

Die Starkenburg war das Kernstück der Lorscher Befestigungen und beherrschte weithin Bergstraße und Odenwald. Sie war eine Landesburg und gab dem Oberamt, der späteren Provinz, den Namen: »Wenn von der Burg, die oberhalb Heppenheims auf die südliche Bergstraße herniederschaut, kein Stein mehr auf dem anderen säße, so würde ihr Name doch weiterleben in dem von Rhein, Main und Neckar umflossenen hessischen Landesteil. Auch daß sie ihrer Benennung als ›starke Burg‹ durch die Jahrhunderte Ehre gemacht hat, sicherte ihr dauerndes Gedächtnis . . . « (Bader in seiner Geschichte der Starkenburg).

Die Burg liegt oberhalb von Heppenheim auf der Spitze eines 294 Meter hohen Berges. Die Anhöhe steht frei ohne Verbindung zu anderen, so daß sich ein potentieller Angreifer an allen Seiten steilen Hängen gegenübersah, ohne daß es baulicher Nachhilfe bedurfte. Sie besteht zum Teil aus einer abgesunkenen Buntsandsteinscholle und stellt geologisch eine Ausnahme inmitten des kristallinen Gebirges dar.

Der Name »Burcheldon« läßt vermuten, daß hier vorher eine keltische oder frühgermanische Fliehburg gestanden haben mag. Ihr geräumiger Bering könnte dem heutigen Außenumriß entsprochen haben. Die jahrhundertelangen Arbeiten an der Burg haben alle Spuren älterer Bauten verwischt.

Mit der Mark Heppenheim kam auch dieser Berg in den Besitz des Klosters Lorsch, das damals Reichsabtei und unabhängiges Fürstentum war. Sein umfangreicher Grundbesitz war als Lehen ausgegeben, unter den Lehensträgern befanden sich bedeutende Adelsfamilien und ein weitverzweigter Landadel. Sie alle hatten Lorsch Kriegsdienste zu leisten und stellten den Heerschild des Fürstentums.

Hatten die Karolinger und die Sachsenkaiser noch dem Kloster ihre besondere Gunst geschenkt und ihm ihren Schutz angedeihen lassen, so änderte sich das unter den Saliern, die sich mehr und mehr in den Investiturstreit verstrickten. Lorsch als geistliche Herrschaft war dadurch gegenüber der kaiserlichen Macht in einer nicht gerade glücklichen Position.

1055 wählte der Lorscher Konvent Udalrich (= Ulrich) zum Abt, einen tüchtigen, gewandten und wehrhaften Mann. Der junge König Heinrich IV. übertrug am 6. September 1065 durch einen Schenkungsakt Lorsch und Corvey seinem Günstling, dem Bischof Adalbert von Bremen. Udalrich widersetzte sich dem und hatte dabei die Lehensträger des Klosters auf seiner Seite, die unter einem mächtigen Fürsten zu Höflingen geworden wären und erheblich an Macht und Einfluß verloren hätten. Da der Abt einer Vorladung nach Goslar nicht folgte, schrieb ihm der König ungnädig: »Heinrich, König von Gottes Gnaden, entbietet Abt Udalrich seine Gnade einstweilen. Wir wundern uns, daß wir dich, für den mehr als allen sich Gehorsam schickt, ungehorsam finden, und daß du nicht bedenkst, was du bist, und was du nicht ungestraft tun kannst. Wir haben nämlich gehört, daß du einen Aufstand verursachen willst. Nicht verständig überlegst du, was der Zweck dieses Aufstandes sei. Daher ist es unser Wille und ausdrücklicher Befehl im Hinblick auf unsere Gunst, daß du, wenn du etwas in unserem Reich behalten willst, nicht zögerst, am Feste Allerheiligen zu uns nach Goslar zu kommen.« (Deutsch von Lothar Koob)

Der erkrankte Abt suchte und fand Asyl beim Mainzer Erzbischof, der ein Gegner Adalberts war. Die Lehensträger und die Mönche hatten inzwischen gehandelt. Eine offene Feldschlacht konnten sie nicht wagen, so bauten Ministeriale, Fröner und Mönche in knapp zwei Monaten eine starke Burg, die dem Angriff Adalberts, der mit einem Heer heranrückte, zu trotzen vermochte: »Sie besetzten also einen vom Kloster nicht weit entfernten Berg, Burcheldon genannt, errichteten eine Festung, bauten Türme, umgaben sie mit einem Wall, befestigten sie mit einer Schutzwehr und legten Wachen hinein . . . «

Auch ein großer Teil der Klosterschätze wurde dort in Sicherheit gebracht. Bei der Eile, die geboten war, dürften es nur hölzerne Türme und Palisaden gewesen sein, hinter denen sich die Lorscher Mannen verschanzten. Gab es tatsächlich Reste einer alten Fliehburg dort, werden sie mitbenutzt worden sein. Adalbert belagerte die Festung vergeblich, mußte wegen der vorgeschrittenen Jahreszeit abziehen und fiel wenig später einer Intrige zum Opfer. Udalrich hatte triumphiert und erschien an der Spitze eines Heerschildes von 1200 Mann im Januar 1066 auf dem Reichstag zu Trebur.

Bald danach müssen die provisorischen Befestigungen solchen aus Stein gewichen sein. Der mächtige Bergfried, der frei im Hofe stand, ist vielleicht zuerst, wohl noch vor 1100, erbaut worden. Er hatte einen quadratischen Grundriß bei einer Seitenlänge von neun Metern und einer Mauerstärke von 2,5 Metern im Erdgeschoß, wo auch das Verlies lag. Seine Höhe betrug 28 Meter. Er stand nicht senkrecht zu den Beringmauern, sondern etwas über Eck, so daß gegen einen Angreifer mehr Zinnen zur Wirkung gebracht werden konnten. Die Kernburg war trapezförmig, etwa 70 Meter lang, zwischen 30 und 20 Meter breit. Die Umfassungsmauern hatten schon in der ersten Bauperiode an den Ecken Flankierungstürme. Die beiden, die im Osten standen, waren stärker, die Beringmauer hier als Schildmauer ausgebildet. Der Innenhof ist sehr geräumig. In ihm wurde oft gebaut und umgebaut, so daß heute nicht mehr genau zu klären ist, welche Gebäude dort standen, auch fehlen urkundliche Hinweise. In der Nähe des Bergfrieds wurde ein über 80 Meter tiefer Brunnen in den Fels getrieben. Als er versiegte, baute man eine Zisterne. Der Zugang zur Burg lag im Westen, hier querte eine Zugbrücke den Graben. Ein schmaler Zwinger von durchschnittlich sechs Metern Breite umgab die Kernburg, an den westlichen Eckpunkten durch Türme verstärkt.

Die Burgmannen waren Lorscher Ministerialen. Aus der Amtsbezeichnung »von Starkenburg« wurde später ein Eigenname. 1197 urkundete Vrietak, genannt von Starkenburg, 1206 Hugo de starkimberg, um 1275 Ruckelin von Starkenburg. Ob allerdings der Minnesänger Hartmann von Starkenburg der Manessischen Liederhandschrift etwas mit der Bergstraße zu tun hatte, muß bezweifelt werden; es gab mehrere Burgen dieses Namens. Zwar ist sein Wappensymbol ein schwarzer Hund, und ein solcher spielt in den Sagen um die Burg eine Rolle, auch fand sich beim Abbruch des Bergfrieds das Skelett eines Hundes, der – uraltes Tieropfer – im Fundament eingemauert worden war, doch war Hartmann damals ein in dieser Gegend nicht gebräuchlicher Vorname.

Die Starkenburg widersetzte sich auch allen Angriffen der Vögte, die sie in ihren Besitz zu bringen suchten. Als Lorsch in finanzielle Bedrängnis geriet, wurde die Besoldung der Burgmannen nur noch sehr schleppend gezahlt, so daß die Burgmannen auf Raub von Vieh und Vorräten ausgingen. Sie bildeten regelrechte Erwerbsgemeinschaften, doch löste sich die Truppe jedesmal auf, sobald sie Vorräte für den Winter gesammelt hatte. So baten Ruckelin und die anderen Burgmannen den P. von Straßburg, heimlich möglichst viele Schiffe aus dem Neckar in den Rhein zu bringen. Damit wollten sie »nach Art der Ameisen für den Winter vorsorgen, das linke Rheinufer überfallen und berauben«. Nicht nur die Flüsse, sondern auch die Straßen waren damals unsicher; »Gewalt vert ûf der strâze«, klagte Walther von der Vogelweide. Einer jener Vaganten, die nach Beendigung ihres Studiums noch keine Pfründe gefunden hatten und von einer Burg zur anderen wanderten, war Heinrich von Avranches, geboren um 1190, der durch Deutschland, Frankreich und England zog. Das Britische Museum in London besitzt eines seiner Gedichte. Es schildert in lateinischer Sprache jene dramatischen Vorgänge, die sich in den letzten Jahren des selbständigen Fürsten-

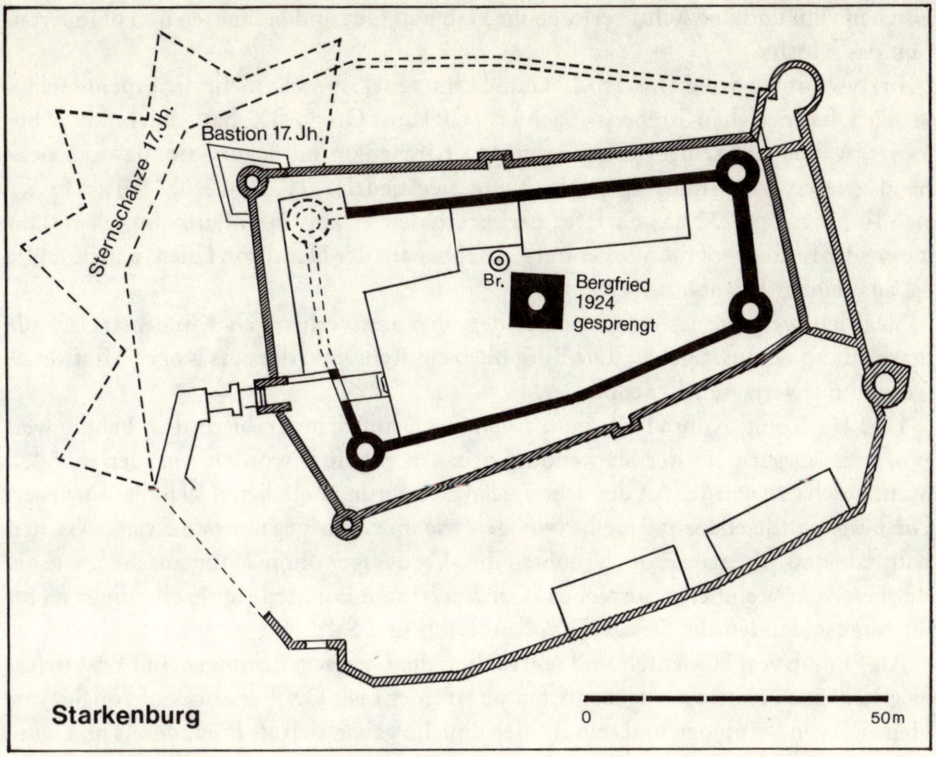

Starkenburg (nach: W. Möller, 1938)

tums ereigneten und schließlich zu seinem Untergang beitrugen. Sie lassen sich zwar nicht genau zeitlich eingrenzen, ereigneten sich aber in den Jahren 1226 bis 1235.

Konrad, der letzte Abt des Klosters, wird in der Chronik »der Lasterhafte« genannt, ohne daß gesagt wird, worin diese Laster bestanden. Er wurde 1228 abgesetzt; ob man ihn vertrieb oder ob er mit anderen Mönchen auf der Starkenburg Zuflucht suchte, ist nicht bekannt.

Heinrich von Avranches schilderte eine Rebellion der Burgbesatzung. Mit Knüppeln, Dolchen und Äxten bewaffnet, drangen die Aufständischen auf den Burgherrn ein, als dieser gerade die Messe zelebrierte, es muß sich demnach um einen Geistlichen gehandelt haben. Ob es Konrad war oder ein anderer, ist nicht bekannt. Die Rebellen verjagten ihn, ermorden wollten sie ihn wohl nicht. Der Aufstand scheint von langer Hand vorbereitet worden zu sein. Heinrich von Avranches bemerkt, daß nicht nur der Abt, sondern auch dessen Gegner beunruhigt waren. Die Insurgenten verfielen dem

Kirchenbann und der Acht, verloren ihr Hab und Gut und beraubten und plünderten nun das Kloster.

Erzbischof Siegfried II. starb 1230 und erntete selbst nicht mehr die Früchte seines »langen, listenreichen Strebens« nach Lorsch. Papst Gregor IX. hatte ihn huldvoll belobigt, weil er mit seinem Privatvermögen Kirchengut zurückerwarb, das in Laienhand geraten war. Ihm folgte sein Neffe Siegfried III. (1230–1249). Kaiser Friedrich II. übertrug 1232 das Fürstentum Lorsch dem Erzbistum Mainz. Im selben Jahr kaufte der Erzbischof die Starkenburg, offenbar aus der Hand von Laien, und bezahlte sie aus seinem Privatvermögen.

Siegfried weigerte sich, ungeachtet der über ihn verhängten Kirchenstrafen, die Starkenburg herauszugeben. Die Burg blieb ein Refugium der aufsässigen Ministerialen und der verjagten Benediktiner.

1243 lag König Konrad IV. zum zweitenmal mit dem Erzbischof in Fehde, weil Wormser Bürgern aus der Starkenburg Schaden zugefügt worden war, der auf 5000 Mark geschätzt wurde. An der achttägigen Belagerung beteiligten sich die Wormser. Die Feste wurde ebensowenig bezwungen wie im vorausgegangenen Krieg zwischen Kurpfalz und Kurmainz, doch mußten ihre Verteidiger ohnmächtig zusehen, wie die Belagerer die Weinberge aushieben. Ganz zerstören konnten sie sie allerdings nicht, im August standen die Stöcke in vollem Laub und Saft.

Als Philipp von Hohenfels und sein Helfer, der Graf von Leiningen, mit Erzbischof Siegfried eine Fehde austrugen, griffen sie zu einer List. Der Fürstbischof von Speyer, Heinrich von Leiningen und sein Bruder Emicho gaben sich als Freunde aus und wurden in die Burg gelassen, wo sie die Besatzung dazu überredeten, zu ihnen überzutreten. Die Burg wurde kampflos übergeben; vielleicht spielten dabei die Benediktiner eine Rolle. Die Leininger wollten sie nur herausgeben, wenn sie vom Domkapitel bestätigte Schenkungsbriefe auf die Pfarreien Bensheim und Handschuhsheim bekämen. Der Dechant und die Kapitulare stellten die Urkunde aus und ließen sich die Burg übergeben. Danach erklärten der Dompropst und die anderen Mitglieder des Domkapitels, die nicht unterschrieben hatten, die Urkunde für nichtig, da sie unter Zwang ausgestellt worden sei.

Die Benediktiner hielten sich wohl noch 1253 in der Starkenburg auf, denn damals mußte der Erzbischof dem Domkapitel anläßlich der Rücklösung versprechen, die »schwarzen Mönche« zu vertreiben. Über ihr weiteres Schicksal ist nichts bekannt.

Die Burg gehörte nun Kurmainz. Burggraf Schys, der 1267 urkundlich erwähnt wurde, war nicht nur Kommandant, sondern auch Verwalter des zugehörigen Amtes. In der Folgezeit waren beide Ämter zumeist miteinander verbunden. Die Besoldung war nicht einheitlich, so erhielt Peter von Bechtolsheim zwar einen ansehnlichen Betrag, hatte dafür aber 30 Bewaffnete und Ausgerüstete zu Pferd bereitzuhalten. In der

Starkenburg lag eine ständige Besatzung. Das Burggrafenamt war begehrt, auch wenn es mehr Ehre als Geld einbrachte. Angehörige einflußreicher Familien strebten danach, unter ihnen die Kronberger und die Schenken von Erbach. Von 1310 an standen dem Burggrafen Finanzbeamte zur Seite, die unmittelbar den Weisungen des Mainzer Stuhls unterworfen waren.

Die Burgmannen hatten zu schwören, dem Burgherren »getreu und hold zu sein, zum Dienste seines Herren und seiner Nachfolger auf der Starkenburg zu sitzen, mit truwen eiden, seßen und diensten, iren schaden zu warnen, ir bestes zu werben, gehorsam und gewartende zu sein . . . « Ihre jährliche Besoldung bestand aus einem Geldbetrag, in der Regel 150 Pfund Heller, der Belehnung mit Gütern und Rechten sowie zwei Käsen. Diese Naturalien spielten offenbar lange eine Rolle, denn der Käse von der Starkenburg wird immer wieder in Urkunden erwähnt.

Die Starkenburg war kein Raubritternest, doch wurde ab und zu der eine oder andere der Burgmannen oder gar der Burggrafen eines Rechtsbruches bezichtigt. So warf die Stadt Frankfurt Hartmann I. Bayer von Boppard, der von 1373 bis 1382 Burggraf war, vor, Raubritter auf der Starkenburg gehegt zu haben. Welcher Ritter hätte wohl einen Standesgenossen abgewiesen, der ihn um Obdach bat, auch wenn er dadurch mit dem Fehderecht in Konflikt geriet? Gegen die Familie Bayer von Boppard gab es übrigens öfters Vorwürfe, mit Raubrittern unter einer Decke zu stecken.

Ein nach dem Tode des Burggrafen Hartmut V. von Kronberg (1322–1334) aufgenommenes Inventarverzeichnis enthält, was damals an Armierung und Ausstattung vorhanden war: 15 Ballisten, auch Gürtelarmbrust genannt, zwei Schemel, um sie zu spannen, 55 Gürtel und 22 Köcher mit Pfeilen; es gab zehn Betten mit Bettzeug, Tischwäsche und Küchengerätschaften, ein Handtuch und ein kleines Handwaschbecken. Maulesel und Esel standen im Stall, um Wasser von den Quellen zur Zisterne zu bringen, in Kellern und Vorratsräumen lagerten Roggen, Weizen, Spelz und Hafer, Schinken, Schweine, Salz, 144 Hektoliter Wein und viereinhalbtausend Liter Käse. Der Burggraf hatte Burg und Land mit fünf gewappneten und drei ungewappneten Knechten zu beschirmen und aus seinen Einkünften die Besatzung in der Feste, 14 Personen, unter ihnen die Torwächter, sowie sechs Wächter auf der Mauer, zu besolden und zu unterhalten. Die etwas mager erscheinende Bewaffnung täuscht. Es handelte sich dabei um die zum Inventar gehörige; Burgmannen und Burggraf besaßen noch eigene.

Der Burghof war recht geräumig, mußte er doch in Notzeiten die Bevölkerung aufnehmen, die in ihm Schutz suchte. Für Besuche des Erzbischofs und des Domkapitels mußten geeignete Räume vorhanden sein. Sicher gab es auch einen Palas. Wo alle diese Gebäude standen, läßt sich heute nicht mehr feststellen. Zur Ausstattung der Burgkapelle gehörte neben dem Opfergerät auch ein Kelch und ein altes Meßbuch. Ob ein Kaplan dort bepfründet war, ist nicht überliefert.

Die starke Burg war ein lohnendes Pfandobjekt. Erzbischof Gerlach erhielt 1356 darauf die stattliche Summe von 18000 Gulden. Kurmainz war meist in arger finanzieller Bedrängnis und hatte es schwer, die Mittel für Reparaturen und Verbesserungen an den Festungsanlagen aufzubringen. Erzbischof Jofried von Leiningen wies am 12. Oktober 1396 dem Domkapitel einen namhaften Betrag auf den Zoll zu Ehrenfels an, damit einige Burgen und Schlösser, unter ihnen auch die Starkenburg, verstärkt werden konnten. Damals entstand im Süden eine Vorburg, die als zweiter Zwinger ausgelegt war und deren Mauer auf der Ostseite zwei Rondelltürme aufwies. Wie diejenigen an der Nord- und Westseite damals beschaffen waren, läßt sich nicht mehr feststellen, weil dort später Schanzen und Bastionen angelegt wurden und die Erdarbeiten alles veränderten. Der Eingang zur Vorburg lag im Süden. Die Feste wurde nun stärker armiert. 1427 waren vorhanden: sechs schießbare Armbrüste mit 1200 Pfeilen, acht Schrotbüchsen, zwei Kammerbüchsen, 17 Handbüchsen, eine Wallbüchse, 250 Feuerpfeile, 1500 »schlechte« Pfeile, in einem Faß verpackt, vier neue Armbrüste und zweieinhalb Tonnen Pulver.

Von 1453 an war Ulrich von Kronberg Burggraf. Im Krieg zwischen dem Mainzer Erzbischof Dieter von Isenburg und Pfalzgraf Friedrich I. rückte der damals sechsunddreißigjährige Ritter mit seinen Burgmannen und einem Aufgebot aus Heppenheim gegen Weinheim vor. Auf halbem Wege, zwischen Laudenbach und Hemsbach, kam es am 19. Mai 1460 zum Gefecht mit den Pfälzern, die durch Schweizer Söldner verstärkt wurden. Ulrich, acht Adlige und 21 Bewaffnete fielen. Die Familie ließ ihm später am südlichen Ausgang von Laudenbach einen Gedenkstein setzen. Als die Schrift auf dem gewundenen Spruchband verwittert war, brachte die Sage den Stein mit einer Schlangenlegende in Verbindung. Heute steht der sogenannte »Schlangenstein« im Erdgeschoß des Heppenheimer Rathauses.
Am Heidelberger Hof dichtete der »Weinsberger Poet«:

»In den ziten, als ich es merk,
zoch der amptmann von Starkenberg
mit den mentzischen rütern uß
geweltiglich zu roß und fuß
der was ettwo vil hundert
heten sich ausgesundert.

Vielen dem pfalzgraven zu handt
in das Dorf Ludenbach genannt,
sturmpten und beraubten die kirch
brannten Kirch und Dorf nach der Zwirch.

Sie das alles verschlurffen,
die glocken sie zerwurffen.

Als dieses geschrey gen Wynenham
hin für die pfalzgrevischen kam
und etliche Schwyzer dyse sach
erfürn im gleger zu Hemspach,
die ylten an die vinde,
die itz gennennet sinde.

Und kamen in ein gegenworff
zu in vielen sie in daz dorff,
die flucht sie in gewunnen an
und erstachen den houbetman
mit ettwo vil geschlechten
guten rittern und knechten.«

Pfalzgraf Friedrich I. griff die Starkenburg nicht an, sondern suchte und fand die Entscheidung in offener Feldschlacht bei Pfeddersheim. Erzbischof Dieter wurde danach sein Verbündeter und verpfändete ihm, als die »Mainzer Stiftsfehde« ausbrach, wiederlöslich für 100 000 Gulden das Oberamt Starkenburg mit der Burg und den Städten Heppenheim, Bensheim und Mörlenbach. Für 160 Jahre wurde das alte Fürstentum Lorsch pfälzisch. Für vier Jahre wurde ein Pfälzer, Simon von Stetten, Burggraf, ihm folgten aber wieder die alteingesessenen Geschlechter, die Kronberger, die Bayer von Boppard, Balshofen, Wallbrunn, Wambolt von Umstadt und die Landschad von Steinach. Auch unter den Burgmannen fanden sich wieder altvertraute Namen.

Als Landgraf Wilhelm II. von Hessen 1504 mit einem starken Heer heranrückte, wurden eilends die Burgmannen aufgeboten. Einige von ihnen waren offenbar sogenannte Ledig-Burgmannen; sie brauchten nicht ständig auf der Burg zu wohnen, sondern hatten nur auf eine Ladung hin zu erscheinen. Die Liste zählte sie auf: Schenk von Erbach, Heinrich Bayer von Boppard, Peter Echter, Balthasar Schelm von Bergen, Ulrich Ulner von Dieburg, Hans von Wallbrunn, Heinrich von Helmstat, Philipp Echter, Hans Landschad, Ritter, Simon Schnurrenpfeil, Philipp von Frankenstein, Johannes Kulmann. Nicht zustellbar waren folgende Ladungen: Heinrich Krieg von Altheim: »der brif ist versigelt wider komen, ist menzisch portner zu Aschaffenburg«, Walter Kodwis: »der manbriff ist versigelt wider komen, ist dot«.

Das Heer der »Brandmeister«, die Chronik spricht von 30 000 Mann und mehreren tausend Reitern, zog vorbei. 1588 machte die Pfalz erneut mobil, weil man einen Angriff französischer Truppen aus dem Elsaß befürchtete. Der Burggraf berichtete nach Heidelberg, daß die Feste keinen Proviant habe und die Speicher in schlechtem Zustand seien. Zwar waren 100 Hakenbüchsen mit Pulver und Blei vorhanden, aber die Mannschaften fehlten. Seit 1522 diente der Bergfried als Gefängnis für die Heppenheimer Zent, doch hatte diese keinerlei Interesse an den anderen Gebäuden.

1621 erschienen die Spanier unter Consalvo Hernandez de Cordoba vor der Starkenburg, schlossen sie ein und eroberten sie nach hartem Kampf. Die gefallenen Soldaten wurden vor der Burg beerdigt; der Platz wurde »Spanischer Friedhof« genannt. Die Spanier hielten die Starkenburg bis 1623 besetzt, als sie mit der Bergstraße wieder kurmainzisch wurde. Wie keine andere Burg an der Bergstraße hatte sie unter dem wechselnden Kriegsglück zu leiden. Die Pfälzer eroberten sie zurück, 1630 zogen die Schweden ein, 1635 kamen die Kaiserlichen.

1645 rückten französische Truppen unter Turenne über den Rhein, eroberten Gernsheim, Weinheim und Heppenheim, ließen aber die Starkenburg unbehelligt, in der 30 Mann Besatzung lagen. 1646 kamen sie, inzwischen von bayerischen Truppen geschlagen, wieder. Der Erzbischof erreichte durch Verhandlungen, daß sie die Burg nicht angriffen, mußte sie dafür aber von allen Truppen räumen.

1648 verlegte der Burggraf seinen Sitz in die Stadt: »Daß Schloß starkenburg uffm berg ahn Heppenheim gelegen hat hiebevor ein burggraff seine wohnung darauff gehabt . . . « Die Befestigungsanlagen wurden modernisiert; im Norden und Nordosten entstanden anstelle der äußeren Zwingermauer Bastionen und Erdschanzen. Die zum Amt gehörenden Städte und Dörfer mußten fronen; Bensheim und Heppenheim hatten außerdem Ziegeln und Kalk zu liefern. 1679 wurden Mannschaftsbaracken gebaut, und im Innenhof entstand ein Neubau mit einem großen Saal. Handwerker aus Heppenheim und Bensheim vermauerten hier 13350 Ziegel. Aus den Bächen wurden 185 Wagen Bausand ausgehoben und auf die Burg gefahren.

In Notzeiten lag eine Besatzung von 40 bis 50 Mann in der Festung. Oft blieb der Sold für sie und den Kommandanten aus, auch mangelte es an Verpflegung und Ausrüstung. Dennoch hielten sie, verstärkt durch versprengte Hessen und Bauern aus der Umgebung, 1688 tapfer einem Überfall Mélacs stand und verteidigten die Burg erfolgreich ein Jahr später gegen einen hartnäckigen Angriff der Franzosen, obwohl sie nur über vier kleine Kanonen verfügten: »Im Jahre 1688 hatten die Frantzosen im Anfang des Decembris einen Anschlag auf die Starckenburg bey Heppenheim gemacht, solches mit List zu erobern. Als sie aber unterwegs erfahren, daß die Teutschen ihnen einen Tag zuvor kommen, und solches besetzt hätten, so nahmen sie ihren Weg wieder zurück. Im folgenden 1689 Jahre im Januario ocupierte ein starkes Detachement aus Heydelberg, Mannheim und Franckenthal die Stadt Heppenheim und hatte Ordre, die Starckenburg über Heppenheim mit Gewalt anzugreiffen. Es war aber das Schloß mit

23. Heppenheim mit der Starkenburg, um 1620. (S. 152–164). Wandgemälde im Rathaussaal. Mit freundlicher Genehmigung der Stadtverwaltung Heppenheim.

Umseitig:
24. Heppenheim, Kurmainzer Amtshof. (S. 165–167)
25. Die Heppenheimer Festspiele im Kurmainzer Amtshof ziehen alljährlich viele Besucher an. Intendant Hans Richter bei der Probenarbeit zu »Die lustigen Weiber von Windsor«.

KURFÜRSTLICHER AMTSHOF
WINZERKELLER

aller Nothdurfft versehen und mit etlichen hundert desperaten Hessen, vielen Schnaphanen und Bauern besetzet, welche sich in vier Ausfällen hitzig gewehret. Die Frantzosen fingen an zu miniren und beschossen das Schloß mit 8 Canonen und 2 Mörsern, dadurch die Besatzung aus Desperation einen grausamen Ausfall wagte und die Frantzosen nötigte den Ort zu verlassen, nach dem sie einen vornehmen Grafen, viele Officiere und Soldaten eingebüßet. Die Stücke hatten sie in größter Eile salviret. Solchergestalt wurde die Starckenburg von einer heftigen Belagerung befreyet.«

1693 kamen die Franzosen unter de Lorges wieder. Nach heftigem Artilleriefeuer griffen sie die Burg von Osten an. Die Besatzung, verstärkt durch viele Heppenheimer Einwohner, hielt auch dieses Mal stand, mußte aber tatenlos zusehen, wie die meisten Häuser in der Stadt niederbrannten. Die Starkenburg hatte ihrem Ruf Ehre gemacht, unbezwingbar zu sein. Doch nun begann der Verfall. Die Hofkammer hatte kein Geld, um die notwendigen Reparaturen vornehmen zu lassen: »Die unglücklichen Soldaten lagen in Baracken, welche nicht einmal gedielte Fußböden hatten, worin alle Wärme zum offenen Dach hinausfuhr und die Montierungsstücke vermoderten. Das Holz und Wasser mußten sie sich sehr weit außerhalb der Veste holen, da die beiden Cisternen verfallen und der sogenannte Hessenbrunnen unten am Berg verschlammt war, Frohnfuhren an Holz aber nur für das Wachlokal geschahen. Der Commandant und der ihm beigegebene Corporal petitionierten ewig um rückständigen Sold, neue Montierung, bessere Kost und Wohnung. Der Commandant nämlich wohnte in einem kleinen Zimmer über der Capelle, das so eng war, daß sein Bett in Gefahr stand, durch den nahen Ofen in Brand zu gerathen; außerdem soll in dem Zimmer Mangel an Licht und die Mitbewohnerschaft der Wanzen unvertilgbar gewesen sein. Der Wachtmeister war das Factotum in der Burg: er war Vicegouverneur, Thurmwächter, Proviantmeister etc. und hatte doch oft jahrelang um einen neuen Uniformsrock zu betteln.« (Wilhelm Franck)

Nach fünfzigjährigem Dienst, zehn davon auf der Starkenburg, wurde der letzte Kommandant, der »Charakterisierte Obristwachtmeister Weil« pensioniert. Er lebte bis zu seinem Tode in Heppenheim. Am 14. Mai 1765 marschierte Korporal Kirchner mit 20 Mann Besatzung ab. Sie führten alles Kriegsgerät mit: 120 Gewehre, ein Faß Patronen, neun Doppelhaken, 1220 Pechkränze, 24 Steinkörbe, neun Pechpfannen, 15 Kisten mit Kugeln, 44 Morgensterne , eine leinene Fahne, Eisen, Äxte, Pickel, Handbeile, zwei Lafetten und 48 Bettladen. In Gernsheim beluden sie ein Schiff und brachten es nach Mainz. Das Burgtor ließ sich nicht mehr verschließen, und der Keller fand niemanden, der vertrauenswürdig genug war, das verbliebene Inventar zu bewachen. Er setzte dafür das Wachkommando der Zentmannschaft ein, sechs Mann unter einem Korporal. Kurfürst Erzbischof Emmerich Joseph rügte ihn daher: »Ehrsamer lieber Getreuer! Wir vernehmen ungern, daß die von Unseren Truppen nunmehr evacuirte Vestung Starkenburg durch die dortige Amtsuntertanen zu deren großen Überlast annoch bewacht werde. Da nun aber dieses Unsere Absicht um so weniger ist, je mehr Wir im Gegenteil diese ganze Bergvestung demolieren und eingehen zu lassen gedenken; so hat Du nicht allein obige unnötige Wachen ohnverweilt abzustellen, sondern auch Uns gutächtlich zu berichten, ob die auf erwehntem Starkenburg befindl. Gebäulichkeiten zu einem dienlichen Gebrauch zu verwenden oder in dessen Ermangelung samtlich einzureissen und die Materialien demnächst zu verkaufen seien. Wir sehen Deinem Bericht entgegen und verbleiben Dir zu Gnaden wohlgewogen . . . «

Der Keller schlug vor, Gebäude und Mauern abzubrechen, nur den Turm stehenzulassen und das Baumaterial »ruthenweise« zu verkaufen oder zu versteigern. Gegen Meistgebot wurde noch im selben Jahr das Holz verkauft, im Frühjahr 1766 im Heppenheimer Amtshof, wohin man alles hatte bringen lassen, 94000 breite Dachziegel, 21000 Backsteine, Tür- und Fensterbekleidungen, Öfen, Fenster und Fensterläden, Türen, Latten und Dielen, Brunnenröhren, Torbögen und Zisterneneimer versteigert. Dann begann in der ausgeschlachteten Burg der Mauerabbruch. Dabei fiel eine dicke und lange Mauerwand um, so daß der Bensheimer Stadtzimmermeister Jakob Trodtner »verwund bei Abschlagung des Starkenburger Schlosses bei Heppenheim« ward. Zu allem Unglück schlug der Blitz am 10. Juli 1768 in den alten Bergfried und zündete im Dachwerk: »Die Höhe davon verhinderte alle löschbare Vorsorge. Man mußte ihn von früh morgens 10 Uhr bis gegen des Montags brennen sehen und wurde der kupferne Knopf allein gerettet . . . «

Die Hitze hatte das Mauerwerk ausgebrannt, durch das sich nun tiefe Risse zogen. Zwar war der Turm nicht baufällig, aber unzugänglich geworden, weil die hölzernen Treppen und Geschosse verbrannt waren. Das bewahrte ihn allerdings auch vor dem sofortigen Abbruch. Der Reinerlös dieses Abbruchs belief sich auf 713 Gulden. Auch in den nächsten Jahren wurde »auf Abbruch« versteigert, die Bieter holten sich, was sie bequem abreißen konnten, niemand überwachte das. 1787 endlich gebot der Kurfürst Friedrich Karl Joseph von Erthal Einhalt und wies das Gesuch eines Bieters ab: »Da das Starkenburger Schloß die ganze Bergstraße durch sein malerisches Ansehen ziert und ein sehr interessantes Denkmal aus alten Zeiten bleibt, so kommen etliche und 20 fl., die aus den Steinen zu lösen wären, nicht in Anschlag gegen das, was hierdurch auf einer anderen Stelle verloren wäre . . . «

1803 wurde Kurmainz aufgelöst, das Oberamt Starkenburg kam zu Hessen-Darmstadt. Die Regierung drohte durch Erlaß von 1814 bei Beschädigung der Ruine mit Schadenersatz und Zuchthausstrafe, bestellte 1819 Philipp Guthier zum Wächter und baute ihm in der Burg eine Wohnung. Er war ein Nachfahre jenes Simon Gouttier, der aus Frankreich zugewandert und nach 1640 Burgkommandant gewesen war.

Im Jahre 1832 kam die Starkenburg unter die Obhut der Forstverwaltung. Der Berg, soweit nicht Privatbesitz oder Weinberg, wurde aufgeforstet. Das alte Gemäuer wurde instand gehalten, auch der Burgwächter blieb dort wohnen. Der hessische Oberbaudirektor Moller stellte fest, daß der alte Bergfried der erhaltenswerteste, aber auch gefährdetste Teil war. 1877 erfolgten zwar größere Reparaturarbeiten am Turm, doch häuften sich nach der Jahrhundertwende die Mauerwerksausbrüche im Untergeschoß. Weil sich der Turm zu neigen begann, wollte ihn die Bauverwaltung 1924 zur Hälfte abbrechen und wieder aufbauen, wofür 30000 Mark zur Verfügung standen. Eine nochmalige Untersuchung ergab jedoch eine so schlechte Beschaffenheit des Mauerwerks, daß man sich zur Sprengung entschloß. 42,5 Kilogramm Sprengstoff wurden im Untergeschoß angesetzt und am 22. Oktober um 14.45 Uhr gezündet. 800 Jahre lang Wahrzeichen der Bergstraße, lag nun die Spitze des Berges kahl und leer da.

In den Trümmern des Untergeschosses entdeckte man romanische Bauteile und das Skelett eines beim Bau in das Fundament eingemauerten Hundes. Die Basis des Turms war in römischer Mauerbautechnik errichtet, indem man zwischen zwei Futtermauern reichlich mit Mörtel umhüllte Steine füllte, ein Beweis für das hohe Alter des Bergfrieds. Noch jahrelang diskutierte die Öffentlichkeit darüber, ob Mängel bei der Fundamentierung, Veränderung des Untergrundes oder äußere Einflüsse, etwa das große Explosionsunglück in Ludwigshafen-Oppau, Ursache der Baufälligkeit war.

Der Verkehrsausschuß der Bergstraße setzte sich dafür ein, den Turm sofort wieder aufzubauen. Die Baubehörde plante, aus dem Innenhof einen großen Fest- und Sportplatz zu machen. Der Denkmalrat stellte fest, daß der Turm inmitten des Hofes »ein Verkehrshindernis« bilden würde. Er sollte an anderer Stelle aufgebaut werden und eine Jugendherberge enthalten. Damit waren die Würfel gefallen. 1925 begannen die Bauarbeiten am neuen Turm. Die Wasserversorung bereitete einige Mühe. Eine Bohrung nach Angaben eines Rutengängers blieb ohne Erfolg. Der alte Brunnenschacht wurde bis zu 80 Meter Tiefe ausgehoben, auch hier wurde kein Wasser gefunden. Einstmals soll er über 100 Klafter, das sind 190 Meter, tief gewesen sein. Da auch der »Hessenbrunnen« am Berghang inzwischen versiegt war, legte die Stadtverwaltung von höher gelegenen Quellfassungen aus eine Leitung auf den Berg. Der zehngeschossige Turm war am 9. September 1930 fertig. Er hatte über 111000 Reichsmark gekostet und wurde nun vom Jugendherbergswerk, dem Deutsch-Österreichischen Alpenverein, dem Odenwaldclub, dem Gießener Korps Starkenburgia und dem Hotel »Halber Mond« in Heppenheim genutzt.

Die aus dem Zweiten Weltkrieg stammenden Kampfspuren und Schäden am Turm und an der Ruine waren erst 1954 behoben. Drei Jahre später erhielt der Turm einen Helm, daneben entstand ein Wirtschaftsgebäude, und 1960 wurde die Jugendherberge wieder geöffnet. Das Jugendherbergswerk und der Odenwaldclub nutzen heute die Gebäude allein.

Auch um die Starkenburg ranken sich Sagen: Einst wurde die Feste belagert. Als der Burggraf vom Turm aus sah, daß die Verteidigung aussichtslos war, stürzte er sich mit seinem Schimmel vom Bergfried aus in die Tiefe, direkt in den alten Brunnen hinein . . .

Karl Freisens hat die Sage von Konrad von Starkenburg erzählt. Konrad war ein junger Ritter, dessen Vater vom Kreuzzug nicht zurückkehrte und den Verwandte um sein Erbe zu bringen suchten. Nach langen Verirrungen und Verwechslungen gewann er schließlich das Herz einer schönen jungen Frau – der Witwe des Erbschleichers . . .

Als die Starkenburg einst belagert wurde und sich nicht länger verteidigen konnte, vergrub der Burgherr vor der Übergabe die silbernen Statuen der zwölf Apostel sowie andere Gold- und Silberschätze an einem geheimen Ort. Dort liegen sie noch heute, und sooft man auch danach suchte, sie wurden niemals gefunden. Nur einmal hatten Schatzgräber das Gewölbe freigelegt, in dem die Kiste mit den Schätzen stand. Auf ihr saß der große schwarze Hund »Melampus« und starrte sie mit feurigen Augen an. Entsetzt flüchteten die Schatzsucher . . .

Nach diesem Gewölbe wurde tatsächlich gesucht. 1765 gab der Enkel eines Burgkommandanten zu Protokoll, er habe im Beisein seines Großvaters in einem alten Gewölbe eine Kupferplatte freigelegt. Auf allerhöchsten Befehl hätten sie jedoch alles wieder zuschütten müssen. Der Keller wurde daraufhin angewiesen, an der beschriebenen Stelle nachzusuchen, fand jedoch nichts: »Es hat sich aber ebensowenig von einem verborgenen Gewölbe, wie vormals gefunden, sondern vielmehr bestätigt, daß es nichts als weit überlaufende Fundamentmauern seyen . . . «

Der Kurmainzer Amtshof in Heppenheim

Die stattliche Gebäudegruppe am Nordrand der Heppenheimer Altstadt war Sitz des Oberamts Starkenburg und bis 1803 Außenresidenz der Mainzer Kurfürsten und Erzbischöfe. Bis zum Dreißigjährigen Krieg beherbergte sie die Amtskellerei, dann bezog der Burggraf die Gebäude.

Die Lorscher Amtsverwaltung des frühen Mittelalters benutzte wahrscheinlich einen alten fränkischen Herrenhof, der an der Stelle der heutigen Schloßbergschule lag und mit Palisaden und Gräben gesichert war. Später wurde daraus eine mauerumwehrte burgähnliche Anlage, die in die Stadtbefestigung eingebunden war und deshalb auch »Burg« genannt wurde. Sie ist wohl beim großen Stadtbrand von 1369 untergegangen.

Als das Fürstentum Lorsch 1232 Kurmainz angegliedert wurde, war für das neugebildete Oberamt ein Verwaltungssitz notwendig. Man mag zunächst die alte »Burg« weiter benutzt haben, bis nach dem großen Stadtbrand ein Bauplatz an der nördlichen Mauer ausgewiesen werden konnte. Um mehr Raum zu bekommen, wurde dort die Stadtbefestigung um ein Stück nach Norden verschoben.

Der neue Amtssitz wurde burgähnlich ummauert, ein Wehrgang umzog den ganzen Bering. Um einen fünfeckigen Hof gruppierten sich die Gebäude. Der heutige Hauptbau war damals ein zweigeschossiger Palas, etwas kürzer, die Ecken mit Buckelquadern verziert. Der Chorerker entstand um 1385, 1400 war das alte Kelterhaus fertig, das sich an die Wehrmauer lehnt und heute das Stadtarchiv birgt. Im Hof gab es eine Freibank und ein Gefängnis.

Der große Kurfürstensaal nahm das ganze Obergeschoß des Palas ein. Er war über einen äußeren Treppenturm zugänglich. Daneben ragt ein Erker in den Hof hinein, dessen Obergeschoß die Kapelle aufnahm. Zwischen Treppen- und Kapellenturm ruhten auf Konsolen zwei offene Galerien. Damals waren die Türme um ein Stockwerk höher als heute.

Die ältesten Malereien im Saal und in der Kapelle stammen aus der Zeit um 1400, als Johann von Nassau Erzbischof von Mainz war. Ihm wird auch das Wappen dort zugeordnet. Der herrliche Saal erlebte mehrmals Ereignisse von historischem Rang. Unter anderem wurde hier 1417 der Bischof von Chur gewählt, und 1435 leistete Erzbischof Dieter I. von Erbach den Amtseid auf Kaiser Sigismund als Kanzler des Reiches.

Als Heppenheim 1461 unter Pfälzer Pfandschaft kam, residierten im Hof die Pfalzgrafen, wenn sie das Land bereisten. Sie ließen 1576 die Gebäude umbauen, den Ostflügel verändern und die Fenster des Kurfürstensaales umgestalten. Weitere Malereien stammen aus der Zeit um 1580. Der Marstall wird zwar erst 1614 urkundlich erwähnt, könnte aber auch damals gebaut worden sein. Auf Mauerresten aus der Gründungszeit wurde das westliche Hofgebäude errichtet, zur Amtsgasse hin gab es nun auch ein Torhaus.

Heppenheim wurde 1623 wieder mainzisch; der Kurfürstensaal erhielt eine neue Wappendekoration. Die Gebäude wurden während des Dreißigjährigen Krieges oft geplündert, blieben aber verhältnismäßig unversehrt, ebenso 1688 und 1689. 1693 wurde auch der Amtshof ein Raub der Flammen. Er wurde danach nur zögernd wieder aufgebaut; dem Kurfürstentum fehlte das Geld. Erst 1710 scheint das Hauptgebäude wieder benutzbar gewesen zu sein. In diesem Jahr erhielt das Untergeschoß, das der Verwaltung diente, eine neue Stuckdecke. An der Westseite des Hofes wurde 1719 ein neues Keltergebäude errichtet.

1803 hatte der Amtshof als Verwaltungssitz ausgedient. 1806 ließ man die Ruinen des Westflügels abbrechen, 1840 erwarb die Stadt das Anwesen. In einzelnen Teilen verpachtet, verwahrloste es. Bauliche Veränderungen wurden notwendig, als 1860 eine Zigarrenfabrik einzog. Man vermauerte alte Fenster, brach neue in die Wände und zog weitere Decken ein.

1930 erfolgten zwar Renovierungen, doch erst nach dem Zweiten Weltkrieg entstand der Amtshof wieder in alter Pracht. Das Untergeschoß des Haupthauses war 1951 fertig, von 1953 bis 1956 wurden die Gebäude restauriert. Die Wandmalereien im Kurfürstensaal wurden gesichert, auf den Fundamenten des alten Ostflügels ein neuer Bau errichtet und der Hof gepflastert.

Der Amtshof ist heute eine Stätte geselliger und repräsentativer Veranstaltungen. Unzählige Theaterfreunde besuchen alljährlich die »Heppenheimer Festspiele«. Die Aufführungen unter der Intendanz von Hans Richter mit bekannten und berühmten Schauspielern haben längst Theatergeschichte gemacht. Die alte kurmainzische Residenz bildet dazu einen passenden Rahmen.

Laudenbach

Südlich von Heppenheim kreuzt die Bergstraße die Landesgrenze zwischen Hessen und Baden-Württemberg, zugleich auch die alte Grenzlinie für das Geleitrecht von Kurmainz und Kurpfalz. Wie ein Keil stößt hier der Rhein-Neckar-Kreis in das Gebiet des Kreises Bergstraße. Sein nördlichster Ort ist Laudenbach, das mittelalterliche Lutenbach.

Er gehörte dem Kloster Lorsch, wurde von Abt Humbert (1032–1037) an einen Verwandten verliehen, kam dann in die Hand der Lorscher Vögte und um 1180 unter den Einfluß Pfalzgraf Konrads. Um diese Zeit wurden östlich des Dorfes neun Huben angelegt, die ein eigenes Hubgericht bildeten. Diese umfaßten jedoch nicht die Allmende und den herrschaftlichen Wald. Im Mittelalter kamen beide Gemeindeteile unter verschiedene Herrschaften, so daß die Huben schließlich hessisch, das Dorf aber badisch wurden. Die Grenze zwischen Laudenbach und dem im Odenwald gelegenen Oberlaudenbach verläuft dadurch ausgesprochen kurios.

Laudenbacher Ministerialen wurden 1180 als pfälzische Dienstleute bezeugt. Hedwig, Helimbert und Hartwig, »ministeriales Palatini«, machten damals dem Kloster Schönau eine Stiftung. Hartwig hatte einen Bruder namens Markward, der vielleicht mit Markward von Hirschberg identisch war. Da es Ministerialen gab, die in Laudenbach ihren Sitz hatten, liegt die Vermutung nahe, daß hier eine Burg gestanden haben könnte. Es gibt jedoch weder einen urkundlichen Hinweis darauf, noch fanden sich Überreste eines Bauwerks. Daß Ministerialen in Laudenbach wohnten, rechtfertigt allein nicht die Annahme, daß sie dort auch eine Burg bewohnt haben müssen. Der Ort kam sehr bald unter die gleiche Herrschaft wie das benachbarte Hemsbach, es gab dann auch keinen Grund, so nahe an dieser Burg eine zweite zu bauen und zu unterhalten.

Burg und Schloß Hemsbach

Hemsbach liegt auf halbem Wege zwischen Heppenheim und Weinheim. Ein Bach tritt hier aus den Odenwaldbergen, bot Menschen schon zu Urzeiten Lebensmöglichkeit und mag sie dazu verlockt haben, sich hier anzusiedeln. In fränkischer Zeit trieb er zwei Mühlen. Der damals zum Oberrheingau gehörende Ort hieß 795 Hemmingisbach, 948 »in villa Hemmingisbach nominata in pago Rinecgowe«, was »Bach des Hemminc« bedeutete.

Am damaligen Westrand der Siedlung lag eine Burg. Ihre Entstehungszeit ist unbekannt. Allgemein nahm man bisher an, daß Tiefburgen älter seien, und vermutete hier Tempelherren als Erbauer. Dafür gibt es keinen Anhaltspunkt, und allein daraus, daß eine Tiefburg und keine Höhenburg angelegt wurde, läßt sich auch nicht auf das Alter schließen; vielleicht gab es an den Berghängen keinen geeigneten Standort.

Die Pfalz scheint ältere Rechte in Hemsbach besessen zu haben, die auch um 1230 nicht bestritten wurden. Handelt es sich hier vielleicht um eines jener Lorscher Fahnenlehen?

1264 wurde die Burg erstmals urkundlich erwähnt. Am 15. April kam es auf »Schloß Hemsbach« zum Schiedsspruch, am 21. Juni beschworen die Zeugen dort, daß die Pfalz alte Rechte an Burg Windeck und der Neustadt von Weinheim hatte. Erzbischof Werner von Mainz und Pfalzgraf Ludwig II. schlossen danach im Beisein des Burggrafen zu Nürnberg und des Grafen Dieter von Katzenelnbogen für ihre Gebiete einen Landfrieden und beendeten den Streit um die Lorscher Vogteirechte.

Bei der Gebietsabgrenzung wurde Hemsbach nicht erwähnt. Zwar war die Tiefburg eine vorgeschobene Bastion der Pfalz gegen das Starkenburger Gebiet, scheint aber von vornherein eher als Schloß, Residenz und Vorratslager konzipiert worden zu sein.

Gern traf man sich hier zu allen Zeiten, um Verträge auszuhandeln. Als sich die Siedlung im Lauf der beiden letzten Jahrhunderte nach Westen hin ausdehnte, nahm sie die meisten Spuren jener Burg in sich auf, nur das alte Ritterhaus steht heute noch etwas fremd inmitten neuzeitlicher Häuser.

Die Burg hatte beachtliche Ausmaße: 55 Meter in Ost-West-Richtung, 25 Meter

26. Hemsbach, Schloß. (S. 168–172)
27. Über Nebelschwaden: die Wachenburg bei Weinheim. (S. 177)

28. *Weinheim, Burg Windeck. (S. 173–176)*

29. *Weinheim, Schloß. (S. 180–182)*

30. Weinheim, Stadtseite des Schlosses. (S. 180–182)

Breite. Ein etwa zwölf Meter breiter Wassergraben, der vom Bach gespeist wurde, umgab die Anlage. Man querte ihn auf einer überdachten Holzbrücke, die am Ende als Zugbrücke ausgebildet war. Später entstand noch eine Vorburg. Der mächtige Bergfried hatte quadratischen Grundriß, scheint aber jüngeren Datums gewesen zu sein. Wohngebäude und Ställe füllten Hof und Vorburg. Das »Ritterhaus«, ein großer rechteckiger Bau von 18x15 Metern, steht heute noch. Im Obergeschoß hat es nach Norden und Süden hin je drei romanische Fenster. Das mittlere von ihnen lief in einen Erker aus, in dem die Burgkapelle lag. Hier sind noch Reste alter Malereien vorhanden.

Pfalzgraf Ludwig II. verschrieb seiner dritten Gemahlin Mechthild als Wittum neben anderen Besitzungen auch Hemsbach. Die Tochter Rudolf von Habsburgs scheint sich dort jedoch nicht aufgehalten zu haben. Ludwig der Bayer hatte die ihm gehörende Hälfte an Burg und Ort dem Erzbischof Peter von Mainz für dessen Stimme bei der Wahl zum deutschen König übertragen. Das führte zu Streitigkeiten zwischen Kurpfalz und Kurmainz, bis Kaiser Ludwig am 29. Mai 1344 anordnete, daß Hemsbach an die Pfalz zurückfalle. Pfalzgraf Ruprecht I. übergab die Burg dem Ritter Anselm von Hemsbach, der wahrscheinlich sein natürlicher Sohn war, als Burggraf auf der Starkenburg amtierte und ein nicht unvermögender Mann gewesen sein muß, denn mehrmals schuldete ihm der Mainzer Erzbischof größere Summen, die er ihm vorgestreckt hatte.

Anselm starb um 1367; der Pfalzgraf setzte auf »seiner Burg« als »Diener, der dort wohnen und haushalten sollte«, Albrecht von Brackenheim ein. Danach wurde Hemsbach Kellerei. 1403 traf sich dort Pfalzgraf Ruprecht III., der von 1401 bis 1410 als deutscher König regierte, mit dem Mainzer Erzbischof Johann, um Streitigkeiten zwischen Stadt und Klerus von Frankfurt zu schlichten. An der Zusammenkunft nahmen Graf Philipp von Nassau-Saarbrücken, Philipp von Falkenstein, Rudolf von Zeiskam, mehrere Adlige, Gesandte der umliegenden Städte und als Vertreter Frankfurts Hermann von Rodenstein und Rudolf von Sachsenhausen teil.

Ruprecht II. hatte Hemsbach und andere Besitzungen seiner Frau Beatrix als Wittum verschrieben. Sie sollte »im innersten Hus wohnen«, der Keller durfte sie »nit irren noch engen« und hatte sich währenddessen auf die Vorburg zu beschränken. Auch König Ruprechts Frau erhielt Wittumsrechte am Schloß. Nach Ruprechts Tod wurden die Pfälzer Besitzungen geteilt; Hemsbach fiel an Otto, Begründer der Mosbacher Linie.

Die Burg diente auch der Zent als Gefängnis. 1414 waren dort mehrere Frankfurter Kaufleute inhaftiert, weil sie die Zollstation in Hemsbach umgangen hatten. Pfalzgraf Otto verpfändete die Burg zweimal an Kurmainz und löste sie später wieder ein. Als Kaiser Sigismund 1421 zum Feldzug gegen die Hussiten aufrief, wurden auch Hemsbachs Mauern verstärkt und die Wassergräben verbreitert und vertieft. 1449 verkaufte der Pfalzgraf Burg und Herrschaft Hemsbach gegen 6000 Gulden wiederlöslich dem Wormser Bischof Reinhard von Sickingen und dessen Bruder Hans. 1485 wurde der Verkauf gegen Zahlung weiterer 600 Gulden endgültig: » . . . als Ott pfaltzgrave bey Ryne und hertzog in Beyern . . . Byschoff zu Wormß das sloß und dorff Hemspach mit den dorffern Ludenbach und Sulzpach und iren zugehörungen erblichen zugestalt und geeygent hat . . . «

Der Verkauf bezog sich auf die drei Dörfer »mit allen ihren begriffen, nutzen, fällen, beethen, steuern, eigen In- und ausleuten und gen Hemsbach zugehörig guten zinsen, zehenden, gülten, reute und wießgelt, frucht, wein, gänsen, kappen, hünern, vogtheyen, gerichten, zwängen und bännen, diensten, freveln, bußen, todtfällen, besthaupt, besserungfällen, undfällen, auch mit äckern, wiesen, gärthen, weingärthen, marken, wasser, weiden, eggerten, mossen, wäldern, büschen, felden, bergen, schlüchten, reuthen, steinbrüchen, gereuten, sumpfen, jagen, wildspännen, fischereien, vogelweiden, atzungen, schatzungen, schäfereien, frondiensten, holzrechten, mühlen, mühlstätten, wasserläufen, weihern, wogen, auen, zircken, in- und ausgängen, in wasser und landt, ob und undter der erden, mit aller und jeglicher oberheiten, Herrlichkeiten, gewalten . . . «

Lehenshoheit, Zoll und Zent konnte Otto nicht verkaufen, sie verblieben bei Kurpfalz. Die Burg blieb ein beliebter Ort für Gespräche und Verhandlungen. 1452 kam hier eine Einigung zwischen Kurmainz und Kurpfalz zustande, nach der Schlacht bei Pfeddersheim verbündeten sich Friedrich I. und Dieter von Isenburg, und auf dem »Kongreß zu Hemsbach« verpfändete der Erzbischof dem Pfalzgrafen die Bergstraße wiederlöslich für 100 000 Gulden.

Die Wormser Bischöfe benutzten das Schloß als Außenresidenz. Hemsbach hatte als Bede jährlich zehn Fuder Wein, gemeinsam mit Laudenbach das Brennholz zu liefern und den Mist aus dem Schloß abzufahren. Als Schriesheim an die Pfalz zurückfiel, kam die Zent wieder dorthin.

Die »Brandmeister der Bergstraße« plünderten 1504 die Burg aus, ließen die Gebäude jedoch unversehrt. Als in der Pfalz die Reformation eingeführt wurde, gingen die Hemsbacher in das Schloß, »um dort den Pfaffen zu hören«, verrammelten ihre Kirche und hängten die Glockenseile aus. Der Heidelberger Vogt, der mit dem Auftrag gekommen war, den neuen Pfarrer einzuführen, mußte erst die Kirchentür aufbrechen und an den Glocken Riemen anbringen lassen. Als er zum Gottesdienst läuten ließ, blieben die Hemsbacher aus.

Im Dreißigjährigen Krieg erlitt auch die Burg erhebliche Schäden. Obwohl Wormser Eigentum, war sie vor den Spaniern und Tillys Truppen keineswegs sicher. Wie überall wurde geraubt, geplündert, vergewaltigt und gemordet, gleichgültig, ob es sich um Feindesland handelte oder nicht. Seuchen kamen hinzu, viele Einwohner flohen nach Weinheim, sogar die bayerische Umrittskommission mied den Ort, und 1636 brannten die Kaiserlichen die der Herrschaft gehörenden Gebäude nieder.

Turenne besetzte auf seinem Zug entlang der Bergstraße auch Hemsbach 1674. Seine Truppen richteten schweren Schaden in der Burg an. 1689 kam Mélac, 1693 de Lorges, übrig blieb ein Trümmerhaufen. Worms baute die Gebäude notdürftig wieder auf, verlor aber das Interesse an Hemsbach und tauschte es 1705 im »Ladenburger Ausgleich« gegen den halben Pfälzer Anteil an der Burg Stein. Hemsbach war wieder ganz pfälzisch.

Die kurpfälzische Hofkammer verpachtete das Burggut und behielt sich nur einige Wohnungen vor. Die Pächter hielten lediglich die Scheunen und Ställe instand und vermieteten die restlichen Wohnungen an Ortsarme. Als 1717 umfangreiche Reparaturen notwendig wurden, zählte man die vorhandenen Gebäude auf: »Das Ritterhaus, ein zweistöckiges Herrschaftshaus, eine große Scheuer neben dem Torhaus, der große Stall, zwei Tore, oberdacht, das beim Schloßeingang gewölbt, zwei Lagerbrücken, mit starken Eichenbohlen beschlagen, eine Uffziegbrücke . . . «

Damit die Hemsbacher bequemer zu ihren Feldern gelangen konnten, mußten die Pächter die Durchfahrt dulden. Es war ihnen auch untersagt, die Außenmauern zu durchbrechen, sie durften nur die kleine Ausfallpforte zwischen Scheuer und Kuhstall wieder öffnen, die vermauert worden war: »Falls ihm aber vorträglich sei, umb seine Schafe und Viehe desto ehender in den Stall zu bringen, solle demselben eine Tür an der äußersten Mauer, an der Bach, wo vor diesem das alte Tor zum Flecken (Werrtor) gestanden, sein Vieh aus- und einzutreiben, einzusetzen erlaubt sein . . . «

1763 kaufte der kurpfälzische Regierungsrat Franz Blesen das Burggut. Scheunen und Ställe waren in Ordnung, die Kelter in Betrieb, die Wohngebäude hingegen verfallen. Blesen ließ die Bauten wiederherstellen, den Bachlauf reinigen, den Graben zuschütten und einen der Türme ausbauen. Im rückwärtigen Teil der alten Burg errichtete er ein Gutshaus im Stil einer italienischen Villa. Es ist der Mittelbau des heutigen Schlosses. 1800 erwarb Jakobine Leonhard das Anwesen. 1816 kam es wegen des Durchfahrtsrechts zu einem Vergleich, die Gemeinde legte einen neuen Weg durch das Burggut an, die Eigentümerin ließ ihn auf beiden Seiten durch Mauern eingrenzen. Das Gut wechselte noch öfter den Besitzer und wurde schließlich aufgeteilt. 1839 erwarb der Bankier Freiherr Karl Maier von Rothschild das Gutshaus, ließ an der Parkseite ein viertes Geschoß aufsetzen, pavillonartige Türme bauen und den Park erweitern. Eine Wasserleitung aus eisernen Druckrohren wurde gelegt, sie speiste mehrere Fontänen im Garten. Bei den Erdarbeiten wurde ein Gerippe in Hockerstellung gefunden. Ob es sich um ein Grab aus vorgeschichtlicher oder eine Beisetzung aus geschichtlicher Zeit handelt, ist nicht bekannt.1803 wurde Hemsbach badisch.

1901 erwarb Graf Berckheim das Rothschildsche Schloß. Es ging danach noch durch mehrere Hände. 1925 kaufte es die Gemeinde, baute die Innenräume um und nutzt es seitdem als Verwaltungsgebäude. Hemsbach hat inzwischen Stadtrecht erhalten.

Die Reste der alten Burg verschwanden Stück für Stück, der Grund und Boden wurde aufgeteilt. Lediglich das »Ritterhaus« blieb übrig. Es gehört der Stadt, ist restauriert und dient heute als Gaststätte. Nur der Eingeweihte weiß noch, daß dort, wo heute Wohn- und Geschäftshäuser stehen, wo sich Straßen, Plätze und Anlagen befinden, einst eine stattliche Wasserburg lag.

Burg Windeck (Winnenheim)

Wo die Weschnitz aus den Odenwaldbergen tritt, liegt auf einer Vorhöhe des Wachenberges die Burg Windeck. Das tief eingeschnittene Tal des Grundelbaches und der Bergrücken, auf dem die heutige Stadt liegt, trennen sie von der Bergstraße.

Winnenheim, das heutige Weinheim, war einst eine Siedlung an den Ufern der Weschnitz. Eine Urkunde aus dem Jahr 240 n. Chr., die einen Römer als Namenspatron angab, erwies sich als Fälschung. Wie bei anderen -heim-Orten, dürfte auch hier ein fränkischer Name Pate gestanden haben: Winnenheim = Hof oder Siedlung des Wino. Win bedeutet »Freund« und ist auch in anderen Namen enthalten: Sig-win; Rich-win.

Das Kloster Lorsch hatte hier im Laufe der Zeit beträchtlichen Grundbesitz angesammelt. Die Altstadt Weinheim wuchs, erhielt am 11. Juni 1000 von Kaiser Otto III. Marktrecht, und Heinrich IV. übertrug am 5. April 1065 die dortige kaiserliche Münze dem Kloster. Die Vorgänge, die zum Bau der Starkenburg führten, mögen Lorsch dazu veranlaßt haben, auch die Südflanke des Herrschaftsgebiets durch eine Burg zu sichern. Bald nachdem die Starkenburg ihre ersten Steinbauten erhalten hatte, dürften die Baumeister darangegangen sein, auf der 220,5 Meter hohen Bergnase über dem Grundelbach eine Burg zu bauen.

Sie trug den Namen der Stadt: Winnenheim. Windeck, wie sie später hieß, entstand wohl aus der Verbindung mit der Lagebezeichnung. Um 1100 dürfte der Bau begonnen haben. 1111 wurde sie erstmals urkundlich erwähnt. Wegen strittiger Gebietsansprüche war es zu Auseinandersetzungen zwischen Abt Benno und dem Klostervogt Berthold von Hohenberg gekommen, den die Lorscher Chronik unverhohlen den »Tyrann des Klosters« nennt. Als der Vogt im Konvent eine Verschwörung gegen Benno anzettelte, floh der Abt zu Kaiser Heinrich V. Vogt Berthold ließ die Burg schleifen, weil sie seiner Auffassung nach zum Teil auf ihm gehörenden Grund und Boden erbaut worden war, was Lorsch wiederum bestritt. Ob die Schleifung gleichbedeutend mit einer völligen Zerstörung war, ist nicht bekannt.

Unter dem Schutz des Pfalzgrafen Gottfried von Calw konnte Abt Benno zurückkehren. Abt Diemo ließ um 1130 die Burg wiederherstellen. Für die Erlaubnis, Winnenheim wieder aufzubauen, mußte er Zugeständnisse machen. Von nun an besetzten jedesmal, wenn ein Abt starb, kaiserliche Soldaten so lange die Burg, bis sich sein Nachfolger mit einer beträchtlichen Summe freigekauft hatte. Benno hatte dem Pfalzgrafen alle Lehen zugesagt, die zu seinen Lebzeiten heimfallen würden. Windeck scheint dazugehört zu haben, der Pfalzgraf verlieh es jedenfalls an seine Vasallen weiter.

Der rechteckige Grundriß der Burg von 50 Meter Länge und 25 bis 30 Meter Breite ist mit seiner Schmalseite gegen einen Angreifer gerichtet. Hier im Norden lag auch der Zugang, der später wohl durch eine Barbakane gesichert wurde. Die östliche Mantelmauer wurde innen durch Rundbögen zusätzlich verstärkt. An der Nordostecke steht der mächtige, runde, 28 Meter hohe, in die Schildmauer eingebundene Bergfried. Der Wehrgang lief auf der Innenseite um ihn herum. Nur von ihm aus gelangte man in den über dem Verlies liegenden Turmraum. Der Zugang zu den oberen Geschossen liegt vier Meter höher und war nur durch Leitern zu erreichen. Von dort aus führte eine Wendeltreppe nach oben. Sie liegt außerhalb des Turmrunds und kragt so vor, daß der runde Querschnitt dort in einen ovalen übergeht. Von Gieß- und Schußlöchern aus konnte man den Umgang um den Turm beherrschen. Neben dem Turm liegt der wohl älteste Bau. Seine drei Tonnengewölbe, von vier, ursprünglich fünf Säulenpaaren getragen, weisen romanischen Baustil auf. Das Gebäude scheint einst als Kapelle gedient zu haben. Daß Lorsch geistliches Gebiet war, erklärt seine Größe.

Der auf der Ostseite stehende »Marstall« scheint einst der Palas gewesen zu sein, der in pfälzischer Zeit an der Südostecke neu gebaut wurde. Die Wohn- und Wirtschaftsgebäude lagen auf der Westseite. Der 26 Meter tiefe Brunnen führt heute noch Wasser. Um die Kernburg liegt ein durchschnittlich acht Meter breiter Zwinger, nach Süden hin ein weiterer, der im 14. Jahrhundert entstand und als Vorburg diente. Ein Turm verstärkte seine Südmauer.

Die Windeck war eine Landesburg. Hildebert von Winnenheim, um 1160 urkundlich nachweisbar, war einer der Ministerialen. Die Swende von Weinheim waren ursprünglich wohl Lorscher Vasallen, hatten Pfälzer Lehen inne und spielten in der Geschichte der Stadt eine Rolle. 1283 findet sich unter den Lehensträgern ein Heinrich von Rickenbach, dessen Name auch als »Bickenbach« interpretiert wird, doch scheint es sich nicht um einen Angehörigen des an der nördlichen Bergstraße ansässigen Geschlechts gehandelt zu haben.

Im ersten Viertel des 13. Jahrhunderts entstand auf dem der Burg gegenüberliegenden Bergrücken die Neustadt von Weinheim. Als Lorsch 1232 zu Kurmainz kam, erhob der Pfalzgraf Ansprüche auf Burg und Neustadt Weinheim. Auf dem Schloß zu

Hemsbach wurde 1264 ein Vergleich geschlossen. Zwei Adlige sollten bekräftigen, daß die Pfalz dort größere Rechte habe als Mainz. Sie beschworen ihre Aussage, und Burg und Neustadt wurden pfälzisch. Die Altstadt verblieb bei Mainz, wurde jedoch bald zum Tauschobjekt.

1301 eroberte König Albrecht von Österreich im Verlauf des Rheinischen Zollkriegs die Neustadt von Weinheim. Über die Windeck schweigen die Berichte; hielt sie den Angriffen der Belagerer stand, oder wurde sie gar nicht behelligt?

Pfalzgraf Ludwig, der als Kaiser Ludwig der Bayer regierte, versprach dem Mainzer Erzbischof Peter von Aspelt für seine Kurstimme »die Burch und stat und die alten stat zu Wineheim«. Durch einen Schiedsspruch löste Ludwig 1346 Weinheim wieder ein: » . . . Wir lassen euch wissen, daß wir den ehrbaren Männern, dem Schulmeister, dem Sänger und dem gesamten Domkapitel zu Mainz, unseren Lieben und Demütigen, 8000 Pfund Heller guter Währung wegen der Lösung von Burg und Stadt Wynheim gegeben haben . . . «

Alt- und Neustadt wurden 1454 vereinigt. Die Bewohner des Ortes Müll hatten auf dem Schloß Dienste zu leisten und es mit Brennholz zu versorgen. Sie waren dieser Pflicht ledig, nachdem der Ort zu Weinheim gehörte und dieses 1524 in Stadtviertel eingeteilt wurde.

Landgraf Wilhelm II. von Hessen griff 1504 auf seinem Zug gegen die Pfalz offenbar die Burg Windeck nicht an, jedenfalls ist in den Chroniken nichts erwähnt. Im Dreißigjährigen Krieg wechselte sie hingegen nur zu oft den Besitzer. 1621 eroberten sie die Spanier. Sie wurden durch den pfälzischen Obristen Michael Obentraut, den »deutschen Michel«, vertrieben, kamen danach aber wieder zurück und wurden von Tilly abgelöst. Der spanische Heerführer Consalvo Hernandez de Cordoba hielt sich am 10. Mai 1622 in der Burg auf. Bis 1631 lag eine bayerische Besatzung darin, dann kamen die Schweden, und die Bergstraße mußte ihnen täglich 6000 Pfund Brot und 4000 Maß Wein nach Mainz liefern. Als sie am 27. Oktober 1634 abrückten, folgten ihnen kaiserliche Truppen. 1644 zogen Franzosen ein, und deren General Duc de Turenne besuchte am 31. Juli 1645 die Windeck.

Merian zeichnete die Windeck 1645 als äußerlich gut erhalten. Sie scheint dann jedoch in den folgenden Jahren schnell verfallen zu sein. 1663 hielt man einen Wiederaufbau für notwendig, und zwei Jahre später berichtete ein pfälzischer Offizier, daß das Turmdach schadhaft war und ein Teil der Mauer mit Schutt und Reisig geflickt werden mußte. Als Turenne 1674 erneut die Bergstraße entlangzog, requirierten seine Truppen die noch vorhandene Ausrüstung und rissen einen Teil der Mauern ein. Die Burg verfiel nun rasch, 1685 wurde sie als unbewohnbare Ruine bezeichnet. Im Pfälzer Erbfolgekrieg, in dem nacheinander Franzosen, Kursachsen, Bayern, Schweden, Pfälzer und wieder Franzosen in Weinheim waren, spielte die Windeck keine Rolle mehr.

1803 wurde Weinheim badisch. Der Freiherr von Berckheim erwarb 1900 die Ruine, ließ den Bergfried und die übriggebliebenen Mauern des Berings sichern und bewahrte das »gute Beispiel einer mittelalterlichen Burg« (Bronner) vor weiterem Verfall. Seit 1978 ist die Windeck im Besitz der Stadt Weinheim.

Zwei der Sagen um die Burg hat Albert Ludwig Grimm überliefert: »Nach einer beinahe verschollenen Sage waren die letzten Bewohner der Burg zwei Brüder, die sich so sehr dem Geiz ergeben hatten, daß sie, um den Aufwand für Frau und Kinder zu ersparen, lieber auf die Annehmlichkeiten des ehelichen Familienlebens verzichteten und unverheiratet zusammenlebten. Sie vermieden aus gleicher Ursache jeden Umgang und beschränkten ihre Geselligkeit auf den notwendigsten Verkehr zur Herbeischaffung ihrer einfachen Bedürfnisse. Nur eine Meise war die Gesellschafterin ihres einsamen Lebens. Sie war einst durch ein offenes Fenster hereingeflogen, und sie hatten sie gefangen und eine Zeitlang erhalten, indem sie ihr täglich aus ihrem Vorrat eine Nuß zum Fraße opferten. Eines Tages aber berechneten sie, daß sie in einem ganzen Jahr dreihundertfünfundsechzig Nüsse für das Vöglein brauchten, und eine solche Verschwendung kam ihnen sündlich vor. Schnell öffneten sie den Vogelbauer, nahmen die allzuteure Gesellschafterin heraus und ließen sie durchs Fenster wieder ins Freie fliegen.«

»Am grünen Donnerstage spukte es mehrmals in dem Gemäuer, dann wandelte der unruhige Geist des Burgkochs droben umher. Neugierige wurden mit Steinen beworfen und auf andere Weise geneckt. Selbst einem pfälzischen Kammerherrn soll einmal so übel mitgespielt worden sein, daß er mit großen Schmerzen an den Füßen herunterkam.«

Die Wachenburg

Vom 402 Meter hohen Wachenberg aus schauen die Umrisse einer Burg weit ins Land. Tief unten windet sich die Weschnitz durch das Birkenauer Tal. Seit dort Porphyr industriell abgebaut wird, ist auf dieser Bergseite ein tiefer Krater entstanden. Die Gebäude, die hier oben stehen, stammen jedoch nicht aus der Ritterzeit, sondern sind jüngeren Datums.

1864 gründeten die Studentencorps der Technischen Hochschulen und Bergakademien Deutschlands den Weinheimer Senioren-Convent. Die Wahl des Sitzes wurde nicht allein durch die verkehrsgünstige Lage der Stadt bestimmt, sondern auch durch persönliche Bindungen beeinflußt. Der Verband vergrößerte sich, als die Industrialisierung einsetzte. Er wollte um die Jahrhundertwende den im Krieg 1870/71 gefallenen Angehörigen des Convents ein Denkmal errichten und hatte dafür die Windeck ausersehen, doch versagte Graf Berckheim seine Zustimmung.

Die Gedenkstätte sollte ursprünglich inmitten eines großen Festplatzes stehen, doch ließ der Convent diesen Plan 1902 fallen und schrieb einen Ideenwettbewerb aus. Auf dem Wachenberg sollte nun eine Gedenkhalle in Form einer mittelalterlichen Burg entstehen. Dipl.-Ing. Bauer erhielt für seinen Entwurf den ersten Preis, Prof. Wienkoop den zweiten. Der Convent entschied sich 1906 für Wienkoops Entwurf und beauftragte den Weinheimer Unternehmer Georg Hopp mit dem Bau, der in mehreren Abschnitten erfolgen sollte, da nicht sofort alle Mittel zur Verfügung standen. 1907 legte man den Grundstein zum Turm, 1913 war die ganze Anlage fertiggestellt und wurde dem Weinheimer Senioren-Convent und der Stadt Weinheim feierlich übergeben. Oberingenieur Aute Bode oblag die Bauaufsicht. Obwohl viele Schwierigkeiten zu überwinden waren, konnte er die Wachenburg termingerecht fertigstellen. Die Stadt Weinheim ernannte ihn zum Ehrenbürger.

Die Wachenburg enthält zwar viele Elemente einer mittelalterlichen Burg, ist aber als Tagungs- und Gedächtnisstätte eingerichtet. Im Palas gibt es einen großen Festsaal, in dem sich viele Conventmitglieder während der alljährlichen Pfingsttagungen treffen. Eine Gedächtnishalle bewahrt die Namen der in den Kriegen gefallenen Corpsbrüder. Der viereckige Bergfried läßt sich bequem ersteigen. Von ihm aus genießt man einen Rundblick von seltener Schönheit und Vollkommenheit.

Die Burganlage im Wendelstück

Oberhalb der Weinheimer Altstadt und der Windeck liegt in 259 Meter Höhe ein rätselhafter Burgrest. Aus dem Hang des Wachenbergs ragt ein Bergsporn, der nach drei Seiten hin steil abfällt. Ein bis zu vier Meter tiefer Graben umgibt einen Platz, der außen etwa 50 x 30 Meter mißt, innen einen eiförmigen Grundriß von 28 Meter Länge und 22 Meter Breite aufweist. Aufgehendes Mauerwerk ist nicht vorhanden.

Bei einer Amateurgrabung im Jahre 1924 fanden sich einige Pfeilspitzen, ein Reitersporn, Scherben sowie der Rest eines roh gehauenen Granittroges. Das Material wurde nicht datiert. Eine Nachsuche in neuerer Zeit förderte Waffenreste aus spätromanischer oder frühgotischer Zeit zutage.

Die Burg scheint nicht dauernd bewohnt gewesen zu sein. Um Reste einer keltischen Fluchtburg, wie damals vermutet, handelt es sich nicht. Die Anlage scheint älter zu sein als die Windeck und wurde wohl aufgelassen, ehe diese gebaut wurde. Urkundliche Hinweise fehlen. Wie die Burg hieß, wer sie baute, wann und weshalb sie verlassen wurde, ist unbekannt. Ihre Geschichte blieb der Forschung bis heute verschlossen. Ob sie mit dem ersten Windeck-Bau zusammenhängt, als Abt Benno mit dem Klostervogt Berthold von Hohenberg in Fehde lag?

Ruine Raubschloß

Im Gorxheimer Tal liegt unweit von Weinheim ein Bergvorsprung, dessen Seiten steil abfallen. Die Kuppe besteht aus Porphyr, ist 242 Meter hoch, liegt 102 Meter über der Talsohle und ist nach Nordwesten künstlich abgeflacht. Sie ist nur von Süden her zugänglich. Die eiförmige Umwallung enthält an der Nordseite große Steine, senkt sich nach Norden hin und wird von der Kuppe um zwölf bis 20 Meter überragt. Der Ringwall hat einen Durchmesser von etwa 60 Metern und eine Breite von etwa 30 Metern. Reste von Gebäuden sind bisher nicht entdeckt worden.

Gegen eine keltische Fluchtburg spricht, daß Siedlungen aus jener Zeit in der Umgebung fehlen. Wahrscheinlich handelt es sich um eine ähnliche frühmittelalterliche Anlage wie die oberhalb der Burg Windeck. Ihre Geschichte ist in geheimnisvolles Dunkel gehüllt.

Der Sage nach soll hier einst ein Räuber namens Lindenschmidt seine Burg gehabt haben. Nach Langheinz, Sagen und Gebräuche in der Gegend von Hirschhorn (Archiv für Hessische Geschichte 14, 1879), hatte dieser Lindenschmidt seinen Schlupfwinkel auf Burg Schadeck bei Neckarsteinach und zog oft auch in die Rheinebene auf Beute aus, wo er es auf die nach Frankfurt zur Messe fahrenden Kaufleute besonders abgesehen hatte. Man erzählt sich, daß er seine Rosse verkehrt herum beschlagen ließ, um von seiner Spur abzulenken. Schließlich wurde er gefangengenommen und 1490 hingerichtet.

Das Gorxheimer Tal führt nach Osten in den Odenwald hinein und trifft bei Oberabtsteinach auf eine Straße, die nach Neckarsteinach führt.

Das Schloß in Weinheim

In der Weinheimer Neustadt lagen einst oberhalb des Marktplatzes große Herrenhöfe beiderseits des Obertors. Sie gehörten den Swende von Weinheim, die zu den Burgmannen der Windeck zählten. Burkart Swende wurde 1283 in Elbing Deutschordensmeister, schloß mit den Preußen Frieden, mit denen der Orden seit einem halben Jahrhundert im Krieg lag, und zog dann ins Heilige Land. An den Folgen einer dort erlittenen Verwundung ist er gestorben. Durch seinen und seiner Familie Einfluß gründete der Deutsche Ritterorden in Weinheim eine Niederlassung.

Als die Swende ausstarben, kam der südliche Hof in den Besitz ihrer Verwandten, der Forstmeister von Gelnhausen und der Ulner vom Dieburg, während der Pfalzgraf den nördlich des Obertors gelegenen Hof kaufte. Nach 1500 entstand dort ein fürstlicher Herrensitz. C. L., das Zeichen, das der Baumeister 1537 dort anbrachte, ist auch am Torturm des Heidelberger Schlosses zu finden, doch wurde bisher nicht enträtselt, wer sich dahinter verbirgt. 1544 kam Pfalzgraf Friedrich II. auf den Thron. Er hatte keine Kinder, und so ruhte die Erbfolge auf seinem Neffen Ottheinrich, der 1547 aus seinem Land Neuburg, der »kleinen Pfalz«, fliehen mußte und im Heidelberger Exil der Wissenschaft und der Kunst lebte.

Als dort die Pest ausbrach, wollte der Kurfürst vermeiden, daß »zu viel Volks an einem Ort beieinander liege« und war wohl auch froh, den populären Thronfolger weiter weg zu haben. Dilsberg und Lindenfels lehnte der beleibte Neffe als Aufenthaltsort ab und entschied sich für Weinheim, obwohl dort die Räume nicht ausreichend möbliert waren und er sich auch sonst einschränken mußte, denn der kurpfälzische Keller wohnte ebenfalls noch dort. Mit ihm gab es im Laufe der Zeit öfter Reibereien.

Die jährliche Apanage des Prinzen betrug 1500 Gulden. Das war recht wenig, denn er mußte damit auch das Gesinde bezahlen und die Pferde unterhalten. Außerdem durfte er in Weinheim einen Bach befischen und im Viernheimer Wald »mit der Armbrust und nit mit der Buchsen ein Hirsch oder drei schießen und zur Hauskost genießen«, an der Sauhatz im Odenwald aber nur auf eigene Kosten teilnehmen.

Ottheinrich brachte aus Heidelberg Pflanzen für einen »wunderlichen Lustgarten« mit. Der Weinheimer Garten enthielt bald »vil wohlriechender Kreutter, und in der

Mitt pflanzt man an ain großen Platz mit bommerantzen, lemon, oliven, granatten, pfeffer, melonen, cucumer, faygen, mandel, rosin, in der mitt ainen entspringenden brunnen, davon die pflantzung ward gewassert. Gegen winter uberzug man solch gartten mit ainer stuben, darin standen zween öhrin (eherne) öffen, die band man ein, daz die pflanzung den winter nit erfror. Gegen den sommer brach man solch stuben wieder ab.« Obwohl Ottheinrich das Schloß nicht ständig bewohnte und oft zur Kur war, kam es immer wieder zu Auseinandersetzungen mit der Verwaltung, die ihn lieber weiter weg in Kaiserslautern gesehen hätte. Dem Einfluß des Pfalzgrafen ist es zu verdanken, daß sich damals in Weinheim die Reformation durchsetzte. Sein Kunstsinn, der sich schon beim Bau des Renaissanceschlosses in Neuburg an der Donau und der Gründung der Gobelin-Manufaktur in Lauingen erwiesen hatten, beeinflußte auch den Stil des Kaufhauses, das in jener Zeit am unteren Ende des Marktplatzes errichtet wurde und der Stadt später als Rathaus diente.

Auch die Weinheimer Bevölkerung hatte im Dreißigjährigen Krieg und den Reunionskriegen Furchtbares durchzumachen, doch wurden die Häuser weniger stark mitgenommen, so daß die Stadt als der einzige Ort in der Pfalz bezeichnet wurde, »der noch etwas aufrecht stehe«. Kurfürst Johann Wilhelm, der lieber in Düsseldorf regierte, wählte anstelle des zerstörten Heidelberger Schlosses 1698 Weinheim als provisorische Residenz. Regierung und Hofstaat nahmen das Rathaus in Beschlag, was die Stadtverwaltung arg behinderte, und aus dem Schloß wurde in aller Eile der Keller ausquartiert. Die Universität hielt hier einen notdürftigen Lehrbetrieb in Gang, und in ihrer Druckerei erschien 1700 die Neuauflage des kurpfälzischen Landrechts.

Die Düsseldorfer nannten ihren Kurfürsten liebevoll »Jan Willem«, in Weinheim scheint er weniger beliebt gewesen zu sein; die Bürger atmeten auf, als er seine Residenz nach Mannheim verlegte. Der Garten- und Landschaftsarchitekt Franz Ludwig Sckell, berühmt geworden durch den Schwetzinger Schloßpark, legte zwischen 1785 und 1795 den Großen und den Kleinen Garten im französischen Stil an. Von diesen Anlagen, die nach dem Geschmack der damaligen Zeit so manchen romantischen Winkel kannten, ist heute fast nichts mehr übrig. Kurfürst Johann Wilhelm hatte mit dem Gedanken gespielt, das Schloß zu erweitern und den Platz zwischen dem Obertor und dem Markt einzubeziehen, wandte sich dann aber anderen Projekten zu.

Nach der Vereinigung der Pfalz mit Bayern verlegte Kurfürst Carl Theodor seine Residenz nach München, während seine Gemahlin Elisabeth Augusta in Mannheim blieb. Französische Truppen hatten im Verlauf der Koalitionskriege das linke Rheinufer besetzt. Da Streifscharen öfter über den Rhein kamen, war Mannheim für sie zu unsicher, und so siedelte sie am 3. Januar 1794 plötzlich nach Weinheim über: »Wie überraschend ihre Ankunft in Weinheim war, zeigt sich daraus, daß der kurfürstliche Keller Heuser den schon einquartierten Lazarettchirurgen die Kellerei räumen lassen mußte . . . «, heißt es in einem zeitgenössischen Bericht. Hastig wurden die Räume hergerichtet. Die Kurfürstin fühlte sich in Weinheim schnell heimisch. Ihre Liebenswürdigkeit und Güte gewannen ihr schnell die Herzen der Bürger, und als sie am 19. August 1794 nach kurzer Krankheit starb, trauerten Stadt und Umland. Prior und Konvent der Karmeliter verkündeten in bewegten Worten das Ableben der vierundsiebzigjährigen Landesmutter. Iffland, der in seiner Lebensbeschreibung ihren Tod erwähnte, vermutete, daß die Kurfürstin der Ruhr zum Opfer fiel, die damals in der Pfalz grassierte. Der Deutsche Orden in Mergentheim wies seine Weinheimer Kommende an, Trauer zu läuten und Messen lesen zu lassen, obwohl er nicht unter Pfälzer Oberhoheit stand. Am 6. September war in der ganzen Pfalz morgens, mittags und abends je eine halbe Stunde Trauergeläut angeordnet. Der Deutsche Orden ließ dagegen, um seine Unabhängigkeit zu bekunden, nur abends läuten, während der Stadtschultheiß das Spital des Freiherrn von Dalberg zum Geläut zwingen mußte. Abends wurde der Sarg nach Heidelberg überführt und dort in aller Stille in der Familiengruft beigesetzt. Ein zeitgenössischer Bericht beschreibt ausführlich den Trauerzug, dem »in voller Trauer mehrere alte Bürger der Stadt« angehörten. Ihn beschlossen »60 bis 70 berittene Weinheimer Bürger, mit zwerchverhangenden Floren angetan, von ihren Offizieren abteilungsweise in neuer Uniform geführt, denen 250 Mann bewaffneter Bürger zu Fuß mit ihren Offizieren zu Pferd, alle seitwärts mit brennenden Fackeln begleitet, folgten . . . « In Großsachsen schlossen sich die dortigen Bürger dem Zug an. In Leutershausen ließ Graf Wiser die Straße durch brennende Pechkränze beleuchten und die Bürger Spalier bilden. 1771 starben die Ulner von Dieburg im Mannesstamm aus. Ihre Erben, die Reichsgrafen von Lehrbach und die Herren von Venningen, bauten das südlich des Obertors gelegene Gut zu einem Schloß aus.

1837 kam das Schloß in den Besitz der Gräfin Waldner. Ihr Sohn aus erster Ehe, Christian von Berckheim, hatte das ehemalige kurpfälzische Schloß auf der anderen Seite des Obertors erworben und ließ 1859 nach einer Reise nach Kalifornien, neben dem alten »Kastanienwäldchen« auf einer Fläche von 30 Hektar einen Exotenwald anlegen. Neben prächtigen einheimischen Laubbäumen stehen dort amerikanische und japanische Nadelhölzer. Ihre Stämme ragen bis zu 47 Meter hoch in den Himmel.

1920 erwarb die Stadt Weinheim das alte kurfürstliche Schloß und kaufte 1938 das Berckheimsche Schloß für 450 000 Reichsmark. Sie brachte dort die Stadtverwaltung unter, richtete einen Café- und Restaurationsbetrieb ein, erweiterte und verbesserte die Anlagen. Die Eiben- und Rhododendronbüsche stammen aus dieser Zeit. Der Weinheimer Schloßpark ist heute eine weithin bekannte Sehenswürdigkeit. Im alten kurfürstlichen Park steht eine zweihundertjährige Libanonzeder, 25 Meter hoch, mit fünf Meter Stammumfang. Sie wurde gepflanzt, als Franz Ludwig Sckell dort den Garten anlegte.

Großsachsen und Muckensturm

Die »Sachsenorte« Lützelsachsen und Hohensachsen, heute Stadtteile von Weinheim, sowie Großsachsen, heute Ortsteil von Hirschberg, liegen an der Bergstraße. »Sachsenheim« tauchte erstmals 779 im Lorscher Kodex auf. Der Name ist entweder vom Personennamen Sachso oder vom Volksstamm der Sachsen abgeleitet. Eine Besiedelung durch Sachsen wäre auch vor den Kriegen Karls des Großen gegen dieses aufsässige Volk möglich gewesen.

Muckensturm liegt etwa drei Kilometer nordwestlich dieser Orte in der Ebene und ist heute Ortsteil von Heddesheim. Der Name wird durch das hier sehr häufige Vorkommen von Fliegen und Schnaken erklärt. Östlich davon liegt die »Fünfthalbdörfermark«. Das war einst ein gemarkungsfreier Bezirk, in dem die umliegenden Dörfer anteilige Weiderechte besaßen. Es ist möglich, daß im dortigen Gewann Horb eine mittelalterliche Burg stand, die im 14. Jahrhundert als Horburg bezeichnet wurde. Später finden sich an dieser Stelle die Gewannamen Bürgel und Burgstall.

Mehrere Urkunden, die sich auf die Sachsenorte beziehen, lassen auf die Existenz einer solchen Burg schließen. In deren Gemarkungen wurde jedoch bisher keine andere Stelle ausfindig gemacht, wo eine solche gestanden haben könnte. Einiges spricht dafür, daß die Horburg bei Muckensturm lag und eine Tiefburg war. Näheres ist nicht bekannt.

Das Schloß der Grafen von Wiser

Der fränkische Edle Liuthar schenkte 877 seine Güter »in vilare Husen«, im Weiler Hausen, dem Kloster Lorsch. Nach ihm wurde der Ort benannt: Liutharshausen = Leutershausen. 1223 hieß er »Luthershusen circa Berstraziam«. Dort lag ein Villikationshof für die Hörigen der Umgebung, später auch eine Dingstätte. Die Gemarkung war zum größten Teil im Besitz des Klosters Lorsch, dürfte aber nach 1264 an die Pfalzgrafen gekommen sein.

1701 belehnte Kurfürst Johann Wilhelm den pfälzischen Kanzler Franz Melchior von Wiser, der aus der Nähe von Melk in Österreich stammte, mit Leutershausen. Mit diplomatischem Geschick hatte Franz Melchior während des Spanischen Erbfolgekrieges die Pfälzer Interessen vertreten; eine Zeitlang hatte damals Jan Willem, von Ludwig XIV. dazu angeregt, mit dem Gedanken gespielt, König eines neugeschaffenen rheinischen Landes zu werden. Den Lehensritter brauchte Wiser nicht zu stellen, weil er »seine Lehensdienste persönlich prästierte . . . und im Jahre darauf hat er den Lehensritter deshalb nicht zu zahlen brauchen, weil er die Arbeit schwerer Gesandtschaft gehabt hat . . . «

Graf Ferdinand Andreas von Wiser beauftragte 1710 den Baumeister Johann Jakob Rischer damit, in Leutershausen ein Schloß zu bauen. Rischer war ein berühmter Architekt, stammte aus Vorarlberg und hatte in Heidelberg das Hospital St. Anna erbaut. Das Gelände, auf dem das Wisersche Schloß entstehen sollte, gehörte größtenteils zum 1688 zerstörten Bettendorffschen Adelshof.

Die Baukosten waren mit 5351 Gulden veranschlagt, wurden aber beträchtlich überschritten. Zwischen dem Grafen und Rischer kam es deshalb zu Streitigkeiten, der Bauherr ließ den Rohbau durch einen ortsansässigen Fachmann taxieren, scheint sich aber davon überzeugt zu haben, daß die Forderung gerechtfertigt war. Die Kapelle, die als Abschluß nach Osten hin geplant war, wurde nicht ausgeführt.

1711 war das Schloß, ein rechteckiger Bau mit Walmdach, fertig. Seine Vorderseite ist durch Pilaster gegliedert, über dem Mittelteil lag eine hochragende Kuppel. Die Außenwände waren vorwiegend mit roter Farbe bemalt. Der um das Gebäude angelegte Garten wurde um 1770 zu einem Park erweitert. Mehrere Gebäude schließen sich an. Anstelle der im Bauplan vorgesehenen, aber nicht ausgeführten Kapelle wurde eine alte Gnadenkapelle restauriert.

1800 zeigte es sich, daß die Kuppel das darunterliegende Gebälk zu stark belastete. Sie wurde daher abgetragen und durch einen Dreiecksgiebel ersetzt. Bei einem weiteren Umbau im Jahre 1937 verschwand auch dieser Giebel und machte einer Attika Platz. Das äußere Bild des Schlosses ist heute gegenüber dem Originalzustand stark verändert, nur mit Mühe lassen sich noch originale Stilelemente erkennen.

Otto Brahm fand in Originalmanuskripten Schillers einen Hinweis auf den Grafen Ferdinand von Wiser: »Ein Blatt aus dieser Bauerbacher Zeit hat der Zufall erhalten, das uns Schillers Arbeit unmittelbar vor Augen führt. Es ist ein Stück aus der ersten Szene (gemeint ist »Kabale und Liebe«) der Lady, da, wo sie auf Ferdinands Anklagen mit dem ganzen Stolz der Britin antwortet: ›Ich bin nicht die Abenteurerin, Wieser, für die Sie mich halten . . . ‹« Nun war Graf Ferdinand, als Schiller in Mannheim an seinem Drama arbeitete, längst tot. Doch sollte der Präsident in seinem Trauerspiel wohl erst Wiser heißen und nicht, wie später vollendet, Walter. Schiller scheint den in Mannheim geläufigen Adelsnamen zunächst benutzt, ihn aber aus Rücksichtnahme in einen unverfänglichen geändert zu haben. Ob er die Familie kannte, ist nicht überliefert. Durch Leutershausen ist er zumindest einmal gekommen, als er nämlich mit seinem Freund Streicher die Bergstraße entlangwanderte.

Die Hirschburg

Oberhalb von Leutershausen, 304 Meter hoch, lag einst eine Burg am Hang des Hirschbergs. Heute lugen nur noch verstreute Trümmer durchs Gras und Gebüsch. Ihre Geschichte ist voller Rätsel und offenbar so eng mit einer anderen Ruine verwoben, die einen halben Kilometer und 100 Meter höher am Berghang liegt, daß man nicht zu trennen vermag, was hierhin oder dorthin gehört.

Berthold von Hohenberg, der »Tyrann des Klosters«, hatte auch hier Lorscher Besitztümer und Rechte an sich gebracht, die später Eigentum der Pfalzgrafen wurden. 1142 wurde in einem Stiftungsbrief Cunradus de Hirzberg liber genannt. Dieses freiadlige Geschlecht hatte Leutershausen und Burg Hirzberg zu Lehen, samt Wasser und Weide, großem und kleinem Zehnten, besaß die Vogtei der Pfalzgrafen und hatte die Gerichtsbarkeit inne. Dem Lorscher Abt Diemo war es lediglich gelungen, nach dem Tode Vogt Bertholds einen Herrenhof im Dorf zurückzugewinnen.

Die Burg wird im Lorscher Kodex nicht erwähnt, die Abtei scheint an ihrem Bau nicht beteiligt gewesen zu sein. Heute ist sie ein wüstes Trümmerfeld, und es fällt sehr schwer, sich von der ganzen Anlage ein Bild zu machen. 1934/35 wurde dort nachgegraben, doch sind die damals angefertigten Pläne und Risse nicht erhalten geblieben. Was man lange Zeit als ein mächtiges Gewölbe angesehen hatte, dessen Scheitel eingebrochen war, entpuppte sich als der Rest des umgestürzten mächtigen Bergfrieds, der dabei in mehrere Teile zerbrach. Sein Fundament ist in der Mitte der Burg zu finden. 1813 schrieb das »Badische Magazin«: »Grausenerregend ist der Anblick der wenigen Trümmer, die in kolossalen Massen herumliegen. Obschon die Kunde so dürftig ist, so kann diese Zerstörung ihr Datum doch nicht über das der Erfindung des Schießpulvers hinaussetzen, denn nur dieses vermag (außer einem Erdbeben) in seiner größten Wirksamkeit solche Zerstörungen verursachen. Wären es die Folgen eines Erdbebens, so müßten die umliegenden Berge dieselben Spuren zeigen . . . und gewiß wäre dann das Andenken an ein so außerordentliches Ereignis nicht erloschen . . . «
Niemand vermag zu sagen, wann, warum und auf welche Weise die Hirschburg zerstört wurde. 1329 wird eine »zerbrochene Burg« urkundlich erwähnt, doch kann es sich dabei genausogut um die andere, weiter oben liegende handeln.

Reste der Hirschburg (aus: Die Hirschburg und ihre Besitzer)

Conrad von Hirzberg, der 1142 urkundlich nachgewiesen ist, hatte zwei Söhne: Eberhard und Heinrich. Dieser Heinrich nannte sich »von Strahlenberg«, obwohl erst sein Enkel die gleichnamige Burg oberhalb von Schriesheim baute. Stral war die Bezeichnung für Pfeilspitze, und eine solche führte das Geschlecht im Wappen. Besaß Heinrich die geheimnisvolle obere Burg, von der nicht einmal der Name bekannt ist, oder war diese der Stammsitz des Geschlechts und Heinrich Bauherr der Hirschburg?

Beide Linien blieben verwandtschaftlich eng miteinander verbunden. Viel später nannte sich eine Nebenlinie der Strahlenberger wieder »von Hirschberg«. Um ihre Herrschaft Schriesheim-Waldeck abzurunden, unterstützen sie und ihre Vettern Ansprüche des Wormser Kapitels gegenüber dem Pfalzgrafen, der 1261 im Verlauf dieser Fehde die Burg Strahlenberg und Schriesheim vergebens belagerte, die Hirschburg aber erobert haben muß, denn nach dem Vertrag von Hemsbach brauchte er den Ministerialen auf der Hirschburg keine Genugtuung für erlittene Schäden zu leisten, mußte jedoch seinen Anteil an der Burg den Herren von Hirschberg zurückgeben.

Um 1300 scheint der Hauptstamm der Hirschberger ausgestorben zu sein. Ihr Sitz wurde zur Ganerbenburg, an der sich die Pfalzgrafen immer mehr Anteile sicherten. Mecze von Hirzberg war mit dem Wormser Bürger Johann Holderbaumer verheiratet, der Burgmann auf der Schauenburg wurde.

Als die Pfalzgrafen Rudolf und Ludwig 1313 der Pfalzgräfin Mechthilde das Wittum sicherstellten, befand sich auch die Hirschburg unter den Pfändern. Sie muß damals noch unzerstört gewesen sein. Ein Erdbeben als Ursache für die Zerstörung scheint unwahrscheinlich. In der Umgebung sind keine Spuren davon zu finden. Fehden gab es zwar genug, aber sie endeten selten mit der völligen Zerstörung einer Burg. Auch die Fehde von 1261 scheint den Gebäuden nicht allzusehr geschadet zu haben, das wäre sonst im Vergleich erwähnt worden. Daß die Hirschburg im Rheinischen Zollkrieg von 1301 durch König Albrecht geschleift wurde, ist unwahrscheinlich, weil sie später noch als Pfand diente. Krieg vermutete, daß mit der »zerbrochenen Burg« die obere gemeint war, während die untere aufgelassen wurde und erst während des Dreißigjährigen Krieges verfiel. Vielleicht wurde der hohe, starke Bergfried, der mitten in der Burg stand, baufällig und zerstörte beim Einsturz die Gebäude. Die Herren der Burg verloren das Interesse am Wiederaufbau, so daß der Rest verfiel.
1329 gaben die Strahlenberger ihren Anteil auf: »Wir Rennewart eyn herre von Stralinberg han verkaufft unsern teyl, waz wir han an der zerbruchenen burg und an dem berg zu Horczisberg, hern Baldewine, eyme herren und beschirmer des stifftes zu Mencze.« Der Kaufpreis betrug 150 Pfund Heller. Die Hirschberger aus der Nebenlinie, längst treue Vasallen der Pfalzgrafen, bewohnten in Leutershausen einen Hof. Als sie 1398 mit der Hälfte des Hirschberges belehnt wurden, war keine Rede mehr von einer Burg.

Hans Ludwig von Hirschberg, der Letzte seines Stammes, war erst 27 Jahre alt, als er 1611 starb: » . . . Daß der liebe und getreue Gott am nächstabgewichenen Mittwoch, den 21. d. M. August unseren lieben Vetter Johann Ludwig von Hirschberg zu Bischofsheim am hohen Steig, als er daselbst hin zur Erholung seines Leibes Gesundheit der Wässerkur sich zu gebrauchen vor 5 Wochen unterweiset, aus diesem vergänglichen Leben zu sich in die ewige Freude abgefordert hat . . . «

Das Erbe zerfaserte. Der größte Teil fiel an die Pfalzgrafen zurück, den Rest belegten die Frankensteiner mit Beschlag.

Das Schanzenköpfle

Am Rande eines Sporns der Hohen Waid liegt, 100 Meter höher als die Hirschburg und einen halben Kilometer von ihr entfernt, das sogenannte Schanzenköpfle. Die oben abgeplattete Anhöhe trug einst eine kleine Burg. Von ihren Gebäuden ist kein aufgehendes Mauerwerk mehr vorhanden. Mauerreste aus Granit wurden gefunden, auch Scherben, die auf einen frühmittelalterlichen Ursprung hindeuten. Wahrscheinlich stand hinter einer starken Schildmauer ein Wohnturm. Eine dicke Ascheschicht läßt vermuten, daß die Burg einst in einem großen Brand unterging.

Wie sie hieß, wem sie gehörte, wann sie zerstört wurde oder abbrannte, ist nicht bekannt. Bei einigen Urkunden ist nicht klar, ob sie sich auf die Hirschburg oder diese Feste beziehen. Vielleicht ist sie es, die in einem 1355 für Heinrich von Erligheim ausgestellten Lehensbrief erwähnt wird.

Noch im 15. Jahrhundert wurde das Schanzenköpfle als ursprüngliches Zubehör der Strahlenburg genannt. Es lag als Lehensbestandteil zwischen den Gemeindewäldern von Leutershausen und Schriesheim, von beiden jedoch isoliert, so daß es zur Schriesheimer Mark gehört haben kann. Dann hätte es sich um die Stammburg der Strahlenberger gehandelt.

Pfalzgraf Ruprecht III. verlieh um 1400 den »Oberen Burgberg« an Bernhard Kreis von Lindenfels, 1408 an Hennel Wißkreis. Später wurde er mit dem Hirschberger Lehen vereinigt und kam zur Herrschaft Leutershausen.

Die Strahlenberger gingen aus einer Nebenlinie der Hirschberger hervor. Auch unter nahen Verwandten kam es manchmal zu blutigen Auseinandersetzungen. Eine alte Sage weiß zu berichten, daß in dunklen Nächten am Schanzenköpfle manchmal ein Reiter ohne Kopf erscheint, der wegen eines heimtückischen Brudermordes dazu verdammt ist, zur Geisterstunde umzugehen.

Die Strahlenburg

Oberhalb von Schriesheim liegt die stattlichste Ruine der südlichen Bergstraße auf einem Ausläufer des Ölbergs, inmitten von Weinbergen. Schloß Strahlenberg nannte sie das Rittergeschlecht, das sie einst erbaute. Sagen und Rätsel umwehen ihre Mauern, die einst eine riesige Feuersbrunst vernichtet haben soll. Heinrich von Kleist fand hier den Schauplatz für sein »Käthchen von Heilbronn«.

Die -heim-Orte sind fränkischen Ursprungs, deuten aber meist auf ältere Siedlungen hin. Fundamente einer römischen villa rustica wurden hier gefunden, weitere Landhäuser dürften am Hang gestanden haben, bewohnt von römischen Offizieren und Beamten aus dem nahen Ladenburg. In alamannischer Zeit gab es eine Siedlung; wie sie hieß, ist nicht bekannt. Ein fränkischer Edler mag Sciezes-heim seinen heutigen Namen gegeben haben.

Das Kloster Ellwangen hatte in Schriesheim umfangreichen Besitz und bedeutende Rechte. Sie scheinen aus dem 8. Jahrhundert zu stammen. Beim Streit um den karolingischen Thron unterstützte Sonhar, der Sohn eines fränkischen Adligen, Karlmann. Als dieser seinem Bruder Karl (später der Große) unterlag, wurde Sonhar »regis ammonitione persuasus«, durch Ermahnung des Königs überredet, in ein Kloster einzutreten und diesem seinen Besitz zu schenken. Die Wahl fiel auf Ellwangen, weil dies weit genug entfernt war. Die heute vorliegende Schenkungsurkunde wurde zwar erst im 12. Jahrhundert gefertigt, ist aber offensichtlich die Abschrift einer älteren. Ellwangen richtete in Schriesheim für seinen umfangreichen Besitz eine Propstei ein.

Das Kloster Lorsch erhielt im Laufe der Zeit dort nur Streubesitz: einzelne Höfe und Grundstücke, drei Mühlen an dem wasserreichen Bach, der hier aus den Bergen kommt. Mitte des 12. Jahrhunderts scheint alles in die Hände der Herren von Strahlenberg gelangt zu sein, einem edelfreien Geschlecht, das seinen neuen Besitz als Eigengut behandelte. Heinrich I., urkundlich 1174 genannt, war ein Sohn Conrads I. von Hirzberg. Conrad I. von Strahlenberg, sein Enkel, verwaltete als Vogt die Schriesheimer Güter Ellwangens und besaß Anteile an der Hirschburg, vielleicht auch am Schanzenköpfle, wenn dieses nicht überhaupt die Stammburg war. Beide lagen weitab,

Conrad beschloß deshalb, zur Sicherung seines Schriesheimer Besitzes dort eine Burg zu bauen. Der dafür geeignetste Platz gehörte ihm jedoch nicht, sondern dem Kloster Ellwangen. Um 1235 begannen die Bauarbeiten, wurden jedoch bald eingestellt, weil sich der Abt des Klosters an das kaiserliche Gericht wandte. Dieses verhängte, gestützt auf das Privileg Kaiser Friedrichs II., über Conrad die Acht.

Conrad erreichte zwar während des Feldzugs, den der Kaiser 1237 führte und an dem er teilnahm, eine vorübergehende Aufhebung, wurde jedoch verpflichtet, binnen sechs Wochen nach dessen Ende einen Vergleich mit dem Kloster zu schließen. Dieser Vergleich ist zwar nicht im Wortlaut erhalten, läßt sich aber rekonstruieren. Conrad gab seinen Eigenbesitz dem Kloster und erhielt ihn und die Burg als Lehen zurück: »Conradus de Stralenberc in fundo ecclesie Elwancensis construxit 1237.«

Die Burg steht auf einem 204 Meter hohen Sporn, der nach drei Seiten hin steil abfällt. Nach Süden und Osten trennt sie ein tiefer Halsgraben von der Angriffsseite. Ihr Grundriß war fünfeckig; wie ein Keil stieß die Schildmauer einem Angreifer entgegen. Der mächtige Bergfried war in ihre Spitze eingebunden. Er steht an der höchsten Stelle des Burgplateaus, seine Plattform liegt 28 Meter darüber. Der Turm besaß ein gemauertes Dach, so daß Brandpfeile wirkungslos waren. Der Eingang lag auf halber Höhe, die Mauern sind an dieser Stelle 2,75 Meter dick. Das im Untergeschoß befindliche Verlies war dadurch so eng, daß ein erwachsener Mann dort nicht ausgestreckt liegen konnte.

Die zweieinhalb bis drei Meter dicke Schildmauer bildete gleichzeitig die Außenmauer des Palas. Nur im Obergeschoß durchbrachen Fenster diese Mauer, während zwei weitere Fensterreihen in die schwächere westliche Beringmauer eingelassen waren. Die prächtigen gotischen Fenstergewände hatten in jedem Stockwerk eine andere Form. Im ersten und zweiten Obergeschoß waren sie doppelfenstrig, im dritten bestanden sie aus einem ungeteilten breiteren Spitzbogen. Hier nahm der prächtige Rittersaal das gesamte Geschoß ein. Er ist schon beim Bau der Burg entstanden; Schloß Strahlenberg wurde als Herrensitz errichtet, es sollte nicht nur fest sein, sondern auch repräsentativ.

Südlich der Kernburg gab es einen Zwinger, dessen Mauer an den Halsgraben stieß. Nach Osten hin lag eine Vorburg, nach Norden eine Unterburg, wo Ställe und die Unterkünfte für die Burgbesatzung standen. Ein Besucher mußte den tiefen Halsgraben auf einer Brücke queren, deren letztes Joch als Zugbrücke diente. Durch das Außentor gelangte er dann in den Vorhof. Das Haupttor lag in der Mitte der Ostmauer, links von ihm das Torwächterhaus, rechts die Kemenate. Der Innenhof war hier etwa 25 Meter breit. In seiner Mitte lag der Brunnen, eine 17 Meter tief in den Fels gehauene Zisterne. Esel und Maultiere holten das Wasser von außenliegenden Quellen, Regenwasser von den Dächern füllte den Vorrat auf.

Der Palas besaß nach Westen einen prächtigen Treppengiebel. Über seiner Holzbalkendecke waren zwei Dachgeschosse eingezogen, in denen Getreide und andere Vorräte lagern konnten. Von der Spitze bis zur Basis maß die Kernburg 50 Meter.

Unterhalb der Burg legte der Strahlenberger auf eigenem und Ellwanger Grund eine Stadt an und umgab sie so mit Mauern, daß die Burg zum Kernstück der Verteidigung wurde. Er plante, sich an der Nahtstelle zwischen Kurpfalz und Kurmainz eine kleine Territorialherrschaft aufzubauen. Die Zeitumstände waren günstig.

Conrad II. war in viele Fehden verwickelt. 1254 erschien ein Heer der Wormser, Mainzer und Oppenheimer vor Schriesheim und verwüstete Felder und Weinberge. Conrads Bruder war Bischof in Worms. Der Strahlenberger unterstützte gemeinsam mit seinem Bruder und der Stadt Worms 1261 die erzbischöflichen Rechte in Weinheim, worauf der Pfalzgraf vor Schriesheim rückte und erneut Weinberge und Felder verwüstete. Der Strahlenberger unterstützte auch seinen Bruder bei dessen zahlreichen Streitigkeiten mit der Stadt Worms und erhielt zum Dank ausgedehnte Waldgebiete im oberen Steinachtal. Conrad ließ dort roden und die Dörfer Bärsbach, Heiligkreuzsteinach, Lampenhain, Eiterbach, Altneudorf und Vorderheubach anlegen. Zur Sicherung dieser neuen Herrschaft Waldeck baute er dort die gleichnamige Burg.

Conrad III. trat ein umfangreiches Erbe an. Streubesitz und Rechte erstreckten sich bis nach Württemberg hinein. Zu ihnen gehörte das Keßlerlehen für die Oberrheinebene zwischen Schwarzwald und Vogesenkamm. Dieses einst vom Kaiser verliehene Recht machte ihn zum Oberherren über alle Kesselschmiede des Gebiets; er mußte fremde Keßler von ihnen fernhalten, dafür hatten sie ihm jedes Jahr einen Monat lang zu dienen und ihm darüber hinaus alle Kessel und Pfannen zu liefern, die er in seinem Haushalt benötigte.

Die Strahlenberger wollten nicht nur standesgemäß, sondern wie kleine Territorialherren leben, wie schon die Ausstattung ihrer Burg zeigt. Das ging offensichtlich über ihre Verhältnisse; bald mußten sie Stück für Stück ihres Besitzes verkaufen oder beleihen. Conrad III. trat für 100 Pfund Heller jährlich in die Dienste des Pfalzgrafen, seine Witwe mußte diesem sogar die Benutzung der Burgen Strahlenberg und Windeck sowie der Stadt Schriesheim gestatten, wofür sie 1000 Pfund Heller bekam.

Conrads Sohn und Erbe Rennewart schloß mit dem Wormser Bischof einen Vergleich, räumte ihm in Ladenburg Rechte ein und wurde dort dessen Burgmann. 1316 verpfändete er ihm für sieben Jahre gegen 1000 Pfund Heller Burg und Herrschaft Waldeck. Als er nach Ablauf dieser Frist die Summe nicht aufbringen konnte, sprang Kurmainz für ihn ein. 1323 wurde der Strahlenberger Burgmann der Mainzer auf der Schauenburg und versprach dabei, dem Erzstift Schriesheim und die Burg Strahlenberg zu verkaufen und ihm weitgehende Rechte in seinen anderen Besitzungen einzuräumen.

31. Hirschberg, Reste der Hirschburg. (S. 186–188)

32. Schriesheim, Strahlenburg. Ruine des Palas und des Bergfrieds. (S. 190–196)

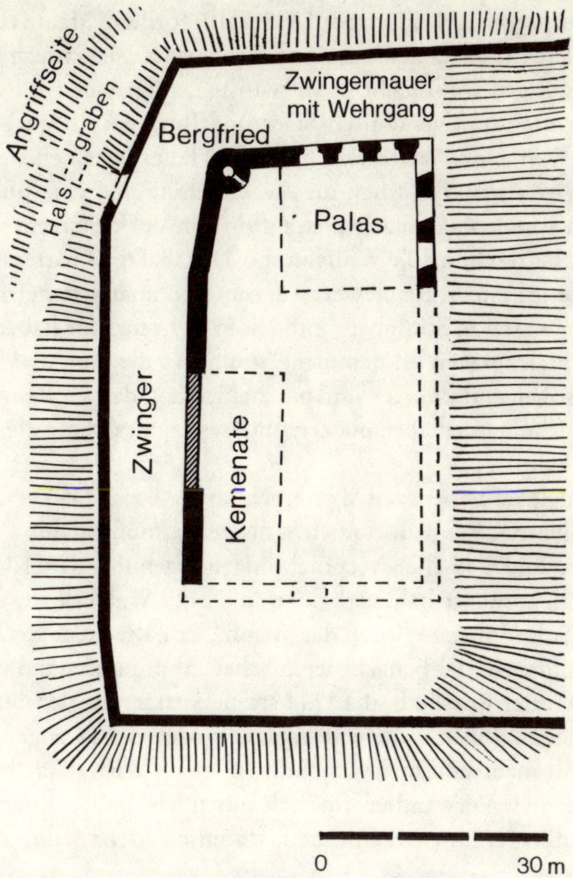

Strahlenburg (nach: Bronner, Odenwaldburgen)

Als Käufer für Mainz trat Rennewarts Schwager Hartmut von Kronberg auf, der damals Burggraf auf der Starkenburg war. Für 8000 Pfund Heller wurde der Handel perfekt: »Wir Rennewart von Stralinberg hant verkauft Stralinberg die burg, Schryzisheim die stat unde waz dazu horet herren Hardmude von Kronenberg dem burggraven zu starkinberg und sinen erbin, daz von dem stifte zu Elewangin zu rechteme Lehin růret . . . «

Die Burg muß zu jener Zeit recht baufällig gewesen sein, denn Hartmut ließ acht Jahre lang an ihr bauen. Dadurch stieg der Rückkaufswert auf mehr als das Anderthalbfache des Kaufpreises. Als Hartmut 1338 starb, forderte Mainz für dessen Amtsführung von den Erben Schadenersatz. Auch Rennewart versuchte, mit ihnen einig zu werden. Er schien ihnen wohl nicht kreditwürdig genug, auch wollten sie sich nicht mit Mainz überwerfen und verkauften Stadt und Burg am 3. April 1346 für 12500 Pfund Heller an Kurmainz. Weitere 1000 Pfund Heller bekamen sie für die auf der Burg lagernden Vorräte und Waffen, für das Geschütz und eine Blide.

Rennewart von Strahlenberg machte daraufhin sein Vorkaufsrecht geltend und hinterlegte zu aller Überraschung die Kaufsumme. Der Pfalzgraf hatte sie ihm vier Jahre zuvor zur Verfügung gestellt, Rennewart war sein Strohmann, der gleich weiterveräußerte: »Wir Rennewart von Stralnberg und ich Syfrid sine sone haben verkauft Ruprecht dem eltern Pfalczgraven off dem Rine Stralnberg die burg und Schrießheim die stat also und mit solichen furworten und bescheidenheit, das wir Rennewart von Stralinberg vorgenannt soln innehaben nuczen und nyssen Stralnberg die burg und Schrißeheim die statt halbes . . .«

Rennewart behielt auf Lebenszeit Wohnrecht in der Burg. 1353 lebte er nicht mehr. Auch sein Sohn Siegfried besaß dort noch Wohnrecht, mußte dafür aber jährlich zwei Fuder Wein liefern und die Lehensverpflichtungen gegenüber dem Kloster Ellwangen übernehmen. Auch er mußte bald verkaufen; die Burg Waldeck wurde kurpfälzisch.

Mit Siegfrieds Sohn Johann erlosch der Stamm. Er hatte keine Rechte mehr an der Strahlenburg, wohnte auf der benachbarten Schauenburg und stand wohl in Mainzer Diensten. Seine Mutter Elisabeth, die 1344 starb, entstammte der jüngeren Linie des Hauses Frankenstein. Johanns Lehensrechte gegenüber Ellwangen wurden durch Pfalzgraf Ruprecht mehr und mehr beschnitten. Seine Witwe Adelheid von Zollern konnte gegenüber den Verwandten für sich nur noch die lebenslangen Nutzungsrechte am Strahlenberger Hof in Schriesheim durchsetzen; nach ihrem Tod griffen die Frankensteiner zu.

Nach dem Testament König Ruprechts (1401–1410) erhielt Otto von Mosbach die Herrschaft Strahlenberg. 1448 tauschte er sie mit seinem Bruder Stephan von Simmern-Zweibrücken, der sie 1459 für 4000 Gulden an Hans von Sickingen verpfändete. Burg und Stadt entgingen dadurch dem Krieg zwischen Kurmainz und Kurpfalz.

Pfalzgraf Ludwig »der Schwarze« von Veldenz-Zweibrücken löste die Pfandschaft 1468 ein und wurde Herr von Strahlenberg und Schriesheim. Mit Kurfürst Friedrich I. von der Pfalz war er seit Jahren verfeindet. Kaiser Friedrich III. benutzte die Weißenburger Fehde, um beide Vettern erneut gegeneinander aufzuhetzen.

Während Friedrich der Siegreiche einen Stützpunkt des Veldenzers nach dem anderen auf der linken Rheinseite eroberte, hatte Ludwig die Strahlenburg armieren lassen. Viele Edelleute, verstärkt durch 40 Reisige und Fußknechte, sollten sie unter dem Befehl des Johann von Gestern verteidigen. Auch die Bürger wurden bewaffnet, die

Stadtmauer verstärkt und besetzt. Am 6. Mai 1470 erschien der Heidelberger Vogt Simon von Balshofen vor Schriesheim und schloß Burg und Stadt ein. Die Belagerten kamen seiner Aufforderung zur Übergabe nicht nach und schienen den Vogt mit seinem zum Teil aus Bauern bestehenden Heer nicht so recht ernstzunehmen, auch war die Belagerungsartillerie noch nicht eingetroffen. Eine Woche später begann der Sturm auf die Burg. Sie wurde schnell erorbert, die Verteidiger flohen den Berg hinunter in die Stadt, die aber ebenfalls nach kurzer Zeit in die Hände der Pfälzer fiel. Sie wurden dort gefangengenommen. Obwohl Schriesheim dem Kurfürsten vorher nicht gehört hatte und ihm auch nicht treubrüchig geworden war, verhängte Friedrich I. ein Strafgericht: »Es ist dißer nunmehr beschlossene marckflecken Schrießheim durch pfaltzgraff Friederichen dieß namens den ersten, da es eine statt gewesen, eingenommen und geschlaift wurde im jahr 1470, so vorhin dem graffen von Veldentz und Sponnheim gehört hat ... « Denn »Friedrich hielt die Gewohnheit, welcher sein Leibeigener war und sein Feind geworden war, den ließ er töten«. 16 gefangene Fußknechte wurden auf Befehl des Kurfürsten im Neckar bei Ilvesheim ertränkt, wobei man ihnen Mühlsteine um den Hals band. Die anderen Gefangenen kamen im Austausch bald wieder frei, nachdem sie Urfehde geschworen hatten. Friedrich gab Schriesheim nicht mehr heraus, die Stadt verlor für 500 Jahre ihre Privilegien. Die Mauern wurden niedergerissen, die Gräben verfüllt. Friedrich hatte zwar den Bürgern ihre angestammten Rechte garantiert, aber die kurpfälzische Bürokratie wußte sie mit allen Finessen zu beschneiden oder gar aufzuheben. Daß Schriesheim Mittelpunkt der Zent wurde, nun mit dem städtischen Blutgericht vereinigt, war kein rechter Ersatz für das Verlorene, hatte sich die Stadt doch gegenüber der Pfalz nichts zuschulden kommen lassen.

Die Burg hatte gelitten, doch wurden die Schäden offensichtlich später wieder behoben, denn der Strahlenberg wurde Amtssitz eines Kellers, und sowohl Friedrich als auch sein Neffe und Nachfolger Philipp haben dort noch Urkunden ausgefertigt. Grabungen ergaben, daß die Burg in einer großen Feuersbrunst unterging, und bestätigten damit alte Sagen. Das muß später geschehen sein, wahrscheinlich 1504 durch die »Brandmeister der Bergstraße«. Sie waren es wohl, die Schriesheim und die Strahlenburg einäscherten. Wo einst prächtige Bauten standen, ragten nun Ruinen in den Himmel, pfiff der Wind durch leere Fensterhöhlen.

Bauern und Bürgern war es verwehrt, sich Steine aus dem Ruinenfeld zu holen, das inmitten eines herrschaftlichen Weinberges lag. Viele Steine dienten aber dazu, die Stützmauern dieses Wingerts auszubauen und zu flicken. Um Traubendiebstähle zu verhindern, ordnete die kurpfälzische Hofkammer 1733 an, um das ganze Gelände eine Mauer zu ziehen und dazu Steine von der Burg zu verwenden. Mehrere Wochen lang war ein Maurermeister mit 20 Frönern damit beschäftigt. Ein großer Teil der Ruine wurde dabei abgetragen.

Die Grafen von Oberndorff, denen dieser Weinberg seit 1828 gehörte, bewahrten die übriggebliebenen Reste vor weiterem Verfall. Die malerischen Mauern bildeten für viele Maler der Romantik ein beliebtes Sujet. Um das Jahr 1900 wurde in der Burg eine Gaststätte errichtet, 1954 ein Saalbau. Unter ihm führt der Weg hindurch, auf dem heute ein Besucher die Burg betritt. Von der Terrasse aus genießt man einen herrlichen Rundblick auf Stadt, Rheinebene und Pfälzer Bergland.

Alljährlich, wenn über der Ruine ein prächtiges Feuerwerk abgebrannt wird, scheint es, als stünde ihre bewegte Vergangenheit wieder auf. Alter Rittergeist bleibt in der Sage vom Käthchen von Heilbronn lebendig, das im Schlaf am Holderbusch seine Liebe dem Ritter Wetter vom Strahl gestand.

Ladenburg

Der Neckar fließt, nachdem er bei Heidelberg die Ebene erreicht hat, erst ein Stück nahe der Bergstraße entlang und wendet sich dann nach Westen dem Rhein zu. Einst gab es diese kurze Verbindung nicht, der Fluß machte eine doppelte Schlinge in südwestlicher Richtung und mündete bei Altrip in den Strom.

An dieser alten Schlinge liegt Ladenburg, die älteste Stadt rechts des Rheins. Lopodunum nannten es die Römer und latinisierten damit den keltischen Ortsnamen Lokwodunum, was Seeburg oder auch Sumpfburg bedeutete. Ob dieses Oppidum, eine befestigte Marktsiedlung aus der Spätlatènezeit, an derselben Stelle lag oder etwas weiter nördlich, ist noch nicht geklärt, die wenigen Funde geben nicht genug Aufschluß darüber.

An der Stelle des späteren Lopodunum legten die Römer wohl schon in der Mitte des 1. Jahrhunderts n. Chr. ein Erdkastell an. Es bildete damals eine Art Brückenkopf für die Rheingrenze. Unter Kaiser Vespasian (69–79 n. Chr.) bauten sie während des Feldzuges vom Jahr 74 eine Straße, die Obergermaniens Hauptquartier Mainz mit Rätien verband. Die heutige Bundesstraße 44 benutzt ihre Trasse über weite Strecken. Sie stieß bei Lopodunum auf den Neckar, folgte ihm aufwärts bis Neuenheim und kreuzte den Fluß dort auf einer Brücke, die etwa 300 Meter westlich der heutigen Theodor-Heuss-Brücke lag.

Eine Neckarbrücke bei Lopodunum läßt sich erst in spätrömischer Zeit nachweisen, doch spricht vieles dafür, daß es eine solche als Verbindung nach Altrip und weiter nach Süden gegeben hat. Später wurde das Erdkastell durch ein Steinkastell ersetzt. Lopodunum entwickelte sich schnell zu einem Mittelpunkt der römischen Verwaltung. Im Schutz des Militärstützpunkts entstand eine Siedlung, in der nicht nur das Heeresgefolge wohnte, sondern die auch eine bedeutende neckarsuebische Ansiedlung wurde. Dieser elbgermanische Stamm hatte sich am unteren Neckar zwischen die dünner werdende keltische Besiedelung geschoben und leistete den Römern Heerfolge und wichtige Hilfsdienste. Hier war die Ala I Cannefatium stationiert, eine germanische Hilfstruppe, die aus 500 Reitern bestand.

Als die Garnison nach Pannonien verlegt und das Kastell aufgelassen wurde, entwickelte sich Lopodunum zu einer Stadtsiedlung und war Hauptort der Civitas Ulpia Sueborum Nicretum. Unter römischer Verwaltung und im Schutze des weit nach Osten vorgeschobenen Limes blühten Handel und Wandel. Hohe Verwaltungsbeamte und Offiziere ließen sich prächtig ausgestattete Villen mit allem zeitgemäßen Komfort bauen, an den Ausfallstraßen häuften sich Landgüter, und am nahen Bergstraßenhang entstanden viele Landhäuser. Mittelpunkt des städtischen Lebens war das Forum, der Marktplatz an der Stelle des rückwärtigen Kastellabschnitts. Es maß 75 Meter in der Länge und 41,5 Meter in der Breite und besaß einen Plattenbelag, dessen Reste freigelegt worden sind. An der Ostseite des Forums stand die große Marktbasilika, ein öffentliches Gebäude, Bürgertreff und Markthalle in einem, mit 73 Meter Länge und 47 Meter Breite der monumentalste römische Bau nördlich der Alpen. Auf ihren Fundamenten steht heute die gotische St.-Gallus-Kirche.

Die Marktbasilika wurde nicht fertig. Bis heute ist ungeklärt, ob der Bau aus Geldmangel eingestellt wurde oder durch den Alamanneneinfall ein Weiterbau unterblieb. Das römische Lopodunum war weitaus größer als die spätere mittelalterliche Stadt und zog sich etwa 930 Meter am Neckarufer hin. Die größte Breite der Siedlung betrug 430 Meter. Die Siedlungsfläche konnte sich mit der des barocken Heidelberg durchaus messen.

Lopodunum war Hauptstadt eines Verwaltungsbezirks, der im Norden von Dieburg, im Südosten vom Elsenzgau, im Süden von der Civitas Aquensis (Baden-Baden) und im Westen vom Rhein begrenzt wurde. Kalkbrennereien, Ziegeleien und Töpferwerkstätten verarbeiteten die Bodenschätze. Ein vielfältiges religiöses Leben kennzeichnete Lopodunum.

In aller Eile baute man um 230 n. Chr. eine Mauer mit davorliegendem Spitzgraben um Lopodunum. Dabei wurden vorhandene Häuser und Werkstätten, die wohl bereits verlassen waren, durchschnitten und der Umfang des Vicus reduziert. Nach den Alamanneneinfällen von 238 und 253/54 bezeugte die Bevölkerung ihre Loyalität gegenüber den jeweiligen Kaisern auf Meilensteinen, die größtenteils auf dem Forum standen. Wenige Jahre später war die goldene Zeit Ladenburgs vorbei. In breiter Front durchbrachen die Alamannen den Limes und nahmen das rechtsrheinische Gebiet in Besitz. Sie eroberten auch Lopodunum; die römische Oberschicht, soweit sie nicht rechtzeitig geflohen war, kam um oder wurde gefangengenommen. Doch erstarb in der Stadt keineswegs alles Leben. Ein Rest der ansässigen Bevölkerung bewohnte die wiederhergestellten Bauten weiter, ein buntes Gemisch aus keltischer Urbevölkerung, suebischen Zuwanderern, Nachkommen seßhaft gewordener Legionäre und entlaufener römischer Sklaven. Ihre Kultur konnte sich nicht artikulieren, lebte aber dennoch, von Generation zu Generation weitergetragen, unter der Oberfläche weiter.

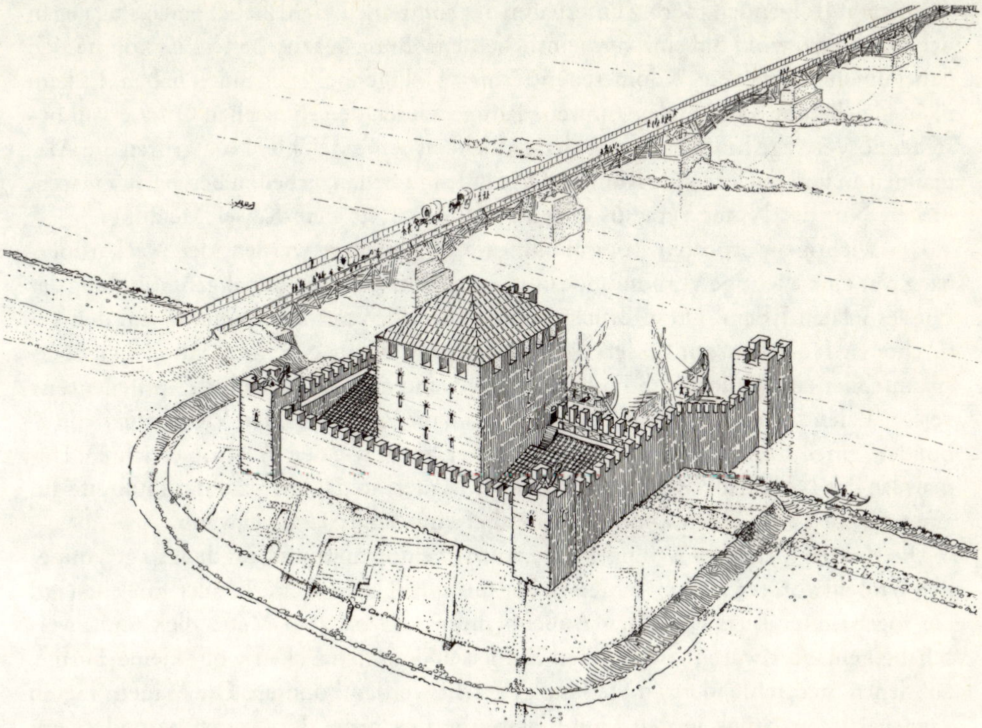

Ladenburg, spätrömischer Burgus (Rekonstruktionsversuch von B. Heukemes)

Die Alamannen waren Bauern, die in Dörfern außerhalb der Stadt wohnten. Im Lauf der Zeit mag sich zwischen ihnen und der städtischen Bevölkerung ein recht erträgliches Zusammenleben entwickelt haben, das auf dem Austausch von Waren und Dienstleistungen beruhte. Rom versuchte, durch Freundschaftsverträge die Rheingrenze zu sichern und sich Märkte offenzuhalten. Um wichtige Bodenschätze weiter ausbeuten zu können, mag man mit einzelnen Stammensfürsten Abkommen geschlossen haben, und Ladenburg als Verkehrsknotenpunkt dürfte dabei eine wichtige Rolle zugefallen sein.

Kaiser Valentinian I. (364–375) brach 369 mit einem großen Heer auf, um die alten römischen Provinzen rechts des Rheins wiederzugewinnen. Sein Zug führte bis über die Donauquellen hinaus, die den alten Annalen noch nicht bekannt waren. Im Gefolge der Truppe waren auch drei Schriftsteller, die als Kriegsberichterstatter fungierten: Ammianus Marcellinus, Ausonius und Symmachus. Das Heer schlug im Sommer 369 die Alamannen bei Ladenburg und besetzte die Stadt.

Im darauffolgenden Herbst unternahm der römische Befehlshaber einen Zug gegen den mons Piri, wohl um eine vermeintliche Bedrohung auszuschalten. Es könnte sich dabei um den etwa neun Kilometer entfernten Heiligenberg gehandelt haben. Es kam nicht gleich zum Kampf, alamannische Adlige wiesen den römischen Offizier auf bestehende Verträge hin. Der berief sich jedoch auf seine Befehle. Nun griffen die Alamannen an und machten die Römer, die gerade mit Schanzarbeiten beschäftigt waren, nieder. Nur der Notar Syragius entkam und erstattete dem Kaiser Meldung.

Der wichtige Vorposten Lopodunum mußte gesichert werden, der Neckarübergang war eine wichtige Verbindung zum Kastell Altrip an der damaligen Mündung des Flusses in den Rhein. Diese Brücke ruhte vermutlich auf Steinpfeilern, um den gefürchteten Hochwassern besser standhalten zu können. Noch im Mittelalter überspannte hier eine Brücke den Fluß, sie verschwand erst, als Ladenburg an Bedeutung verlor. Valentinian I. ließ neben der Brücke, in die Reste der alten Vicusmauer eingebunden, einen starken Wachtturm in ähnlicher Form wie den in Altrip errichten. Damals lag das Neckarufer ganz nahe an dieser Mauer, so daß man auf der Flußseite auf einen Graben verzichten konnte, dafür aber eine Schiffslände gewann.

Die Ruinen mehrerer Wohngebäude wurden einplaniert und auf dem so gewonnenen Baufeld von etwa 40 x 40 Metern der Grundriß abgesteckt. In aller Eile entstand ein sogenannter Burgus, dessen Außenmauern 1,35 bis 1,45 Meter dick und zweischalig gemauert waren. Sie besaßen Zinnen und an den Ecken wohl kleine Türme, auf denen Steinschleudern in Stellung gebracht werden konnten. Die Mauern ragten zangenartig ein Stück in den Fluß hinein, die Ecktürme dort waren besonders gut fundamentiert und konnten auch Hochwassern standhalten. Zwischen ihnen lag die Schiffslände. Einen ähnlichen Bau bei Neckarau beschrieb Symmachus: »Darüber steht der Aufbau der Mauern, nur dort schräg abwärts geführt, wo die Türme die Strömung mildern. Denn der Rhein wird durch Flügelmauern an beiden Seiten der Befestigung eingeengt . . .«

In der Mitte stand ein mächtiger, fünfgeschossiger Turm von etwa 18 Meter Höhe, von dem aus die Verteidiger freie Sicht über die Ruinen der Stadt hinweg bis zu den Odenwaldbergen hatten. Sein viereckiger Grundriß war annähernd quadratisch, etwa 13 x 13 Meter. Die östliche Mauer wurde zuerst erbaut und war mit 5,10 Metern dikker als die anderen, offenbar suchte man schnell Schutz. Die Westmauer ist 4,10 Meter, die Süd- und Nordmauer je drei Meter dick.

Bis auf die Höhe des anstehenden Mauerwerks war der Unterbau des Turms mit Mörtel ausgegossen, in den auf der Flußseite große Sandsteinquader eingelassen waren. Es wurde dadurch unmöglich gemacht, ihn von dieser Seite aus zu unterminieren und zum Einsturz zu bringen. Angreifer, denen es an mauerbrechendem Gerät mangelte, bevorzugten damals eine solche Belagerungstaktik.

Im Turminnern lag ein Brunnen, der den Grundwasserspiegel anschnitt, so daß die Verteidiger stets genügend frisches Wasser hatten. Den zinnenbewehrten Turm deckte ein Dach, das, wie Symmachus im benachbarten Neckarau es schilderte, »in schräg abwärts geneigten Reihen ein glattgeschuppter Bleipanzer überzieht«. Reste dieser Platten fand Dr. Heukemes bei Ausgrabungsarbeiten.

Beiderseits des Turms lagen im Hof einstöckige Kasernen für die Besatzung, wohl 35 bis 40 Mann. Ihr Fußboden bestand aus gestampftem Kies. Zum Turm und zum Wehrgang muß es von ihnen aus Aufgänge gegeben haben.

Baumaterial gab es genug in den Ruinen. Wurde der Burgus auch in aller Eile erbaut, so war er doch fest genug, um sich lange selbst gegen einen übermächtigen Angreifer zu halten, zumal der Fluß den Nachschub sicherte. Zum letztenmal war Ladenburg ein wichtiger Vorposten des Römischen Reiches. Um 400 zogen sich die Römer endgültig hinter den Rhein zurück und gaben den Burgus auf.

Burgunder mögen damals, bevor die Hunnen ihr kurzlebiges Reich zerstörten, in Ladenburg gewohnt haben. Fast ein Jahrhundert lang dienten danach die Ruinen der Stadt durchziehenden Völkern als Unterschlupf. Erst mit der fränkischen Landnahme um 500 trat Ruhe ein. Die neuen Herren machten Ladenburg zur Hauptstadt des nach ihm benannten Lobdengaus. Die Stadt dürfte Königsgut geworden sein, in der zweiten Hälfte des 8. Jahrhunderts wurde sie als civitas publica bezeichnet. Eine Urkunde aus dem 9. Jahrhundert behandelt die Mauerbaupflicht der Königsleute. Das kann sich nur auf Teile der alten Burgusmauer bezogen haben, denn eine neue Stadtmauer gab es damals noch nicht. Die Reste des Burgus wurden um die Wende vom 12. zum 13. Jahrhundert in die neue Stadtmauer eingebunden. An der Stelle der römischem Befestigung entstand die Engelburg.

Der Lobdengau scheint schon sehr früh in den Besitz des Bistums Worms gekommen zu sein, dessen Bischöfe seit 614 namentlich nachweisbar sind. Nach einer Urkunde, die Bischof Hildebald 980 präsentierte, soll König Dagobert I. 628 die Schenkung vollzogen haben. Ihre Echtheit wird allerdings ebenso bezweifelt wie die zweier anderer, die Karl dem Großen und Ludwig dem Deutschen dieselbe Dotation zuordnen. Dennoch muß es sich nicht um eine Fälschung im Sinne eines Betrugs handeln. Damals drängte das Kloster Lorsch vor allem im Odenwald und am Neckar Wormser Privilegien beiseite. Es war zu jener Zeit durchaus nicht verwerflich, Rechte, die man nicht mehr durch Urkunden belegen konnt, durch nachvollzogene Schriftstücke zu beweisen.

Der Lobdengau reichte einst von Worms über Ladenburg bis Wimpfen und Würzburg. Bonifatius schlug 742 das Gebiet östlich von Osterburken dem von ihm neugegründeten Bistum Würzburg zu. Im Lauf der Jahrhunderte wurde es noch mehr beschnitten, schließlich verblieb als Rest des einst mächtigen Gaues nur noch die Grafschaft Stahlbühl, die 1011 dem Bistum Worms förmlich übertragen wurde und 1223 endgültig verschwand.

Ladenburg war als städtische Siedlung wieder aufgebaut worden, nahm jetzt jedoch nur noch das nördliche Drittel des alten römischen Vicus ein, und auch dieser Bezirk wies noch Baulücken auf. 1199 wurde der Ort »Civitas« genannt, dürfte jedoch schon seit dem Übergang auf das Bistum Worms Stadtrechte besessen haben. Auf den Resten der alten Marktbasilika wurde 787 eine St. Gallus geweihte Kirche gebaut, 1020 entstand sie neu als einschiffiges Gotteshaus. Viele Quader der alten Marktbasilika dienten dazu, das Bett des Kanzelbaches auszumauern, der durch die Stadt lief und hier mehrere Mühlen trieb.

Die Merowinger regierten ihr Reich von den Städten aus, wo ein Graf als Statthalter eingesetzt war, die Karolinger, indem sie Grafschaft für Grafschaft bereisten. Dabei residierten sie in Pfalzen, die wie ein Netz das Land überzogen. Einige gehörten dem Herrscher, andere wurden von Territorialherren oder -herrschaften bereitgestellt, die mit entsprechenden Privilegien ausgestattet worden waren. Die Pfalzen sind aus der altgermanischen »sala« hervorgegangen.

Ludwig der Deutsche urkundete 874 in Ladenburg, Otto der Große schenkte hier 953 dem Wormser Bischof weitere Rechte, Heinrich II. stellte 1007, Heinrich IV. 1067 in Ladenburg Urkunden aus. 1076 kam Heinrich IV. auf der Flucht aus Bayern nach Ladenburg, lag in der Pfalz lange schwerkrank darnieder und fand dort Schutz vor den aufständischen Fürsten, bis ihm die Wormser Bürgerschaft Hilfe brachte. 1196 stellte Heinrich VI. in der Königspfalz Urkunden aus.

Es ist nicht sicher, wo diese Königspfalz lag. Der »Saal«, der vor einem Jahrhundert abgebrochen wurde, stand auf Fundamenten fränkischen Ursprungs, auch könnte ein altes Gewölbe unter dem Bischofshof ihr Untergeschoß gewesen sein. An den »Saal« schloß sich die bischöfliche Kapelle an, die vom Bischofshof, dem späteren Bischofspalast, aus zugänglich war. Die Wormser Bischöfe benutzten Ladenburg schon früh als Außenresidenz. Auf irgendeine Weise kamen sie in den Besitz der alten Königspfalz, vielleicht übernahmen sie einfach das nicht mehr benutzte Gebäude.

Der Bischofshof liegt südlich des Neckartores und lehnt sich an die Stadtmauer an, die ihn auf zwei Seiten deckt. Am Knickpunkt wird die Stadtbefestigung durch einen runden Turm, den »Pfaffenturm«, verstärkt. Die ältesten Gebäude des Hofes stammen aus der Zeit vor dem 13. Jahrhundert und nehmen etwa ein Drittel der heutigen Grundfläche ein. Im 15. Jahrhundert wurde der Bau erheblich erweitert und nach der Stadtseite zu prächtig ausgebaut. Der nördliche Erkeranbau entstand um 1590, der Treppenturm um 1610. Manieristische Stilelemente der Spätrenaissance, heute restauriert, zieren die Fassaden des Bischofspalastes.

Auch nach der Stadtseite hin war er durch eine Mauer abgegrenzt. Zum Bischofshof gehörte ein Lustgarten, der außerhalb der Stadtmauern lag. Als Bischof Dietrich 1613 dort eine Pforte in die Mauer brechen lassen wollte, machte ihm die Stadt zur Auflage, den ganzen Lustgarten befestigen zu lassen.

Das Palais erlebte seine große Zeit, als Johann von Dalberg (1455–1503), der Freund und Kanzler Pfalzgraf Philipps des Aufrichtigen, 1482 auch Bischof von Worms wurde und hier residierte. Der kunstsinnige, kultivierte Kirchenfürst und erfolgreiche Diplomat wurde zum Mittelpunkt eines Zirkels bedeutender Geister wie Agricola, Brant, Celtis, Reuchlin, Trithemius und Wimpfeling. Ladenburg war damals ein Zentrum des deutschen Humanismus.

Ob Dalberg die weltberühmte Lorscher Bibliothek nach Ladenburg bringen ließ, ist umstritten, berichten doch andere Quellen wie die Zimmerische Chronik, Pfalzgraf Ottheinrich habe sie »sambt Butzen und Stiel« nach Heidelberg schaffen lassen. Vielleicht liegt die Wahrheit in der Mitte. Dalberg und seine Freunde haben sicherlich Lorscher Schriften studiert und Teile der Bibliothek zeitweise in Ladenburg gehabt.

1621 besetzten die Truppen der Liga Ladenburg. Ein Jahr später, nach der Schlacht bei Mingolsheim, belagerte Ernst von Mansfeld die Stadt und nahm sie nach blutigem Kampf ein. Der Eroberer ließ die Befestigungen des Bischofshofes schleifen. Ladenburg wechselte danach noch mehrmals den Besitzer. In den Reunionskriegen kam die Stadt verhältnismäßig glimpflich davon. Sie wurde geplündert, mehrere Gebäude brannten ab, darunter der Engelhof, sie entging aber der totalen Zerstörung. Die Überlieferung erzählt, daß der Bürgermeister den französischen Kommandanten auf das Bischofswappen aufmerksam machte, das zwei Lilien trug, und verwandtschaftliche Beziehungen zum französischen Königshaus vermuten ließ.

1760 wurde der recht verwahrloste Bischofspalast wieder aufgebaut. Von 1963 bis 1965 wurde das Gebäude gründlich restauriert; es ist heute ein schöner Renaissancebau mit zwei Geschossen im Süden und drei im Norden.

Der alte Burgus Kaiser Valentinians war längst verfallen, als Ladenburg in den Besitz der Wormser Bischöfe gelangte. Ob er zerstört wurde oder allmählich verwahrloste, ist nicht genau festzustellen. Mauerreste wurden in die neue Stadtmauer einbezogen, die übrigen Steine dienten als willkommenes Baumaterial. Nach 1149 entstand an der Stelle, wo bis dahin der bischöfliche Bauhof gelegen hatte, der sogenannte Engelhof, auch Engelburg genannt. Sein trapezförmiger Grundriß maß zwischen 40 und 50 Metern in der Tiefe und etwa 45 Metern in der Breite. In der Mitte des Hofes stand ein runder Turm, der »Engel«.

Die Mauern der vor 1200 entstandenen Engelburg waren vom Bischofshof über den Wehrgang der Stadtmauer erreichbar. Sie erhielt dadurch einen wichtigen Platz in der Stadtbefestigung und deckte wie einst der alte Burgus die Neckarbrücke. Seine Gebäude sind auf der Ansicht Matthäus Merians aus dem Jahr 1645 gut zu erkennen.

Während des Mittelalters war Ladenburg öfter in Fehden und Kriege verwickelt. 1250 nahm der Ritter R., genannt von Stein, den Bürgern 40 Pferde von der Weide weg. 1298 lagerte König Adolf von Nassau vor Ladenburg, das wie viele andere Städte zu Albrecht von Österreich hielt, mußte aber unverrichteter Dinge abziehen. 1315 gab es Streit mit den Strahlenbergern wegen des Kanzelbachs, der in der Stadt mehrere Mühlen antrieb. Ein abgeschlossener Vergleich verpflichtete die Schriesheimer, den Bach ungehindert zum Neckar fließen zu lassen. 1339 befahl Kaiser Ludwig der Bayer dem Rat der Stadt, dem Mainzer Erzbischof zu huldigen, der damals als Pfleger des Wormser Domstifts eingesetzt war. Die Bürger widersetzten sich dem und hielten zum Kandidaten des Papstes. Der Pfalzgraf griff in diesen Konflikt ein und versuchte, Ladenburg die Verpflichtung abzuringen, der Bischof als Herr der Stadt dürfe von ihr aus der Pfalz keinen Schaden zufügen.

Die Ladenburger wollten aber den pfälzischen Schutz nicht und trugen dem Grafen Eberhard von Württemberg die Schirmherrschaft an. Darüber wäre es fast zur Schlacht gekommen, hätte Eberhard vorher die Stadt nicht geräumt. Als sich die Ladenburger unter den Schutz des Grafen Walram von Sponheim stellten, kam es zur Fehde mit der Pfalz. Ein Schiedsgericht regelte zwar danach den Schadensausgleich, erzielte aber keine Übereinkunft hinsichtlich der Schirmherrschaft. Erst nach 1353 kam es zwischen dem Bischof und Pfalzgraf Ruprecht I. zu einer Einigung. Ladenburg wurde Kondominat zwischen Worms und der Pfalz; die Einkünfte teilten sich beide, und im Burgfrieden von 1385 wurde festgelegt, daß der Bischofshof davon ausgenommen war, doch mußte der Wehrgang den Pfälzern zugänglich bleiben.

Heidelberg begann nun bald, Ladenburg den Rang abzulaufen. 1518 wird für die Neckarbrücke noch ein Gericht beurkundet, doch scheint die Brücke nach dem Dreißigjährigen Krieg verschwunden zu sein. Die Verkehrsachsen hatten sich verlagert, Ladenburg lag nun abseits.

Der Mainzer Erzbischof Johann Philipp von Schönborn versuchte, als Verweser des Wormser Bischofs die Pfälzer Hälfte auszulösen. Kurfürst Karl Ludwig weigerte sich. Daraufhin ließ der Mainzer 1665 die Stadt kurzerhand besetzen. Beide Parteien einigten sich schließlich auf einen kaiserlichen Verwalter, den Markgrafen Wilhelm von Baden-Baden. Als Franz Ludwig von Pfalz-Neuburg Bischof von Worms wurde, ein Bruder des Pfälzer Kurfürsten Johann Wilhelm, kam es zum Vergleich. 1705 wurde Ladenburg ganz pfälzisch. Die alte Bischofsresidenz war fortan Amtshaus und Landschreiberei.

Die Entwicklung Ladenburgs stagnierte, während die seiner großen Nachbarn stürmisch voranschritt. Die älteste Stadt rechts des Rheins ist ein Kleinod mittelalterlicher Tradition und bewahrt in ihrem geschichtsträchtigen Boden noch viel Interessantes aus ihrer zweitausendjährigen bewegten Geschichte.

Burg Schwabenheim (Schwabeck)

Schwabenheim war einst ein kleines Dorf und lag oberhalb von Ladenburg am rechten Neckarufer. 763 wird es als Swaboheim urkundlich belegt, der Name dürfte auf einen Personennamen zurückzuführen sein.

Nahe der heutigen Neckarschleuse lag einst eine Burg. Sie wurde im 16. Jahrhundert durch ein großes Hochwasser zerstört. 1770 erinnerte noch ein kleiner Streifen Land an sie, der im Flurplan ausgewiesen war. Bei Niedrigwasser konnte man Reste der Burg auf dem gegenüberliegenden Flußufer erkennen, diesseits des Neckars waren Erdwälle auszumachen. Ihre letzten Spuren verschwanden, als der Fluß kanalisiert wurde.

Konrad von Schwabenheim war der älteste urkundlich nachweisbare Burgherr, ein Ministeriale des Bistums Worms. Seine Burg, die auch Schwabeck genannt wurde, geriet später in die Hände von Ganerben. Zu ihnen gehörte Heinzel von Erligheim, der 1320 versicherte, daß der Pfalzgräfin Mechthild aus seiner Burg (dem »Schanzenköpfle«) kein Schaden geschehen solle. Aus dem Dorf war inzwischen eine Hofsiedlung geworden. 1427 wurde Schwabenheim als Wormser Lehen beurkundet. Mit Zustimmung des Bischofs von Worms verkaufte es Johann von Erligheim 1525 an Heinrich von Handschuhsheim, dessen Familie das Freigut Schwabenheim besaß.

Als die Familie von Erligheim ausstarb, zog Kurpfalz trotz der Proteste des Bistums das Lehen ein und übertrug es Amalie von Handschuhsheim, der Mutter des letzten Sprosses aus dieser Familie. Das Lehen blieb strittig, erst 1701 kam es deshalb zwischen der Pfalz und Worms zu einem Vergleich.

Schwabenheim gehört seit 1925 zur Gemarkung Dossenheim.

Die Schauenburg

»In Dussenheim via versus Sergesheim« (1297) lag auf 310 Meter Höhe eine große Burg. Ihren Namen »Schauenburg« trägt sie zu Recht; weit blickt man von hier ins Land hinaus, und von weit her war sie auch zu sehen, als ihre Mauern noch hochragten. Merian beschrieb sie als »von Thürnen und Mauern ziemlich vest«. Heute sind nur noch spärliche Reste von ihr vorhanden, die gerade noch den Grundriß erkennen lassen. Der Wallring, der die Burg umgibt, ist, wie Funde belegen, das Relikt einer Fluchtburg aus vorrömischer Zeit.

Dossenheim, das am Fuß des Burgberges liegt, hat seinen fränkischen Namen wohl von einem Edlen namens Tosso oder Tozzo; die Ableitung von Dosse – Dose = Kiefer ist weniger wahrscheinlich. Riesige Porphyrbrüche geben ihm die charakteristische Kulisse.

Die Kernburg liegt innerhalb des alten Ringwalls auf einem Plateau, etwas über die geräumige Vorburg erhöht. Der eiförmige Grundriß ist etwa 40 Meter lang und bis zu 20 Meter breit, die südöstlich gelegene Vorburg mißt 75 x 30 Meter. Die mächtige Schildmauer der Kernburg stemmte sich nach Norden und Osten einem Angreifer entgegen. In ihrer Mitte wurde sie durch einen viereckigen Bergfried verstärkt, dessen Spitze wie ein Sporn aus ihr hervorragte. In der Vorburg und in dem um den inneren Bering liegenden Zwinger sind die Grundmauern eines Eckturmes sowie einiger Gebäude zu erkennen. Das Tor zur Vorburg lag im Südosten. Der Eingang zur Kernburg wurde noch nicht aufgespürt, dürfte aber ebenfalls auf dieser Seite zu suchen sein. Für Fußgänger scheint es eine Brücke gegeben zu haben, die über den talseitigen Graben zu einem kleinen Pförtchen führte.

Die Schauenburg dürfte um 1100 als Lorscher Lehen entstanden sein, um den umfangreichen Klosterbesitz in Dossenheim und seiner Umgebung zu schützen. Die Lehenshoheit wurde aber auch vom Bistum Speyer »a retroactis temporibus«, seit frühester Zeit, beansprucht. Als der Lorscher Vogt Berthold das anfocht, kam es 1130 zur Fehde.

Um diese Zeit kam Gerhard von Schauenburg nach Dossenheim, der Sohn Sieghart von Wolfsöden, das bei Marbach am Neckar liegt, und ein Verwandter der Grafen von Calw, die damals großen Einfluß auf Lorsch ausübten. Sein Geschlecht wurde als das vornehmste im Lobdengau nach den Pfalzgrafen genannt und 1223 als comes (Grafen) bezeichnet. Die Schauenburger führten im Wappen einen steigenden Löwen.

Als der Streit um die Lehenshoheit entbrannte, war Gerhards Bruder Siegfried Bischof von Speyer. Er obsiegte in der Fehde, und Vogt Berthold mußte zahlreiche Besitztümer des Klosters veräußern, um die Sühne bezahlen zu können. Gerhard von Schauenburg scheint während dieser Fehde in den Besitz der Burg gelangt zu sein. Die Schauenburger besaßen sie, bis sie 1281 im Mannesstamm ausstarben, als Lehen des Bistums Speyer, hielten jedoch auch enge Verbindung zu Lorsch. Sieghart, ein Bruder Gerhards, war von 1167 bis 1198 Abt des Klosters. Er war Hirsauer und fand vielleicht deshalb nur mühsam beim Konvent und den Mönchen Anerkennung. Seine Abstammung, seine Erziehung und Bildung lassen in ihm den geheimnisvollen Dichter des Nibelungenliedes vermuten.

Die Schauenburger besaßen Vogteirechte in Dossenheim, Handschuhsheim und Neuenheim. Einen Teil davon mußten sie zusammen mit anderen Gütern 1257 an die Pfalzgrafen verpfänden. Gerhard III. war mit einer Erbtochter der mächtigen und reichen Grafen von Lauffen verheiratet, konnte die Pfänder wieder einlösen und die Finanzen der Familie in Ordnung bringen. Bald nach 1281 starben die Schauenburger im Mannesstamm aus. In das Erbe teilten sich die Schwiegersöhne Erkinger V. von Magenheim (ein Schwager Konrads I. von Frankenstein), Konrad von Strahlenberg und Rudolf von Neuffen.

Pfalzgraf Rudolf I. beauftragte seine Beamten 1294, die Schauenburg von den Magenheimern zu kaufen. Der Handel wurde jedoch erst 1303 perfekt. Den Kaufpreis, 4000 Pfund Heller, konnten die Pfalzgrafen nicht aufbringen. »Johan Holderbaumer burger zue Wormß und Mecze von Horczeberg, syn eliche hausfrawe« streckten die Summe vor, dafür verpfändeten ihnen die Pfalzgrafen die Schauenburg und machten Holderbaumer dort zum Burgmann. Das setzte Zugehörigkeit zum Ritterstand voraus und war für einen Bürger recht ungewöhnlich.

Holderbaumer hatte den Pfalzgrafen auch anderweitig schon aus der Klemme geholfen und wohl auch die Miterben zum Verkauf überredet, so daß sich Rudolf und Ludwig erkenntlich zeigen wollten. Bischof Siboto von Speyer belehnte Pfalzgraf Rudolf I. mit der Burg, protestierte jedoch gegen die Verpfändung. Holderbaumer hatte sich, um die den Pfalzgrafen vorgestreckten Summen aufbringen zu können, bei seinem Schwager Georg von Starkenburg verschuldet. Um seinen Gläubiger zufriedenzustellen, verkaufte er durch Vermittlung des Burggrafen die Schauenburg, die Vogtei über Handschuhsheim und Dossenheim, das Dorf Dossenheim, die Hälfte von Handschuhsheim und andere Güter für 6500 Pfund Heller 1319 dem Erzbischof Peter von

Mainz. Pfalzgraf Ludwig, als Ludwig der Bayer inzwischen zum König gewählt, gab sein Einvernehmen und versprach, auch die Zustimmung der Kinder seines Bruders Rudolf zu erwirken. Das Amt Dossenheim wurde mainzisch, eines der vielen Zugeständnisse, die der Wittelsbacher dem Erzbischof Peter für dessen Kurstimme machte.

1323 wurde Rennewart von Strahlenberg Burgverwalter. Er hatte seine benachbarte Burg Strahlenberg den Pfalzgrafen zugeschanzt, war dann aber in die Dienste des Erzbistums getreten. Auch Rennewarts Sohn Siegfried war Verwalter auf der Schauenburg.

Als 1460 zwischen Pfalzgraf Friedrich I. und Erzbischof Dieter von Mainz Krieg ausbrach, bildete die Schauenburg für Heidelberg eine ernstzunehmende Bedrohung. Friedrich zog zuerst gegen das Dorf Dossenheim: »Item off durstag vor dem palmtag (4.4.), da zoch der faut (=Vogt) von Heidelberg uß uff den bischoff von Meintz und verbrante ime daz dorff Dossenheim, lyt under dem sloß Schauwenburg, die schoßen faste hinabe, eß halff aber net. Und die gewonnen auch Heinzuschußein und blunderten und namen waz dar inne waz . . .«

Nach dem Osterfest kam die Burg an die Reihe: »In dem zoch hertzog Friderich pfaltzgraffe of dem Rine, am ostermitwoch (16. April) vor ein sloß heißt Schauwenburg, lyt am Odenwalt und waz des bischoff von Meintz und gewann es in fünff tagen, wan sie gaben es off . . . Und ließ das sloß sleiffen zu grunde, abe daz waz also veste, daß die me dann 6 oder 7 Wochen mit ime umb gingen wan sie verbrannten vor erstem daz holtzwerg dar uß . . .«

Die hervorragende Artillerie des Pfälzers hatte sich offenbar wieder einmal bewährt. Sein Büchsenmeister Philipp Mönch verfaßte 1496 ein Kriegsbuch, das sich heute im Besitz der Heidelberger Universitätsbibliothek befindet. Eine Zeichnung darin stellt die Belagerung einer Burg dar, die überraschende Ähnlichkeit mit der Schauenburg hat, soweit sich deren Anlagen noch rekonstruieren lassen. Erstaunlich ist, daß Philipp Mönch dann nach 36 Jahren alle Details noch so exakt darzustellen vermochte.

Die Beute war beträchtlich: 40 Fuder Wein, 50 Wagen Mehl und eine große Summe Geldes. Die Belagerer hatten den Wald um die Burg kahlgeschlagen und schafften über 10 000 Stämme weg. Die Pfälzer machten die Burg nicht dem Erdboden gleich, sondern begnügten sich offenbar damit, sie verteidigungsunfähig und unbewohnbar zu machen. Die Steine dienten noch jahrhundertelang als willkommenes Baumaterial. Eine Inschrift am Dossenheimer Kirchturm: »1460 cecidit Schauenburg« läßt vermuten, daß auch für seinen Wiederaufbau Reste der Burg verwendet wurden. Wie Merian weit später feststellte, muß dennoch einiges stehengeblieben sein.

In der Mainzer Stiftsfehde war Erzbischof Dieter mit dem Pfalzgrafen verbündet und verpfändete ihm das Amt Schauenburg für 9000 Gulden rheinischer Währung; die

33. Ladenburg, Bischofshof. (S. 197–204)

34. Heidelberg-Handschuhsheim, Tiefburg. (S. 213–218)

Pfandsumme wurde später auf 20 000 Gulden erhöht: »Wir Diether des hilgen stuls zu Mentz erwelter und bestetigetter haben ingeben Friderich dem pfaltzgraffen by Rin, kufürste, und sinen erben den burgstadel Schauwenburg, die dorffer Hentschuchsheim und Dossenheim zu solchem burgstadel gehörig . . .«

Im Dreißigjährigen Krieg ließ sich Mainz das Amt Schauenburg rückübertragen, eher war ihm die Pfandeinlösung nicht möglich. Nach Friedensschluß brachte der »Bergsträßer Rezeß« 1650 das Amt Schauenburg an die Pfalz zurück, allerdings als Mainzer Lehen.

Als Gottfried Nagel in Heidelberg studierte und um 1808 die Ruine besuchte, ließ er sich zu einem Gedicht anregen. Es soll eine alte Sage von der Schauenburg zum Hintergrund haben. In sie ist die uralte Konfliktsituation des Hildebrandslieds verwoben: Trotz banger Ahnungen seiner Gemahlin ritt einst der Burgherr zur Jagd. Im Wald begegnete ihm ein Tempelritter und forderte ihn auf, die arme Kreatur zu schonen. Der Schauenburger, darob empört, rüstete sich zum Kampf. Beide fochten erbittert, bis Burgherr und Tempelritter tot am Boden lagen. Als man die Leichen zur Burg brachte, erkannte die Schauenburgerin im Tempelritter den von einem Kreuzzug zurückgekehrten Sohn . . .

Das »Alte Schlössel« (Kronenburg)

Östlich von Dossenheim, zwischen dem Kirchberg und dem Hohen Nistler, teilt eine 301 Meter hohe Bergnase das Mühlbachtal. Auf ihr lag einst eine Burg. Aufgehendes Mauerwerk ist nirgends mehr vorhanden. Löcher und Gräben anstelle verschwundener Steine lassen auf einen rechteckigen Grundriß schließen.

Niemand weiß, wie diese Burg hieß, wer sie baute und weshalb sie verfiel. Sie scheint nicht zerstört worden zu sein. Urkundliche Hinweise fehlen. Mit der benachbarten Schauenburg scheint ein Zusammenhang bestanden zu haben. Vielleicht ist sie älter als diese und wurde aufgegeben, weil sie zu weit ab, zu unbequem lag. Vielleicht ist sie auch jünger und wurde gebaut, als die Lehensrechte zwischen Lorsch und Speyer strittig waren. Ob die Herren von Dossenheim, ein altes Ministerialengeschlecht, mit der geheimnisvollen Burg belehnt waren und dort wohnten, ist nicht bekannt. Im 14. Jahrhundert war sie aufgelassen. Ihre Reste dürften dazu gedient haben, die Schauenburg zu erweitern und zu verstärken.

»Altes Schlössel« heißt sie im Volksmund, »Rotenburg«, was an die Rodensteinsage erinnert, auch »Neubrücker Schlössel« nach der neuen aus Stein erbauten Brücke über den Mühlbach. Der Dossenheimer Pfarrer Wolf gab der unbekannten Burg den Namen »Kronenburg«, weil er annahm, sie hätte den Herren von Kronberg gehört, die in Dossenheim begütert waren. Als jedoch die Kronberger dort Besitz erwarben, war die Burg längst verfallen. Einen Zusammenhang hat es nie gegeben. Unter dem Namen »Kronenburg« ist sie in die Literatur und die Landkarten eingegangen.

Die Anlage im Wolfsgrund

Zwischen Dossenheim und Handschuhsheim liegt das kleine Tal des Höllenbachs. Auf dem Waldsberg, Höhe 251, nahe dem Wolfsgrund, entdeckte der Vorsitzende des Heimatvereins Dossenheim, Hermann Kraft, Mauerreste, Ziegelstücke und Scherben. Früher hieß diese Stelle »Einsiedel«. Inmitten von zwölf Morgen Wald lagen hier neun Morgen Feld. Dieses Feldstück ist heute ebenfalls Wald, der unterhalb gelegene Weinberg trägt den Namen »Am Waldberg«.

Als 1932 auf der Schauenburg Grabungen durchgeführt wurden, ließ Dr. Schmieder auch hier graben und fand die Fundamente eines rechteckigen Baukörpers von 9,70 x 8 Metern, vermutlich Reste eines unterkellerten Wohnturms. Im Abstand von 14 bis 20 Metern war er von einer 80 Zentimeter bis ein Meter dicken Mauer aus Porphyrsteinen umgeben, bei deren Bau Lehmmörtel verwendet worden war. Eine Toröffnung ließ sich nirgendwo feststellen, eine Rampe dürfte über die Mauer ins Innere geführt haben.

Der Turm wies zwei Anbauten auf, kleine Fachwerkbauten jüngeren Datums. Im Hof dürften außerdem Schuppen und Ställe gestanden haben. Scherben von Dachziegeln, Mönch und Nonne, haben dieselbe Form wie die auf der Schauenburg. Ofenkacheln, Topfscherben, ein Schlüssel und kleinere Eisenteile, die gefunden wurden, sind mittelalterlichen Ursprungs. Ein bronzener Ring, der wohl auf eine Frauenhand paßte, erwies sich als Amulett mit der Inschrift »S. Antonius adjuta me«. Brandschutt wurde nicht festgestellt.

Die Größe der rätselhaften Anlage läßt auf eine Fluchtburg schließen, in der sich die Bewohner eines Dorfes mit ihrem Vieh in Sicherheit bringen konnten. Später wurde daraus wohl ein befestigter Hof, in dem ein Ministeriale seinen Sitz hatte. Er dürfte schon verlassen gewesen sein, als die Schauenburg zerstört wurde. Vielleicht benutzte sie eine Zeitlang ein Eremit, was ihr den Namen »Einsiedelei« verlieh. Wie sie hieß, wem sie gehörte, weiß niemand mehr.

Das Bürgel

Eine kleine Kuppe am Westhang des Heiligenbergs oberhalb des Haisbachwegs wird seit 1267 »Birgel« oder »Bürgel« genannt. Außer dem Namen sprechen nur noch einige in Stützmauern eingearbeitete alte Quader dafür, daß hier einst eine Burg stand. Sie muß jedoch bereits verlassen gewesen sein, als der Gemarkungsname gebräuchlich wurde.

1257 vergab Arnold Nonnensohn von Bergheim Weingärten »Im Bürgel« an das Kloster Schönau und bezeichnete sich dabei als Familienerbe. Weitere Hinweise gibt es nicht. Das Bürgel wahrt sein Geheimnis.

Die Tiefburg Handschuhsheim

Nach einem fränkischen Edlen namens Hantscoh, Hantscue oder auch Anscue soll dieser lebendige und selbstbewußte Stadtteil Heidelbergs genannt worden sein. Eine alte Sage deutet das anders und sucht zu erklären, warum die Herren von Handschuhsheim einen Handschuh in ihrem Wappen tragen: Danach verlor ein Ritter, als er vom Kampf zurückkehrte, seinen mit Silber durchwirkten Handschuh. Ein armes Edelfräulein fand ihn, wußte jedoch nicht, wem er gehörte, verpackte und verschnürte ihn und schrieb auf das Paket »Nach Handschuhs Heim«. Dann schickte sie einen ihrer Diener aus, dem es auch gelang, den Eigentümer ausfindig zu machen. Der Ritter stattete dem Fräulein persönlich seinen Dank ab, verliebte sich dabei in sie und führte sie schließlich heim. Zum Dank für ihr Glück gaben beide der Burg, in der sie lebten, den Namen »Handschuhsheim«.

Seit alters wohnten Menschen am wasserreichen Mühlbach: Kelten, Neckarsueben, Angehörige der römischen Besatzungsmacht, Alamannen und Franken. Die Siedlung am Fuße des Heiligenbergs muß schon recht ansehnlich gewesen sein, als Sigwin am 22. Juli 765 dem Kloster Lorsch eine Schenkung machte. Weitere folgten, so daß das Kloster einen Ministerialen mit der Verwaltung beauftragt haben mag. 774 gab es schon eine Kirche in Handschuhsheim, die dem hl. Nazarius, dem Schutzpatron von Lorsch, geweiht war. An ihrer Stelle wurde 1053 ein größeres Gotteshaus errichtet, im 15. Jahrhundert eine gotische Kirche, die zur Grablege für die Herren von Handschuhsheim wurde.

Das Dorf selbst gehörte den Schauenburgern bis zu deren Aussterben im Jahre 1281. Die Handschuhsheimer hatten dort nur Lehen, ihr Eigenbesitz lag größtenteils westlich des Rheins. 1150 wurde ein Swiger von Handschuesheim urkundlich erwähnt, 1160 »Rumhardus et Ingram de Henscuesheim ministeriales Laureshamenses«. Sie dürften sich nach dem Ort genannt haben, vielleicht waren sie dort auch die Lorscher Verwalter, doch ist nicht klar, ob sie ein und derselben Familie angehörten; um 1230 wohnten Handschuhsheimer auch in Heidelberg.

Die Familie kam bald zu Ehren, ihr gesellschaftlicher Aufstieg begann. 1254 urkundete Henricus dictus Eppinger de Henscuesheim miles, 1316 war Johann Kämmerer am pfälzischen Hof, 1332 Dieter miles Burgmann auf der Mainzer Schauenburg, 1337 bis 1345 Diether II. Truchseß am Hofe Kaiser Ludwigs des Bayern, und Diether IV. war 1393 Edelknecht, wurde 1397 Ritter und 1399 Marschall und Hofmeister des Kurfürsten Ruprecht III. von der Pfalz. Er führte im selben Jahr das Pfälzer Heer vor die Burg Tannenberg. Diether muß es zu Wohlstand gebracht haben, denn seinem Fürsten, der von 1401 bis 1410 deutscher König war, hat er öfter aus Geldnöten geholfen.

Diether V., mit Margarete von Frankenstein verheiratet, nahm als pfälzischer Hofmeister an der Schlacht von Seckenheim teil. 1489 war »Dame von Hantschuchheym, Wilhelmo lantgrave zu Hessen . . . burgmann uff dem slosse Urberg«; die Vettern Henrich und Diether versahen diesen Dienst 1497. Erasmus läßt sich 1582 als Stadtschultheiß von Heidelberg nachweisen.

Wo die Familie ihren Stammsitz hatte, ist nicht bekannt. Erst nach dem Aussterben der Schauenburger dürfte sie es für notwendig erachtet haben, in Handschuhsheim eine Burg zu bauen. Vorher stand an dieser Stelle vermutlich ein Adelshof.

Die Burg hat einen fast quadratischen Grundriß von etwa 30 x 30 Metern. Ein tiefer Graben umgibt sie. In ihm konnte der Mühlbach aufgestaut werden und machte so die Feste zur Wasserburg. Doch stand der Graben nicht ständig unter Wasser, sondern wurde nur in Notzeiten gefüllt und diente sonst als Gemüse- und Würzgarten. Der Eingang zur Burg liegt auf der Südseite. Dort führt eine Brücke über den an dieser Stelle zwölf Meter breiten Graben, an ihrem jenseitigen Ende als Zugbrücke ausgebildet. Das Tor war durch ein Fallgitter gesichert, über dem Gußerker, vielleicht sogar Maschikuli (Pechnasen) angebracht waren.

Das bergfriedähnliche viereckige Gebäude, das im Hof steht, diente als Wohnturm. Es steht nicht parallel zur Außenmauer, sondern etwas verkantet. Rechts vom Tor ist in die Außenmauer ein rechteckiger Turm eingelassen, der früher wohl höher war und eine Kampfplattform trug, um den Eingang decken zu können. Auf der Innenseite lehnt sich ein kleinerer Bau mit einer Wendeltreppe an ihn. Ein großes Gewölbe im Innern dieses Turms diente wahrscheinlich einst als Burgkapelle. Darunter liegt ein Raum mit Tonnengewölbe, dessen Funktion unbekannt ist. War er eine Grablege? Epithaphien fehlen, auch war er zu klein dafür und die Stelle ungewöhnlich, doch machte man hier 1770 eine überraschende Entdeckung, die Rätsel aufgab.

An der Innenseite der Mauer lag, vom Eingang her gesehen, rechts der Palas, links die Kemenate, das spätere Brunnenhaus. Konsolsteine in der Umfassungsmauer lassen darauf schließen, daß um den ganzen Burghof herum Wirtschafts- und Wohngebäude standen. Nach Süden hin gab es eine geräumige Vorburg, ihre Reste sind heute verschwunden, einige finden sich in den Häusern wieder, die um die Burg liegen. Ein Wehrgang lief um die Burgmauer herum; die Kragsteine, auf denen er ruhte, und die einfachen Schießscharten sind heute noch zu erkennen. Obwohl die Wasserversorgung durch den Bach keine Schwierigkeiten gemacht haben dürfte, besaß die Burg im Innern noch einen Brunnen.

Die Familie der Handschuhsheimer war um 1560 noch weit verzweigt, bestand aber am Ende des 16. Jahrhunderts nur noch aus zwei Geschwistern. Gedenksteine in der St.-Vitus-Kirche erinnern an sie. Barbara starb mit dreizehn Jahren, ihr Bruder, der Letzte seines Stammes, mit sechzehn:

Jung und geradt war ich für wahr
Eine Jungfrawe ins dreyzehnd iar.
Barbaram geborne von Hendschugsheim.
Dem 6. Octobris Ano 1599 in dem Herrn geschlaffen ein.
Mein Gott und breütgam mich fordert ab.
Mein beyschlaff hab ich in diesem grab.
Darzu war ich willig und wolgemudt.
So war der todt mein heüradtgutt.
Mein seel ist bei dem breytgamm mein.
Mein leib thut wartten sein.
Biß ich sein stimm höre am Jüngsten tag.
Stehet mein Leib auff auß diesem grab.
Und neme die Ewige freüde ein.
Mit allen außerwölten sein . . .

Als man zahlte 1585 Jar.
In der Nacht den 25. Juny zwar.
Wardt geborn Hannß von Hendschugsheim.
Auff ime stunde der Adeliche stame allein.
Von Churf. Friderichen Pfaltzgrave bei Rein
Wardt beschriben gen hoffe zu reiten ein.
Zu dienen stellet er sich gehorsamlichen dar.
Seines alters fünffzehn und ein halbs iahr.
Zu Heidelberg auf dem marckt bey nacht.
Friederich von Hirshorn ihn hardt stach.
Den 14. decembris im sechzehnhundertsten iahr.
Über siebzehn Tag hernach sein lebe endet gahr . . .

Johanns tragisches Ende beschrieb der pfälzische Kirchenrat Markus zu Lamb. Kurfürst Friedrich IV. lud den Handschuhsheimer und den gleichaltrigen Friedrich von Hirschhorn, der auch der Letzte seines Stammes war, zur Doppelhochzeit des Hofmeisters und des Burgvogts auf das Heidelberger Schloß. Hans war Hofjunker, Friedrich Erztruchseß. Es wurde ein rauschendes Fest, bei dem der Wein buchstäblich in Strömen floß: 83 Fuder wurden ausgeschenkt. Der Kurfürst schlug Hans von Handschuhsheim zum Ritter und verehrte ihm einen kostbaren Degen. Friedrich von Hirschhorn war darüber aufgebracht und glaubte, ihm hätte die Auszeichnung als erstem zugestanden. Schon auf dem Fest kam es zum Streit; danach, am 14. Dezember 1600 auf dem Heidelberger Marktplatz zum blutigen Drama: ». . . welcher . . . nachts zu Hoff Eines Wehrtausches halber mit dem Hirschhörner von Zwingenberg uneins und stößig worden, der Ihm hernach hierunder in der Stadt uf dem Marck tückischer weis unversehens unndt gantz unredtlich oben am dicken theil des Schenkels so tief hineingestochen, das das wher beinahe unden am Knie wieder herausgegangen, unndt ime das wher also im Schenkel stecken lassen. Daruff als der von Handschuhsheim zu Ihme gesaget, Zwingenberger, Du hast mich gestochen wie ein Schelm aber ich will Dirs verzeihen, ziehe mir das wher wieder heraus, ist er hinzugelauffen unndt hat Ihme erst dasselb gantz grausamer abscheulicher Mörderischer weis in den wunden herumbgedreet unndt Ihme also damit die Adern alle zerschnitten, das man hernacher das Blut nit stillen können, dergestalt, daß er in die 20 tage lang große Qual erlitten unndt endlich des 31. Dezembris in unsäglichem schmertzen mit großem Durst, nachdem ein hitziges Fieber darzugeschlagen gewesen, in gedult stil und christlich verschieden und den 8. Januarij des 1601 Jars Nach Mittag um 12 Uhre von hinnen aus mit großer Solennitet über die Neckarbrücke beleit, fürters nach Handschuchsheim gefürt unndt daselbst mit Schilt unndt Helm als der Letzte Seines Geschlechts, beineben dem wher, damit er gestochen gewesen, begraben worden . . . Als aber die Frau Mutter erfahren, hätte sie gewünscht, daß der von Hirschhorn auch, als der letzte seines Stammes und Mannes sterben möge und seine Kinder überlebe, welches dann auch geschehen, Gott hat ihme mit beeden Weibern viele Kinder gezeigt, aber alle vor der Zeit wieder hinweggenommen . . .« Mit Friedrich von Hirschhorn erlosch auch dieses Geschlecht 1632.

Bei der Untersuchung durch den Kurfürsten erklärte Friedrich von Hirschhorn, es sei niemals seine Absicht gewesen, den Freund zu töten. Im Streit hätten sie beide ihre Degen gezogen. Der Handschuhsheimer sei ihm in die Klinge gelaufen, aber nur gestorben, weil man die Wunde vernachlässigt habe. Er bat Johanns Mutter um Verzeihung, versprach, ihr nie wieder unter die Augen zu kommen, und erlegte eine Geldbuße von 2000 Gulden als Stipendien für adlige Studenten an der Universität. Amalie von Handschuhsheim heiratete im Mai 1601 den kurfürstlichen Kanzler Claus Henrich von Eberbach und starb zwischen 1620 und 1624. Burg und Vermögen fielen an ihre Nichten und kamen schließlich in den Besitz der Freiherrn von Helmstatt.

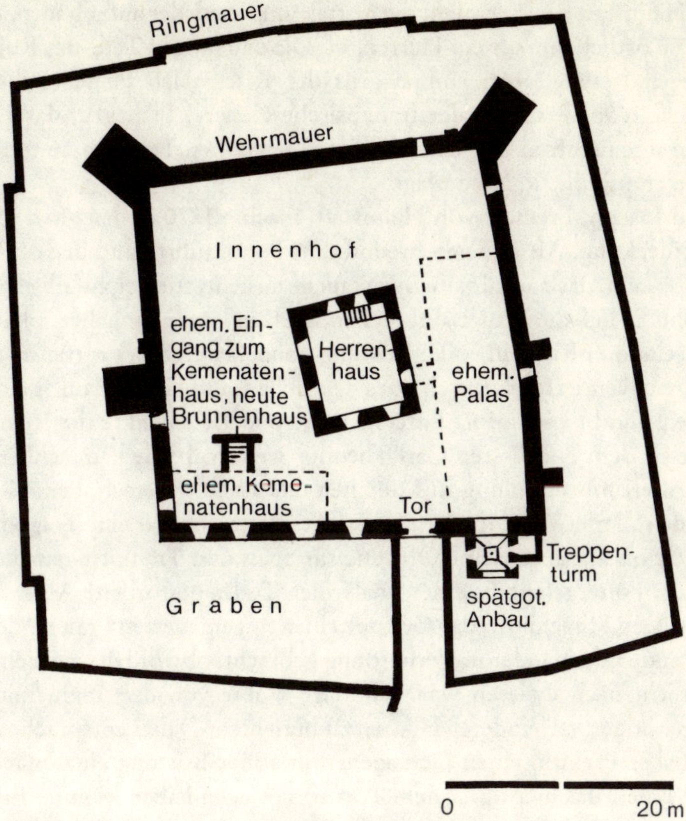

Tiefburg Handschuhsheim (nach: 1200 Jahre Handschuhsheim)

Tilly schlug, als er Heidelberg belagerte, im Juni 1622 sein Hauptquartier in Handschuhsheim auf. Während des ganzen Krieges erlitt die Burg durch die wechselnden Besetzungen erhebliche Schäden, so daß um jene Zeit »in dere Tiefburg alles zerschlagen und ausgehauen worden sei und daß im ganzen Haus vier türen nicht mehr zu finden seien . . .«

Als Turenne 1674 die Bergstraße entlangzog, wurde die Burg erneut beschädigt. Mélacs Truppen gerieten im Februar 1689 in Handschuhsheim in das Feuer von Freischärlern. Zur Vergeltung ließ der General am folgenden Tag das Dorf umstellen und niederbrennen. Die Bevölkerung beklagte 81 Tote. Die Burg war eine Ruine. Die Freiherren von Helmstatt besaßen nicht die Mittel, um sie wieder aufzubauen, und errichteten um 1700 östlich von ihr ein Herrengut. Die baufälligen Teile der Ruine mußten sie niederlegen lassen. Noch einmal griff der Krieg nach Handschuhsheim. Am 24. September 1795 versuchte der französische General Pichegru, das Dorf einzunehmen, um so einen Keil zwischen die österreichischen Truppen zu treiben. Dabei erlitt er eine empfindliche Niederlage.

Ferdinand Joseph, Freiherr von Helmstatt, machte 1770 in den alten Mauern eine grausige Entdeckung. Als er einen Freund dort herumführte und in den Raum unter dem Gewölbe kam, das man als alte Burgkapelle ansieht, stieß er zufällig an die Wand. Es klang hohl. Er ließ die Mauer aufbrechen, und ein kaminähnlicher Schacht trat zutage, in dem ein toter Ritter in voller Rüstung stand. Sein Körper zerfiel an der Luft zu Staub. Der reichverzierte Harnisch wies deutliche Kampfspuren auf. Leider ließ der Burgherr den Fund nicht sofort untersuchen, sondern schenkte die Rüstung einem Freund, der sie dem Kurfürsten Carl Theodor weitergab. Sie kam schließlich in die königliche Altertumssammlung in München und ist dort verschollen.

Bald wurden allerlei Vermutungen angestellt. Hatte sich hier eine Tragödie ereignet, war der Ritter bis auf eine kleine Öffnung für Speis und Trank eingemauert worden und in seinem Foltergefängnis eines qualvollen Todes gestorben? Als man 60 Jahre später in der Burg Hirschhorn das Gerippe einer eingemauerten Frau entdeckte, wurden beide Funde miteinander in Verbindung gebracht, obwohl die zeitliche Übereinstimmung nicht nachgewiesen war. Die Sage wußte von der unglücklichen Liebe zweier Angehöriger verfeindeter Häuser zu berichten. Dabei entsprach es durchaus nicht ritterlicher Praktik, einen Gefangenen in voller Rüstung einzumauern. Dafür gab es das Verlies, das hier unter dem Torturm gelegen haben könnte. Einem Toten hätte man vor dem Begräbnis die wertvolle Rüstung ausgezogen. War der darüberliegende Gewölberaum tatsächlich die Kapelle, dürfte man einen zum Tod Verurteilten keinesfalls unter dem Altar hingerichtet haben. Leider läßt sich nicht mehr feststellen, aus welcher Zeit der Tote stammte. Oder wollte man das Opfer einer Gewalttat heimlich verschwinden lassen? An den geheimnisvollen Fund erinnert heute eine Rüstung, die im Schacht aufgestellt ist.

Die Freiherren von Helmstatt machten 1913 die Gebäude wieder bewohnbar und vermieteten sie. Ein Maleratelier richtete sich in der Burg ein, von 1921 bis 1951 auch eine Jugendherberge. Danach erwarb die Stadt Heidelberg die Tiefburg und übergab sie dem Stadtteilverein zur Nutzung. Von 1932 bis 1934 fanden im Hof Burg- und Heimatspiele statt. An sie knüpfen die heutigen Volksfeste an. Der Keller des Palas ist an eine Studentenverbindung vermietet. 1979/80 wurden die alten Mauern restauriert. »Hendesse«, wie der traditionsbewußte Stadtteil Heidelbergs in Mundart genannt wird, weiß Überlieferungen zu wahren. Die alte Tiefburg bildet seinen Mittelpunkt.

Der Heiligenberg bei Heidelberg

Steil ragt der Heiligenberghang über dem rechten Neckarufer in die Höhe. Der an der Kuppe 440 Meter hohe Berg bildet den nördlichen Eckpfeiler des engen Flußtales. Senken und Einschnitte trennen das Massiv von den umliegenden Höhen, so daß es gegen Angreifer leicht zu verteidigen war. Jahrtausendealte Siedlungsspuren auf dem Bergrücken und dem Gipfel reichen von der Urnenfelderzeit über die Hallstattzeit bis in die frühe Latènezeit und bezeugen eine ununterbrochene dichte Besiedlung schon in grauer Vorzeit. Zwei mächtige Ringwälle boten Schutz vor Feinden. Der äußere hat einen Umfang von drei Kilometern, der innere, höher gelegene, einen solchen von zwei Kilometern. Ein doppelter Wall, der sich von Außenring zu Außenring zieht, schließt den nördlichen Gipfel ein. Breite Tore führten in die Umwallung. Man konnte sie in Notzeiten leicht verrammeln und von hölzernen Brustwehren aus den Feind bekämpfen. Diese Ringwälle gelten als Befestigungen der Latènezeit; zwei Torbauten des inneren Ringes sind jedoch wahrscheinlich karolingisch. Da an einigen Stellen der Umwallung auch römerzeitliche Reste zu finden sind, ist anzunehmen, daß sie damals repariert wurde und noch bis in das 7. oder gar 8. Jahrhundert hinein als Befestigung, als »Burg« diente.

Kuppe und Bergrücken haben heute nicht mehr ihre ursprüngliche Form; sie wurden mehrfach abgetragen, terrassiert und wieder aufgefüllt. An einigen Stellen ist der Siedlungsschutt so mächtig, daß spätere Baumeister nicht bis auf gewachsenen Boden gründen konnten. In der Latènezeit war die Ansiedlung auf dem Heiligenberg die wohl bedeutendste des Lobdengaues. In der Spätlatènezeit scheint der Berg verlassen worden zu sein, denn Funde aus jener Zeit fehlen. Damals bildeten sich stadtähnliche Siedlungen mit handwerklicher, manchmal sogar industrieller Warenfertigung. Mag sein, daß die Bewohner damals in die verkehrsgünstiger gelegene Sumpf- und Seeburg Lopodunum zogen. Erst spätere Generationen siedelten wieder auf dem Heiligenberg.

Seit Urzeiten war der Heiligenberg nicht nur Wohnstatt und Fluchtburg, sondern diente auch der Götterverehrung. Die Römer setzten diese kultische Tradition fort.

Die Grabungen von Berndmark Heukemes lassen darauf schließen, daß damals neben einem großen, dem Merkur geweihten Tempel weitere Sakralbauten standen, die anderen Göttern dienten. Viele Ziegelscherben tragen den Stempel von in Neuenheim stationierten Militäreinheiten. Die Stifter von Votivtafeln sind nicht nur, wie ihre Namen bezeugen, römischer, sondern auch germanischer und keltischer Abstammung. Inschriften verweisen auf die Suebengaue beiderseits des Rheins; der Heiligenberg muß damals eine bedeutende, weithin bekannte Kultstätte gewesen sein.

Zu den Festen des Merkur und der anderen Gottheiten pilgerten viele Menschen auf den Berg, gefolgt von einem Schwarm von Händlern, die Erfrischungen, Devotionalien und Souvenirs anboten. Auch die mittelalterlichen Prozessionen, die »Rolloss«, gehen auf uralte Bräuche zurück und führten Scharen von Gläubigen aus Heidelberg, Handschuhsheim, Neuenheim und den umliegenden Dörfern im Odenwald und an der Bergstraße auf den Berg. Bezeugt ist, daß Kurfürst Ruprecht I. unter ihnen war. Die Scharen fliegender Händler, die mitzogen, nötigten die Gemeinde Handschuhsheim, zu deren Gemarkung der Berg gehört, Schankrecht und Marktaufsicht dort in ihrem Weistum gesondert zu regeln. Die Rolloss arteten zeitweise so aus, daß es 1423 und später noch mehrmals den Heidelberger Studenten untersagt wurde, daran teilzunehmen.

Das Michaelspatrozinium für die Bauten in christlicher Zeit ist sicher kein Zufall. Der Heilige gilt als Geleiter der Seelen ins Jenseits; bei den Römern war dies Merkur, bei den Germanen Odin.

369 n. Chr. unternahmen die Truppen Kaiser Valentinians I. von Ladenburg aus einen mißglückten Zug gegen den Mons Piri. Vieles spricht dafür, daß es sich dabei um den Heiligenberg oder eine seiner Vorhöhen gehandelt hat.

Bis ins 9. Jahrhundert hinein fehlen urkundliche Nachweise über die Vorgänge auf dem Berg. 1886 begann Wilhelm Schleuning mit planmäßigen Grabungen und datierte Baureste in die karolingische Zeit. Die Untersuchungen der heutigen Zeit bestätigen ihn und zeigen, daß die Geschichte der Bauten, auch von Kloster und Kirche, weitaus vielschichtiger ist als bisher angenommen.

Reste eines Rundbaus wurden auf der Kuppe gefunden, die eines weiteren werden unter der Klosterruine vermutet. Handelte es sich um Teile einer Befestigung? Die kirchlichen Bauten befanden sich am Westhang, nicht auf der Spitze des Berges.

Der Berg hieß damals »Aberinsberg«, die Befestigung »Aberinsburg«, im 10. Jahrhundert »Habrinsberg«, was auf einen Personennamen zurückzuführen ist. Nach 1179 kam der Name »Allerheiligenberg« auf, woraus durch Verkürzung schließlich »Heiligenberg« wurde.

Als der Lorscher Abt Thiodroch (864–876) zwischen 873 und 875 ein Kloster bauen ließ, wurde eine große Fläche dafür abgeräumt. Die neuesten Grabungen haben ergeben, daß davor bereits drei Bauperioden lagen. Eine von ihnen weist Brandspuren auf. Reste eines bemalten Wandputzes lassen sich in karolingische Malerei des Mutterklosters einordnen.

Auch wenn sich Form und Umfang dieser ältesten Gebäude nicht mehr rekonstruieren lassen, wird man davon ausgehen können, daß schon vor dem Michaelskloster Sakralbauten auf dem Heiligenberg standen, der damals fränkisches Königsgut war. König Ludwig der Deutsche schenkte ihn am 18. Januar 882 zusammen mit landwirtschaftlichen Gütern, Häusern und Hörigen dem Kloster Lorsch. Die Klosterkirche war einschiffig, wohl kastenförmig, der Eingang lag im Westen.

König Konrad I. (911–918) bestätigte bei einem Besuch die Schenkungen an das Kloster, das »Aberinesberg genannt wird und dem hl. Michael geweiht ist«. Aus jener Zeit scheint eine weitere Bauphase zu stammen, die Marzolff als III A einstuft. Auf den alten Fundamenten entstand eine dreischiffige Kirche und ein etwas schmaleres Altarhaus. Ein Brand dürfte gegen Ende des 10. Jahrhunderts Umbauten und Erweiterungen notwendig gemacht haben. Wenig später scheint man darangegangen zu sein, das Kloster völlig umzugestalten, gab diesen Plan jedoch auf und verwirklichte ihn erst unter Abt Reginbald zwischen 1023 und 1030. Das Kirchenschiff wurde nach Westen erweitert, das Klosterareal vergrößert, und die letzten hölzernen Bauten verschwanden. Der Baustil zeigt Ähnlichkeiten mit der ersten Bauphase des Speyerer Doms, dessen Erzbischof Abt Reginbald wurde.

Vor den Türmen entstand das »Paradies«. Die folgenden Bauphasen überschneiden sich und werden unübersichtlich; allein am Kreuzgang lassen sich sechs verschiedene erkennen. Anscheinend wurde ständig am Kloster gewerkelt und gebaut.

An der Südseite des inneren Ringwalles liegt das sogenannte »Heidenloch«, eine sagenumwobene Höhlung, die auf Merians Zeichnung gut zu erkennen ist. Wie Grabungen ergaben, handelt es sich um einen Brunnen. Der Schacht maß drei mal vier Meter und war 52 Meter tief. Seine Sohle wurde in romanischer Zeit ausgemauert, darunter lag auf einer 0,5 Meter dicken Steinpackung eine von den Archäologen als römisch angesprochene Schicht. Das Heidenloch diente dazu, die Wasserversorgung des Berges zu verbessern. Vielleicht gaben auch die anderen Brunnen nicht mehr genug Wasser.

In der Nähe dieses Heidenloches wurde 1090 ein zweites, kleineres Kloster mit einer Basilika erbaut, das dem hl. Stephanus geweiht war. Um 1094 nennen Urkunden als Vogt über die Klöster am Heiligenberg Berthold aus der Familie der Hohenberger, um 1130 einen mit dieser Familie verwandten Konrad; vielleicht war dies ein Bickenbacher. Die Wirren, denen das Mutterkloster beim Übergang des Fürstentums Lorsch auf Kurmainz ausgesetzt war, scheinen die Klöster auf dem Heiligenberg kaum berührt zu haben. Wie dort, zogen auch hier 1248 Prämonstratenser aus dem Kloster Allerheiligen im Schwarzwald ein. Die wirtschaftliche Situation der Klöster verschlechterte sich in den folgenden Jahrhunderten. An Neubauten oder Umbauten war nicht mehr zu denken, notwendige Instandsetzungen unterblieben, Verfall setzte ein. 1503 stürzte ein Turm der Basilika ein, seine Trümmer erschlugen mehrere Mönche. Der Abt gab die baufälligen Gebäude des Michaelsklosters auf und zog sich mit den Mönchen ins Stephanskloster zurück. 1530 war auch dieses verlassen. In einer Mauerspalte fand Berndmark Heukemes mehrere Goldmünzen in einer Bleikapsel, vermutlich der heimliche Schatz eines Mönchs. Welches Schicksal hinderte ihn daran, seinen kostbaren Besitz abzuholen?

Als die Reformation in der Pfalz eingeführt wurde, erhielt das Waisenhaus den Berg. 1813 hob man die Waisenschaffnerei auf. Die Gemeinden Handschuhsheim und Neuenheim erwarben 1831 den Heiligenberg und seine ausgedehnten Waldungen. Neben den spärlichen Resten des Stephansklosters steht heute ein 18 Meter hoher steinerner Aussichtsturm.

Im Sattel zwischen beiden Bergkuppen entstand 1935 mit beträchtlichem Aufwand eine große Freilichtbühne. Sie wurde als »Germanische Thingstätte« konzipiert, enthält aber wesentliche Stilelemente eines antiken Theaters. Der mächtige halbrunde Zuschauerraum steigt treppenförmig hoch an. Ihm gegenüber liegt ein Bühnenbau, die Enden leicht einwärts gebogen, mit Freitreppen zum Dach und großen Toren zum Proszenium. Die Feierstätte ermöglicht große Festaufführungen, wird jedoch heute kaum genutzt.

Steinräuber holten, was ihnen geeignet erschien, Schatzsucher wühlten den Boden um. 1886 begann Wilhelm Schleuning mit planmäßigen Grabungen. 1903 wurde Handschuhsheim eingemeindet, der Berg gehörte nun zu Heidelberg. Planmäßige Ausgrabungen begannen; hier sind die Namen Schmidt, Wippermann und Koch zu nennen. Seit 1980 ergibt sich aus neuen Arbeiten ein klareres Bild, doch viele seiner Geheimnisse hat der Berg noch nicht preisgegeben.

Die Heidelberger »Burg zu Berge«

Kaum jemand weiß heute noch, daß es in Heidelberg zwei Burgen gab. Von der stolzen Burg, die oberhalb des Jettenbühls mit seinem prächtigen Schloß lag, sind nur noch wenige Steine übrig, die in die sogenannte Molkenkur verbaut wurden. Steinabbau und Felsabstürze im »Teufelsloch« haben weitere Spuren verwischt. Wann sie erbaut wurde, weiß niemand, nur das Datum ihres Untergangs ist festgehalten. Die ältesten Urkunden erwähnen nur eine Heidelberger Burg, wobei ungeklärt ist, ob es sich um diese oder jene auf dem Jettenbühl handelte. Erst 1303 ist von zwei Burgen die Rede.

Ungeklärt bleibt, welche von beiden zuerst da war. Sowohl für das eine als auch das andere gibt es stichhaltige Vermutungen. Die Burg auf dem Jettenbühl, das heutige Schloß, hatte an der Seite, die durch die »Burg zu Berge« gedeckt wurde, keine verstärkte Schildmauer, die obere könnte demnach älter gewesen sein. Nach einer alten Sage stand Heidelberg erst auf dem Jettenbühl und ging in einer großen Feuersbrunst unter. Auch dann wäre die obere Burg die ältere. Nimmt man aber an, daß die Burgen mit der Stadtgründung entstanden sind, dürfte es die auf dem Jettenbühl sein. Das Rätsel wird sich wohl nie lösen lassen.

Nahe an der Burg führt der »Plättelsweg« vorbei. Er ist mit Platten befestigt und eignete sich nicht für Fuhrwerke, sondern nur für Reiter und Fußgänger, die ihn offenbar gern benutzten, um den Engpaß unten am Neckar zu umgehen. Die obere Burg deckt ihn und vermochte ihn zu sperren.

Ein Halsgraben, etwa zehn Meter tief in den Fels gehauen, trennte das Burgplateau vom Berghang. Das hier herausgebrochene Material diente zum Bau, weiteres kam vom Steinbruch am Teufelsloch. Dadurch entstand dort eine steile Wand, die der Burg weiteren Schutz verlieh. Ein westlich davon gelegener Graben erschwerte den Angriff von jener Seite.

Kernburg, Vorburg und Vorhof waren wie aus einem Stück gebaut und bildeten ein langes Rechteck mit nach Westen abgeschrägten Ecken. Es war außen 130 Meter lang und 38 Meter breit. Auf seiner Ostseite lag die Kernburg, die 38 x 31 Meter maß. Eine

mächtige Schildmauer stemmte sich einem Angreifer entgegen. Hinter ihr stand der Bergfried, dessen Eingang auf der Nordseite in Mauerhöhe gelegen haben muß. Um den engen Innenhof gruppierten sich der große Palas auf der West- und der Ostseite, kleinere Gebäude sowie die Burgkapelle. Den Eingang deckte ein fester Eckturm. Ringsum sicherten starke Strebepfeiler die Mauern.
Die Vorburg lag etwas tiefer als die Kernburg. Hier standen Wirtschaftsgebäude, in der Mitte des Hofes befand sich ein Brunnenschacht. Ein fester Turm an der Westseite enthielt offenbar eine Zisterne und scheint über den Wehrgang erreichbar gewesen zu sein, so daß die Verteidiger auch dann noch Wasser von der Kernburg aus holen konnten, wenn die Vorburg bereits in Feindeshand war. Die Kernburg selbst besaß keinen Brunnen. Dieser zinnenbewehrte Turm scheint auch den Zugang zur Vorburg gedeckt zu haben. An der Außenmauer standen zwei weitere Wehrtürme.

Noch tiefer lag der Vorhof, den man nur durch einen Torbau betreten konnte. Über seinem Eingang scheint eine Barbakane gelegen zu haben. Entlang der Südfront wurde später ein Zwinger gebaut, der bis zum westlichen Graben reichte. Am Teufelsloch gab es noch einen Turm, der als Luginsland diente und offenbar den ersten Angriff aufzuhalten hatte.

Ihrem Baustil nach könnte die Burg in staufischer Zeit errichtet worden sein. Dann müßte sie Pfalzgraf Ludwig II. bewohnt haben, doch gibt es dafür keinen urkundlichen Beweis. Zwei Zeichnungen aus der Zeit kurz vor ihrer Zerstörung sind erhalten. Sebastian Münsters calendarium hebraicum von 1527 enthält einen spiegelverkehrten Holzschnitt, auf dem die obere und die untere Burg abgebildet sind. 1537 fertigte der spätere Kurfürst Ottheinrich eine Bleistiftskizze, die zwar stark verblaßt und stellenweise nur noch in den Prägelinien erkennbar ist, jedoch einen naturgetreuen Aufriß des »Alten Schlosses« darstellt, das zu dieser Zeit nur noch als Arsenal und Gefängnis diente. Die Schildmauer scheint zur Hälfte abgetragen gewesen zu sein, vielleicht war sie baufällig.

Die »Alte Burg« wurde durch eine Explosion zerstört; ein zeitgenössisches Flugblatt schilderte, was sich ereignete: »Item auff Sanct Marx tag inn diesem Siebenunddreissigsten Jar (25. April 1537), umb vier uhr nachmittag, ist zu Heidelberg ein wetter angebrochen, fast wild und ungestuem mit grossen erschrocklichen grausamen donnerschlegen, und hat der dritte donnerschlag inn das alt Schlohs welchs man alt Heydelberg nennt, geschlagen, an dem ort, da mer dann zweihundert thunnen Pulvers gewesen, welches sich von dem donnerschlag angezundt, das gantz Schloss urploetzlich schier in einem augenplick zersprengt, zerrissen und gantz von boden und grundt zerschleyfft hat, von welchem schloss die steyn von dem gemeur an viel orten der Stadt gesprungen seindt, nit anders als het man sie hinein geschossen, und sind schier inn allen gassen die fenster, oefen, decher und der gleichen inn der stadt zersprungen und zerprochen, seindt die kirchenfenster all zerschmettert, als wie sie in dem Baurkrieg gewesen sein.

Auch seind die Fenster alls in dem Newen Schloß, unther dem alten gelegen, gantz und glat auhs gesprungen und gross stein in die maur wie die Karthaunen getrieben und dem Pfaltz graven (Ludwig V.) in seinem gemach also gewuetet und getobet, das so er einheimisch gewesen wer, mit dem leben nit wol darvon het moegen komen.

Hat auch etliche gewelb im Newen Schloß eingerissen und mehr dann fuer dreissig tausent gulden schaden allein inn dem Newen Schloß gethan ohn den schaden, der inn der Stadt und etlichen beyligenden Doerffern und geheusen geschehen ist.

Und auf dem alten schloß, das zerrissen ist, sein umbkommen drey person, mit allem viehe, so darauff gewesen ist, die andern seind mit dem leben durch die Hilff Gottes darvon kommen, doch nicht unverletzigt. Seindt auch zwene arbeyter zu hoff am newen baw erschlagen worden.

In Summa, es ist ein grewlich, grausam und gantz erschrocklich wesen gewest, dahs sich bey mans gedenken nicht begeben hat. Ist auch viel erschrocklicher dann man es schreyben oder sagen kann. Ist auch ein solche forcht unther die leut kommen, wenn ein wetter sich nur mercken lest, lauffen sie alle zusammen und schreyen, Gott woell uns allen gnedig sein.

Es seindt auch zu Heydelberg etliche Lantzknecht in einem wirtzhaus gesessen und haben nach ihrem brauch gezecht und seindt froelich gewesen mit singen, springen und grossem geschrey und haben des wetters kein acht genommen, bihs die fenster hinein zu ihnen auff den tisch gefallen sein. Da seind die Lantzknecht hinauhs gelauffen und zornig gewesen, haben gemeint, es hab sie einer mit mutwillen eingeschlagen oder sey ein lerman (Alarm) drauhs, bihs sie gesehen haben, das er oberall inn den Heusern von dem wetter geschehen ist. Also hat es zu Heydelberg gewittert. Gott solle ein yeden Flecken darvor behueten . . .«

Während der Bauarbeiten am neuen Schloß hatte man offenbar den gesamten Pulvervorrat in der alten Burg gelagert. Den Studenten war es verboten, sich dort in der Nähe aufzuhalten, auch sonst scheint man mit dem gefährlichen Stoff sehr vorsichtig umgegangen zu sein, aber Blitzableiter waren noch unbekannt. Die Burg zu Berge war noch ein Trümmerhaufen, als Merian 1620 Heidelberg zeichnete.

1622 lag dort eine Schanze, die aus drei Teilen bestand. Um den alten Luginsland zog sich eine starke Geschützbastion, an der Stelle der alten Burg lag der mittlere Teil der Verschanzungen, weiter oben jenseits des alten Halsgrabens die obere Stufe, die auch das Wachhaus enthielt. Vom Schloß aus konnte man die Schanze durch einen mit Palisaden gesicherten Weg erreichen, der auch schon die beiden Burgen miteinander verbunden hatte. Dort brachte die Besatzung 1622 schwere Geschütze in Stellung und erwiderte tapfer das Feuer von Tillys Belagerungsartillerie, die am Hang des Gaisbergs in Stellung gegangen war. Die Pfälzer und Niederländer, die sie verteidigten, kämpften tapfer und hielten die Schanze lange gegen alle Angriffe. Als sie gefallen war, mußte auch das Schloß bald kapitulieren.

Von dieser Schanze aus beschossen 1633 die Schweden das Schloß, 1634 die Bayern und Jan de Werth, 1635 die Kaiserlichen unter Gallas. Gegen sie richtete sich auch der erste Angriff der Franzosen 1689. Vier Jahre später stürmten 3000 französische Soldaten die Schanze, hißten die weiße Fahne und machten Mauern und Wälle dem Erdboden gleich. Die herumliegenden Steine bildeten später ein willkommenes Material für Heidelbergs Wiederaufbau.

Vor einem Jahrhundert wurde über den Resten der alten »Burg zu Berge« die Molkenkur gebaut, ein Sanatorium, in dem man mit Molke kurte, was damals sehr beliebt war. So mancher Buckelquader, so mancher Stein der alten Mauern findet sich heute in ihrem Gemäuer. Wer auf der Fahrt mit der Bergbahn zum Königstuhl auf der Station Molkenkur umsteigt, denkt wohl kaum daran, welch wechselvolle Schicksale sich dort einst abgespielt haben.

Das Heidelberger Schloß

»Dann die hoffstatt ist ein gar lustig orth,
do der Neckar aus den hohen bergen auf die ebene heraus laufft,
und darumb zu glauben ist,
daß sie nie ohn menschliche wohnung gewesen sey,
dieweil Teutschland von den menschen bewonet ist«,

schrieb Sebastian Münster 1567. Heidelberg war damals schon lange Residenz der Pfalzgrafen und Kurfürsten. Franziskus Irenus hatte ein halbes Jahrhundert vor Münster berichtet, um 1100 habe dort ein der Hl. Maria in der Einöde geweihtes Kloster gestanden, um welches sich Fischerhütten scharten. Reste dieser Siedlung fand Dr. Berndmark Heukemes nahe jener Stelle, wo später die Peterskirche gebaut wurde. Diese Kirche ersetzte ein älteres Gotteshaus, das außerhalb des staufischen Stadtbereichs lag, zur Pfarrei Bergheim gehörte und diese Abhängigkeit noch lange Zeit nach der Stadtgründung beibehielt.

Es war eine bescheidene Siedlung, weit genug vom Neckar entfernt, so daß ihr die gefährlichen Hochwasser des Flusses nichts anhaben konnten, der auch heute noch, nach seiner Bändigung durch Staustufen und Schleusen, oft über die Ufer tritt und die tiefer gelegenen Stadtteile unter Wasser setzt. Spuren einer älteren Besiedelung, vor allem aus römischer Zeit, fanden sich bisher an dieser Stelle nicht.

Neuenheim war dagegen zur Römerzeit dicht besiedelt. Hier führte eine Brücke über den Fluß, Kastelle deckten sie, und auf dem linken Neckarufer gab es einen befestigten Brückenkopf. Um die militärischen Stützpunkte herum lagen zivile Siedlungen. Nach dem Abzug der römischen Truppen verschwand die Brücke, eine Fähre trat an ihre Stelle. Obwohl eine solche erst 1217 urkundlich erwähnt wurde, muß sie älter sein, denn in der Nähe gibt es keine Furt. Aus der Ansiedlung auf dem linken Ufer entwickelte sich Bergheim.

Mehrere wichtige Straßen kamen hier zusammen. Ihre Trassen decken sich zum Teil mit denen alter römischer Militärstraßen. Nach Gründung der Stadt Heidelberg wurde der Verkehrsknotenpunkt verlegt. Sämtliche Straßen trafen sich nun in der Stadt und querten den Neckar auf einer Brücke, die dort lag, wo heute die Alte Brücke den Fluß kreuzt.

Wie ein langgestreckter Trichter öffnet sich das Neckartal und geht bei Neuenheim und Bergheim in die Rheinebene über. Auf beiden Seiten liegen hohe Berge; der Heiligenberg und der Königstuhl. In einer letzten Windung tritt der Neckar aus seinem engen Tal, flankiert von steilen Felsen, die es rückwärts abzuschließen scheinen. Die alte Straße folgt dem Flußufer und schlängelt sich um sie herum.

Davor liegt eine Anhöhe, deren Flanken steil abfallen. »Jettenbühl« nannten sie die Bewohner jenes kleinen Weilers, und wie bei vielen anderen, so erlaubt auch dieser Name zwei Deutungen. »Geltenpogel« hieß der Hügel, auf dem man das Jungvieh weidete, sicher vor den Raubtieren. Durch Lautverschiebung mag daraus »Jettenbühl« geworden sein, was man dann als »Jungviehhügel« erklären könnte. Eine andere geht auf eine alte Sage zurück. Jetta, eine Tochter jenes mächtigen Keltenfürsten, dem die Umgebung gehörte, war eine weithin bekannte und berühmte Seherin. Auf dem Hügel stand das «fanum Jettae«, eine Kapelle, in der sie lebte und wirkte. Die geheimnisumwobene Frau wurde auf dem Weg zu ihrem Lieblingsplatz, dem Wolfsbrunnen, von einem der damals noch zahlreichen Wölfe angefallen und zerrissen.

Der Biograph Friedrichs II. berichtet, daß Reste dieses Jetta-Heiligtums noch vorhanden waren, als der Kurfürst den Gläsernen Saalbau errichten ließ. Oberbaurat Prof. Schäfer entdeckte dort 1897 ein gotisches Fenster, das er in die ersten Jahrzehnte des 13. Jahrhunderts datierte. Handelt es sich hier um einen Rest jenes »fanum Jettae«, oder ist es ein Fragment der ältesten Burgbauten?

Eine alte Überlieferung behauptet, das mauerumwehrte Heidelberg habe zuerst auf dem Jettenbühl gestanden, ging dann in einer großen Feuersbrunst unter und wurde am Fuße des Hügels wieder aufgebaut, weil der Pfalzgraf auf dem alten Platz seine Residenz errichten wollte.

Nicht nur auf dem Jettenbühl, sondern auch am Hange des Königstuhls stand eine Burg. Unklar ist, welche von beiden zuerst erbaut wurde, wenn es eine solche Zeitdifferenz überhaupt gab. »Castrum«, »Burg Haidelberg« erwähnen alte Urkunden oft, was sich natürlich auf die eine wie die andere beziehen kann. Erst 1303 ist eindeutig von zwei Burgen die Rede. Das Neckartal gehörte zum Lobdengau, den die Bischöfe von Worms regierten. Die Reichsabtei Lorsch setzte sich auf dem Heiligenberg fest und griff weiter nach Süden aus. Wiesloch wurde ihr Stützpunkt, die Mönche schürften dort nach Erz. Auch das Bistum Speyer beanspruchte Rechte.

Mitte des 12. Jahrhunderts trat eine neue Macht auf den Plan. Als Herzog Friedrich von Schwaben 1147 starb, teilten seine Söhne das Erbe. Konrad von Staufen, der Halbbruder Friedrich Barbarossas, erhielt die rheinfränkischen Lande, mit denen das Recht der Königswahl, die Kur, verbunden war. Ein Zeitgenosse schilderte Konrad als »von mittlerer Statur, mit festem, gedrungenem Wuchs, blondem Haar, gemessenem Auftreten, in Worten sparsam«.

Konrad, ein treuer Vasall seines kaiserlichen Bruders, verfocht staufische Hauspolitik und strebte eine Familienherrschaft an, deren Gebiet von Schwaben bis zur Saar reichte. Von seiner Mutter hatte er umfangreichen Besitz westlich des Rheins geerbt, dazu die Hochstiftsvogtei über Worms. Seine Gemahlin Irmengard von Henneberg brachte ihm die Vogtei über Lorsch in die Ehe, dazu beträchtlichen Eigenbesitz, den die Hohenberger im vorderen Odenwald hatten.

Am unteren Neckar besaß Konrad bald ein größeres zusammenhängendes Territorium, zu dessen Abrundung allerdings noch die Grafschaft Stahlbühl fehlte. Als ihm der Kaiser 1155 die Würde des Pfalzgrafen bei Rhein verlieh, suchte Konrad eine Residenz, die inmitten seiner Lande lag.

Die Pfalzgrafen waren zur Karolingerzeit königliche Beamte, hatten das Königsgut zu verwalten, standen den Pfalzen vor und waren procuratores fisci, Kameralbeamte. Im Grafengericht trafen sie Entscheidungen im Namen des Königs. Im 10. Jahrhundert übten sie das königliche Richteramt aus und waren Berater und Stellvertreter der Stammesherzöge. Das Amt war zuerst nicht erblich, doch konnte man bei einer Vakanz den Sohn einer mächtigen und einflußreichen Familie nur schwerlich übergehen, so daß sich fast von selbst eine Vererbbarkeit herausschälte, während die Lehensvergabe mit ihrem eigentlichen Sinn mehr und mehr in den Hintergrund trat.

Im Laufe der Zeit hatte sich die Pfalzgrafschaft bei Rhein über die anderen herausgehoben. Ihr Kern lag ursprünglich weiter nördlich, um Aachen, war aus altem lothringisch-niederdeutschen Besitz entstanden, und der Pfalzgraf dieses ripuarischen Franken war ein besonders enger Vertrauter des Königs. Als sich die geistlichen Fürstentümer am Rhein formierten, drängten sie diese weltliche Herrschaft mehr zum Mittelrhein hin ab; Bacharach wurde ihr Zentrum.

Kaiser Heinrich V. ernannte 1113 Gottfried von Calw zum Pfalzgrafen. 1142 erhielt Hermann von Stahleck dieses hohe Amt, ein fränkischer Edler, vielleicht ein Nachkomme der Babenberger. Er residierte auf der gleichnamigen Burg oberhalb von Bacharach. Hermann von Stahleck war in eine blutige Fehde verwickelt, in deren Verlauf der Mainzer Erzbischof Arnold von Seelenhofen, Barbarossas Vertrauter, ermordet wurde. Der Pfalzgraf verfiel deshalb auf dem Wormser Reichstag der Acht und verlor Amt und Länder.

An seiner Statt setzte Kaiser Friedrich seinen Halbbruder und Vertrauten ein. Zur Pfalzgrafschaft gehörte kein Landbesitz, aber die Vogtei über Trier und Köln. Konrad blieb nicht lange auf Burg Stahleck. Gegen den heftigen Widerstand des mittelrheinischen Adels verlegte er seine Residenz an den Neckar. Mit Bedacht scheint er dabei die Umgebung des Jettenbühl ausgewählt zu haben, die für ihn viele Vorteile bot. Allerdings war das wormsisches Allod, aber Konrad war Vogt des Hochstifts, und so dürfte es ihm nicht schwergefallen sein, damit belehnt zu werden. Eberhard von Stahleck berichtet, daß sich der Pfalzgraf während der Jahre 1170 bis 1180 dort aufgehalten hat.

Auch wenn es dafür keine urkundlichen Beweise gibt, besteht kein Zweifel, daß Konrad eine Burg bauen ließ und die Stadt Heidelberg gründete.

Wenn er die Stadt gründete, dürfte er auch auf dem Jettenbühl residiert haben. Die Palastbauten späterer Jahre und Jahrhunderte haben dort alle Spuren älterer Gebäude verwischt, doch scheinen sie auf den Fundamenten der alten Ringmauer zu stehen. Dann hatte diese Burg ein riesiges Ausmaß: 70 x 80 Meter, weit größer als selbst geräumige Landesburgen. Bau, Unterhaltung und Verteidigung einer so großen Anlage konnte sich nur ein mächtiger Herrscher erlauben, der über viel Geld und ein entsprechendes Bevölkerungspotential verfügte. Diese Burg war von vornherein als Schloß, als Residenz konzipiert.

Der Weg zur Burg überwand den Steilhang in mehreren Kurven. Der Eingang lag, wie heute auch, im Südwesten. Am Nordhang führte ein Fußpfad hinauf, durch ein kleines Pförtchen gelangte man hier in die Burg. Auf dieser dem Neckar zugewandten Seite scheint der Palas gestanden zu haben, ein großes Gebäude, in dem sich auch die Türnitz befand, der Turniersaal, wo bei ungünstigem Wetter die Ritterspiele stattfanden. Den großen Hof umgaben Wohn- und Wirtschaftsgebäude. Die alte Schloßkapelle läßt sich heute nicht mehr lokalisieren. Der Bergfried stand in der Südostecke, an der Stelle des heutigen Krautturms, vor der Schildmauer, die aber nur bis zum Tor reichte; auf der anderen Seite war die Mauer nicht verstärkt, hier deckte die obere Burg die untere.

Ein tiefer Graben trennte die Burg vom Berghang. Vor dem inneren Bering lag später ein schmaler Zwinger. Er ist bei den großen Umbauten des 16. Jahrhunderts fast völlig verschwunden. Weiter unterhalb lag eine ausgedehnte Siedlung, der Burgweiler, auch »Burgfreiheit« genannt. Bediente und Amtleute der Burg wohnten hier, wo sie auf Grund Gewohnheitsrechts gewisse Freiheiten genossen. Der Burgweiler lag außerhalb der ersten Heidelberger Stadtmauer und bildete bis 1743 einen von der Stadt unabhängigen Verwaltungsbezirk. Sein Rathaus, das aus dem Jahr 1653 stammte, stand bis 1899 am oberen Ende der Schloßstraße.

Sicher zu Recht gilt Pfalzgraf Konrad als Gründer Heidelbergs. 1196 urkundete »Konrad, Pleban zu Heidelberg«; die Stadt Heidelberg muß damals also schon existiert haben. Der Grundriß hat die typische Form einer staufischen Stadtgründung. 1203 nennen Urkunden einen Konrad als Stadtschultheißen, 1217 erwähnen sie »boni viri«, Patrizierfamilien, die auch später noch die Führungsschicht der Stadt darstellten. Der Name Heidelberg dürfte von Heidelbeere oder Heidekraut abgeleitet sein; beide Pflanzen finden sich am Hang des Königstuhls reichlich. Die ebenfalls vermutete Herkunft von Heiden, mit Blick auf den benachbarten Heiligenberg, erscheint als nicht begründet.

Konrad von Staufen besaß nur eine erbberechtigte Tochter mit Namen Agnes. Eine andere soll den Schleier genommen und die erste Äbtissin des nahe Heidelberg am Neckar gelegenen Klosters Neustift geworden sein, einer Lorscher Gründung, die Konrad favorisiert hatte.

Agnes war schon im Kindesalter Heinrich Welf, einem Sohn des Löwen, verlobt worden. Als es zwischen Staufern und Welfen zum Kampf um die Macht kam, wollte Konrad seine Tochter mit dem französischen König Philipp verheiraten, doch machte ihm die Liebe einen Strich durch die Rechnung. Agnes und Heinrich waren inzwischen herangewachsen und hatten sich ineinander verliebt. Die Mutter Irmengard stand auf ihrer Seite und sorgte dafür, daß sie heimlich getraut wurden. Der zornige Vater mußte wohl oder übel einlenken.

Konrad von Staufen starb achtundsechzigjährig 1195 in Heidelberg und wurde seinem Wunsch gemäß im Kloster Schönau begraben. Welf Heinrich »der Lange« erbte seine Länder und wurde auch Pfalzgraf. Um 1200 verschwanden die Hochstiftsvogteien und sind auch später nicht mehr nachweisbar. Offenbar als Abfindung hatten die ehemaligen Vögte umfangreichen Besitz dazugewonnen. Die staufische Partei war bestrebt, Macht und Besitz des welfischen Pfalzgrafen einzuschränken.

Pfalzgraf Heinrich und Agnes hatten nur einen Sohn, Heinrich den Jüngeren, der noch vor dem Vater starb. Als auch dieser nicht mehr lebte, wurde die Pfalzgrafschaft vakant, während Agnes den Allodialbesitz erbte.

Kaiser Friedrich II. ernannte den Wittelsbacher Ludwig I. zum Pfalzgrafen. Angehörige dieses Hauses waren verläßliche Stützen der staufischen Deutschlandpolitik; Ludwig war einer der Vormünder des Kaisersohnes Heinrich.

Herzog Ludwig I. von Bayern gehörten die Länder am unteren Neckar nicht. Er scheint in Heidelberg gewisse Rechte gehabt zu haben, die aber umstritten waren, vielleicht hing das mit dem Amt des Pfalzgrafen zusammen. Als Ludwig 1214 dort einziehen wollte, sollen ihn die Pfälzer gefangengenommen und erst gegen ein hohes Lösegeld wieder freigelassen haben. Ludwig besaß weder die Vogtei über Lorsch, noch das Lehen Stahlbühl, welches der Wormser Bischof nach dem Tode Graf Boppos von Lauffen König Heinrich VII. übertrug. Ludwig verheiratete seinen Sohn Otto, der noch nicht mündig war, mit der welfischen Erbtochter Agnes. Das Hochstift Worms belehnte nun den Pfalzgrafen mit Heidelberg und der Burg und gab sozusagen als Zugabe noch Stahlbühl drauf: »Henricus Wormatiensis episcopus domino Ludovico duci Bavarico et comiti Palatino Rheni in foedum concessimus castrum in Heidelberg cum burgo ipsius castri . . . « Die Urkunde betont, daß sie mit Zustimmung des Domkapitels ausgefertigt wurde, um Ludwig und seine männlichen Nachkommen zu verpflichten, der Wormser Kirche zu helfen und ihr in allen Nöten beizustehen. Aus dem Text läßt sich schließen, daß dieses Lehen die alten Wormser Vogteirechte ablösen sollte, an deren Stelle nun die Schutzherrschaft trat.

1228 bestieg Ludwigs Sohn Otto der Erlauchte den Thron Bayerns und der Pfalz. Heinrich VII., Statthalter seines Vaters in Deutschland, überließ seine Lorscher Vogteirechte, die er wohl nicht allein besaß, dem Mainzer Erzbischof Siegfried II.

Es war der Anfang eines jahrhundertelangen Ringens zwischen Kurmainz und Kurpfalz um Gebiete und Rechte. 1223 überließ Heinrich VII. dem Pfalzgrafen die Schenken von Erbach, die bis dahin Reichsministeriale waren und offenbar während des Streits um Lorsch große Teile der Mark Michelstadt an sich gebracht hatten. Sie gerieten im Lauf der nächsten 80 Jahre in Pfälzer Abhängigkeit. Im Odenwald stieß dadurch die Pfalz weiter nach Norden vor, während Mainz an der Bergstraße nach Süden drängte.

König Heinrich geriet in Deutschland zunehmend unter den Druck der Fürsten und mußte 1231 auf wichtige königliche Hoheitsrechte in ihrem Gebiet verzichten. 1235 überwarf er sich mit seinem Vater. Kaiser Friedrich zog nach Deutschland, warf den Aufstand nieder und ließ den Sohn durch Pfalzgraf Otto festsetzen. Heinrich wurde später nach Apulien verbracht und endete dort 1242 im Gefängnis, vermutlich durch Selbstmord.

Otto konnte nun seine Lorscher Vogteirechte geltend machen, erschien 1236 vor Mainz, vermochte die Stadt aber nicht einzunehmen. Der Kampf wogte, mehrmals durch Vergleiche unterbrochen, lange hin und her, bis er schließlich 1308 durch die sogenannten Rachtung beendet wurde und beide Parteien 1344 durch Schiedsspruch erklärten, daß die umstrittenen Rechte nicht mehr existierten.

Pfalzgraf Otto vermählte seine Tochter Elisabeth mit dem Sohn des Kaisers, dem nachmaligen Konrad IV., der den Pfalzgrafen zum Reichsverweser ernannte, als er seinen Italienzug begann. Dieses Amt hatten die Pfalzgrafen fortan bei Thronvakanzen inne. Elisabeth war die Mutter des letzten Hohenstaufen Konradin, der noch als Jüngling auf tragische Weise endete.

Otto der Erlauchte residierte nicht ständig in Heidelberg, sondern meist in Bayern. Nach seinem Tode im Jahr 1253 teilten die Söhne das Erbe. Der vierundzwanzigjährige Ludwig II. erhielt Oberbayern und die Pfalz. Er war in Heidelberg geboren und soll im selben Zimmer, in dem er zur Welt kam, auch gestorben sein. Aventinus nennt ihn »ehrgeizig, aber friedliebend, sparsam und mäßig in sinnlichen Genüssen«.

Ludwig bekam bald den Beinamen »der Strenge«, und manches, was er tat, mag unerbittlich, nach heutigen Begriffen sogar grausam gewesen sein. So ließ er seine erste Gemahlin Maria von Brabant auf den bloßen Verdacht hin, sie sei ihm untreu geworden, hinrichten. Als sich ihre Unschuld herausstellte, soll, so berichtet die Chronik, sein Haar innerhalb einer einzigen Nacht ergraut sein. Mit politischem Geschick steuerte er das Staatsschiff durch eine aufgewühlte Zeit. Seine Regierungszeit war für die Pfalz am Rhein eine Periode des zielstrebigen Aufbaus, er suchte seine Lande zu ar-

35. Heidelberg, restaurierte Grundmauern des Michaelsklosters auf dem Heiligenberg.
(S. 219–222)

HAIDELBERGA
Neccar
Fluvius.

37. Heidelberg, Schloßruine mit Alter Brücke. (S. 227–263)

Vorhergehende Seite:
36. Dieser Stich Matthäus Merians entstand kurz vor der Eroberung Heidelbergs durch Tilly. Das Schloß ist noch unzerstört, der weltberühmte Hortus Palatinus unversehrt, aber noch nicht ganz fertig. Die »Burg zu Berge« stand in der Waldlichtung halbrechts oberhalb des »Dicken Turms«. Den Neckar quert noch die (ganz) alte Brücke. (S. 227–263)

rondieren, zog Adel und Ritterschaft an den Hof und sorgte für eine geordnete Verwaltung.

Ludwig scheint auch den Bau der Neckarbrücke veranlaßt zu haben und verlegte dadurch die Kreuzung wichtiger Handelsstraßen in die Stadtmitte von Heidelberg. Bau und Unterhaltung verursachten Probleme, denn der Neckar war wegen seiner reißenden Hochwasser gefürchtet. Oft genug wurde die Brücke eingerissen, einmal sogar, als eine Prozession über den Fluß zog, wobei viele Menschen ertranken.

Ludwig unterstützte seinen Neffen Konradin, als dieser den Versuch wagte, sein angestammtes Erbe, das Königreich Neapel, zu erobern, ließ sich allerdings für seine Subsidien dessen umfangreiche Besitzungen in Deutschland verpfänden. Ludwig nahm zuerst am Feldzug teil, war jedoch bereits in sein Land zurückgekehrt, als Konradin gefangengenommen und hingerichtet wurde.

Während der Wirren des Interregnums setzten sich beide Bayernherzöge für die Wahl des Engländers Richard von Cornwall zum deutschen König ein – der Prätendent zahlte ihnen dafür 18 000 Mark. Richard hielt sich nur selten im Reich auf, und Ludwig fungierte währenddessen als Reichsverweser. Als solcher belehnte er seinen Verwandten Friedrich von Hohenzollern mit dem Burggrafenamt zu Nürnberg, was König Richard bestätigte.

Aus der zweiten Ehe Ludwigs mit Anna von Schlesien war nur ein Sohn hervorgegangen, der schon in jungen Jahren einer Verletzung erlegen war, die er sich beim Turnier zugezogen hatte. Als Rudolf von Habsburg zum deutschen König gewählt wurde, heiratete Ludwig dessen Tochter Mechthild. Der Pfalzgraf wurde, wie sein Schwiegervater lobend erwähnte, »die unerschütterliche Säule seiner Herrschaft« und setzte damit die Politik des Hauses Wittelsbach fort, sich eng mit dem jeweiligen König zu verbinden und treu zu ihm zu halten.

König Rudolf starb 1291, und der Pfalzgraf sicherte dessen Sohn Albrecht seine Kurstimme zu. Mit großem Gefolge zog Albrecht bereits zum Rhein, mußte dort aber erfahren, daß, durch Intrigen des Mainzer Erzbischofs Gerhard, Adolf von Nassau gewählt worden war. Pfalzgraf Ludwig mußte sich den Gegebenheiten beugen, König Adolf versicherte ihn seines Wohlwollens und erstattete ihm sogar seine Auslagen für die Wahl in Höhe von 3000 Mark.

Bei den Kurfürsten blieb ein leiser Verdacht gegen den Pfalzgrafen, der durch einen Zwischenfall bei der Fahrt König Adolfs zur Krönung genährt wurde. Am Pfälzer Zoll in Bacharach wurde das Königsschiff aufgefordert, den fälligen Zoll zu entrichten, hielt jedoch nicht an, weil es nach altem Brauch davon befreit war. Die Pfälzer Zöllner schossen auf das Schiff, ohne es zu treffen, und versicherten später, den König nicht erkannt zu haben. Erzbischof Gerhard behauptete hartnäckig, Ludwig habe einen Anschlag auf König Adolf versucht. Der Pfalzgraf bestritt das energisch und mußte sich schließlich durch einen Eid vor dem Reichstag öffentlich von dem Verdacht reinigen.

Ludwig starb drei Jahre nach seinem Schwiegervater. Aus der Ehe mit Mechthild waren zwei Söhne hervorgegangen: Rudolf, knapp zwanzigjährig, Ludwig, noch ein Kind. Rudolf regierte Oberbayern und die Pfalz zunächst ohne seinen Bruder und verheiratete sich auf den Rat seiner Mutter mit einer Tochter König Adolfs.

Die Kurfürsten von Mainz, Köln, Sachsen, Brandenburg und Böhmen setzten 1298 König Adolf ab. Pfalzgraf Rudolf war über diese Rebellion empört und verwüstete kurmainzisches Gebiet. Inzwischen rückte sein Onkel Albrecht von Österreich mit einem starken Heer heran. Rudolf hielt zu seinem Schwiegervater. In der Schlacht bei Göllheim am Donnersberg fand König Adolf den Tod; sein Schwiegersohn Rudolf und Herzog Otto von Bayern, beide verwundet, konnten fliehen. Albrecht von Österreich söhnte sich mit seinem Neffen aus; Rudolf gab ihm bei der wiederholten Königswahl in Frankfurt seine Stimme.

Pfalzgraf Rudolf I. hatte sich seiner Mutter Mechthild zunehmend entfremdet, belagerte und eroberte schließlich ihren Witwensitz in Bayern und nahm sie gefangen. Den Vertrag, den er dabei von ihr erzwang, hielt sie nicht ein, worauf Rudolf kurzerhand ihren Günstling hinrichten ließ. Sein Bruder Ludwig hingegen stand ganz unter dem Einfluß seiner Mutter und seines königlichen Onkels. In dem sich nun anbahnenden Konflikt standen die Brüder in feindlichen Lagern.

Der Rhein war schon damals die wichtigste europäische Wasserstraße. Der Verkehr ließ sich zu Wasser leichter und schneller abwickeln als auf den schlechten und unsicheren Straßen. Der Wasserweg war billiger, auch wenn es im Gebiet der rheinischen Kurfürsten viele Zollstationen gab. Dieser Zoll war in bar zu entrichten; betrug er mehr als einen Gulden, sogar in gemünztem Gold. Das bedeutete klingende Münze in die Kassen der Kurfürsten. »Hätt ich den Zoll am Rhein«, war ein im Volk gern und oft gebrauchtes Sprichwort.

König Albrecht versuchte, Macht und Einfluß der Kurfürsten zu beschneiden und das Reich als Zentralgewalt zu stärken. Im benachbarten Frankreich war dieser Prozeß schon weiter fortgeschritten. Um die drohende Abwanderung des Durchgangsverkehrs auf französische Routen zu verhindern, wollte er die Rheinzölle aufheben. Das brachte die Kurfürsten von Mainz, Trier, Köln und der Pfalz auf den Plan. Sie schlossen am 14. Oktober 1300 in Heimbach einen Vertrag und verpflichteten sich, »Ehren, Privilegien, Freiheiten und Besitzungen gegen Albrecht von Österreich, der sich deutscher König nenne«, zu verteidigen. Erzbischof Gerhard von Mainz ließ verlauten, er habe noch so manchen König in der Tasche.

König Albrecht sammelte inzwischen ein großes Heer. Philipp IV., »der Schöne«, von Frankreich stellte dazu ein Hilfskontingent, in dem sich erfahrene Belagerungstechniker befanden. Albrecht hatte auch die Städte auf seiner Seite, die sich eine Sicherung ihrer Privilegien versprachen. Der furchtbare Feldzug von 1301 ist als »Rheinischer Zollkrieg« in die Geschichte eingegangen und traf die Bergstraße besonders hart. Im Mai erschien das Heer des Königs vor Wiesloch, belagerte die Stadt, nahm sie ein und ließ sie in Flammen aufgehen. Das gutverteidigte und starke Heidelberg widerstand. Albrecht marschierte die Bergstraße hinunter, hinter sich eine breite Schneise des Verderbens, rauchende Ruinen, Trümmer, Leichen. Weinheim, Heppenheim, Bensheim und Zwingenberg fielen ihm zum Opfer, viele Burgen wurden verwüstet. Bei Oppenheim ging Albrecht über den Rhein, zog gegen Bingen und den Rheingau. Erzbischof Gerhard und Pfalzgraf Rudolf baten um Frieden. Rudolf I. mußte seinen Bruder Ludwig als Mitregenten aufnehmen. Über die anderen Bedingungen ist wenig bekannt; die Rheinzölle scheinen jedenfalls nicht wesentlich beschränkt worden zu sein. König Albrecht wurde 1308 in Brugg an der Aare von seinem Neffen Johann Parricida ermordet. Ludwig mag sich jetzt schon Hoffnungen auf die Krone gemacht haben, doch entschieden sich die Kurfürsten für den Luxemburger Heinrich VII.

Das Zerwürfnis zwischen den Brüdern bestand weiter und führte zu blutigen Fehden. Nach dem Tode König Heinrichs VII. wählten die Kurfürsten von Mainz, Trier, Brandenburg und Böhmen den Bayernherzog Ludwig, dessen Bruder Rudolf und der Kurfürst von Köln in Sachsenhausen hingegen Friedrich den Schönen von Österreich. Die Stimme der Sachsen war geteilt, sie entschieden sich für den einen wie für den anderen Kandidaten.

Der Wittelsbacher, Ludwig IV. der Bayer, wurde in Aachen gekrönt. Er mußte sich zwar lange seines Gegenkönigs erwehren, wurde aber bald ein populärer Herrscher. Das gespannte Verhältnis zu seinem Bruder hielt an. Rudolf mußte sich schließlich unterwerfen, ihm die Pfalz abtreten, und starb 1319 in der Verbannung.

Seine Witwe focht den Verzichtsvertrag an und versuchte vergebens, mit Hilfe des Pfälzer Adels die Rechte ihrer Söhne Ruprecht und Rudolf durchzusetzen. Beide befanden sich währenddessen im Gefolge ihres Onkels, des Kaisers, der die Wittelsbacher Hausmacht gewaltig vergrößerte. Tirol, Seeland, Holland, der Hennegau und Brandenburg gehörten zu den Erwerbungen. 1346 wählten fünf Kurfürsten, angeführt von den geistlichen Oligarchen, den Luxemburger Karl zum Gegenkönig. Bevor es zwischen ihnen zum Kampf kam, starb der Bayer. Die kaisertreu gebliebenen Kurfürsten wählten nun den thüringischen Ritter Günther von Schwarzburg, Anführer des bayerischen Heeres. Er starb bald danach; beide Male munkelte man von Gift.

Ludwig der Bayer hatte 1329 im Hausvertrag von Pavia die Ansprüche seiner Neffen anerkannt und ihnen die pfälzischen Besitzungen überlassen. Die Wittelsbacher teilten sich in eine bayerische und eine pfälzische Linie. Die Kur sollte zwischen beiden wechseln, doch verblieb sie nach dem Tode des Kaisers allein bei der Pfalz.

Pfalzgraf Rudolf II. vermählte seine Tochter Anna mit dem Luxemburger, der als Karl IV. den Thron bestieg, ihm die Rheinzölle bestätigte und einen Vertrag über das Geleit am Mittelrhein abschloß. 1356 verabschiedete der Reichstag mit der »Goldenen Bulle« die erste schriftliche Verfassung, die das bisher ungeschriebene Recht kodifizierte. Sie bestätigte dem Pfälzer Kurwürde und das Amt des Erztruchsessen: »So oft das Reich vakant ist, soll der Pfalzgraf bei Rhein in den Rheingegenden, in Schwaben und wo fränkisches Recht gilt, vermöge des Vorrechts der rheinischen Pfalzgrafschaft Reichsverweser sein, er soll die Justiz ausüben, zu den geistlichen Lehen präsentieren, die Einkünfte einziehen, er soll alle Lehen erteilen und sich den Eid der Treue leisten lassen mit Ausnahme der Fürsten- und Fahnenlehen, deren Erteilung sich der Kaiser vorbehält.«

Pfalzgraf Rudolf II. starb 1353, erst 47 Jahre alt. Er scheint zuletzt blind gewesen zu sein; die Urkunden nennen ihn »Coecus«. Sein Bruder und bisheriger Mitregent Ruprecht I. leitete noch 37 Jahre lang die Geschicke des Landes.

Seit 1346 gab es in Heidelberg ein »allgemeines Studium«. Ruprecht bemühte sich lange Zeit darum, daraus eine freie Universität nach dem Vorbild von Paris zu machen, doch gab Rom dem Ansinnen erst während des Schismas nach. Der Pfalzgraf erhielt die dazu notwendigen Mittel und Kredite von namhaften jüdischen Frankfurter Familien, denen er in der Stadt und der Pfalz Privilegien einräumte, und konnte am 1. Oktobert 1386 das Gründungsdekret erlassen. Marsilius von Inghen wurde erster Rektor der Universität. Ein ungeheurer Zustrom setzte ein, noch im Gründungsjahr ließen sich 500 Studenten immatrikulieren. Die Pfalz wurde schnell zu einem geisteswissenschaftlichen und kulturellen Mittelpunkt des Reiches.

Am 13. Februar 1390 starb Ruprecht I. im gesegneten Alter von 80 Jahren. Ruprecht II., sein Nachfolger, war damals bereits 65 Jahre alt. Er verwies die jüdischen Bürger des Landes, konfiszierte ihr Vermögen und beschlagnahmte die Synagoge, die sie gebaut hatten. Sie wurde zum »Hohen Haus« und der theologischen Fakultät übertragen. Ihr Stiftungsstein wurde in vier Teile zerlegt, die in Bürgerbauten verschwanden, denn so wertvolles Baumaterial ließ man damals ungern verderben. Alle Spuren jüdischen Lebens wurden getilgt. In Frankfurter Archiven sind sie erhalten, und vor wenigen Jahren entdeckte Dr. Berndmark Heukemes einen Teil des in hebräischer Sprache gehaltenen Stiftungssteins und bewahrte ihn der Nachwelt.

Auf Kaiser Karl IV. war sein Sohn Wenzel gefolgt, der sich gegen den Papst und die Kurfürsten nicht durchzusetzen vermochte. Ruprecht trachtete danach, seinen gleichnamigen Sohn auf den Königsthron zu bringen, doch waren sich die Kurfürsten nur darin einig, Wenzel abzusetzen, nicht jedoch, wer sein Nachfolger werden sollte. Für Ruprecht trat Erzbischof Johann von Mainz ein, dem der Pfalzgraf seinerzeit zum Kurfürstenstuhl verholfen hatte. Friedrich von Braunschweig, einer der Prätendenten, wurde bei Fritzlar ermordet, im Gebiet des Mainzer Erzbischofs. Als der Papst, der bisher zwischen den Parteien laviert hatte, Wenzel aufforderte, sich in Rom die Kaiserkrone zu holen, handelten die Kurfürsten. Am 20. August 1400 traten sie in Oberlahnstein zusammen, setzten König Wenzel ab und wählten am Tag darauf in Rhens Ruprecht zu seinem Nachfolger. Weder die norddeutschen Kurfürsten noch die Städte waren willens, das hinzunehmen.

Einem alten Brauch zufolge mußte bei strittigen Königswahlen der Gekürte sechs Wochen und drei Tage lang vor Frankfurt, der Stadt der Kaiserwahlen, und vor Aachen, der Krönungsstadt, lagern und dort seinen Gegner erwarten. Erst dann durften ihn die Stadtväter einlassen. Frankfurt öffnete Ruprecht nach Ablauf dieser Frist seine Tore, doch die Stadt Aachen weigerte sich trotz der Drohung, ihr das Krönungsprivileg zu entziehen. Ruprecht I. wurde daher am 6. Januar 1401 in Köln gekrönt.

Ruprecht zog im Herbst desselben Jahres mit einem großen Heer über die Alpen. Die Chronisten sprachen von 30 000 Mann. Doch weder ihm noch den mit ihm verbündeten italienischen Fürsten und Städten gelang es, die Gegner entscheidend zu schlagen. Wenzel und sein Bruder Sigismund von Ungarn intrigierten mit Erfolg. Als der Kredit der Florentiner erschöpft war, mußte der König sogar Schmuck und Silbergeschirr verpfänden, um mit den Resten seines einst stolzen Heeres zurückkehren zu können. Die Kaiserkrone hat er nicht errungen.

Vor seiner Heidelberger Residenz sangen die Kinder Spottlieder auf den Glücklosen. Der Oberhofmeister wollte sie vertreiben und bestrafen lassen, doch der König winkte müde ab, man solle sie nur gewähren lassen, er müsse Gott danken, daß er gesund zurückgekehrt sei.

Ruprecht beauftragte den Frankfurter Baumeister und Bildhauer Madern Gertener (1360–1430) damit, in der Südwestecke der Heidelberger Burg einen neuen Bau zu errichten. Vorher mögen dort Wirtschafts- und Wohngebäude gestanden haben. Dieser Ruprechtsbau ist der älteste im Schloß, der heute erhalten ist. Seine Ruine gibt nur ein blasses Abbild einstiger Pracht wieder. Der Unterbau aus Bruchsteinen war ursprünglich verputzt und mit Malereien verziert. Der darüberliegende Bau bestand aus Fachwerk. Den Schlußstein des Eingangstors bildet ein berühmt gewordenes Relief, das einzige Original, das im Schloßhof erhalten blieb. Zwei Engel in Kindesgestalt halten einen Kranz aus fünf Rosen, in dem ein Zirkel zu sehen ist. Das Symbol ist wohl so zu erklären, daß, wie der Zirkel besagt, beim Bau das rechte Maß und die rechte Zahl verwandt wurden. Die Engel als Boten Gottes sollten das Böse abwehren.

Die Sage deutete dieses Meisterwerk Gerteners anders, Tylor hat sie in »Klytia« veröffentlicht: »Die Baugilde selbst ohne Zwiefel hat sich in diesem Embleme verewigt. Das Volk aber erzählte, daß liebliche Zwillingsknaben die ganze Freude des Meisters gewesen seien, der das Schloß gebaut. Um sie stets bei sich zu sehen, habe er sie oft mitgenommen auf sein hohes Gerüst und sich der frischen, schwindelfreien Burschen gefreut. Aber eines Tages tat der eine einen Fehltritt und riß den anderen mit in die Tiefe. Da ward der Meister schwermütig, so daß der Bau ins Stocken kam. Statt die Arbeit zu leisten, flocht der betrübte Vater täglich einen Totenkranz und schmückte ihn mit weißen Rosen und trug ihn nach dem Friedhof bei der Peterskirche, wo seine Lieben beerdigt waren. Kaiser Ruprecht aber ward böse, daß der Bau so langsam fortschritt, und ließ durch den Priester, der die Kinder beerdigt hatte, den Meister vermahnen. Der sagte, es sei alles fertig, aber wie er den Abschluß des Tores machen sollte, falle ihm bei seinem Grame nicht ein. Der Priester ermahnte und tröstete ihn dann, so gut er es vermochte, und in derselben Nacht erschienen dem Vater seine Zwillinge als lichte Engel und brachten ihm den Rosenkranz vom Grabe zurück, den er am Morgen allda niedergelegt hatte.

Als der Meister vom Licht der aufgehenden Sonne geweckt ward, gedachte er des lieblichen Traumes, ihm aber war, als ob Rosenduft seine Stube erfüllte, und als er sich aufrichtete, siehe da lag der Kranz frisch und duftig vor ihm, den er gestern auf das Grab seiner Kinder getragen und den er auch am Abend welk dort hatte liegen sehen, aber aus den weißen Rosen waren rote geworden.

Alsbald war dem Meister offenbar, wie er den Abschluß des Tores zu bilden habe. Er meißelte seine Knaben, wie sie ihm erschienen, als liebliche Engelskinder, die einen Rosenkranz tragen, und in die Mitte des Kranzes setzte er das Symbol seiner Kunst, von der er damit für immer Abschied nahm . . .«

Kurfürst Friedrich II. ließ 1545 das Obergeschoß des Ruprechtsbaues durch massives Mauerwerk ersetzen und eine Gedenktafel mit der Inschrift anbringen:

Tausent vierhundert Jar man zelt
als pfaltzgraf Ruprecht wart erwelt
Zu Romschen Kong und hat regirt.
Uff Zehen Jar darin volnfirt
diß hauß welches platzgraf Ludwig
erneuert hat wiess sted lustig.
Im vier und viertzigstem jar
funffzehn hundert auch furwar
Uss dieser welt verschieden ist.
Ihr baider seln pfleg Jhesus Crist.
Amen.

Ruprecht starb am 18. Mai 1410 in Oppenheim und wurde dort begraben. Nach seinem Testament teilte sich das Haus in vier Linien, sollte eine von ihnen aussterben, so erhielt die jeweils nächste das Erbe und die Kur. Ludwig III. begründete die »Alte Kurlinie«. Er unterstützte die Wahl von Sigismund zum König, während dessen Bruder Wenzel sich nach wie vor als rechtmäßigen Herrscher betrachtete und Erzbischof Johann mit Jobst von Mähren einen dritten Kandidaten präsentierte.

Die Stadt Frankfurt achtete streng darauf, daß nur die in der Goldenen Bulle erlaubte Anzahl Bewaffneter in die Stadt gelangte, um zu verhindern, daß die Königswahl mit Waffengewalt erzwungen würde. Ludwigs Onkel, dem Burggrafen von Nürnberg, gelang es, als »Gesandter des Königs von Ungarn«, der Sigismund war, mit 200 Reitern Einlaß zu finden. Erzbischof Johann ließ, um diese Wahl zu verhindern, den Dom sperren.

Es waren nur fünf Kurfürsten erschienen. Ludwig versammelte seine Parteigänger auf dem Friedhof, und Sigismund wurde dort mit drei Stimmen gewählt. Das war zwar nicht die Mehrheit der Mandate, aber die der Anwesenden. Auf des Pfalzgrafen Jugend und den ein wenig senilen Kurfürsten von Trier zielte ein zeitgenössisches Spottlied ab: »Zu Frankfurt hinderm Chor haben gewelt einen kunig ein kind und ein thor . . .«

Jobst von Mährens Tod hatte Sigismunds Bestätigung zur Folge, doch dauerte es noch recht lange, ehe er sich im Reich durchgesetzt hatte. Ludwig unterstützte ihn dabei mit allen ihm zu Gebote stehenden Mitteln. Sigismund zeigte sich erkenntlich; er bestätigte die Pfälzer Sonderrechte und belehnte Ludwigs Onkel, den Burggrafen Friedrich VI. von Hohenzollern, mit Brandenburg.

Mit großem Gefolge zog Ludwig III. 1415 zum Konzil nach Konstanz. Als Reichsrichter oblag ihm dort die weltliche Organisation und die Polizeiaufsicht. Unter anderem hatte er dafür zu sorgen, daß die Mietordnung eingehalten wurde, wonach ein Bett für zwei Personen nicht mehr als einen Gulden kosten durfte und die Bettwäsche alle zwei Wochen, die Tischwäsche jede Woche zu wechseln waren.

Auf dem Konzil wurde Papst Johannes XXIII., mit bürgerlichem Namen Baldassare Cossa, abgesetzt, und Johann Hus trotz des zugesicherten kaiserlichen freien Geleits zum Tode verurteilt. Die Exekution hatte der Pfalzgraf zu leiten. Mit den Worten: »Nehmet hin den Johann Huß, der nach unseres allergnädigsten Herrn des Römischen Königs Urteil und unserm eigenen Befehl als ein Ketzer verbrannt werden soll«, übergab er den böhmischen Reformator dem Konstanzer Magistrat. Hieronymus von Prag, des Reformators Begleiter, entkam zwar, wurde aber bei Neuburg, im Gebiet von Ludwigs III. Bruder Johann, aufgegriffen und endete dort auf dem Scheiterhaufen. 1406 hatte ihn die philosophische Fakultät zu Heidelberg aufgenommen, später jedoch aus der akademischen Gemeinschaft ausgeschlossen, weil die Verkündung seiner Glaubenssätze Unfrieden unters Volk säte.

Otto Heinrich, der erste protestantische Kurfürst auf dem Pfälzer Thron, betrachtete es später als gerechte Strafe Gottes, daß mit ihm die Alte Kurlinie ausstarb, hatte doch ihr Stammvater sich an jenem 6. Juli 1415 mit dem Blute eines Zeugen befleckt.

Der abgesetzte Papst war zu Herzog Friedrich von Österreich geflohen, Pfalzgraf Ludwig vollzog die gegen diesen verhängte Acht, ließ sich Johannes XXIII. ausliefern und auf die Burg Rheinhausen bei Mannheim bringen. Erzbischof Johann von Mainz versuchte, Johannes dort zu befreien und bestach die Wächter. Das Komplott wurde verraten, und der Pfalzgraf ließ den Verantwortlichen im Rhein ertränken. Johann von Mainz leugnete prompt jede Beteiligung ab. Ludwig gab den inzwischen begnadigten Johannes XXIII. erst gegen ein Lösegeld von 30 000 Dukaten heraus.

Der Kurfürst hatte für das Konzil eigens Latein gelernt und beschäftigte sich in seinen freien Stunden gern mit literarischen Studien. Seine Bibliothek war für die damaligen Verhältnisse sehr umfangreich und bestand aus 89 theologischen, 45 medizinischen und neun philosophischen Werken, die er in seinem Testament der Universität vermachte. Zusammen mit deren 700 Handschriften waren sie in der Heiliggeistkirche allen Studierenden zugänglich.

Sein Sohn Ludwig IV. war gerade mündig geworden, als er König Friedrich zur Krönung nach Aachen begleitete und ihm unterwegs ein rauschendes Fest in Bacharach bereitete. Dieser Habsburger, der als Kaiser Friedrich III. von 1440 bis 1493 regierte, wurde für die Pfalz zu einem gefährlichen Gegner. Zwar trat er nie offen gegen sie auf, spann aber im Hintergrund seine Fäden. Karl Lamprecht hat Friedrichs Charakter beschrieben: »Eine Hünengestalt mit dem Biedergesicht einer amerikanischen Rothaut – nicht vergebens hat seine Mutter Cimburga von Masowien Nägel mit bloßer Faust durch ein Brett zu treiben vermocht. Aber er beutete seine Körperkraft nur zur Pflege der Langlebigkeit aus, im übrigen waffenscheu, ruheselig und schon in jungen Jahren greisenhaft bedächtig und geistig gleichsam verrunzelt . . .«

Ludwig IV. starb überraschend 1449 in Worms, erst 25 Jahre alt. Sein Sohn Philipp zählte erst 13 Monate, Ludwigs um ein Jahr jüngerer Bruder Friedrich wurde dessen Vormund.

Der Regent sah sich einer schwierigen Situation gegenüber. Eine siebzehn Jahre andauernde vormundschaftliche Regierung mußte die zahlreichen Gegner der Pfalz geradezu ermuntern, wichtige Gebiete an sich zu reißen. Es gab nur eine Lösung: Er mußte selbst Kurfürst werden, ohne die Thronfolge seines Neffen dadurch anzutasten. Philipps Mutter gab ihre Zustimmung zu einer Adoption, Friedrich unternahm den damals ungewöhnlichen Schritt, die Landstände einzuberufen. Am 6. September 1451 stimmten die Bischöfe von Worms und Speyer, die Landschad von Steinach, die Grafen von Wertheim, Katzenelnbogen, Hanau, Isenburg, Nassau und der Rheingraf, die Herren von Gemmingen, Sickingen, Venningen, Dalberg, Göler, Kronenberg, Lengenfeld, Dalheim, Rosenberg, sowie Vögte, Amtleute, Vertreter der Städte und viele andere dafür, Friedrich unter diesen Bedingungen als Kurfürsten anzuerkennen und leisteten ihm den Huldigungseid.

Kein anderer Pfalzgraf hat die Historiker so beschäftigt, bei keinem anderen lag »der Parteien Gunst und Haß« so nahe beieinander. Friedrich wurde schnell populär, seine Bewunderer nannten ihn den »Siegreichen«, seine Gegner den »Pfälzer Fritz« oder gar den »Bösen Fritz«. Um Friedrich, den erfolgreichsten Territorialpolitiker seiner Zeit, sammelte sich die Fronde gegen den Kaiser. Bald lehrte der Pfalzgraf seine Feinde das Fürchten.

Zu den unversöhnlichen Gegnern Friedrichs gehörte sein Vetter Ludwig von Veldenz, genannt »der Schwarze«, der die gerade erst beendete Lützelsteiner Fehde wieder anfachte. Mit einem 6000 Mann starken Heer erschien der Pfalzgraf vor der Feste und eroberte sie nach zweimonatiger Belagerung, wobei die Pfälzer 170 Tote zu beklagen hatten. Friedrichs Artillerie gab dabei 1200 Schuß ab, eine damals unglaublich erscheinende Leistung. Das oberpfälzische Amberg hatte Friedrich die Huldigung verweigert. Der erschien plötzlich 1454 vor der Stadt, besetzte sie ohne Widerstand und ließ fünf der Rädelsführer am nächsten Morgen enthaupten. Ebensoschnell wandte er sich gegen Ludwig den Schwarzen, der sich im Jahr darauf unterwarf.

An der Straße von Mainz nach Tholey lag auf einem kegelförmigen Hügel die Burg Montfort-Starkenberg. Sie galt als uneinnehmbar und war zu einem berüchtigten Raubritternest geworden. Friedrich I. erschien vor der Burg, die von 60 Mann verteidigt wurde, ließ seine Artillerie auffahren, und nach fünf Tagen, am 19. Oktober 1456, fiel Montfort:

»Auch wart das veste Sloß verbrant
und gar zerrissen allersant,
Die rauber nit da bliben
sie wurden all vertriben«,

reimte Michael Behaim.
Bald zogen sich neue dunkle Wolken über der Pfalz zusammen. Ludwig von Bayern und Friedrich I. waren mit dem Markgrafen Albrecht von Brandenburg verbündet, einem berüchtigten Haudegen, um in Bayern Ansprüche des Herzogs durchzusetzen. Während eines Gelages rief der Markgraf, über einen Pfälzer Ritter erbost, »Horneck sei ein Schurke, und wer es mit ihm hielte, sei es auch«. Friedrich zog seinen Degen: »Du lügst wie ein Fleischverkäufer, ich bin ein frommer und ehrbarer Fürst!« Albrecht war zu einem ernstzunehmenden Feind geworden.

Wegen eines Grundstücks bei Caub war es zu Differenzen gekommen, und ein Schiedsgericht fällte zuungunsten der Pfalz den »Blinden Spruch«.

Friedrich erkannte ihn nicht an. Ludwig von Veldenz und die Grafen von Leiningen begannen im Herbst 1459 den Krieg gegen die Pfalz, indem sie Meckenheim überfielen. Die Pfälzer übten Rache an gegnerischen Orten. Friedrich verstärkte seine Truppen durch Schweizer Söldner, die wegen ihrer Tapferkeit berühmt und wegen ihrer Grausamkeit berüchtigt waren. Ludwig der Schwarze hatte Wallonen von seinem Schwager, denen ein ähnlicher Ruf vorausging.

Der Mainzer Erzbischof Dieter von Isenburg trat dem feindlichen Bündnis bei, während Friedrich I. von einigen Städten und dem Landgrafen von Hessen unterstützt wurde. Im Frühjahr 1460 eroberte der Pfalzgraf die starke Schauenburg und schlug bei Hemsbach einen Angriff der Mainzer unter dem Starkenburger Burggrafen Ulrich III. von Kronberg zurück.

Am 23. Juni 1460 rückte das Pfälzer Heer vor Pfeddersheim bei Worms, wo sich die Feinde verschanzt hatten. Nach einem gegenseitigen Artillerieduell kam es zur entscheidenden Schlacht. Friedrich stürmte mit dem Ruf: »Heute Kurfürst oder nie mehr!« an der Spitze seiner Reiter los, während das Fußvolk die feindliche Wagenburg eroberte. Unter den zahlreichen Gefangenen der Pfälzer waren vier Grafen und 150 Edle, nur mit knapper Not entkam Erzbischof Dieter. Die Beute belief sich auf über 1000 Wagen, große Vorräte an Lebensmitteln und Kriegsmaterial, die in der Stadt lagerten.

Nach der Schlacht trafen sich die beiden Kurfürsten auf offenem Felde bei Gernsheim. Erzbischof Dieter schloß Frieden, erklärte den »Blinden Spruch« für nichtig und verpfändete Friedrich das Amt Schauenburg für 9000 Gulden. Am 4. August kam es zwischen beiden sogar zu einem Bündnis.

Im nächsten Frühjahr beschoß Friedrich I. zwei Wochen lang Meisenheim, wo seine übriggebliebenen Gegner, der Veldenzer und der Leininger, lagerten. Erzbischof Dieter brachte einen Vergleich zustande. Der Kurfürst stand vor seinem Zelt, als sein Vetter vor ihm niederkniete: „Vetter, Ihr hättet Euch und mir dies wohl ersparen können, daß nicht soviele arme Leute darum verdorben wären.« Der Veldenzer antwortete: „Vetter, man hat mich dazu verhetzt, ich will nimmermehr wider Euch handeln.«

Der Friede, der eine Woche später geschlossen wurde, brachte jedoch nur eine Atempause. Die »Mainzer Stiftsfehde«, die bald danach ausbrach, sah auf Pfälzer Seite Erzbischof Dieter von Isenburg, Graf Philipp den Älteren von Katzenelnbogen und den Landgrafen Heinrich von Hessen. Der Papst hatte Erzbischof Dieter abgesetzt, der aber nach wie vor in Mainz saß und die Mehrheit des Domkapitels auf seiner Seite hatte, und an seiner Stelle den Domherren Adolf von Nassau zum Erzbischof ernannt. Adolf war 1443 Rektor der Heidelberger Universität gewesen. Erzbischof Dieter schloß mit Friedrich I. einen Beistandspakt und verpfändete ihm mit Zustimmung des Domkapitels für 100 000 Gulden die mainzischen Gebiete an der Bergstraße, die einst zu Lorsch gehört hatten. Der Pfalzgraf ließ sich in den neuen Gebieten sofort huldigen.

Auf der gegnerischen Seite standen Baden, Württemberg und Metz. Von Süden her zog die feindliche Streitmacht heran, verwüstete Weingärten und Felder und zündete die Dörfer an. Man band den Pferden Äste quer an die Schwänze und trieb sie, alles niederwalzend, durch die Felder. Friedrich umging das feindliche Fußvolk, das sich bei St. Leon gelagert hatte, während die Reiterei bis zum Neckar vorgestoßen war. Am Morgen des 30. Juni 1462 stand Friedrich mit seinem Heer, mit Reitern, Fußvolk, Pfälzer Bauern, Hessen und Schweizern der Reiterei seiner Feinde gegenüber, die sich in einer aussichtslosen Lage befanden, getrennt von ihrem Fußvolk, in der Neckarschlinge gefangen »wie die Schafe im Pferch«. Mit 40 anderen, unter ihnen Edelleute und Bauern, ließ sich Friedrich vor dem Kampf zum Ritter schlagen.

»Wehrt Euch als fromme Leute!«, rief der Pfalzgraf seinem Heer zu. Es war Mittag vorüber, als die Schlacht bei Seckenheim begann. In dieser berühmtesten Ritterschlacht des ausgehenden Mittelalters errang Friedrich seinen glänzendsten Sieg. Nur 43 seiner Feinde fielen, aber 30 badische, 40 metzische und 50 württembergische Edle gerieten in Gefangenschaft, unter ihnen die Anführer seiner Gegner: Markgraf Carl von Baden, Bischof Georg von Metz und Graf Ulrich von Württemberg. Sie wurden nach Heidelberg gebracht, doch kam nur Graf Ulrich gleich aufs Schloß, die anderen beiden waren verwundet und mußten erst ärztlich versorgt werden. Die Szene, in der Pfalzgraf Friedrich seinen unfreiwilligen Gästen auf dem Schloß das Brot entzog und als Erklärung dafür zum Fenster hinaus auf sein verwüstetes Land deutete, wird sich daher wohl kaum so abgespielt haben, wie sie mehrere Dichter später dramatisch darstellten, unter ihnen Hans Sachs und Gustav Schwab. Adolf von Nassau eroberte im Handstreich Mainz, Graf Philipp von Katzenelnbogen konnte gerade noch über die Stadtmauer entwischen. Durch einen gefälschten Brief Friedrichs wurde Dieter von Isenburg dazu gebracht, einen Vergleich zu schließen. Die Mainzer Stiftsfehde war zu Ende. Kurfürst Friedrich I. ging daran, das Land wieder aufzubauen. Im Laufe der nächsten Jahre wurde die Verwaltung reorganisiert und in 19 Oberämter gegliedert.

Nicht überliefert ist, was Friedrich am Heidelberger Schloß veränderte. Der erfahrene Kriegsmann hat sicherlich die Festungsanlagen modernisieren lassen. Vielleicht stammen die Fundamente, auf denen ein Jahrhundert später die mächtigen Türme entstanden, aus jener Zeit. Am Hang des Gaisbergs ließ der Pfalzgraf den »Trutzkaiser« errichten, einen Kampfturm, der durch seine fremdländische Form auffällt. Sie stammt wohl aus dem Mittelmeerraum. Der Turm hatte einen achteckigen sternförmigen Grundriß und verjüngte sich stark nach oben. In mehreren Geschossen übereinander lagen Schießscharten im Winkel. Die Ecken des Sterns konnten Geschossen besser widerstehen, Sturmleitern waren dort schwer anzulegen.

Mit Ludwig dem Schwarzen von Veldenz kam es 1470 noch einmal zu einem Kampf. Auch diesen entschied Friedrich I. für sich. In dem Pfälzer nur den harten Krieger zu sehen, würde sicher nicht zutreffen, er war zwar ein praktisch denkender Mensch, dem Musischen aber dennoch nicht abhold. Die zahlreichen »wandernden Poeten« fanden bei ihm freundliche Aufnahme. Michael Behaim, der »Dichter von Weinsberg«, dankte ihm das durch eine etwas anhimmelnde Reimchronik. Der Hofpoet Matthias von Kemnat war weit schwülstiger, offen bleibt, ob Friedrich das genoß oder nur erduldete, schließlich war Matthias sein Beichtvater.

Bei seiner Inthronisation hatte sich Kurfürst Friedrich I. verpflichten müssen, ehelos zu bleiben. Er verstand darunter allerdings eine standesgemäße Ehe, keine »zur linken Hand«. 1459 hatte er auf dem Fürstentag die »Hofjungfrau« Clara Dett kennengelernt. Der gastgebende Bayernherzog Albrecht der Fromme war einst Gemahl der unglücklichen Agnes Bernauer, die wie Clara aus Augsburg stammte. Friedrich und Clara verliebten sich Hals über Kopf ineinander. Bis heute ist umstritten, ob sie heimlich miteinander verheiratet waren oder nicht: »Doch der gemelt pfaltzgraff hett bei ihme ein stetige beiwohnung, ein jungfrawe Clara genant, von Augsburg geboren, die ein hoffejungfrawe zu Monchen was gewesen. Die bracht er zu vall und macht mit irer hübscher natürlicher sone zween . . .«

Clara wohnte nicht im Schloß; Friedrich hatte 1462 »seiner sengerin Claren von Augspurg und iren erben« am Schloßberghang den sogenannten Bremeckgarten geschenkt. Dort im Haus wurde gedichtet und musiziert; Claras Spiel auf der Laute hatte Friedrich von Anfang an begeistert. Im Keller des Hauses entdeckte man später die Mündung eines Ganges. Rutengänger glaubten festgestellt zu haben, daß hier eine Abzweigung jenes sagenhaften unterirdischen Ganges mündete, der vom Schloß zur Stadt führte. Für seine Existenz gibt es keinen Beweis, auch beim Bau der Eisenbahntunnel wurden keine Spuren entdeckt. Nach Friedrichs Tod soll Clara längere Zeit auf Burg Lindenfels gefangengehalten worden sein, doch gibt es dafür weder ein Motiv noch einen urkundlichen Nachweis.

1476 starb Friedrich I., und sein Neffe Philipp IV., genannt »der Aufrichtige«, bestieg den Thron. Er widmete sich in Heidelberg ganz der geistigen Kultur. Rudolf Agricola, Conrad Celters, Johann Wessel, Johann Reuchlin und Jakob Wimpheling erhielten einen Ruf an die Universität, Johann von Dalberg, der kunstsinnige spätere Bischof von Worms, und Dietrich von Plenningen wurden seine Ratgeber. 1467 war Philipp die Eheschließung mit einer Enkelin des letzten Grafen vom Katzenelnbogen nahegelegt worden. Gegen den Rat seines Onkels schlug er sie aus, weil die Braut kein Fürstenkind war. Das sollte sich später rächen.

Der Konflikt begann in Bayern. Philipps Schwager, Herzog Georg der Reiche von Niederbayern, hatte die polnische Königstochter Jadwiga (Hedwig) geheiratet – die

»Landshuter Fürstenhochzeit« ist bis heute berühmt. Das Ehepaar hatte jedoch nur eine Tochter, Elisabeth. Herzog Georg wollte sein Land nicht an die Münchner Verwandten fallen lassen, die er haßte, sondern an die Pfälzer, und suchte dort nach einem geeigneten Schwiegersohn. Seine Wahl fiel auf Ruprecht, einen Sohn des Pfalzgrafen Philipp. Der war zwar Administrator des Bistums Freising, wurde aber von seinem geistlichen Amt entbunden und heiratete Elisabeth.

1503 starb Herzog Georg, Albrecht von Oberbayern focht das Testament an; das angerufene Gericht sprach ihm das Erbe zu. Ruprecht, entschlossen, sein Recht durchzusetzen, eroberte Dingolfing und Moosburg. Sein Vater entschloß sich dazu, ihn zu unterstützen. Kaiser Maximilian I. hatte erst zu vermitteln versucht, resignierte dann aber: »Es tut mir leid um den braven Fürsten« und bot die Reichsritterschaft auf, um an beiden Fürsten die Acht zu vollziehen. Der dreiundzwanzigjährige Ruprecht trug auf seinem Wams den Wahlspruch:

Der ganze Bund steht wider mich
Darwider streit ich ritterlich.

Das nutzte ihm aber wenig. Als die Kaiserlichen Landshut eroberten, verlor Götz von Berlichingen seine Hand: »Und schießt mir einer den Schwerdknopf mit einer Feld-Schlangen entzwey, daß mir der halbe teil in arm ging, und wie ich das so sehe, so hengt die hand noch ein wenig an der haut ...«

Landgraf Wilhelm II. von Hessen bewarb sich mit Erfolg um den Vollzug der Acht gegen Philipp. Dabei mag auch der Streit um das katzenelnbogische Erbe eine Rolle gespielt haben. Der Landgraf sammelte ein starkes Heer und verwüstete die pfälzischen Orte an der Bergstraße. Im Juni 1504 versuchte er Heidelberg einzunehmen, was mißlang, zog dann den Rhein stromabwärts und belagerte lange Caub vergeblich. Im August erlag Ruprecht der im Heer grassierenden Ruhr. Seine Gemahlin Elisabeth, die ihn tapfer auf allen Kriegszügen begleitet hatte, starb sechs Wochen später. 1505 und 1507 schlossen die Parteien endlich Frieden. Ruprechts unmündige Söhne erhielten als Entschädigung die »Kleine Pfalz«, das Gebiet um Neuburg. Der ältere von beiden, Otto Heinrich, sollte ein halbes Jahrhundert später der letzte Herrscher der Alten Kurlinie werden.

Philipps Nachfolger Ludwig V. suchte einen Ausgleich mit dem Hause Habsburg, wobei ihm sein Bruder und späterer Nachfolger Friedrich behilflich war. Friedrich war nach dem Tode Kaiser Maximilians für die Wahl von dessen Enkel Karl von Spanien eingetreten und hatte einen Kurfürsten nach dem anderen zu überreden versucht. Während die Oligarchen für ihre Stimmen immense Summen aus der Anleihe Fuggers kassierten, erhielt Friedrich nur leere Versprechungen. Er bekam schließlich zwar die

Nichte des Kaisers, eine Tochter des vertriebenen Dänenkönigs, nach Jahren zur Frau, doch blieben die versprochenen Gelder aus. Um sie einzufordern, reiste das Paar nach Spanien zu Karl V., wurde dort jedoch nur spärlich abgefunden und befand sich ständig in Geldnöten.

Vor Ludwig V. lagen schwere Zeiten. Im Volk und in der Ritterschaft gärte es. Franz von Sickingen und Ulrich von Hutten gründeten den Oberrheinischen Adelsbund. Der Pfalzgraf ließ die Befestigungen des Heidelberger Schlosses verstärken und modernisieren. Jahrelang wurde daran gebaut, die Spuren älterer Festungsbauten verschwanden dabei. Martin Luther kam am 26. April 1518 zu einer Disputation nach Heidelberg. Der Bruder des Kurfürsten war ein heimlicher Anhänger des Reformators und führte ihn im Schloß herum. In einem Brief an Spalatin lobte Luther die Schönheit und Wehrhaftigkeit des Jettenbühls.

Als der Aufstand Franz von Sickingens losbrach, soll Ludwig V. gesagt haben: »Ich habe dich zum Franz gemacht, jetzt will ich dich zum Fränzchen machen!« Bei der Belagerung seiner Feste Landstuhl wurde Sickingen tödlich verwundet. Zwei Jahre später griff der Bauernaufstand auch auf die Pfalz über. Die Kurfürsten von Mainz und der Pfalz schlugen die Aufständischen gemeinsam bei Pfeddersheim.

Ludwig V. ging als der große Schloßbaumeister in die Geschichte ein. Der Ruprechtsbau wurde erneuert, vielleicht auch auf den heutigen Grundriß erweitert, der Frauenzimmerbau umgestaltet. An der Stelle der alten Türnitz, des Turniersaales, entstand 1534 der neue Königssaal. Auf der Ostseite wurden neue Ökonomiegebäude erbaut, noch heute ist in den Ruinen der Ritterküche zu sehen, wo »Ochs am Spieß« gebraten werden konnte. Auf der Westseite des Innenhofs ließ Ludwig 1520 bis 1535 den Bibliotheksbau errichten, an der Ostseite auf den Fundamenten alter Gebäude seinen neuen Palast, den nach ihm benannten Ludwigsbau. Die Schloßwache war im sogenannten Soldatenbau untergebracht, daneben steht über dem neu ergrabenen Schloßbrunnen eine Halle mit Säulen aus Hornblende-Granit, der vom Felsenmeer stammen dürfte. Karl der Große, den die Wittelsbacher Pfalzgrafen als ihren Ahnherren ansahen, hatte die Säulen einst aus den Ruinen eines römischen Tempels in Mainz holen und nach Ingelheim bringen lassen, wo sie seine Kaiserpfalz zierten.

Ludwig V. war daran gelegen, aus dem Schloß eine uneinnehmbare Festung zu machen. Der Burggraben wurde vertieft, der Aushub auf der Westseite aufgeschüttet. Dadurch entstand vor der äußeren Zwingermauer ein 25 Meter hoher Wall. Der alte Zwinger wurde niedergelegt, an der Nordwestecke errichtete man den »Dicken Thurn«. Er hatte bei einer Mauerstärke von sieben Metern 30 Meter Durchmesser, war 40 Meter hoch und besaß im Untergeschoß Scharten für Handfeuerwaffen, in den darüberliegenden vier Geschossen solche für Geschütze.

Vom Schloß aus war er durch einen gedeckten Gang zu erreichen, ein weiterer führte zu einem in der Mitte der Westmauer vorspringenden Rondellturm, der die Flanke des mächtigen Baues schützte. Kasematten und Streichwehren verstärkten diesen Teil der Festung, und das davorgelegene Bollwerk, Stückgarten genannt, nahm im Kriegsfalle die schweren Geschütze auf, die sonst im ebenfalls neuerrichteten Zeughaus lagerten. Auch die Südwestecke deckte ein Turm. Er war allerdings weniger stark, weil die obere Burg diese Seite deckte. Nach der Zerstörung dieser »Burg zu Berge« verstärkte man hier die Mauer und baute Erdschanzen davor. Der Turm diente später auch als Staatsgefängnis; sein Name »Seltenleer« läßt darauf schließen, daß nicht wenige mit ihm Bekanntschaft machten.

Der Haupteingang erhielt ein neues Brückenhaus, eine neue Brücke mit aufziehbarem Teil sowie einen viereckigen Brückenturm, mit 52 Meter Höhe zugleich der höchste Teil des Schloßbereichs. Über dem Tor, das durch Fallgitter und vier mächtige Torflügel gesichert wurde, stehen zwei Torriesen, steinerne Skulpturen von Schildknappen. Ein Torring zeigt einen eigenartigen Sprung, den sogenannten »Hexenbiß«. Einer alten Sage zufolge soll sich demjenigen das Schloß öffnen, dem es gelingt, diesen Ring zu durchbeißen. Einst versuchte es eine Hexe ohne Erfolg, der Ring bekam nur einen Riß.

Der Burggraben ließ sich mit Wasser füllen. Wahrscheinlich gab es dort einen nicht sehr hohen Dauerstau, in dem Fische gezüchtet wurden. Im trockenen Grabenteil hielt man Wild, auch Bären. Am Hang des Königstuhls waren mehrere Quellen gefaßt. Ihr Wasser floß durch steinerne Röhren in die Burg und speiste dort mehrere Zisternen. Was überflüssig war, gelangte in den Burggraben, wurde dann den Schloßberg hinabgeleitet und trieb dort mehrere Mühlräder.

Den Turm an der Südostecke ließ der Pfalzgraf zu einer mächtigen dreistöckigen Batterie ausbauen. Er ist 24 Meter hoch, seine Mauern sind 6,50 Meter dick. Im Innern standen auf hölzernen Bohlengeschossen die Geschütze, mit denen man die Eingangsseite und die Anhöhe gegenüber dem Friesental beherrschte. Ein sinnreiches System von Kaminen sorgte dafür, daß der Pulverdampf schnell abziehen konnte. Als der Turm später einen Aufsatz bekam, mußten aus Gründen der Statik anstelle der Bohlengeschosse Gewölbe eingezogen werden. In einem Magazin unter dem Turm lagerte der gesamte Pulvervorrat. Das Pulver nannte man damals auch »Kraut«, von ihm hat dieser Krautturm seinen Namen. Die Sprengung zerstörte ihn nur zum Teil, die mächtigen Batterien liegen dadurch zum großen Teil offen.

Aus der Mitte der westlichen Außenmauer ragt ein breiter Rondellturm. Apothekerturm wird er genannt, weil er einst die Schloßapotheke aufnahm, heute befindet sich dort das Apothekenmuseum. An der Nordostecke steht ein Glockenturm, der später einen achteckigen Aufbau erhielt.

Dem kinderlosen Ludwig V. folgte sein Bruder, der ebenfalls keine Kinder hatte.

Ludwig hatte die lutherische Konfession zwar geduldet, sich selbst aber davon distanziert. Friedrich konvertierte nicht, widersetzte sich jedoch nicht der Ausbreitung der lutherischen und calvinischen Lehre in seinen Landen. Weihnachten 1545 wurde in der Schloßkapelle erstmals das Abendmahl in beiderlei Gestalt ausgeteilt.

Auch Friedrich ließ im Schloß bauen. Neben dem Glockenturm entstand der Gläserne Saalbau mit Festräumen und Zimmern, in denen seine Privatbibliothek untergebracht wurde. Auch dieses Gebäude steht auf alten Fundamenten, wahrscheinlich der alten Schloßkapelle. Friedrichs Biograph will dort sogar noch Reste des sagenhaften Jettenheiligtums gesehen haben.

Der Ruprechtsbau wurde im Obergeschoß erneuert; der Kurfürst ließ dort einen prachtvollen Kamin einbauen, der noch heute erhalten ist. Ein neuer Baustil hielt damit Einzug in das Schloß: die Renaissance.

Friedrich II. hielt zu Kaiser Karl V.; sein Bruder hatte damals für seine Wahlstimme 189000 Gulden erhalten. Im Schmalkaldischen Krieg hielt er sich zurück und entsandte nur ein kleines Kontingent. Die Pfalz blieb von feindlichen Einfällen verschont. Im darauffolgenden sogenannten Fürstenkrieg besetzten Moritz von Sachsen und Markgraf Albrecht Alkibiades von Brandenburg, mit Frankreich verbündet, Teile der Pfalz. Friedrich entging Schlimmerem, indem er beiden das große Geschütz auslieferte.

Sein Neffe Ottheinrich mußte nach dem Schmalkaldischen Krieg die »Kleine Pfalz« verlassen und lebte in Heidelberg und Weinheim seinen Studien und Sammlungen. Er ließ, als er 1556 zur Regierung kam, den nördlichen Teil des Ludwigsbaus abreißen und zum Gläsernen Saalbau hin einen prachtvollen Palast errichten. Der nach ihm benannte Ottheinrichsbau ist das schönste Gebäude im Schloßbereich und kündet noch als Ruine von seiner einstigen Pacht. Der Bau wurde zu Lebzeiten des Kurfürsten nicht fertig. An den Erbauer erinnert eine Tafel:

»Ott Hainrich von Gottes gnaden Pfalntzgraf bei Rhein.
Des heyligen Römischen Reichs Ertzdruchseß
und Churfürst. Hertzog in Nidern und Obern Baiern.«

Die Initialen am kurfürstlichen Wappen lassen sich sowohl Deutsch als auch Lateinisch deuten:

O. H. P. C.:
Otto Heinrich Pfalzgraf Churfürst – Otto Henricus Palatinus Comes.

Ottheinrich führte in seinen Landen die Reformation ein. Mit dem ebenso beleibten wie beliebten Kurfürsten starb 1559 die Alte Kurlinie aus. Zur Regierung kam Friedrich III. aus der Linie Pfalz-Simmern, den man den Frommen nannte, ein strenggläubiger Calvinist. Zwischen Lutheranern und Reformierten entbrannten jahrelange unselige Glaubenskämpfe. So verbot der lutherische Sohn und Nachfolger, Ludwig VI. (1576–1583), dem reformierten Pfarrer, für seinen Vater die Leichenpredigt zu halten. Auch Ludwig ließ wie alle seine Nachfolger am Schloß bauen. Über der alten Schloßkapelle entstand auf der Nordseite ein neues Gebäude, an der Ostseite der äußeren Wehrmauer eine Streichwehr.

Als Ludwig starb, war sein Sohn noch minderjährig; Pfalzgraf Johann Kasimir, für manche das Vorbild für den »Jäger aus Kurpfalz«, übernahm bis 1592 die Vormundschaft. Streng calvinistisch gesinnt, verstärkte der tüchtige und kriegerische Verwalter die Verteidigungsanlagen und ließ an der Nordfront die »Große Batterie« bauen. An der Nordwestseite des alten Frauenzimmerbaues entstand der »Große Faßbau«. In der alten Türnitz arbeiteten die Faßbauer an der mächtigen Tonne. Für die langen eisernen Bänder brauchten sie viel Platz, ihre Arbeitsstelle wurde danach auch »Bandhaus« genannt. Die Kasimirtonne faßte 125000 Liter Wein.

Friedrich IV. übernahm achtzehnjährig 1592 die Regierung, ein temperamentvoller, prachtliebender Fürst, erstklassiger Reiter, hervorragender Schütze und leidenschaftlicher Jäger. Turniere und Ringelstechen, große Jagden, rauschende Feste und Maskeraden wechselten miteinander ab. Seine treuherzigen Tagebucheintragungen, darunter

»3. 5. 1598 ist hertzog hanß gar fol gewesen

9. 6. 1598 Bin ich fol gewesen, ist die von Werdenberg nach Heidelberg kummen«,

führten später zu den bekannten Studentenliedern, zeigen aber auch die leutselige Art, wie er seinen Landeskindern in Notlagen half. Bald plagte ihn die Gicht, er humpelte mühsam am Stock, mit dem Reiten und vielen anderen Vergnügungen war es zu Ende.

Am 17. März 1606 alten Datums (die Reformierten lehnten die Gregorianische Kalenderreform ab und rechneten weiter nach dem Julianischen Kalender) gründete Friedrich an der Stelle des alten Dorfs Mannenheim die Stadt Mannheim und ließ ihre Grenzen mit einem Pflug ziehen, wie es die Römer nach altem etruskischen Brauch zu tun pflegten. Die neue Stadt hatte einen schachbrettartigen Grundriß und wurde ringsum mit Wällen, Gräben und Bastionen stark befestigt. Nach ihrem Gründer hieß sie zuerst Friedrichsburg, erst später wurde sie Mannheim benannt.

Der Aufbau, den Ludwig VI. auf die Schloßkapelle hatte setzen lassen, war nicht genügend fundamentiert, so daß »eine dicke eisserne Stang entzwei gebrochen, worauf sich die Capel mit dem Newen Bau daruff sich dermassen gesenkt, daß man sich des Einfallens und dahero entstehender großer Gefahr besorgen müssen, zum Theil weil derselbe Oberbaw gar zu schwer, undt dan zum Theil auch das Fundament zu schwach und nit genugsam versehen gewesen . . .«

Der Kurfürst beauftragte den Straßburger Stadtbaumeister Johannes Schoch, der aus der Nähe von Pforzheim stammte, damit, zwischen Frauenzimmerbau und Gläsernem Saalbau einen neuen Palast zu bauen. Er wurde nach ihm Friedrichsbau genannt und hat als einziger Schloßbau eine Schaufassade nach außen, zur Stadt hin. 1601 wurde der Grundstein gelegt, 1604 war das Gebäude unter Dach, 1607 fertig. Es sollte »divino Cultui et commodae habitationi«, als Gotteshaus und als Wohnung, dienen. Vor der Nordseite entstand ein breiter Altan. Hier zeigt man Besuchern einen rätselhaften Fußabdruck in einer natürlichen Sandsteinplatte. Er soll von einem enttäuschten Ritter stammen, der einst in voller Rüstung vom Palas herabsprang.

Mit Friedrich IV. kam die Theaterleidenschaft nach Heidelberg. Die üblichen Pantomimen, die auch im Schoßhof aufgeführt wurden, genügten ihm nicht. Damals war England tonangebend auf den Brettern, die die Welt bedeuten. Des Kurfürsten Freund, Landgraf Moritz von Hessen-Kassel, besaß als erster deutscher Fürst in seiner Residenz ein Theatergebäude und hatte ein englisches Ensemble unter Robert Brown verpflichtet. Es war öfter und meist für längere Zeit zu Gast in Heidelberg. Die pfälzische Hauptstadt entwickelte sich dadurch zu einem weiteren Schwerpunkt des deutschen Theaterlebens. Shakespeare hat dies sicherlich beeinflußt.

Der Dicke Turm besaß ein Obergeschoß, das aus einem Fachwerkaufbau mit einem spitzkegeligen Holzdach bestand. Hier hatte der Kurfürst sein Theater eingerichtet, hier an seinem Lieblingsplatz genoß er die tiefen Eindrücke, die ihm zeitgenössische Dichtungen, allen voran Shakespeares Dramen, vermittelten. Wie überliefert wird, endeten die Aufführungen für Friedrich meist in einem kräftigen Rausch.

Als der Kurfürst starb, war er erst 36 Jahre alt, sein Sohn, der ihm als Friedrich V. folgte, gerade 16. Er hatte die Lebenslust und die Theaterleidenschaft von seinem Vater geerbt. Die Höfe strebten eine Ehe mit Elisabeth Stuart, einer Tochter des englischen Königs Jakob I., an, man erhoffte sich davon eine Stärkung des protestantischen Lagers. Der junge Friedrich traf am 18. Oktober 1612 in London ein. Die beiden Brautleute verliebten sich ineinander, es entstand daraus eine tiefe, innere Bindung, die über alles Leid hinweg bis zum Tod anhielt. Rauschende Feste, Maskeraden und Theateraufführungen waren an der Tagesordnung. Shakespeares Drama »Der Sturm« wurde zu Ehren des jungen Paares uraufgeführt. Es scheint wie auf Friedrich und Elisabeth zugeschnitten und enthält im vierten Akt viele Parallelen, aber auch manch dunkle Vorahnung bitteren Schicksals.

Im Juni 1613 hielt das Fürstenpaar Einzug in Heidelberg. Ehrenpforten und Baldachine aus Blumengirlanden waren aufgestellt. Zur Erinnerung an eine vorausgegangene Maskerade in London standen die biederen Pfälzer Soldaten Spalier, als Indianer verkleidet. Eine Ausstellung »England und die Pfalz« wurde feierlich eröffnet, und den Abend beschloß eine festliche Illumination auf dem Neckar. Die ganze Kunst zeitgenössischer Feuerwerkstechnik war aufgeboten, als eine Burg mitten im Wasser erschien, belagert und erobert wurde und schließlich mit einem Knall in die Luft flog. Ahnte damals jemand, daß das bald Realität werden könnte?

Die englische Theatertradition sollte im Dicken Turm fortgeführt werden. Das Obergeschoß war jedoch zu niedrig für eine Shakespeare-Bühne, auch störte die Säule in der Mitte, auf der das Dach ruhte. Schloßbaumeister Schoch, den Friedrich zu Rate zog, erklärte, das Obergeschoß müsse abgetragen und neu aufgebaut werden, auch Salomon de Caus vertrat diese Ansicht. Der ungeduldige Kurfürst berief »expresse« den Bau- und Zimmermeister Peter Carl aus Nürnberg, der schon früher für den Heidelberger Hof gearbeitet hatte. Der Fünfundsiebzigjährige löste die Aufgabe brillant, seine geniale Hängewerkskonstruktion machte Baugeschichte. Durch sie war es möglich, den alten, inzwischen defekten Mittelpfeiler herauszunehmen und ein neues Obergeschoß darunterzusetzen, ohne das alte Dach zu entfernen. In berechtigtem Stolz ließ der Auftraggeber dort eine Gedenktafel anbringen.

Auf dem Nordwall des Schlosses wurde ein neuer Palast gebaut, der »Englische Bau«. Er war mit dem Dicken Turm verbunden. Der Stückgarten vor dem Turm wurde aufgefüllt und zu einem Lustgarten für die Kurfürstin umgestaltet. 1615 ließ Friedrich seiner »herzallerliebsten Gemahlin« zum Geburtstag hier die sogenannte Elisabethpforte errichten.

Inigo Jones, der Leiter des »Heidelberger Theatrum«, empfahl dem Kurfürsten den französischen Gartenarchitekten Salomon de Caus, der damals am englischen Hof tätig war. Caus erhielt den Auftrag, um das Schloß herum einen großflächigen Garten anzulegen. Der weltberühmte Hortus Palatinus wurde nicht fertig, Caus behauptete, ihm hätten nur sechs Monate dafür gefehlt.

Östlich des Schlosses wurden, wie eine Inschrift meldet, »die Gipfel der Berge in die Tiefen der Täler gestürzt«. Hunderte von Frönern schufteten jahrelang, bis sie das obere Friesental 62 Schuh hoch, etwa 18 Meter, aufgefüllt hatten. Der Hortus war in fünf verschieden hohe Ebenen eingeteilt, die durch Stützmauern voneinander getrennt waren. Die nördlichste Mauer mit ihren Bögen gehört heute zur wohlvertrauten Schloßsilhouette. An ihrem Ende zum Neckar hin war ein mehrstöckiges turmähnliches Haus projektiert. Seine heizbaren Räume sollten nicht nur Dienerwohnung sein, sondern waren auch für Gäste bestimmt. Der Bau ist über das Untergeschoß des »großen gevierdten Turms« nicht hinausgekommen.

Auf den Ebenen wurden malerische Beete angelegt, wahre Gemälde aus Blumen, Buchsbaum, farbigen Steinen und Sand. Diese sogenannten Felder hatten Namen wie »darinnen die Seule stehet«, »uf die art eines Laubwerks zugerichtet«, »Unterster Garten«. Über einem weiteren Feld, »darinn es Dryßig große Pomerantzen Bäum, jeden ohngefehr 25 Schuch hoch, und den andern mittelmäßigen und kleinen ohngefehr in die Vierhundert hat. Und sind die großen bey 60 Jahren alt, welche man alle in der größe wie sie sind mit Wurtzel und Erden in sonderbaren darzu gemachten Kästen aus dem alten Herren Garten in der Vorstadt nicht ohne große müh und arbeit den Berg hinauf in diesen Newen Lustgarten geführet hat . . .«, wurde im Winter ein heizbares Bretterhaus aufgeschlagen und im Frühjahr wieder abgebaut. Da dies zu aufwendig war, plante Caus, eine massive Mauer um das Feld zu errichten, so daß nur noch das Dach auf- und abzusetzen war. Die Säulen dazu wurden aufgestellt, der Rest blieb unvollendet.

Geschickt wußte Caus auch das Wasser zu nutzen. Zwei große Bilder sollten den Main und den Neckar darstellen, und auf einer Grotte mit dem Standbild Neptuns stand das des Bauherren selbst. Eine Tafel mit dem Datum 1619 weist ihn als »Bohemiae Rex« aus.

Gegen den Rat seines Schwiegervaters, auf Drängen seiner Frau, nahm Friedrich die böhmische Königskrone aus den Händen des aufständischen Adels an. Am 31. Oktober 1619 wurden beide in Prag gekrönt. Ihnen war dort nur ein Winter beschieden. Ferdinand II. rief die Liga zu Hilfe. In der Schlacht am Weißen Berge wurde Friedrich vernichtend geschlagen und floh mit Elisabeth nach Schlesien, von da nach Holland, das beiden Asyl gewährte. Herzog Johann von Württemberg brachte indessen die in Heidelberg verbliebenen Kinder nach Stuttgart in Sicherheit.

»Ich habe nimmermehr gemeint, daß es so weit kommen würde, jetzt, wenn die Böhmen mich erwählten, was wollte ich da tun«, war Friedrichs etwas hilflos klingende Entschuldigung, während ein Spottvers von Mund zu Mund ging:

Ich bin der König von kurzer Zeit,
Mein Reich ist gleich der Fastnachtsfreud,
Wann d'Fastnach aus, geht Fasten an,
Vor König, jetzt ein armer Mann . . .

In der Verbannung versuchte Friedrich vergebens, für sich und seine Sache Hilfe zu finden. Währenddessen raste die Kriegsfurie durch die deutschen Länder. An der Bergstraße erschienen die Spanier und besetzten die Pfalz, ließen Heidelberg jedoch unbehelligt. Herzog Christian von Braunschweig und Graf Ernst von Mansfeld drängten sie zurück. Pfälzer Truppen eroberten am 22. Mai 1622 das neutrale Darmstadt und nahmen den Landgrafen und seinen Sohn gefangen. Tilly schlug Herzog Christian am 20. Juni bei Höchst, besetzte die Bergstraße und rückte vor Heidelberg.

Die Pfälzer hatten inzwischen am Friesenberg Schanzen ausgehoben und den »gevierdten Turm« zu einer Redoute ausgebaut. Der Trutzkaiser hatte anstelle des verwahrlosten Daches eine Kampfplattform erhalten. An einer hohen Stange konnte seine Besatzung ein Signal aufziehen, vielleicht einen Ballon, einer zeitgenössischen Darstellung nach war es ein Abbild der Krone Böhmens. Der Trutzkaiser hatte ein Pendant im eilends errichteten »Trutzbayer«, der ähnlich aussah.

Kommandant van der Merven war zuversichtlich. Bis zum letzten Augenblick schanzten die Verteidiger und ließen sich erst durch heftiges Geschützfeuer vertreiben. Am 26. August 1622 hatten Tillys Truppen die Stadt eingeschlossen und begannen mit der Belagerung. Die Artillerie beider Seiten lieferte einander heftige Duelle.

Am 16. September ließ Tilly zum allgemeinen Sturm blasen. Von der Höhe des Gaisbergs, aus der Ebene und über den Neckar herüber brach es gleichzeitig los. Zuerst fiel der Trutzbayer, vermutlich durch Verrat. Der Trutzkaiser wurde bis zur Kampfunfähigkeit zusammengeschossen. Durch eine Furt gelangte eine Abteilung Kroaten über den Neckar und drang in die Vorstadt ein. Bald war auch die Altstadt erobert; van der Merven mußte sich aufs Schloß zurückziehen.

Die Bevölkerung in der Stadt litt furchtbar unter Plünderung, Raub, Erpressung und Mord. Schlimme Ahnungen mag wohl jeder gehabt haben, schließlich hatte man genug von dem gehört, was andernorts geschehen war. Dazu kam die Hoffnungslosigkeit, die Erkenntnis, daß es keinen Entsatz gab und alle einem ungewissen Schicksal ausgeliefert waren.

Van der Merven hatte zwar um das Schloß herum seine Stellungen halten können, besaß jedoch weder genug Mannschaften noch ausreichende Vorräte und Munition. Die Lage war für ihn aussichtslos, er kapitulierte gegen freien Abzug für sich und seine Truppe.

Herzog Maximilian von Bayern wurde Reichsverweser der Pfalz, die Kurwürde ging auf Bayern über. Die Rekatholisierung begann. 1623 erschien der päpstliche Bibliothekar Allatius in Heidelberg, um die weltberühmten Schätze der Bibliotheca Palatina zu sichten. Kurfürst Ottheinrich hatte die Lorscher Bibliothek »mit Butzen und Stiel« nach Heidelberg bringen lassen und der Universität seine eigene umfangreiche Büchersammlung vermacht, in der sich auch eine Fassung des Nibelungenlieds mit seinen persönlichen Anmerkungen und Zeichnungen befunden haben soll. Die Bücher waren auf der Empore der Heiliggeistkirche untergebracht und standen dort, an die Lesetische gekettet, den Studenten zur Verfügung. Diese wertvollen Schätze wurden auf Maulesel und Wagen verpackt und traten den langen Weg nach München und Rom an. So manches seltene Stück mag unterwegs verlorengegangen sein. Erst lange Zeit später wurde nach und nach ein Teil der Bücher zurückgegeben. So schmerzlich der Verlust auch war, er hatte auch ein Gutes: Die Bibliothek entging so den verheerenden Zerstörungen von 1689 und 1693.

Seine »herzallerliebste Elisabeth« schenkte Friedrich in achtzehnjähriger Ehe 13 Kinder. Der älteste Sohn Heinrich ertrank bei einer Flottenparade auf der Zuidersee vor den Augen seines Vaters. Der Pfälzer hoffte, als sein Onkel Gustav Adolf von Schweden in den Krieg eingriff, auf baldige Wiederherstellung seines Landes. Die Bevölkerung von Kreuznach begrüßte ihren angestammten Herrscher freudig. Er wollte in Oppenheim Quartier nehmen, die Stadt war jedoch fast völlig zerstört, und feindliche Streifkorps zwangen Friedrich, sich nach Mainz zu begeben. Dort wütete eine pestartige Seuche, die ihn aufs Krankenlager warf. Der unglückliche Flüchtling erlag ihr am 19. (29.) November 1632. Kurz vor seinem Tod hatte er die Nachricht erhalten, daß sein Onkel bei Lützen gefallen war. In tiefer Verzweiflung seufzte er: »Nun habe ich keine Hoffnung mehr!« Die Befreiung Heidelbergs durch schwedische Truppen erlebte er nicht mehr. Sein zweitältester Sohn Karl Ludwig trat die vorerst nur auf dem Papier stehende Nachfolge an.

Das Herz des Toten wurde in eine goldene Kaspel verschlossen und in die Oppenheimer Katharinenkirche gebracht. Der Leichnam des Geächteten fand im Tod noch keine Ruhe. Seine Witwe zog mit dem Sarg von Ort zu Ort. Niemand duldete ihn, in Metz verlor sich seine Spur . . .

Am 5. Mai 1633 drangen die Schweden ohne Gegenwehr in Heidelberg ein. Die kaiserliche Besatzung hatte sich im Schloß verschanzt. Der schwedische Kommandant Abel Moda ließ es beschießen. Erst nach drei Wochen kapitulierten die Verteidiger und zogen ab. Später versuchten kaiserliche Truppen noch mehrmals, Heidelberg zu erobern. Abel Moda wurde schließlich durch französische Truppen entsetzt. Nachdem die Schweden 1634 bei Nördlingen vernichtend geschlagen worden waren, zog Gallas mehrere kaiserliche Regimenter vor Heidelberg zusammen. Abel Moda mußte sich ergeben, weil seine Vorräte verbraucht waren und Seuchen unter seiner Mannschaft wüteten. Die Schweden marschierten ab, Stadt und Schloß wurden bis zum Ende des Krieges wieder kurbayerisch.

Beim Friedensschluß mußte die Pfalz erhebliche Gebietsverluste hinnehmen, wurde aber wiederhergestellt. Die Kur und das Amt eines Erztruchsessen verblieben bei Bayern, doch erhielt die Pfalz die neugeschaffene achte Kurstimme.

Am 7. September 1649 bezog Karl Ludwig das Schloß seiner Väter, seine Mutter blieb im Haag, wo sie, ohne die Pfalz noch einmal aufgesucht zu haben, 1661 starb. Die Gebäude im Schloß waren durch die jahrelangen Kämpfe beschädigt, verwahrlost, ausgeplündert, die Fenster zerschlagen, die Fußböden herausgerissen, der größte Teil des Mobiliars verschwunden. Karl Ludwig ließ aufräumen, wiederherstellen und die Befestigungsanlagen instand setzen. Auch der Trutzkaiser wurde wieder aufgebaut, doch ordnete der Kurfürst an, »daß künftighin bey hoher Straff sich Niemand mehr gelüsten lasse, die alte Stern Schantz Trutzkayser zu heissen . . .«

Die Ehe des Pfälzers mit der schönen, aber kalten und stolzen Charlotte von Hessen-Kassel war unglücklich. Karl Ludwig bemühte sich um die Baronin Marie Louise von Degenfeldt, doch Charlotte willigte nicht in die Scheidung ein.

Vom Haag aus versuchte Elisabeth, in die Affäre einzugreifen und sandte Karl Ludwigs Bruder Ruprecht nach Heidelberg. Er sollte bei dieser Gelegenheit um die Baronin werben, schließlich war er ein weltgewandter Seeheld, Admiral in der Flotte seines Onkels, des englischen Königs Karl II., und hatte »ein schönes, den Weibern wie dem Feinde gleichermaßen gefährliches Gesicht«. Die Mutter verfolgte noch eine andere Absicht damit. Karl Ludwig besaß zwar eine kräftige, blühende Tochter, aber sein einziger Sohn Karl kränkelte. Ruprecht und Marie Louise hätten die Thronfolge sichern können, und tatsächlich wäre die Geschichte der Pfalz wohl anders verlaufen, wenn dies gelungen wäre.

Doch Karl Ludwig war von dem Besuch seines brüderlichen Nebenbuhlers gar nicht entzückt und versuchte mit allen Mitteln, ein Zusammentreffen zwischen ihm und Marie Louise zu verhindern. Charlotte lud den Schwager zu einem Fest auf das Heidelberger Schloß. Ruprecht fand das Tor verschlossen, die Zugbrücke aufgezogen, und der Wachkommandant zeigte ihm den schriftlichen Befehl des Kurfürsten, ihn nicht einzulassen. Enttäuscht schrieb Ruprecht seinem Bruder: »Ich habe auf Euer Liebden Veranlassung ein feierliches Gelübde zu Gott getan, die Pfalz nie mehr zu betreten, und will bei dem, wenn auch bedauerlich beschworenen Vorsatz bleiben . . .«

1658 heiratete Karl Ludwig Marie Louise von Degenfeldt in »morganatischer Nebenehe«. Drei Jahre später zog sich Charlotte nach Kassel zurück. Karl und Marie Louise hatten 14 Kinder, die nicht erbfolgeberechtigt waren und den Titel »Raugraf« und »Raugräfin« trugen.

Karl Ludwig ließ die Bühne im Dicken Turm durch den bekannten Theaterarchitekten Josef Furttenbacher aus Ulm wiederherstellen: ». . . Inwendig ist der Platz des Turmes derart weitläufig, dass über hundert Tische aufgestellt werden können . . .«

Während die Schloßgebäude instand gesetzt werden konnten, fehlten die Mittel, um den Hortus Palatinus neu anzulegen, man pflanzte dort Obst-und Zierbäume an. Die Kasimirtonne war dem Krieg zum Opfer gefallen, die Soldaten hatten wohl ihr Holz zum Lagerfeuer gebraucht. Karl Ludwig ließ ein größeres, reich geschmücktes Faß bauen, das 195000 Liter aufnehmen konnte. Zur Hochzeit seiner Tochter Elisabeth Charlotte – der »Liselotte von der Pfalz« – gab er für den französischen Gesandten ein Gelage auf dem mächtigen Faß. Der Kurfürst hatte darüber ein großes Podest aufschlagen lassen und im Innern der leeren Tonne zwölf Trompeter und zwölf Trommler versteckt, die auf sein Zeichen hin zu spielen begannen. Der Gesandte und sein Gefolge glaubten an Geister und stürzten entsetzt die Treppe hinunter, sehr zum Ergötzen des Gastgebers. Die politischen Erwartungen, die Karl Ludwig an die Verbindung seiner Tochter mit dem Bruder des französischen Königs knüpfte, erfüllten sich nicht. 1674 griff der Krieg erneut nach der Pfalz, die sich gerade erst von dem fürchterlichen Blutbad erholt hatte. Im zweiten Reunionskrieg zog der Duc de Turenne die Bergstraße entlang. Der Kurfürst protestierte, forderte gar den Feldherrn zum Zweikampf – vergebens.

Karl Ludwig starb 1680; sein einziger kränklicher Sohn Karl regierte nur fünf Jahre. Nach ihm ist eine Schanze benannt, die im Nordosten des Schlosses lag und unterirdische Geschützstellungen enthielt. Kurfürst Karl war erst 37 Jahre alt, als er kinderlos starb. Eilends verhandelte der Hof wegen der Nachfolge.

Nach dem Testament König Ruprechts ging die Erbfolge auf die Linie Pfalz-Neuburg über, die jedoch katholisch geworden war, als sie die reichen Länder am Niederrhein erbte. Es galt, in der Pfalz eine ungehinderte Ausübung der calvinistischen Konfession zu sichern. Dennoch war der innere Friede der Pfalz, wie Häusser treffend feststellte, »mehr von des Kurfürsten (Philipp Wilhelm) persönlichem Wohlwollen geschützt, als auf die Dauer verbürgt«.

Ludwig XIV. erhob Ansprüche auf das Allodialgut Liselottes, das Reich erkannte sie nicht an. Ein französisches Heer unter General Mélac besetzte Anfang November 1688 Heidelberg: ». . . der Königl. Printz Dauphin nebenst dem Printz d'Orléans allhier zu Heydelberg gewesen, und auf dem Residentz Schloß im Kaysersaal das Mittagsmahl eingenommen . . .« Als kaiserliche Truppen, ein Detachement sächsischer Dragoner, durch das Neckartal heranrückten, »und der commandierende Officier dem Schultzen von Schwätzingen befohlen, dem Commandanten in Heydelberg anzusagen, man solle an der Stadt und Residentz nichts ruinieren . . .«, erhielt Mélac den Befehl, beim Abzug nichts unversehrt zu lassen: »Brûler le Palatinat!«: »Den 27. Jan. hat General Mélac alle Dörffer umb Heydelberg außerhalb dem Speyrer Thor abgebrannt . . .«

Neuenheim, Handschuhsheim, Mannheim und alle Dörfer in der Umgebung gingen im Feuersturm unter. Rings um Heidelberg entstand eine Wüste. Was sich dabei in der Bevölkerung abspielte, ist kaum zu schildern. Was nutzte es schon, daß der Gouverneur mehrere der Schändung von Frauen überführte Soldaten Spießruten laufen ließ!

Dann kam Heidelberg an die Reihe. Alle Befestigungen wurden gesprengt, das ganze Schloß stand in Flammen, die meisten Häuser in der Stadt ebenso. Ein französischer General hatte Bürgern, die ihn um Schonung ihrer Häuser anflehten, geraten, Türen und Fenster auszuhängen und im Innern ein Strohfeuer anzuzünden, das leicht zu löschen war, aber viel Qualm verursachte. Dadurch entgingen einige Häuser der Vernichtung. Der Name Mélac brannte sich tief in die Gemüter der Pfälzer ein, bis in die Gegenwart hinein pflegten sie Hunde so zu nennen. Ein Augenzeuge schilderte, wie das Schloß zur Ruine wurde: ». . . Den 2. Martii wurde allen Officieren und Soldaten zu Roß und Fuß befohlen, alle zum Aufbruch sich fertig zu halten, wie dann alle zu Pferdt auff benanntem H. Geist platz in parato stehend, die Mußquetiere hin und wieder in der Stadt zertheilt, auch waren an die 200 Mann bestellt Strohwisch zu machen, wie dann darauff um halb 9 das köstlichste und schönste Gebau, als dergleichen in Europa seyn kann (das Heidelberger Schloß) so schmerzlich zu bedauern, und der gantzen Christenheit zum Exempel vor Augen gestellt worden, angezündt, gleich darauff den viereckigten Wacht-Turm am obern Thor gesprengt, wie auch gleich der so genannte rothe Carls-Thurm in einem Augenblick über hauffen gelegen, daß nicht ein stück daran geblieben, nach solchem folgte der herrliche und größte Thurm in gantz Teutschland, und ehe ein Vatter unser gebettet werden möchte, über einem Hauffen gelegen, die Minen an der grossen Pastey haben keinen Effekt gethan, wie auch an dem so genannten Kraut-Thurm: Unterdessen nahm das Feuer allenthalben gewaltig überhand, welches gleichsam mit Augen erschröcklich anzusehen ware, wie das Feuer aus den Fenstern so grausam brausete, das Tachwerck mit grossem Knallen und Zerschmettern mit gewaltigen Feuers Flammen alles mit grosser Macht und Prausen darnieder risse, und die gelegte Pompen hin und wieder die Mauern zerschmetterten, solches wehrete den gantzen Tag und Nacht biß um 12 Uhr morgenden Tags, als 3. Martii, und wurden 3 Personen von einer niederfallenden Mauer erschlagen, als eine Jungfrau, ein Bändergesell und die Haußkehrerin ... Item ist ein Stein von dem gesprengten Carlsthurm, wo die güldene Buchstaben gestanden (›Deus oppugna oppugnatores meos‹), in ein Hauß unweit darvon durch das Tach getrungen, in deme der Haußwirth auff den Knyen gebetet, und 3 Kinder bey ihm gewesen, in die Stuben gefallen, ein Kind davon Erschlagen, er aber sambt den 2 andern unverletzt geblieben ...«

Kurfürst Philipp Wilhelm hatte sich beim Herannahen der Franzosen nach Düsseldorf zurückgezogen. 1690 kam sein Sohn Johann Wilhelm zur Regierung. Die Düsseldorfer nannten ihn liebevoll »Jan Willem«, die Pfälzer schätzten ihn weniger. Der Kurfürst ließ fieberhaft schanzen und reparieren, östlich des Schlosses vertiefte man die alten Gräben, legte neue Wälle an und baute den »gevierdten Turm« zu einer Redoute aus. So konnten in den nächsten beiden Jahren alle Angriffe auf die Ruinenstadt abgewehrt werden.

Im Schloß waren Gläserner Saalbau und Friedrichsbau noch am wenigsten zerstört, hier ließen sich einige Räume wieder bewohnbar machen. Für Johann Wilhelm reichte das nicht, und auch Weinheim war nur ein Notbehelf, kein Wunder, daß er Düsseldorf bevorzugte.

Am 19. Mai 1693 erschien französische Reiterei bei Rohrbach. Mélac erkundete selbst mit einer kleinen Patrouille die Pfälzer Stellungen. Der pfälzische Oberbefehlshaber Markgraf Ludwig von Baden hatte General Hedersdorf die Verteidigung der Stadt übertragen. Eine starke Besatzung unter dem Kommando eines Oberstleutnants verteidigte die Sternschanze, erhielt aber am 23. Mai völlig grundlos Befehl zum Rückzug und zog sich in die Stadt zurück. Am Morgen drangen die Franzosen ungehindert bis an die Westbefestigungen der Stadt vor, fanden das Speyerer Tor unbesetzt und unverschlossen und die Kanonen dort unbrauchbar gemacht. Ohne Widerstand rückte das Regiment Picardie bis zum Marktplatz vor und überraschte dort die Stadtbesatzung. In wilder Flucht stürzten Soldaten, Männer, Frauen und Kinder hinauf aufs Schloß. Der Kommandant war in der flüchtenden Menge eingekeilt. Das Schloß, das in Trümmern lag, konnte nicht verteidigt werden, die Truppe war unzuverlässig, Proviant und Munition fehlten; im Interesse der vielen Frauen und Kinder kapitulierte Hedersdorf.

Nun wurde nachgeholt, was vier Jahre zuvor versäumt worden war. Gleich nach der Einnahme brannten die letzten noch stehenden Häuser in der Stadt, es ist umstritten, ob sie die Eroberer angezündet haben. Nur ganz wenige Bauten, unter ihnen der »Ritter«, entgingen der Zerstörung wie durch ein Wunder. Die Heiliggeistkirche brannte völlig aus. Als die französischen Truppen abzogen, krachten erneut die Minen. Der mächtige Krautturm widerstand auch jetzt noch der Zerstörung; nur ein Teil seiner Schale sank in den Schloßgraben. Durch die Ruinen tobte erneut der Feuersturm.

Viele Heidelberger hatten Hausrat und Wertgegenstände in die tiefen Keller ihrer Häuser gebracht und sich darin versteckt. Als das Feuer durch die Stadt raste, sind sie dort jämmerlich erstickt. Dr. Heukemes legte solche Kellerverstecke frei, der Anblick erinnert an die großen Bombenangriffe auf deutsche Städte im Zweiten Weltkrieg . . .

Ludwig XIV. ließ Münzen mit der Aufschrift prägen »Heidelberga Deleta«. Liselotte von der Pfalz schrieb: »Nun der dicke thurn nicht mehr zu Heydelberg leyder ist, kan ich mir nicht einbilden, wo man das opera spillen wird, es sei dan im keysersahl im Otto-Heinrich-bau . . .«

Johann Wilhelm gab die Trümmer des Dicken Turmes den Heidelbergern zum Wiederaufbau ihrer Häuser frei. In der Stadt wurden die unbrauchbaren Trümmer eingeebnet, wodurch sich das Straßenniveau erhöhte. Gläserner Saalbau und Friedrichsbau ließen sich notdürftig reparieren, von den anderen Ruinen fand noch so mancher Stein seinen Weg in die Stadt hinunter.

Der Kurfürst wollte die Reste des Schlosses zum Bau eines riesigen Palastes am Neckarufer verwenden. Graf Matteo Alberti hatte bereits einen Bauplan gefertigt. Die Ausführung unterblieb wegen Geldmangels. Johann Wilhelms Bruder Karl Philipp (1716–1742) plante, die Schloßruine auf der Westseite abzutragen und im Stückgarten einen neuen Palast zu errichten. Über einem Teil der ausgebrannten Fassaden ließ er neue Dächer bauen, in den Gebäuden neue Fußböden einziehen. Die Heiliggeistkirche war wieder aufgebaut und allen Konfessionen geöffnet worden, die einzelnen Abteilungen waren durch Bretterwände voneinander getrennt. Die Reformierten rissen während eines Konfessionsstreits die Scheidewand nieder. Wütend wandte Karl Philipp Heidelberg den Rücken und ließ am 2. Juli 1720 in Mannheim den Grundstein zu einem neuen Schloß legen, wo sich seine Pläne weitaus besser realisieren ließen.

Mit Karl Theodor (1742–1799) kam die Linie Pfalz-Sulzbach auf den Thron. Er liebte das zerstörte Schloß und wollte es zu seiner Sommerresidenz machen, auch der weltberühmte Hortus Palatinus sollte wiedererstehen. Nach der Zerstörung des Schlosses waren dort Blumenbeete entstanden, auf den Terrassen wuchsen neben Obstbäumen viele Maulbeerbäume. Karl Theodor förderte die Seidenraupenzucht, die Manufaktur des Johann Peter Regal wurde durch ihre Seidenstoffe berühmt. Neben dem Schloß lag der erst kürzlich ergrabene »Fürstenbrunnen«, dessen Wasser bei Hofe so sehr geschätzt war, daß man es sogar in trockenen Zeiten faßweise nach Mannheim fahren ließ. Das große Faß Karl Ludwigs war schadhaft geworden. Der Kurfürst ließ ein neues bauen, das weitaus größer war als seine beiden Vorgänger. Mit einem Fassungsvermögen von 221 726 Litern ist es das größte Weinfaß der Welt. Zu seinem Bau benötigten die Handwerker 130 Eichenstämme.

Karl Theodor, dessen Wappen das riesige Behältnis ziert, ernannte seinen Hofnarren Perkeo, einen rothaarigen Zwerg, zum Wächter des Fasses. Der Südtiroler muß daneben noch kleiner gewirkt haben, als er wirklich war. Perkeo war wie seine heutige Nachbildung stets zu Späßen aufgelegt und muß einen gewaltigen Durst gehabt haben. Sein tägliches Deputat soll sich auf 18 Flaschen Wein belaufen haben. Damit hing auch sein merkwürdiger Name zusammen. Gefragt, ob er das alles vertrage, antwortete er auf Italienisch »per que no = warum nicht?« – und hatte seinen Spitznamen weg.

Die Herrschaft stand ihm an Trinkfreudigkeit nicht nach, der Tagesbedarf belief sich auf 2000 Liter. Da sich eine solche Menge nicht in Flaschen nach oben schaffen ließ, legte man eine Leitung in den darüberliegenden Saal und pumpte den Wein hinauf. Faß, Leitung und Pumpe haben die Zeiten überdauert und werden heute als Touristenattraktion bestaunt. Der Inhalt des Fasses war aber beileibe nicht der ganze Weinvorrat, der im Schloß lagerte, in den anderen Kellern wartete in kleineren Fässern und in Flaschen noch einmal soviel auf die Zecher.

1764 war der »Generalplan des Kurfürstlichen Residenzschlosses und des Garthens zu Heidelberg« fertig, aber am 24. Juni schlug der Blitz zweimal hintereinander in den Gläsernen Saalbau und zündete. Die wiederhergestellten Gebäude brannten zu einem großen Teil aus. Karl Theodor sah darin ein Zeichen des Himmels, gab seine Heidelberger Baupläne auf und ließ sein »Versailles« in Schwetzingen bauen. 1774 wurde auf Anregung des kurfürstlichen Hofbaudirektors Nikolaus de Pigage, der in Schwetzingen wirkte, der Schloßgarten verpachtet, das Vogelhaus zu einem Gasthaus umgebaut und der Weinausschank öffentlich versteigert.

Getreu dem Erbvertrag mit der bayerischen Linie trat Karl Theodor nach dem Tode des Kurfürsten Max Emanuel dort die Nachfolge an. Der mit ihm verbündete Preußenkönig Friedrich der Große kommentierte: »Ohne einen einzigen Schwertstreich zu tun, hat der faule Kerl mehr Land erobert, als mir das in drei Kriegen, von denen einer sieben Jahre gedauert hat, gelungen ist . . .«

Karl Theodor zog nach München. Österreich erklärte den Krieg, Preußen rettete Bayern vor einer vernichtenden Niederlage, ohne daß es in diesem »Kartoffelkrieg« zu einer entscheidenden Schlacht gekommen war. Die Preußen wurden damals in München begeistert gefeiert.

Von 1786 bis 1788 ließ Karl Theodor, »Vater der Pfälzer« genannt, anstelle der alten hölzernen Neckarbrücke eine neue bauen, die den Fluß auf steinernen Bögen quert. Diese neue Brücke ist inzwischen als »Alte Brücke« in die Geschichte und die Literatur eingegangen und bildet mit den Arkaden der Scheffelterrasse einen schönen unverwechselbaren Rahmen um die malerische Schloßruine.

Bald griff der Krieg wieder nach der Pfalz. Mehrmals drangen französische Streifscharen über den Rhein, auf den Höhen der Bergstraße brannten die Alarmfeuer der Landmiliz, und 1795 kam es bei Handschuhsheim zu einem heftigen Gefecht mit österreichischen Truppen. 1799 melden die Akten, daß ein »Piquetter«, ein französischer Soldat, vor dem Schloßeingang stand, und wenig später versuchten Revolutionstruppen vergeblich, die von Österreichern hartnäckig verteidigte Neckarbrücke zu erobern.

Karl Theodor starb am 16. Februar 1799 in München. Maximilian Joseph, dem letzten Kurfürsten der Pfalz, blieben nur wenig mehr als drei Jahre Regierungszeit. 1801 wurde das linke Rheinufer auch formell an Frankreich abgetreten. Mit der Auflösung des Heiligen Römischen Reichs Deutscher Nation verschwanden alle damit verbundenen Ämter und Würden, die des Pfalzgrafen ebenso wie die der Kurfürsten, Erztruchsessen und andere, die schon längst nur noch dem Namen nach existierten.

Durch Reichsdeputationshauptschluß wurde die Pfalz aufgelöst, die rechtsrheinischen Gebiete am Neckar und an der Bergstraße kamen zu Baden, während weiter im Norden die mainzische Bergstraße an Hessen fiel. Markgraf Karl Friedrich wurde 1806 Großherzog. Die altehrwürdige Universität wurde neu gegründet und nennt sich seitdem Ruperto-Carola. In der Ruine des Schlosses tat sich indessen nicht viel, die badische Regierung zeigte sich auf die Übernahme des neuen Besitzers wenig vorbereitet. Gatterer schlug 1804 vor, den Schloßgarten »zum Vorteil der hiesigen Universität als des gesamten fremden und einheimischen Publikums« in einen »ökonomischen Garten« umzuwandeln. Der Schwetzinger Gartenbaudirektor Sckell fertigte Pläne für einen »Landschaftsgarten«, einen nach englischem Stil angelegten Park. So sehr man es begrüßen mochte, daß endlich etwas in dem verwahrlosten Garten geschah, so bedauerlich war das, weil sich die neue Gartenarchitektur nicht in den barocken Rahmen des alten Hortus Palatinus einfügen ließ.

Seit Jahren hatte sich der Gartenpächter Leger bemüht, Ordnung zu halten und Erträge zu erwirtschaften. Seine Zichorienwurzelplantage wurde zwar allseits gelobt, nicht aber der Zustand des Schloßhofes, den er mit Rasen eingesät hatte und der teils als Bleiche, teils als Futterplatz für das Vieh diente. Leger erhielt eine Abfindung, als um das Schloß der forstbotanische Garten der Universität angelegt wurde.

Die badische Regierung erwog, die Ruinen als »altes Gemäuer mit vielfältigen, geschmacklosen, ruinösen Verzierungen« abbrechen zu lassen. Kotzebue machte dagegen seinen ganzen Einfluß geltend. Der Großherzog suchte mehrmals im Jahr das alte Schloß auf, und während des Feldzugs gegen Napoleon hatten Kaiser Franz I. von Österreich und Zar Alexander I. von Rußland dort ihr Hauptquartier.

Die linksrheinischen Gebiete der Pfalz kamen 1816 zu Bayern, das von Österreich noch lange dafür jährliche Subsidien in Höhe von 100000 Gulden erhielt. Der »Bayerische Rheinkreis« wurde erst 20 Jahre später als »Pfalz« bezeichnet.

Dichter, unter ihnen Goethe, Herder, Hölderlin, Eichendorff, Scheffel, Johann Heinrich Voß, Achim von Arnim, Josef Görres und Friedrich Hebbel, besangen die Ruine, die bald zu einem Symbol deutscher Romantik wurde. Graf Charles de Graimberg interessierte, ermutigte und förderte die Maler Friedrich Fohr und Ernst Fries. Sie wurden zu Repräsentanten der »Heidelberger Romantik«. Graimberg ist der eigentliche Retter der Schloßruine. Er entstammte einem alten französischen Adelsgeschlecht und war ein begabter Maler und Zeichner, der seine Kunst bei dem berühmten Kupferstecher Christian Haldenwang vervollkommnete. Eine Reise nach Heidelberg wurde ihm zum Schicksal: »Kaum war ich in dieser Stadt, morgens am 4. Oktober im Jahre 1810, angelangt, so hatte ich noch vor Ende desselben Tages schon mehrere Stunden in der Ruine gezeichnet und so die Bahn eröffnet, die ich so viele Jahre durchlief und die sich immer reicher und unerschöpflicher vor mir ausbreitete . . .« Graimberg wohnte und wirkte jahrelang im Gläsernen Saalbau und war zugleich freiwilliger Schloßwächter. Bei dieser Gelegenheit bot er Besuchern seine vielen Zeichnungen von der Burg an. Die Buchhändler in der Stadt verkauften sie ebensogern wie seine kunsthistorischen Betrachtungen über die Ruine. Die unermüdliche, rastlose Tätigkeit des Grafen hat viele wachgerüttelt und dazu beigetragen, daß das Heidelberger Schloß Deutschlands berühmteste Ruine wurde. Geachtet, geehrt und hochbetagt starb Graf Karl von Graimberg 1864. An ihn erinnert eine Tafel im Schloßhof, die ihm die Stadt Heidelberg widmete.

Vier Jahre nach Graimbergs Tod rief der Dichter Wolfgang Müller voller Begeisterung dazu auf, das Schloß zu restaurieren. Die badische Regierung richtete ein Schloßbaubüro ein, aber eine Untersuchungskommission stellte fest, daß die völlige oder teilweise Wiederherstellung einer Zerstörung gleichkomme und daher nicht in Betracht gezogen werde. Dagegen sei eine Erhaltung des jetzigen Zustandes mit allen Mitteln der Technik anzustreben. Um die Ruinen vor weiterem Verfall zu bewahren, mußte viel Geld aufgewendet werden, allein für die Restaurierung des Friedrichsbaus 1897 bis 1900 520000 Mark.

Im Berg tief unter dem Schloß wirkten Mineure in friedlichem Auftrag. Für die Gleise der Odenwaldbahn, die 1862 gebaut wurde und die Heidelberg mit Mosbach verband, mußten Gaisberg und Schloßberg durchbohrt werden. Der 766 Meter lange Schloßbergtunnel liegt nicht unmittelbar unter der Ruine, sondern etwas weiter nördlich. Heute dient er dem Straßenverkehr.

Der 2487 Meter lange Königstuhltunnel liegt hingegen tief unter den alten Schloßbauten. Er wurde 1914 für eine Umleitungsstrecke des Güterverkehrs gebaut, dient aber seit Verlegung des Heidelberger Hauptbahnhofs allen Zügen, die zum Bahnhof Karlstor fahren.

Quer zu beiden verläuft eine dritte Röhre, die in den Berg getrieben wurde, als man eine Bergbahn zur Molkenkur und zum Königstuhl baute. Der erste Abschnitt zwischen Kornmarkt und Schloß verläuft unterirdisch. Die Strecke wurde 1890 als kombinierte Zahnrad- und Seilbahn in zwei an der Molkenkur getrennten Streckenabschnitten gebaut, der Antrieb erfolgte mit Ballasttanks. 1907 wurde sie auf elektrische Seilzugförderung umgestellt. So sehr man auch in den Felsen unter dem Schloß wühlte, nirgendwo fand sich eine Spur jenes sagenumwobenen unterirdischen Ganges, der vom Schloß zur Stadt geführt haben soll.

1945 gerieten die malerischen Ruinen und die Stadt noch einmal in Gefahr. Stadt und Schloß waren bislang von Bomben verschont geblieben, aber als die Front näherrückte, sahen Verteidiger wie Angreifer hier einen wichtigen strategischen Punkt, obwohl der Krieg längst entschieden und jeder Widerstand sinnlos geworden war. Der amerikanische General Beiderlinden verhinderte zusammen mit entschlossenen deutschen Offizieren und engagierten Bürgern, daß hier Kämpfe entbrannten, die ohne Zweifel vieles unwiederbringlich in Trümmer gelegt hätten.

Die Brücken freilich konnten nicht gerettet werden. Die Kapitulationsverhandlungen hatten sich in die Länge gezogen, und der verantwortliche deutsche Offizier ließ pünktlich sprengen, wohl eingedenk des Schicksals, das seinen Kameraden von der Remagener Brücke betroffen hatte. Die Alte Brücke, die einst Goethe so entzückt hatte »wie vielleicht keine Brücke der Welt«, sank in Trümmer. Spenden von Bürgern und Freunden aus aller Welt sorgten dafür, daß sie bald nach dem Krieg wieder aufgebaut wurde.

Zu Ehren des Erbgroßherzogs Karl von Baden und seiner Gattin Stephanie, der Stieftochter Napoleons, beleuchtete man das Schloß am 20. Juli 1807 mittels brennender Holzstöße. Diese Illumination wurde im Beisein des österreichischen Kaisers und des russischen Zaren wiederholt. Damals erstrahlten auch der gesprengte Turm und die Neckarbrücke im Licht der Flammen. Auch als Großherzog Leopold am 10. Mai 1830 in Heidelberg Einzug hielt, wurden die Ruinen beleuchtet.

Die erste »bengalische« Schloßbeleuchtung fand 1860 beim Besuch Großherzog

Friedrichs I. und seiner Gemahlin Karoline Luise statt. Seitdem haben Millionen von Besuchern dem Augenblick entgegengefiebert, an dem aus tiefem Dunkel die Mauern aus Odenwälder Sandstein plötzlich rot erstrahlen, zur Erinnerung an jene Feuerstürme, in denen das Schloß einst unterging.

Der Anblick dieser alten Mauern erweckt immer wieder Begeisterung, mögen sie in der strahlenden Sonne prangen, plötzlich rotglühend aus dem Dunkel tauchen oder von Nebel umwallt nur ihre Umrisse erahnen lassen. Hölderlin hat sie besungen:

Aber schwer in das Tal hing die gigantische
Schicksalskundige Burg; nieder bis auf den Grund
Von den Wettern gerissen;
Doch die ewige Sonne goß

Ihr verjüngendes Licht über das alternde
Riesenbild, und umher grünte lebendiger
Efeu; freundliche Wälder
Rauschten über die Burg herab;

Sträuche blühten herab, bis wo im heitern Tal
An die Hügel gelehnt, oder dem Ufer hold,
Deine fröhlichen Gassen
Unter duftenden Gärten ruhn.

Literatur

Antonow, Alexander: Burgen des südwestdeutschen Raumes im 13. und 14. Jahrhundert unter besonderer Berücksichtigung der Schildmauer. Bühl/Baden 1977

Archiv für Frankfurts Geschichte und Kunst, 1. Folge, Bd. 6. Frankfurt/Main 1976

Archiv für hessische Geschichte und Altertumskunde, Neue Folge, Bände 2, 3, 4, 5, 14, 16/17 u. a. m. Beiträgen von Hans-Otto Waldt, Eduard Anthes, Walter Möller u. a. Darmstadt

Das Auerbacher Schloß im Wandel der Zeiten. Bensheim-Auerbach 1955

Auerbacher Tage 1065–1979. Bensheim-Auerbach 1979

Beiträge zur Geschichte des Klosters Lorsch. Lorsch 1978

Bickenbach uffm Sand. Heimatbuch. Bickenbach 1974

Biehn, Heinz: Das Fürstenlager. Amtl. Führer. Bad Homburg 1964

Biehn, Heinz und Gudrun Illgen: Das Prinz-Georg-Palais. Bad Homburg 1968

Blühm, Dieter: Zur Geschichte der Rodensteiner Höfe in Bensheim. Bensheim 1985

Böhm, Karl: Mannheim und der Main-Neckar-Raum. Mannheim 1965

Böhme, Horst Wolfgang: Die Turmhügelburg bei Alsbach-Hähnlein und die Territorialentwicklung an der mittleren Bergstraße im Früh- und Hochmittelalter. Jahrbuch des Römisch-Germanischen Museums Mainz, 30. Jahrgang. Mainz 1983

Borst, Arno: Das Rittertum im Mittelalter. Wege der Forschung Bd. 349. Darmstadt 1976

Bronner, Karl: Odenwaldburgen. Mainz 1927

Brunn, Hermann: 1200 Jahre Schriesheim. Mannheim 1964

Buchmann, Hans: Jugenheim, Balkhausen und der Heiligenberg. Seeheim-Jugenheim 1978

Büttner, Heinrich: Die politischen Kräfte zwischen Rhein und Odenwald. In: 900 Jahre Starkenburg. Heppenheim 1965

Campe, Johann Heinrich: Reise von Hamburg nach Basel. Hamburg 1795

Christaller, Helene: Meine Mutter. Basel 1939

Clemen, Otto: Erschröckliche neue Zeitung von einem grausamen Ungewitter in Heidelberg am 25. 4. 1537 (Zwickau, 16. Jahrhundert). Leipzig 1911

Conzelmann, Rudolf: Dossenheim. Dossenheim 1966

Cramer, Johann: Ladenburg – Die Altstadt als Denkmal. München 1982

Dehio, Georg und Ernst Gall: Handbuch der deutschen Kunstdenkmäler. Neue Folge, Bände Hessen und Baden. München 1965

Demandt, Karl: Geschichte des Landes Hessen. Kassel 1969

Deppert, Fritz und H. L. Schlapp: Darmstädter Geschichte(n). Darmstadt 1980

Derwein, Herbert: Handschuhsheim. Heidelberg 1933

Esselborn, Karl: Darmstädter Gärten. Darmstadt 1935
Franck, Wilhelm: Die Burgen der hessischen Bergstraße. Heppenheim 1868
Fresin, Josef: Die Geschichte der Stadt Weinheim. Weinheim 1962
Friedrich V. von Hessen-Homburg: Tagebuch über seinen Besuch am landgräflichen Hof zu Darmstadt 1768
Geschichtsblätter für den Kreis Bergstraße, Bd. 10. Lorsch 1977
Grimm, Albert Ludwig: Die malerischen und romantischen Stellen der Bergstraße, des Odenwaldes und der Neckargegenden. Darmstadt 1842
Häusser, Ludwig: Geschichte der rheinischen Pfalz. Heidelberg 1856
Hefner, Joseph von und Johann Wilhelm Wolf: Die Burg Tannenberg und ihre Ausgrabungen. Frankfurt/M. 1850
Heiberger, Hans: Die Tiefburg in Heidelberg-Handschuhsheim. Heidelberg 1981
Heukemes, Berndmark: Der spätrömische Burgus Lopodunum. In: Fundberichte aus Baden-Württemberg, Bd. 6. 1981
Holzamer, Hansjörg: Das bunte Buch der Bergstraße. Köln 1958
Huth, Hans: Die Kunstdenkmäler Badens, 10. Band. München 1967
1200 Jahre Handschuhsheim. Heidelberg 1965
Knodt, Manfred: Die Regenten von Hessen-Darmstadt. Darmstadt 1976
Koob, Ferdinand: Die Starkenburg. In: 900 Jahre Starkenburg. Heppenheim 1965
Kootz, Wolfgang und Willi Sauer: Heidelberger Schloß- und Stadtführer. Heidelberg 1981
Krauß, Karl: Schloß Auerbach an der Bergstraße. Darmstadt 1905
Die Kunstdenkmäler des Landes Hessen, Kreis Bergstraße. München–Berlin 1969
Kunz, Rudolf: Heimatbuch Alsbach. Alsbach 1970
–: Zur Geschichte der Burg Jossa bei Jugenheim an der Bergstraße. Neustadt/Odw. 1971
Landgraf, Ludwig: Erinnerungen eines Darmstädters. Darmstadt 1968
Mannheimer Geschichtsblätter, Bde. 6–10, 16–22, 34–37, mit Beiträgen von Ludwig Schmieder, Walter Schulz, Friedrich Walter, Theodor Wilkens. Mannheim 1905, 1933, 1934, 1936
Marie, Fürstin von Erbach-Schönberg: Memoiren. Lorsch 1958
1200 Jahre Mark Heppenheim. Heppenheim 1973
Marzolff, Peter: Die neuen Grabungen in St. Michael auf dem Heiligenberg. Zum Gedächtnis von W. Schleuning und C. Koch. In: Forschungen und Berichte der Archäologie des Mittelalters in Baden-Württemberg, Bd. 8. 1983
–: St. Michael auf dem Heiligenberg, Stadt Heidelberg. In: Archäologische Ausgrabungen in Baden-Württemberg 1983. Stuttgart 1984
Maßmann, Ernst Heinrich: Schwertleite und Ritterschlag. Hamburg 1932
Maurer, Camill: Geschichte der Gemeinde Hemsbach an der Bergstraße. Hemsbach 1930
Minst, Karl J.: Amtlicher Führer Kloster Lorsch. Bad Homburg 1968
Möller, Walter: Burgenkunde für das Odenwaldgebiet. Mainz 1938
Möller, Walter und Karl Krauß: Der Frankenstein a. d. B. Darmstadt 1925
Müller, Adolf: Aus Darmstadts Vergangenheit. Darmstadt 1930
Müller-Hillebrand, M.: Cronberg – Geschichte eines Rittergeschlechtes und seiner Burg. Frankfurt 1957
Munzinger, Werner: Das große Nordbaden-Buch. Neustadt/Weinstraße 1967
Niester, Heinrich: Burgen und Schlösser in Baden. Frankfurt/M. 1961
Oechelhäuser, Adolf von: Das Heidelberger Schloß. Heidelberg 1955

Orth, Elsbeth: Die Fehden der Reichsstadt Frankfurt am Main im Spätmittelalter. Wiesbaden 1973
Rettig, Leonhard: Hartmann von Starkenburg. Heppenheim 1973
Reuter, Hans Georg: Die Lehre vom Ritterstand. Köln–Wien 1971
Ruperto-Carola: Mitteilungen der Freunde der Studentenschaft der Universität Heidelberg e. V., Bd. 10, 16–25. Heidelberg 1958, 1964, 1965, 1966, 1967, 1968, 1969, 1970/73, insbesondere Beiträge von Richard August Keller, Max Braubach, Emil Vierneisel, Ludwig Merz, Lili Fehrle-Burger, Hermann Weisert, Vladimir Milojcic
Schaab, Meinrad: Bergstraße und Odenwald, 500 Jahre Zankapfel zwischen Kurmainz und Kurpfalz. Lorsch 1978
Schad, Ernst: Auerbach wie es war. Bensheim-Auerbach 1975
Siebert, Gisela: Jagd und Jagdhäuser in Hessen-Darmstadt. Stuttgart 1972
–: Kranichstein. Amorbach 1969
Spiegel, Hans: Schutzbauten und Wehrbauten (Schriften zur Burgenkunde H. 4). Nürnberg 1970
Die Stadt- und Landkreise Heidelberg und Mannheim. Amtl. Kreisbeschreibung. Schwetzingen 1966
Staatsarchive Darmstadt und Karlsruhe, Stadt- und Gemeindearchive
Stein, Günther: Burgen und Schlösser in der Pfalz. Frankfurt 1976
Tillmann, Curt: Lexikon der Burgen und Schlösser Bd. I–IV. Stuttgart 1958–1960
Trautz, Fritz: Das untere Neckartal im frühen Mittelalter. Heidelberg 1953
Weißgerber, Wolfgang: Die Herren von Frankenstein und ihre Frauen. Darmstadt 1975
Zimmerische Chronik. Leipzig 1932
Zimmermann, Georg: Das Darmstädter Schloß und seine Geschichte. Darmstadt 1978

Personenregister

Margot Klee

Der Limes zwischen Rhein und Main

132 Seiten mit 116 Abbildungen und Kartenskizzen. Mit beigelegter, farbiger Limes-Wanderkarte.

Der kurzen Einführung in die Geschichte und Entwicklung des Limes, seine militärisch-strategische Funktion und den Alltag der an der Grenze stationierten Soldaten folgt ein detaillierter Wanderführungsteil. Dieser beschreibt ausführlich fünf Limes-Teilstrecken von Rheinbrohl bis Großkrotzenburg. Sie werden durch zahlreiche Fotos, Zeichnungen und Pläne veranschaulicht. Die Wanderwege sind auf der beiliegenden Wanderkarte eingezeichnet.

Egon Schallmayer

Der Odenwald-Limes

144 Seiten mit 124 Abbildungen und Kartenskizzen. Mit beigelegter, farbiger Limes-Wanderkarte.

Die römische Grenzlinie zwischen Obernburg am Main und Wimpfen am Neckar wird so beschrieben, daß die verschiedenen Kastelle, Wachttürme, Bäder o. ä. auch gut aufgesucht werden können. Die beigefügte Karte ist eine praktische Erleichterung. Dieses Buch ist nicht nur ein zuverlässiger Begleiter auf Wanderungen, sondern gibt auch einen Überblick über die Geschichte dieses Grenzabschnittes.

Die Geschichte Hessens

Herausgegeben von Uwe Schultz. 400 Seiten mit 144 Abbildungen auf 80 Tafeln. Stammtafeln, Zeittafel.

Die Geschichte Hessens ist ein historisches Panorama von den germanischen Chatten bis zu den Bundesbürgern des Industriezeitalters. In 20 Beiträgen führender Historiker präsentiert sich eine Chronik des heutigen Bundeslandes, in dessen Schicksal sich deutsche und europäische Geschichte seit über 2000 Jahren spiegelt.

Konrad Theiss Verlag Stuttgart

Albrecht Brugger / Hans Sarkowicz

Hessen – Eine Landeskunde im Luftbild

136 Seiten mit 84 ganzseitigen Farbtafeln. Format 30 × 27 cm.

Das Land Hessen steckt voller Gegensätze. Der Kontrast zwischen den Landschaften im Norden und Süden eröffnet immer wieder neue reizvolle Perspektiven, besonders aus der Vogelschau.
Albrecht Brugger hat in seinen Luftbildern die Landschaften, die baulichen Besonderheiten, die historischen Stätten und die Gegensätze zwischen alt und neu eingefangen. Entstanden ist eine geographische und historische Landeskunde mit einführenden Texten von Hans Sarkowicz.

Gottfried Kiesow

Romanik in Hessen

270 Seiten mit 160 Tafeln, davon 22 in Farbe. Format 25 × 25,5 cm.

In Text und Bild zeigt dieses Buch, daß Hessen eine große Zahl herausragender, gut erhaltener romanischer Bauten besitzt. Ihre stilistische Entwicklung und ihre Eigenart werden in den Kapiteln über karolingische, ottonische, salische und staufische Kunst erläutert. Das Schwergewicht liegt auf der Architektur. Ferner werden erhaltene Ausstattungsstücke und Teile von Kirchenschätzen behandelt. Detaillierte Informationen bietet der Katalog im zweiten Teil des Buches. In diesem Buch wird zum erstenmal die romanische Kunst in Hessen im Zusammenhang vorgestellt und gewürdigt.

Gottfried Kiesow

Gotik in Hessen

256 Seiten mit 128 Tafeln, davon 19 in Farbe, und 89 Abbildungen im Text.

Die erste zusammenfassende Darstellung der erhaltenen gotischen Bau- und Kunstdenkmäler im heutigen Bundesland Hessen. Geschichtliche Grundlagen, Burgen, Städte, kirchliche Kunst (Architektur, Malerei und Skulpturen) werden im ersten Teil des Buches behandelt; im zweiten Teil werden alle 55 Kirchen mit ihren gotischen Ausstattungsstücken und 41 Profanbauten ausführlich vorgestellt.